“十四五”时期国家重点出版物出版专项规划项目

微波光子技术丛书

集成微波光子技术

祝宁华　李　明　陈向飞　著

科学出版社

北　京

内 容 简 介

集成微波光子技术通过微波光子器件的集成，可显著降低微波光子系统的体积、质量和功耗，是微波光子学的主要发展方向之一。本书系统介绍集成微波光子芯片的原理设计、芯片制备和封装测试技术，并对面向微波光子信号产生、处理和传输等不同功能的集成微波光子芯片的研究进展进行了详细的梳理和总结。

本书适合从事集成微波光子技术教学和研究的科研工作者、工程技术人员、研究生和高年级本科生阅读和参考。

图书在版编目(CIP)数据

集成微波光子技术 / 祝宁华, 李明, 陈向飞著. -- 北京 : 科学出版社, 2024. 11. -- (微波光子技术丛书). -- ISBN 978-7-03-080122-7

I. TN201

中国国家版本馆 CIP 数据核字第 2024HE2113 号

责任编辑：惠　雪　曾佳佳 / 责任校对：郝璐璐
责任印制：张　伟 / 封面设计：许　瑞

科学出版社 出版
北京东黄城根北街 16 号
邮政编码: 100717
http://www.sciencep.com

北京中科印刷有限公司印刷
科学出版社发行　各地新华书店经销
*
2024 年 11 月第　一　版　开本：720×1000　1/16
2024 年 11 月第一次印刷　印张：22
字数：440 000

定价：199.00 元

“微波光子技术丛书”编委会

丛　书　序

微波光子技术是研究光波与微波在媒质中的相互作用及光域产生、操控和变换微波信号的理论与方法。微波光子技术兼具微波技术和光子技术的各自优势，具有带宽大、速度快、损耗低、质量轻、并行处理能力强以及抗电磁干扰等显著特点，能够实现宽带微波信号的产生、传输、控制、测量与处理，在无线通信、仪器仪表、航空航天及国防等领域有着重要和广泛的应用前景。

人类对微波光子技术的探索可回溯到 20 世纪 60 年代激光发明之初，当时人们利用不同波长的激光拍频，成功产生了微波信号。此后，美国、俄罗斯、欧盟、日本、韩国等国家和组织均高度关注微波光子技术的研究。我国在微波光子技术领域经过几十年的发展和技术积累，在关键元器件、功能芯片、处理技术和应用系统等方面取得了长足进步。

微波光子元器件是构建微波光子系统的基础。目前，我国已建立微波光子元器件领域完整的技术体系，基本实现器件门类的全覆盖，尤其是在宽带电光调制器、光电探测器、光无源器件等方面取得良好进展，由上述器件构建的微波光子链路已实现批量化应用。

微波光子集成芯片是实现微波光子技术规模化应用的前提，也是发达国家大力投入的核心研究领域。近年来，我国加快推进重点领域科研攻关，已在集成微波光子学理论、微波光子芯片的设计与制造、高精度光子芯片的表征测试等重点方向实现较大进步。

微波光子处理技术能够在时间域、空间域、频率域、能量域等多域内对微波信号进行综合处理，可直接决定微波光子系统感知、控制和利用电磁频谱的能力。目前，我国已在超低相噪信号产生、微波光子信道化、微波光子时频变换、光控波束赋形等领域取得了诸多优秀科研成果，形成了多域综合处理等创新技术。

微波光子应用系统是整个微波光子技术体系能力的综合体现，也是世界各国角力的核心领域。基于微波光子器件、芯片和处理技术的快速发展，我国在微波光子电磁感知与控制、微波光子雷达以及微波光子通信等关键核心系统技术方面取得显著成绩，成功研制出多型演示验证装置和样机。

此外，微波光子技术所需的设计、加工和测量技术与其他光学领域有着很大区别，包括微波光子多学科协同设计与建模仿真、微波光子异质集成工艺、光矢量分析技术、微波光子器件频响测试技术等方面。近年来，我国在上述领域也取得了较好的进展。

虽然微波光子技术的快速进步给新一代无线通信、雷达、电子对抗等提供了关键技术支撑，但我们也要清醒地看到，长期困扰微波光子技术领域发展的关键科学问题，包括微波光波高效作用、片上多场精准匹配、多维参数精细调控、多域资源高效协同等，尚未实现系统性突破，需要在总结现有成绩基础上，不断探索新机理、新思路和新方法。

为此，我们凝聚集体智慧，组织国内优秀的专家学者编写了这套“微波光子技术丛书”，总结近年来我国在微波光子技术领域取得的最新研究成果。相信本套丛书的出版将有利于读者准确把握微波光子技术的发展方向，促进我国微波光子学创新发展。

本套丛书的撰写是由微波光子技术领域多位院士和众多中青年专家学者共同完成，他们在肩负科研和管理工作重任的同时，出色完成了丛书各分册书稿的撰写工作，在此，我谨代表丛书编委会，向各分册作者表示深深的敬意！希望本套丛书所展示的微波光子学新理论、新技术和新成果能够为从事该技术领域科研、教学和管理工作的人员，以及高等学校相关专业的本科生、研究生提供帮助和参考，从而促进我国微波光子技术的高质量发展，为国民经济和国防建设作出更多积极贡献。

本套丛书的出版，得到了南京航空航天大学，中国科学院半导体研究所，清华大学，中国电子科技集团有限公司第十四研究所、第二十九研究所、第三十八研究所、第四十四研究所、第五十四研究所，浙江大学，电子科技大学，复旦大学，上海交通大学，西南交通大学，北京邮电大学，联合微电子中心有限责任公司，杭州电子科技大学等参与单位的大力支持，得到参与丛书的全体编委的热情帮助和支持，在此一并表示衷心的感谢。

中国工程院院士　吕跃广

2022 年 12 月

序

集成微波光子技术将微波光子学和光电集成技术相结合，是微波光子学的主要发展方向之一，也是微波光子学走向实用化必然涉及的重要技术。

微波光子学本身融合了微波技术和光子技术的各自优势，可在光域实现微波信号的产生、处理、传输和分配等功能，具有带宽大、传输损耗低、质量轻、快速可重构及抗电磁干扰等特点。基于分立器件的微波光子系统的研究已经取得了长足的进步，但同时，基于分立器件的系统面临着体积大、笨重和功耗高等瓶颈问题。通过结合光电集成等技术手段，集成微波光子技术可显著降低微波光子系统的体积、质量和功耗，因此具有重要的研究价值。

集成微波光子技术的研究范围十分广泛，覆盖了单一微波光子功能器件的集成、光电融合功能芯片的集成，以及多功能、多通道、可重构的系统化集成等多个方面。目前，集成微波光子技术的研究已经取得了显著的进步和发展，研究人员对激光器、电光调制器、光电探测器和无源光器件等核心微波光子器件进行了广泛的研究和探索，并对包含微波光子滤波、光延迟线与波束成形、微波光子信号产生、可编程微波光子信号处理、频谱侦测与感知、微波光子信号传输、微波光子变频、数模转换和微波光子雷达等不同功能的集成微波光子功能芯片进行了研制和开发，推动了微波光子系统的综合性能提升和实用化进程。

《集成微波光子技术》一书内容丰富，涵盖面广，专业性强，其中既包括了不同微波光子器件的原理设计、芯片制备和封装测试等核心基础知识的介绍，又包含了不同功能的集成微波光子芯片等领域前沿的梳理和总结。该书力图完整地展示集成微波光子技术发展的全貌，无疑是一本具有重要学术意义和参考价值的优秀著作。

如今，集成微波光子技术这一祝宁华院士长期深耕的领域受到了国内外研究人员越来越广泛的关注和研究。我非常乐意为该书作序，相信该书的出版将进一步推动我国集成微波光子技术的研究和发展，并对该领域的人才培养起到积极的促进作用。

陈良惠

中国工程院院士

2024 年 6 月

前　言

作为一门研究微波和光波相互作用的交叉学科，微波光子技术在国内外学者的共同努力下取得了长足的进步和发展。虽然基于分立器件的传统微波光子学系统较为成熟，但面临着体积、质量和功耗较高的瓶颈问题。为了克服这些问题，人们开始研究集成微波光子技术，以期通过微波光子器件的集成，降低系统的体积、质量和功耗。

本书对集成微波光子技术这一微波光子学前沿研究领域进行介绍。全书共 9 章。第 1 章对集成微波光子技术进行概述。第 2 章介绍微波光子学的基本知识，包括微波光子学系统的典型结构和主要系统功能等。第 3 章为微波光子器件与集成技术，将对激光器、调制器、探测器和无源光器件等核心微波光子器件和这些器件的封装测试技术进行介绍。第 4 章至第 9 章为不同功能的集成微波光子芯片的介绍，包括集成微波光子信号产生芯片、微波光子信号传输、微波光子信号处理芯片、集成光延迟线与波束成形、频谱感知芯片和微波光子多功能系统集成芯片等。

本书既注重集成微波光子技术理论和基础知识的介绍，又阐述了集成微波光子技术最新的前沿研究进展。本书可作为高等学校微波光子学、光电子技术、光学、光电信息工程和光学工程等专业研究生和高年级本科生的教材，也可供从事相关专业的师生和科技人员参考。

本书在编写过程中得到了郝腾飞、张云山、李伟、刘宇、谢毓俊、石暖暖、郑吉林、施跃春、徐银、刘胜平、肖如磊、戴攀、李思敏、李密、陆骏、肖时雨、孟祥彦、宋琦、李明健、涂雨舟、金烨、曹克奇、杨孟涵、李光毅、曹旭华、王道发和孔泽漩等老师和研究生的帮助和支持，他们参与了本书部分章节的整理和校对工作，感谢他们的辛苦付出。

本书内容虽经认真的撰写和提炼，但限于作者的知识水平，书中可能仍然存在疏漏和不足之处，希望各位专家和广大读者不吝批评指正。

作　者

2024 年 2 月

目　录

第 1 章　绪　　论

微波光子学 (microwave photonics，MWP) 是融合了微波 (射频) 技术和光子技术的新兴交叉学科，基于光域实现对高频宽带微波信号的产生、处理、传输及接收，以此为基础实现微波光波融合系统[1]。微波光子技术充分发挥了无线灵活泛在接入和光纤宽带低耗传输的优势，可以实现单纯无线技术和光纤技术难以完成甚至无法完成的信息接入、处理与传输组网功能，具有带宽大、传输损耗低、质量轻、快速可重构及抗电磁干扰等优点，是未来信息处理与接入的必然发展趋势与有效解决途径。随着相关技术的发展，微波光子学在通信、传感、生物、医学、军事和安全等不同领域都可望凸显优势，尤其在 5G/6G/B6G 移动通信与无线接入、多波束光控相控阵雷达以及电子战系统中有着广阔的应用前景[2−4]。

如图 1-1 所示，一个典型的微波光子系统主要由激光器光源、电光调制器、信号处理单元和光电探测器组成[4]：从天线或射频源产生的频率为 f_{RF} 的射频输入信号将光源输出的光谱信号上变频为光频率信号，调制后会在频率为 $\nu \pm f_{\mathrm{RF}}$ 处形成一对边带，其中 ν 是光源的中心频率。合成的光信号随后被光信号处理器系统处理以修改其边带的光谱特性。最后，使用光电探测器通过与光学载波拍频，对边带信号进行下变频处理，就可以恢复出被处理的射频信号。

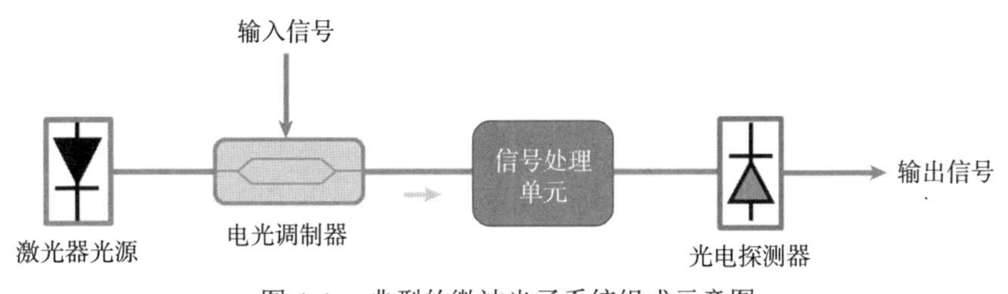

图 1-1　典型的微波光子系统组成示意图

在经历了几十年的发展后，微波光子学在理论方法和系统方案层面都已取得了长足的进步与发展。微波光子系统可以用来实现如天线遥感、微波光子滤波、微波光子信号产生、频谱侦测与感知、真时延、移相、波束形成、数模转换和微波光子雷达等诸多功能[4−14]。

目前，微波光子系统仍然以分立器件为主，通常是利用分立的光电器件、标准尺寸的光纤以及光纤器件实现的。传统光电器件和光纤器件通常十分笨重、昂贵且功耗高，导致搭建的微波光子系统十分笨重，不够轻便灵活，因此导致应用场景受限。为了推广微波光子系统，必须使系统的体积、质量、功耗下降，同时也要使系统有可重构性与灵活性，以满足各种场合的应用要求[4]。

基于上述目标，人们开始研究集成微波光子学。顾名思义，集成微波光子学致力于将微波光子器件小型化，集成到光学芯片上，从而使得系统的体积、质量、功耗下降。作为目前微波光子技术发展的主要方向之一，集成化也是微波光子技术走向实用化的前提，以满足未来无线通信、仪器仪表、航空航天及国防等领域应用对带宽、安全性、探测精度、测量范围、体积、质量、功耗等的要求。

微波光子集成芯片研究大致分为建模与设计、流片与封测、验证与实用化三个阶段。针对建模与设计平台、流片与封测阶段，目前欧美已联合构建了基本完善的仿真与设计工具软件体系、流片工艺平台与测试封装平台，并依托这些联合平台开发了一系列微波光子集成芯片，集成芯片即将替代微波光子系统中部分分立器件进入实用化阶段。目前我国仿真与设计的自主工具软件几乎为空白，而在芯片制备和封测方面，国内的工艺平台在数量、水平以及完整性方面与国外仍有较大差距，同时也缺乏较为完整的微波光子芯片测试封装研发平台。

集成微波光子系统的研究包含架构设计、芯片制备、封装测试等，是一个非常复杂的系统性工程，难以由少数几个单位完成。目前国际上大多采用类似集成电路的发展模式，设立专门机构从事芯片加工、封装技术的研究，采用多项目晶圆的模式进行流片。欧盟和美国都已围绕微波光子集成芯片与器件构建了从芯片设计、制造、测试到封装的一体化研发平台，同时也成立了完善的研发机构联盟。

美国国防高级研究计划局 (Defense Advanced Research Projects Agency, DARPA) 在 2005 年推出 EPIC (Electronic and Photonic Integrated Circuits) 计划，研究硅基光电集成回路，并于 2007 年开始实施 UNIC (Ultraperformance Nanophotonic Intrachip Communication) 计划，继续对高性能硅基集成光互连进行研发。2015 年成立的美国集成光子制造研究所 (AIM Photonics) 旨在开发新型快速的光子集成制造技术和工艺方法，促进光子集成电路的设计、封装、测试与互连，构建从基础研究到产品制造的全产业链集成光子学生态平台，以解决高动态范围、超低损耗、宽带光子集成芯片和微波频率电集成芯片的大规模制造等难题。AIM Photonics 由多家公司、综合性大学、学院和非营利组织构成。欧盟的 JePPIX 和 ePIXfab 也打通了芯片设计、制造、封装与测试流程，实现了一体化的微波光子集成芯片与器件研发平台。

在面向雷达系统的集成微波光子技术研究方面，美国、欧洲、日本、俄罗斯等国家和地区均开展了研究，其中意大利国家光子技术研究中心基于光子学的全数字雷达系统 PHODIR (photonics-based fully digital radar system) 项目于 2009 年年底启动，该中心研制出首台全数字微波光子雷达系统，现已在微波光子雷达技术方面处于国际领先地位。而后在 2015 年 2 月，PHODIR 项目小组基于一个

锁模激光器 (mode-locked laser，MLL) 将激光雷达系统和微波光子雷达系统集成起来，减小了硬件的体积和功耗，提供了多角度环境感知的能力。同期，欧盟设立了东西方作战通信服务 (Eastern Western Operational Communications Services，EWOCS) 项目，由 BAE 系统 (BAE Systems) 公司牵头，成功研制出微波光子电子战吊舱。

面向无线通信的微波光子集成技术也一直是欧洲重点发展的领域之一。在过去十余年中，欧盟连续资助了一系列研究项目用于支持微波光子的通信技术研究，在元器件、关键技术和系统架构方面均取得了显著的成果。欧洲航天局 (European Space Agency，ESA) 在基于微波光子技术的新型卫星载荷方面进行了大量研究：针对提升星上数据交换能力，ESA 提出了以光子技术为基础的用于超快信号的光学技术 (Optical Technologies for Ultra-Fast Signal，OTUS) 计划，目的在于实现支持太比特/秒级容量的交换技术，以支持星上包交换和突发交换应用；针对多波束的大容量通信卫星信号处理能力，ESA 进行了 “微波和数字信号的光学处理” 项目研究，利用微波光子技术完成卫星转发功能，且已经完成了系统级的地面演示验证试验，并进行了在轨实验。

在微波光子集成芯片设计仿真平台方面，国内起步较晚，华大九天通过多年积累研发的 Aether 设计工具具有微电子芯片的全链条仿真设计能力；山东大学团队开发完成了光电子集成仿真设计工具；西南交通大学开发了微波光子系统传输仿真平台；上海东峻公司的电磁仿真软件 EastWave 可进行微波器件和系统仿真。在微波光子集成芯片流片平台方面，目前国内 Ⅲ-V 外延片制造技术主要集中在清华大学、浙江大学、南京大学、中国科学院半导体研究所、长春光学精密机械与物理研究所等高校和科研院所，但缺乏能实现基于 InP 材料体系的微波光子单片集成公共流片平台；国内铌酸锂高速电光调制器研究规模较小，目前仅能够小批量提供调制器产品，以中山大学为代表的铌酸锂薄膜调制器已达到国际先进水平；对于绝缘体上硅 (silicon on insulator，SOI) 光集成芯片平台，目前国内流片平台主要集中在科研院所，如中国科学院微电子研究所、CUMEC 公司和上海微技术工业研究院等，但硅光流片平台在工艺水平以及稳定性方面与国外一流机构还有差距。对于微波光子封装测试平台，国内主要集中在激光器、探测器、调制器等单元器件的封装，具备了一些封装企业，如苏州旭创科技有限公司、中国电子科技集团有限公司第四十四研究所等；在硅光集成芯片的封装领域，国内才刚刚起步，主要有中国电子科技集团有限公司第三十八研究所、清华大学等。

未来微波光子集成芯片和系统在军事领域和民用市场都有巨大前景。由于现有微波光子系统 (大多由分立器件组成) 在体积、功耗、稳定性、成本等方面相比电子解决方案尚处于劣势，因此，集成化是微波光子实现追赶和超越传统电子系统的必由之路。针对未来主要应用场景 (超宽带无线通信、空天地信息一体化、高性能新体制雷达以及电子战等)，迫切需要解决微波光子集成器件和功能芯片乃至集成系统在仿真与设计、流片与封测等阶段的关键问题。

(1) 单一功能器件的集成。微波光子系统核心器件包括半导体激光器、电光调制器以及光电探测器。进一步提升这些核心器件在功率、噪声、带宽、插入损耗方面的性能，并提高芯片集成度和产业化水平，是未来研究工作的关键所在。例如，亟须研发高功率、低噪声、窄线宽的半导体激光器芯片，宽带、高饱和光功率和高响应度的光电探测器阵列芯片，以及宽带、低半波电压、高线性度的电光调制器阵列芯片。这些将有助于集成微波光子芯片的功能单元种类不断增加、性能不断提升，从而逐步替代传统系统中的各类核心电子组件，为微波光子集成芯片的实用化和产业化奠定坚实基础。

(2) 光电融合的功能芯片集成。在集成化微波光子芯片研发过程中，必须高度重视光电子与微电子融合集成。结合强大的微电子集成技术基础，构建从单一材料体系向多材料体系混合集成的高集成度微波光子集成芯片研发模式，实现从光子集成向光子-微波混合单片集成的微波光子功能芯片推进。重点研发异质混合集成的微波光子芯片，实现高功率低噪声激光源、高调制效率电光调制器和高饱和光功率光电探测器的单片集成，实现光电混合封装与测试、大规模芯片驱动与控制关键技术等。与此同时，大力研究新材料、新结构、新机制，对片上的光、电、热串扰进行有效消除或抑制，以大幅度提升集成化规模。

(3) 多功能、多通道、可重构的系统化集成。研发面向不同应用场景的功能集成芯片，包括集成化波束形成、光子模拟信号处理、光电振荡器、光频梳、任意波形产生、混频与对消、光模数转换、模拟信号光电收发、光纤稳相稳时传输芯片与模块等；并提升不同功能的芯片和单元组件的集成化程度，实现微波光子多功能集成发展。同时，逐步研发多通道多波段的芯片和阵列化封装技术，满足大规模阵列化需求。在此基础上，通过多芯片微组装的混合集成实现小型化微波光子系统，推进微波光子模块的系统应用。此外，为提高芯片的通用性，通过众多有源或无源可调谐单元器件大规模网络化集成，研发功能可重构的微波光子集成芯片，实现片上通用微波光子信号处理和运算功能 (如光子现场可编程门阵列 (field programmable gate array，FPGA)、模拟光子计算机等)。

(4) 智能化的微波光子集成。在多功能、阵列化和可重构集成的基础上，微波光子集成芯片还可以与人工智能深度融合。基于人工智能算法和方案赋能微波光子集成芯片和系统，从而推动微波光子技术综合性能提升和实用化进程。

本书接下来的章节安排如下：

第 2 章将对微波光子学基础进行介绍，包括微波光子学系统的典型结构和主要功能系统等。

第 3 章将聚焦于微波光子器件与集成技术，包括激光器、调制器、探测器和无源器件等核心器件，以及这些器件的封装测试技术等。

第 4 章为集成微波光子信号产生芯片，包括集成化光电振荡器和集成化任意波形产生芯片等。

第 5 章为微波光子信号传输，重点介绍了高速光发射模块和大动态微波光子射频前端等。

第 6 章为微波光子信号处理芯片，包括集成微波光子滤波器、可编程的微波光子信号处理器和光计算芯片等。

第 7 章为集成光延迟线与波束成形，将介绍共振式光延迟线、多波导切换式光延迟线和波束成形技术等。

第 8 章为频谱感知芯片，包括硅基和基于其他不同材料体系的频谱芯片。

第 9 章为微波光子多功能系统集成芯片，重点介绍了集成微波光子变频、数模转换和雷达等系统集成芯片。

参 考 文 献

[1] Yao J P. Microwave photonics[J]. Journal of Lightwave Technology, 2009, 27(3): 314-335.

[2] Capmany J, Novak D. Microwave photonics combines two worlds[J]. Nature Photonics, 2007, 1: 319-330.

[3] Zhang F Z, Pan S L. Microwave photonic signal generation for radar applications[C]// 2016 IEEE International Workshop on Electromagnetics: Applications and Student Innovation Competition (iWEM), Nanjing, 2016: 1-3.

[4] Marpaung D, Yao J P, Capmany J. Integrated microwave photonics[J]. Nature Photonics, 2019, 13(2): 80-90.

[5] Hao T F, Liu Y Z, Tang J, et al. Recent advances in optoelectronic oscillators[J]. Advanced Photonics, 2020, 2(4): 044001.

[6] Li M, Hao T F, Li W, et al. Tutorial on optoelectronic oscillators[J]. APL Photonics, 2021, 6: 061101.

[7] Capmany J, Ortega B, Pastor D. A tutorial on microwave photonic filters[J]. Journal of Lightwave Technology, 2006, 24(1): 201-229.

[8] Yao J P. Photonics to the rescue: A fresh look at microwave photonic filters[J]. IEEE Microwave Magazine, 2015, 16(8): 46-60.

[9] Zhou L J, Wang X Y, Lu L J, et al. Integrated optical delay lines: A review and perspective[J]. Chinese Optics Letters, 2018, 16(10): 101301.

[10] Minasian R A. Photonic signal processing of microwave signals[J]. IEEE Transactions on Microwave Theory and Techniques, 2006, 54(2): 832-846.

[11] Burla M, Wang X, Li M, et al. Wideband dynamic microwave frequency identification system using a low-power ultracompact silicon photonic chip[J]. Nature Communications, 2016, 7: 13004.

[12] Pagani M, Morrison B, Zhang Y B, et al. Low-error and broadband microwave frequency measurement in a silicon chip[J]. Optica, 2015, 2(8): 751-756.

[13] Kobayashi W, Kanazawa S, Ueda Y, et al. 4× 25.8 Gbit/s (100 Gbit/s) simultaneous operation of InGaAlAs based DML array monolithically integrated with MMI coupler[J]. Electronics Letters, 2015, 51(19): 1516-1517.

[14] Zhao Z P, Liu Y, Zhang Z K, et al. 1.5 μm, 8×12.5 Gb/s of hybrid-integrated TOSA with isolators and ROSA for 100 GbE application[J]. Chinese Optics Letters, 2016, 14(12): 120603.

第 2 章　微波光子学基础

2.1　引　　言

在经历 30 多年的发展后，微波光子学在理论方法和系统方案层面都已取得长足的进步与发展。早在 20 世纪 70 年代末，光载射频或光载无线 (radio-over-fiber，RoF) 技术已被应用于射电天文望远镜天线之间稳定微波参考信号的传输。20 世纪 90 年代，基于 RoF 技术的混合同轴-光纤有线电视 (cable television, CATV) 系统得到广泛应用。

近年来 MWP 的重要应用目标是利用光纤进行无线通信的微波载波信号的传输，即光载无线 (RoF) 通信系统。RoF 结合了微波和光纤通信的优势，使得微波在光纤中实现了低损耗传输，可用于实现中心局与各个微蜂窝天线之间的信号传送和分配。其优点在于可将复杂的微波处理单元放置于中心，基站部分仅需具备光电转换单元和微波发射天线两部分，基站结构简单，可降低成本，有利于提高频率复用度和蜂窝密度。此外，MWP 在相控阵雷达、雷达天线光纤拉远系统等应用中也具有明显优势，光控微波波束形成网络利用光控实时时延网络结构对多信道微波信号进行功率分配、移相、功率合成等处理，进而实现对微波信号空间分布的控制，在通信中实现光控智能天线的应用。智能天线是一种安装在基站的双向天线，采用天线阵列形成可控的波束，指向并随时跟踪用户。它具有增大通信容量、加快通信速率、减少电磁干扰、减小手机和基站发射功率，以及可定位的优点，能减少多径衰落影响，提高通信质量，获得更多的用户数或更高的数据传输速率。

2.2　微波光子链路

微波光子链路 (microwave photonic link，MPL) 是指将微波通过调制器调制在光载波上然后通过光电探测器 (photoelectric detector，PD) 接收得到微波信号的光子链路。早期的微波光子链路主要用来传输 CATV 信号。天线遥感是 MPL 另一个重要的应用场合。近年来，MPL 在无线通信系统中的应用越来越广泛[1]。下面介绍几种典型的 MPL 结构。

对于图 2-1 方案 A 中的 MPL，基带信号通过电路调制器调制到射频副载波上，调制后的射频副载波再通过光调制器调制到光载波上。一般来说，直接调制或者

外调制 (强度调制器需偏置在正交点) 都将产生双边带 (double sideband，DSB) 信号[2]。此 DSB 信号通过光纤的传输被送入光电探测器探测。但是光纤的色散会出现周期性的功率衰减。研究人员提出了多种方法避免 DSB 系统的功率衰减效应，如载波相移法[3]、偏振调制法[4] 以及光学相位共轭变换法[5,6] 等。

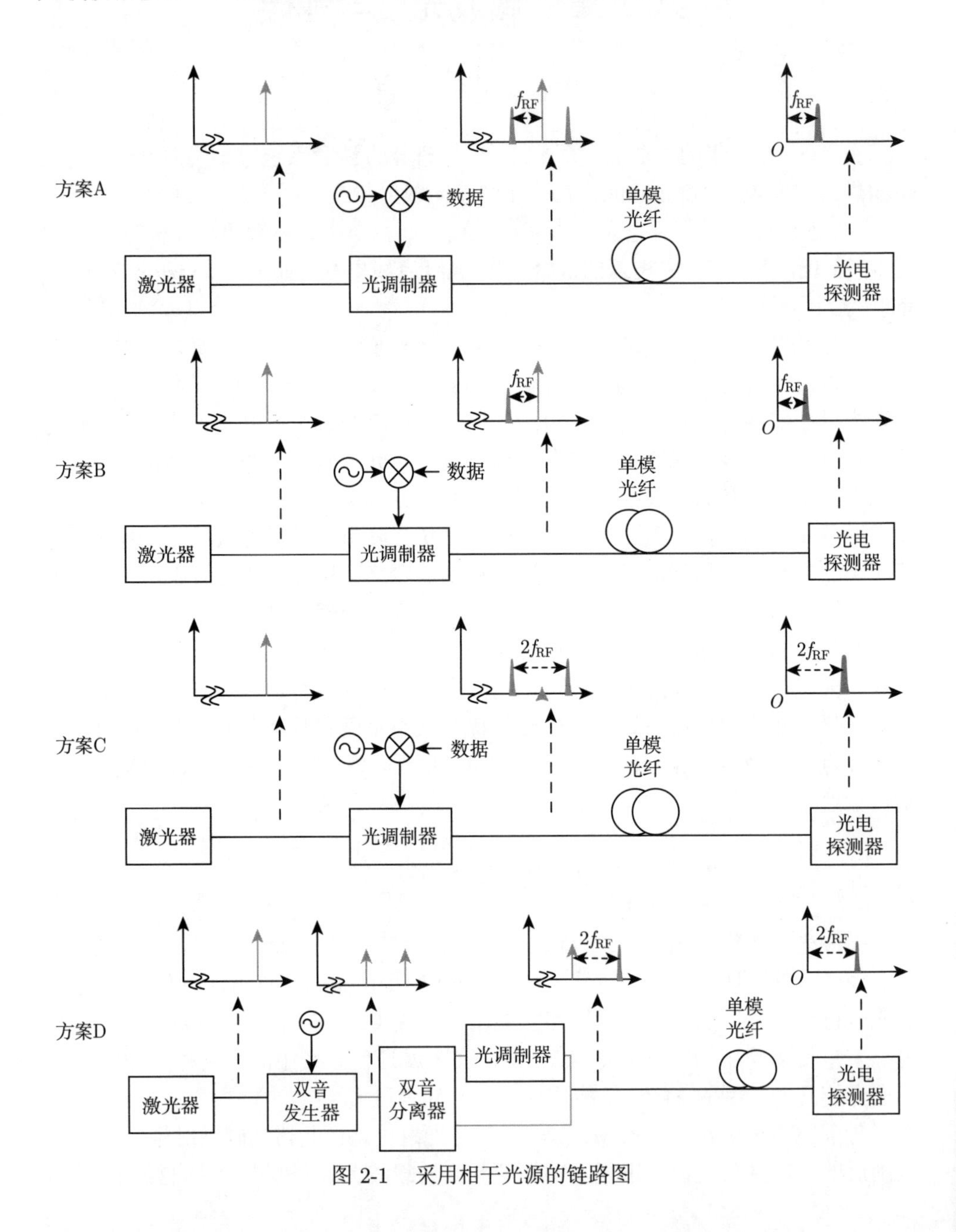

图 2-1　采用相干光源的链路图

另外一种较为常见的方法称为单边带 (single sideband，SSB) 调制，去除双边带中的一个边带就能形成 SSB 调制。这种方法也可以避免色散导致的功率衰减。图 2-1 中方案 B 就是此种链路的示意图。实现单边带调制的方法有很多种，比如光滤波器法[7]、双驱马赫–曾德尔调制器 (dual-drive Mach-Zehnder modulator，DDMZM) 法[8] 和边带锁定激光器法[9] 等。

光载微波的功率在传输中逐渐下降的原因如下：由于存在色散，载波以及两个边带将以不同的速度在光纤中传播，这将导致输入端的载波以及两个边带间的相位关系发生改变，所以光载波与上边带之间的拍频和光载波与下边带之间的拍频将在一定程度上抵消。当光载微波信号在色散系数为 D、长度为 L 的光纤中传输后，解调得到的微波信号的频率 (作为微波频率的函数) 为[10]

$$P = P_0 \cos^2\left(\frac{\lambda^2 f^2 \pi L D}{c}\right) \tag{2-1}$$

式中，P_0 是光载微波的初始功率；λ 是载波的波长；f 是微波的频率；c 是真空中光速。因此，采用单边带调制是一种抑制功率下降的高性价比方法[11]。

实现单边带调制的方法之一是使用双端口马赫–曾德尔调制器 (dual-port Mach-Zehnder modulator，DPMZM)，直流偏置为正交偏置点 (即直流偏压引入的相位差为 $\pi/2$)，微波信号分成两路加到调制器的两个射频输入口上，其中一路直接加，另一路经 90° 相移后再加上。调制后的信号由载频和一个边带构成[10]。

另一种实现单边带调制的方法是用窄带陷波滤波器将两个边带中的一个滤除掉。比如利用光纤布拉格光栅 (fiber Bragg grating，FBG) 构建窄带陷波滤波器[11]。

除此以外，光载波抑制法 (optical carrier suppression, OCS) 也可以避免色散导致的功率衰减，如图 2-1 方案 C 所示。通过将马赫–曾德尔调制器 (Mach-Zehnder modulator，MZM) 的偏置点偏置在最小点，就能极大地抑制光载波而保留两个边带。这样不仅能避免功率衰减，也能实现倍频[12]。但是这种方法只能直接产生调幅信号，对于调相信号则需要进行预处理[13,14]。

SSB 和 OCS 虽然能够避免功率衰减效应，但是仍然受到色散导致的走离效应的影响[15−17]。因此另一种 MPL 被提出，光载波先通过一个 MZM 产生两个边带，再用光滤波器将边带分离，其中一路直接调制基带信号而另一路作为参考信号，然后两路信号合并后通过光纤传输，再在远端进行光电转换[18]，其示意图如图 2-1 的方案 D 所示。这种方法可以通过对参考光信号进行预延时从而补偿光纤色散导致的走离效应[19,20]。除了使用 MZM，通过采用相干光频梳源也可以任意滤出两个边带，从而产生很高频率的射频信号[21−23]。这种方法的缺点在于边带分离会导致系统不稳定。

图 2-1 中的方案都采用相干的光信号进行拍频，而事实上还可直接使用两个

激光器产生射频副载波[24]。如图 2-2 所示，方案 E 使用两个独立的激光光源将基带信号同时调制到两个光载波上。与方案 A 和 B 类似，方案 E 也只能直接产生调幅信号，如果要正确调制调相信号也需要对基带信号进行预处理。方案 F 和 G 基本相同，都使用了两个独立的激光器并且只调制其中一个光载波。两个方案的不同之处是方案 F 的两个激光器都在发送端[25,26]，而方案 G 的另一个激光器在接收端。对方案 F 来说，未调光载波需经过光纤传输，因此会发生损耗，而方案 G 没有。但是方案 G 的接收端有一个激光器，而接收端在基站会增加基站的成本。对于传输距离在 20 km 左右的 MPL，方案 F 和 G 没有明显差别[27]。方案 E、F 和 G 都不受色散的影响，同时都使用两个独立的光载波，因此可以产生很高频率的射频信号。如果是调幅信号，通过包络检波，影响不是很大，如果存在

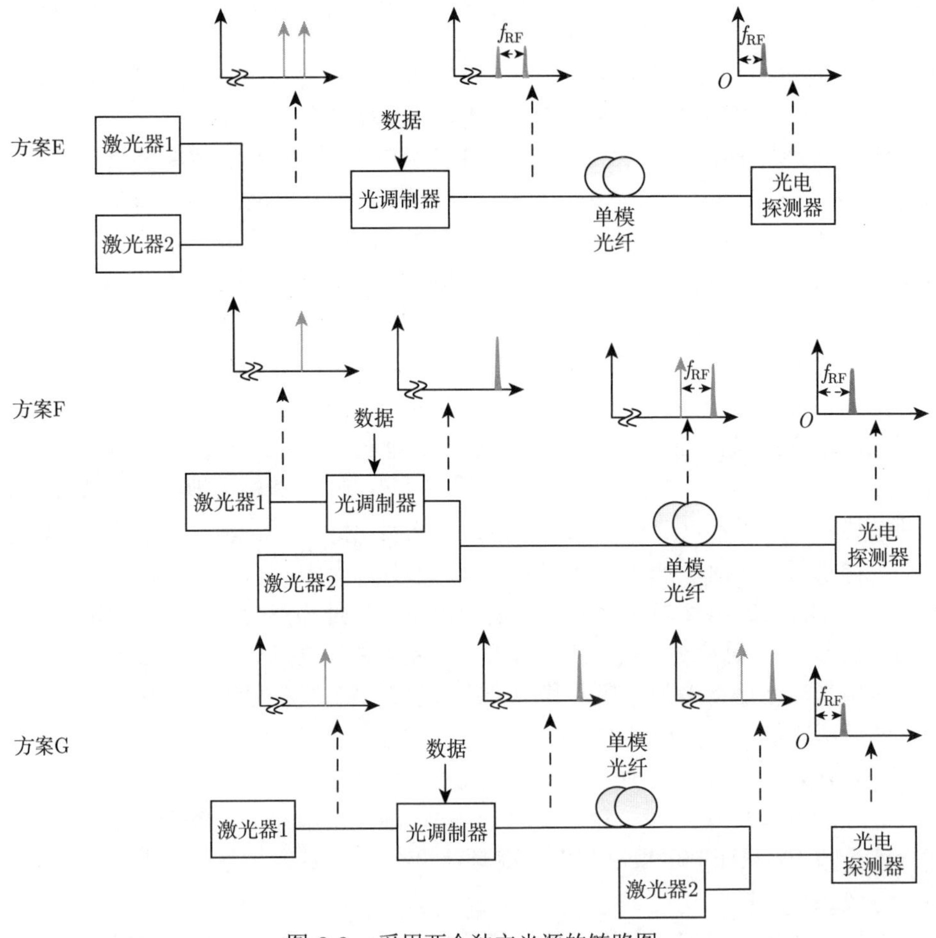

图 2-2　采用两个独立光源的链路图

调相信息，那么产生的信号性能恶化较大。方案 G 一般用在高频波段 (如 W 波段)，通常会用窄线宽激光器降低相位噪声，另外还需用数字信号处理来补偿相位噪声[28]。

衡量微波光子链路性能的一个关键指标是动态范围[29]。在基于直接调制或外调制的微波光子链路中，激光器的调制非线性或马赫–曾德尔调制器的非线性调制特性，会导致诸如谐波失真或交调失真等非线性失真，这会限制微波光子链路的动态范围。输出信号的功率必须高于噪底才能被探测到，但信号功率过高会导致非线性项的功率也高于噪底，因此信号功率存在一个动态范围。

用于克服非线性失真的方法有许多种。实验证明，对于直调激光器，通过将直流偏置电压提升到一定值以上，可以有效抑制三阶交调项[29]。

另一种方法是对直调激光器进行前馈以消除非线性失真：将微波信号分成两路，一路对激光器 L1 进行调制，另一路作为参考信号，L1 输出的光信号经过光纤传输后再经光电探测器解调得到微波信号，该微波信号与经电延时的参考信号对比，得到误差信号。误差信号对激光器 L2 进行调制，调制得到的信号与激光器 L1 输出的光信号合束以消除非线性失真部分[30]。

对于直接调制或者外调制，也可以使用预失真的方法来降低调制产生的非线性失真[31]。在外调制系统中，由于直流偏置点的漂移也会产生非线性失真，因此可以对调制器直流偏置点漂移进行反馈控制。为了探测调制器直流偏压的漂移，在调制器的微波输入端除了输入的射频信号以外，还应加入一低频小振幅的导频信号，调制器偏置点的漂移会增大导频信号的偶阶边带幅度，从而偶阶边带可以作为误差信号被探测之后再反馈回调制器的输入端进行修正，以稳定调制器的直流偏置[32]。由于无杂散动态范围 (spurious-free dynamic range，SFDR) 定义为可以从噪底中被探测到的最小信号与能被不失真地探测到的最大信号之间的差值，所以除减小非线性失真外，也可以通过降低噪底来增大动态范围。在光载微波链路中，噪声主要包括相对强度噪声 (relative intensity noise, RIN) 和散粒噪声 (shot noise)，因此可以通过降低相对强度噪声和散粒噪声来扩大光载微波链路的动态范围[11]。

光电探测器处的散粒噪声正比于其探测的平均光功率，而 RIN 正比于 PD 处平均光功率的平方，因此通过降低平均光功率可以降低噪底，从而扩大无杂散动态范围。图 2-3(a) 显示了一种使用 FBG 鉴频器实现相位调制–强度调制 (phase modulate-intensity modulate, PM-IM) 转换来降低噪声的方法。激光器输出的光被射频信号相位调制之后，进入 FBG 反射光再经过 PD 得到射频信号。FBG 的反射谱如图 2-3(b) 所示。计算表明，当光载波处于反射谱的斜边上的不同位置时，PD 探测到的平均光功率和信号光功率会不同，具体而言，当光载频在斜边上向 FBG 频谱的零点移动时，平均光功率会二次方地下降，信号光功率会线性下降，因此通过使得光载频靠近 FBG 反射谱的零点 (将光载频从图 2-3(b) 中的 A 点移

至 B 点)，可以在几乎不改变信号光功率的同时降低平均光功率，从而在不改变信号光功率的同时降低噪底，达到扩大动态范围的目的[33]。

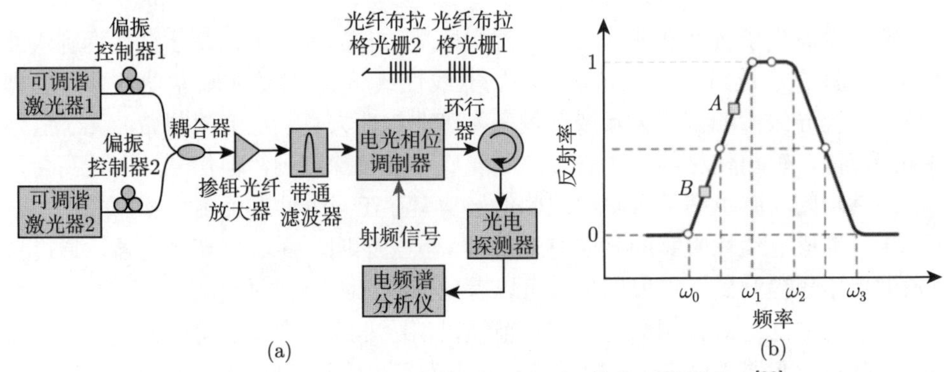

图 2-3　利用 FBG 鉴频器实现 PM-IM 转换以降低噪声[33]

2.3　微波光子技术的主要应用

2.3.1　微波光子信号产生技术

一个低相噪的微波源在许多应用中都是很有用的，包括雷达、无线通信、软件定义的无线电等。在电子领域内，为了获得一个高频的微波信号，一般来说需要通过低频信号倍频到高频，一方面，这样的系统结构比较烦琐，相位噪声性能也会在倍频过程中恶化；另一方面，产生的微波信号有时候也需要进行传输。那么在光学领域内产生传输就有一定的优势，一方面，使用光学的方法很容易产生高频微波信号；另一方面，也可直接用光纤传输光信号，再在远端产生微波信号[34]。通常一个微波信号可以通过在 PD 中外差探测产生。产生的微波信号的频率等于两束光信号的频率之差。如果将两个光源的光场表示为

$$\eta_1(t) = A_{01}\cos(\omega_1 t + \phi_{01}) \tag{2-2}$$

$$\eta_2(t) = A_{02}\cos(\omega_2 t + \phi_{02}) \tag{2-3}$$

式中，$A_{01}, \omega_1, \phi_{01}$ 分别表示光源 1 光场的振幅、角频率和初始相位；$A_{02}, \omega_2, \phi_{02}$ 分别表示光源 2 光场的振幅、角频率和初始相位。

利用积化和差公式，可以将两个光源的光场 (式 (2-2) 和式 (2-3)) 的总瞬时功率表示为

$$\begin{aligned} P \propto (\eta_1(t) + \eta_2(t))^2 = & A_{01}^2\cos^2(\omega_1 t + \phi_{01}) + A_{02}^2\cos^2(\omega_2 t + \phi_{02}) \\ & + A_{01}A_{02}\cos[(\omega_1 - \omega_2)t + (\phi_{01} - \phi_{02})] \end{aligned}$$

$$+ A_{01}A_{02}\cos\left[(\omega_1+\omega_2)t+(\phi_{01}+\phi_{02})\right] \tag{2-4}$$

由于光电探测器的响应没有光的频率高，所以光电探测器输出的电流是式 (2-4) 对时间的平均：

$$\overline{P} \propto \frac{1}{2}A_{01}^2+\frac{1}{2}A_{02}^2+A_{01}A_{02}\cos\left[(\omega_1-\omega_2)t+(\phi_{01}-\phi_{02})\right] \tag{2-5}$$

式 (2-5) 含两个直流项和一个交流项，如果假设光电探测器具有有限的带宽，那么通过光电探测器产生的拍频信号可以表示为

$$I = C\cos\left[(\omega_1-\omega_2)t+(\phi_{01}-\phi_{02})\right] \tag{2-6}$$

从公式中可以直接看出，产生的信号的频率为两光源频率之差。此种方法可以产生频率高至太赫兹 (THz) 级别的信号，上限取决于光电探测器的带宽。但是，两个光源的相位之间没有确定关系，这导致产生的拍频信号的相位噪声很差。下面介绍一些提升两个光源之间的相位关联度的方法[11]。

如图 2-4 所示，采用双波长激光器可直接获得一个质量非常好的微波信号[35]。因为双波长激光来自同一个激光腔，因此其相干性比两个自由运行的激光器要好很多。为了在一个谐振腔中选出两个模式，可以对激光器中光栅进行特别设计，从而选取特殊频率。文献 [35] 采用等效相移的方法在光栅反射谱中获得两个窄的透射峰，选出两个纵模，从而获得双波长输出。这种光栅结构可以刻写在光纤中，获得双波长的光纤激光器[35]；也可以刻写在波导上，制成双波长的半导体激光器[36]，但是这种方法的调谐性较差。另外一种方法是在光纤激光器中插入可调的窄带滤波器进行选模，这种方法具有一定的可调谐性，但仍然不能够进行连续调谐[37]；另外，双波长激光器的相位噪声也不是特别好。文献 [38] 中给出一个双波长垂直腔表面发射激光器 (vertical cavity surface emitting laser，VCSEL) 产生的 4.5 GHz 的微波信号的相位噪声谱，在 10 kHz 处的相位噪声约为 −60 dBc/Hz。双波长激光器的主要优点是能够产生频率非常高的电信号，甚至能达到太赫兹级别[39]。

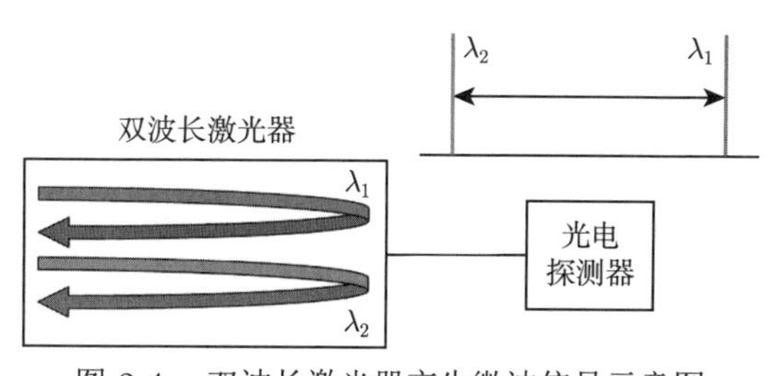

图 2-4　双波长激光器产生微波信号示意图

第二种产生微波的方法是边带锁定激光器。图 2-5 是一个典型的边带注入产生微波信号的方案[40]。当将一个微波信号加到一个调制器 (无论是相位调制器还是强度调制器)，就会在主激光器发出的载波附近产生很多边带，当调制过后的信号分别注入两个从激光器时，微调从激光器的波长，使它们分别锁定在某个边带，图中是 +2 级边带和 −2 级边带。一旦从激光器被边带锁定，其会放大锁定的边带并抑制其他边带和载波。另外，从激光器发出的波长与注入锁定边带相位相关，而被锁定的 +2 级边带和 −2 级边带也相关，所以两个从激光器发出的激光的相位也相关，从而获得的 4 倍频的信号能够有非常好的质量。

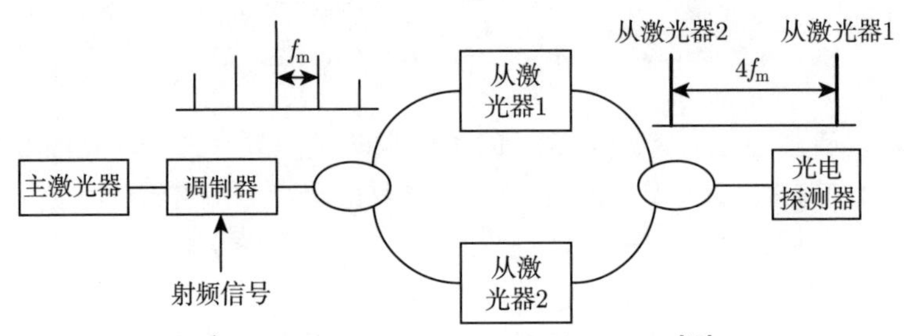

图 2-5　边带注入产生微波信号示意图[40]

从注入锁定的方案可以看出，经过调制器调制之后的边带之间的相位是相关的，也可以利用其他方法选出这些边带，从而获得高频信号。如图 2-6 所示，当把 MZM 偏置在最小点时，偶数次谐波都被抑制，±1 级边带在 PD 上拍频就能产生倍频信号[41]。MZM 还能够偏置在最大传输点，此时奇数次谐波都被抑制，保留偶数次谐波，如果用窄带光滤波器滤除光载波，还会剩下 ±2 级边带，把这个光信号送入 PD 就能产生 4 倍频信号[42]。使用更复杂的调制器和光滤波器能产生更高频率的微波信号[43]。

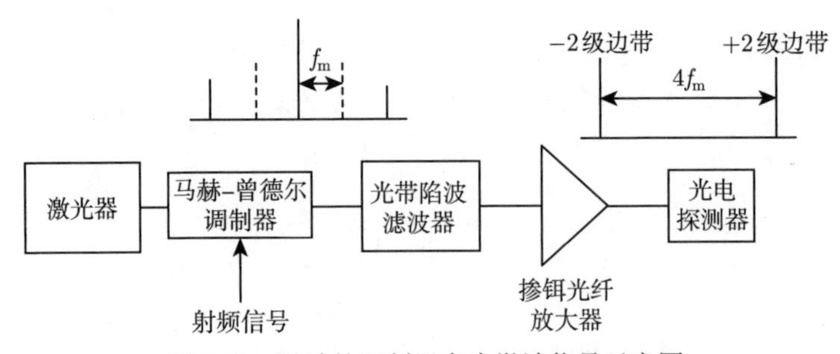

图 2-6　通过外调制器产生微波信号示意图

第三种提升两个光源之间的相位相关性从而提高拍频产生的微波信号质量的方法是使用光锁相环 (optical phase lock loop，OPLL)，即通过光锁相环将从激光器的相位锁定到主激光器上。为实现相位锁定，两个激光器的线宽应较窄从而只有低频的相位抖动，以保证对反馈环路的低延时要求可以放宽[11]。

图 2-7 是光锁相环方法的原理图[44]。两个激光器的光信号通过光电探测器产生拍频，拍频信号与参考微波源混频后，再经低通滤波、放大，则具有鉴相的作用，鉴相之后的电压反馈回到其中一个激光器，通过改变它的腔长或注入电流来改变其输出光信号的相位，起到锁定两个激光器的光信号之间相位关系的作用，输出的拍频信号的相位被锁定至射频参考源上。

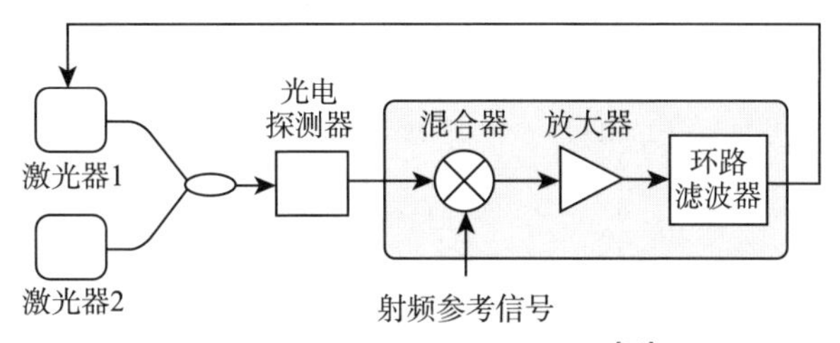

图 2-7　光锁相环方法原理图[11]

类似于电子振荡器，在光域里可以构建光电振荡器 (optoelectronic oscillator，OEO)。光电振荡器是 20 世纪 90 年代中期在美国宇航局喷气动力实验室中被提出的[45,46]，其主要结构如图 2-8 所示。激光二极管 (laser diode，LD) 提供光源，调制器将电信号调制到光信号上，单模光纤 (single mode fiber，SMF) 用作储能元件，PD 将光信号转换成电信号，电放大器补偿链路插入损耗使闭环增益大于 1，电带通滤波器选模，电耦合器一端口将电信号耦合出环外，另一端口送入调制器电极使这个链路闭环。相比于纯电器件构成的振荡器，OEO 的光纤能提供频率无关的低损耗，使得 OEO 能够产生很高质量的高频信号。

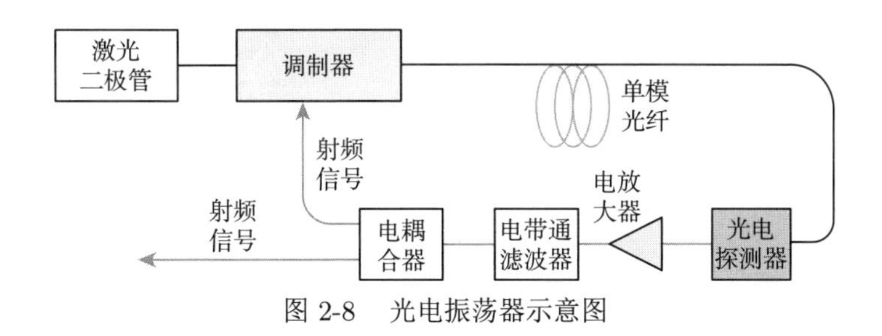

图 2-8　光电振荡器示意图

传统的光电振荡器由于存在建立时间，所以难以输出扫频信号，傅里叶域锁模光电振荡器解决了这一问题。傅里叶域锁模光电振荡器的原理图如图 2-9(a) 所示，在光电振荡器环路中加入一周期性扫频的滤波器，并使得扫频周期与环向延时成整数倍关系，这样扫频带宽内的 OEO 模式会同时存在于 OEO 环路中，并在对应的时刻通过扫频滤波器，从而稳定存在并输出扫频信号。

图 2-9(b) 是傅里叶域锁模光电振荡器的具体结构图，图中扫频激光器、相位调制器、光电探测器、陷波滤波器共同构成周期性扫频滤波器，即只有波长等于激光器波长与陷波滤波器陷波波长之差的微波可以实现 PM-IM 转换[47]。利用傅里叶域锁模光电振荡器可以实现频域-时域映射、微波光子雷达等应用[47]。

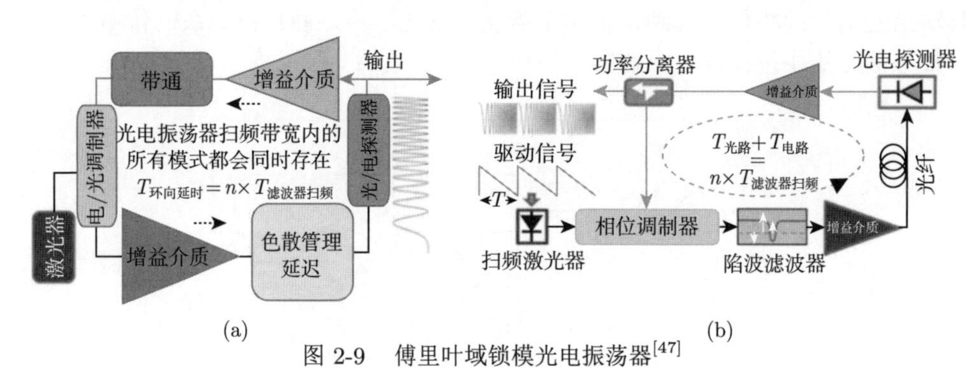

(a)　　　　(b)

图 2-9　傅里叶域锁模光电振荡器[47]

(a) 傅里叶域锁模光电振荡器的概念图；(b) 傅里叶域锁模光电振荡器的结构图

传统的光电振荡器通过增大光纤长度的方法提升 Q 值，降低输出微波的半高宽，但增大光纤长度又会减小自由光谱范围 (free spectral range，FSR)，需要使用更窄带的滤波器来滤出单模。一种新的不使用窄带滤波器实现单模起振的方法是构建宇称–时间 (parity-time, PT) 对称光电振荡器。如图 2-10 所示，PT 对称光电振荡器由两个相同的反馈回路构成，其中一个环路的增益等于另一个环路的损耗，当发生 PT 对称破缺时，某个单模会被选出，其他的模式都被抑制[48]。

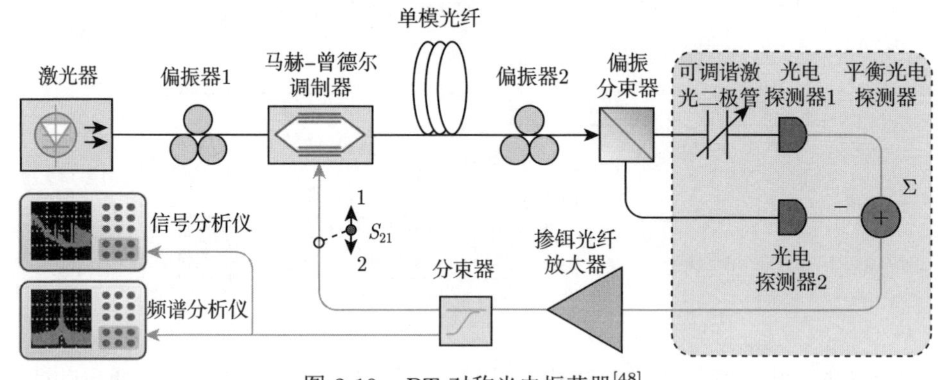

图 2-10　PT 对称光电振荡器[48]

光电振荡器可以集成到硅基或 InP 基上的单片上，已经有研究在 5 cm×6 cm 片上集成 OEO，并产生相噪为 −91 dBc/Hz@1 MHz、频率为 7.3 GHz 的信号[49]；

以及制备出频率调谐范围为 3~7 GHz 的硅基集成光电振荡器[50]。

目前 OEO 仍然有很多问题亟待解决。首先是进一步降低 OEO 的相位噪声[51,52]，目前最好的纪录是 6 kHz 处的相噪是 −163 dBc/Hz[53]。其次，为了降低相位噪声需要增大光纤长度，但这也导致边模抑制比 (side mode suppression ratio，SMSR) 降低，降低 SMSR 也是研究热点之一[54,55]。再次，因为光纤较长，容易受外界干扰，OEO 的长期稳定性有待提高，对此研究人员提出了很多种方法[56,57]。还有一个研究方向是带通滤波器 (band-pass filter，BPF) 的可调谐性不好，近年来用微波光子滤波器代替 BPF 提高调谐性的方法屡见不鲜[58−60]。另外传统 OEO 本身只能产生单一频率的微波信号，通过将 OEO 进一步结合进光系统可以产生光脉冲或者任意波形[61−63]。OEO 还能用作传感器[64]。总之 OEO 仍然是微波光子学的研究热点之一。

2.3.2 微波光子滤波

微波光子滤波器 (microwave photonic filter，MPF) 的作用和一般的微波滤波器是相同的，但是其具有光子器件所固有的优点，如低损耗、大带宽、抗电磁干扰、易调谐和易重构等。MPF[65] 最早于 1976 年由斯坦福大学的 Goodman 和 Shaw 等基于光纤的延时特性提出。一个典型的基于激光器阵列的 MPF 如图 2-11 所示[66]。这里激光器阵列既可以是半导体激光器阵列，也可以是宽谱光源 (如发光二极管 (light emitting diode，LED) 或者放大自发发射 (amplified spontaneous emission，ASE) 光源)。每一个光束都要经过调制器的调制后送入光电探测器进行光电转换，从而形成 MPF 的一个抽头。而色散器件用于引入抽头之间的相对延时。

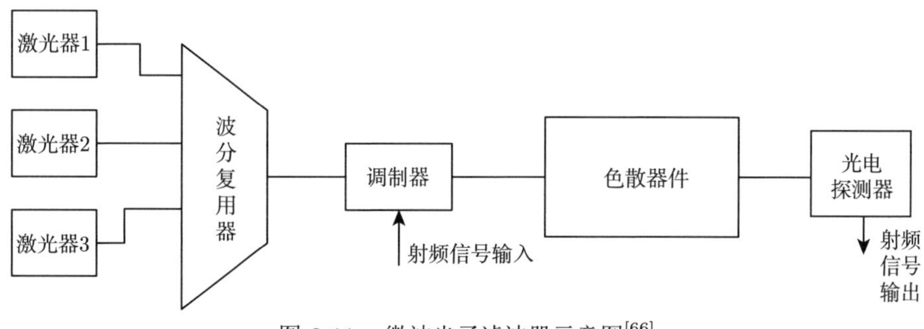

图 2-11 微波光子滤波器示意图[66]

一个典型的全光移相器如图 2-12 所示[67]，偏振调制器在正交的偏振方向上的调制指数相反，再通过光滤波器，就得到偏振复用的单边带信号，此信号再以 α 角送入起偏器，通过光电转换就能得到 2α 的相移。基于此全光移相器的 2 抽头 MPF 如图 2-13 所示。其中一个抽头就是全光移相器，通过增加一个强度调制的链路就可形成另一个抽头[68]。如图 2-14 所示，基于此全光移相器还可以构成 4 抽头 MPF[69]。其中波分复用器 (wavelength division multiplexer，WDM) 是周期性的带通滤波器，因此能够实现偏振复用单边带信号的阵列。系统再通过 PC 在每个通道上分别引入相移，这样就形成一个复系数抽头的 MPF。

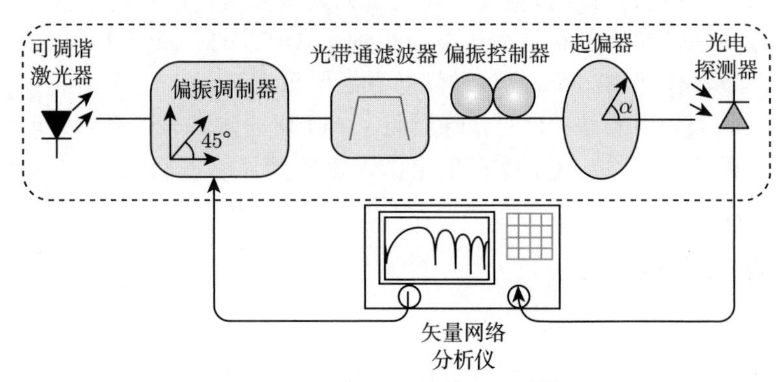

图 2-12　全光移相器示意图[67]

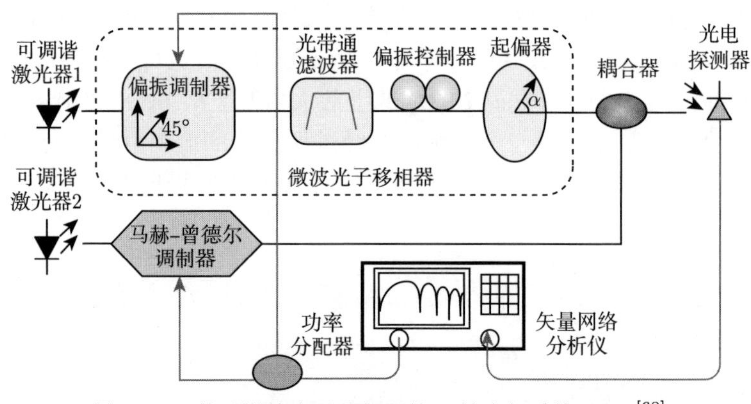

图 2-13　基于微波光子移相器的 2 抽头复系数 MPF[68]

上面介绍的都是基于延迟线的 MPF。还有一类 MPF 是将光滤波器映射到微波滤波器。其中一个典型的方案如图 2-15 所示[70]，对于相移光纤布拉格光栅 (phase-shifted fiber Bragg grating，PS-FBG) 来说，在反射谱中会产生一个非常窄的透射缺口。微波信号通过相位调制器调制在光载波上形成相位调制的双边带信号，此信号送入 PS-FBG。如果信号完全被 PS-FBG 反射，PD 上不会产生微波信号；如果信号中有一个边带通过透射缺口透射出去，反射信号就变成单边带强度调制信号，此时在 PD 上会产生微波信号。通过扫描边带，PS-FBG 的透射谱就完全映射到了微波响应中，从而形成一个单通带的 MPF。而通过扫描光载波，通带的中心频率也能调谐。这种方案的关键就在于设计一种高 Q 值的光滤波器，文献中报道的除相移光纤布拉格光栅外，还有串联 FBG[71]、光谐振腔[72] 等。这种单通带的 MPF 可以应用在 OEO 中，调谐范围比电滤波器要大。

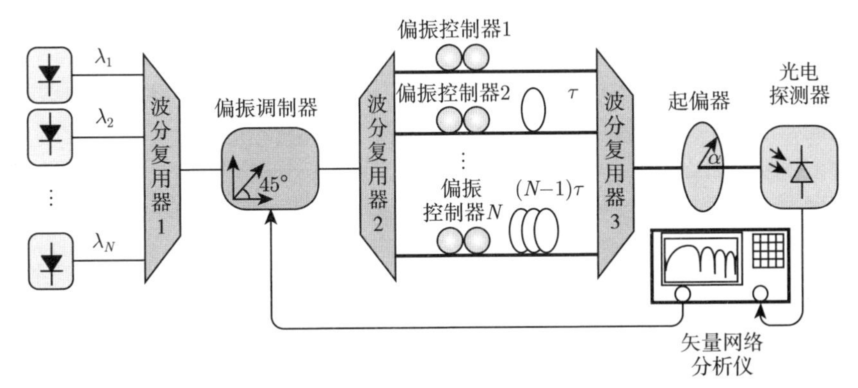

图 2-14 基于微波光子移相器的 4 抽头复系数 MPF[69]

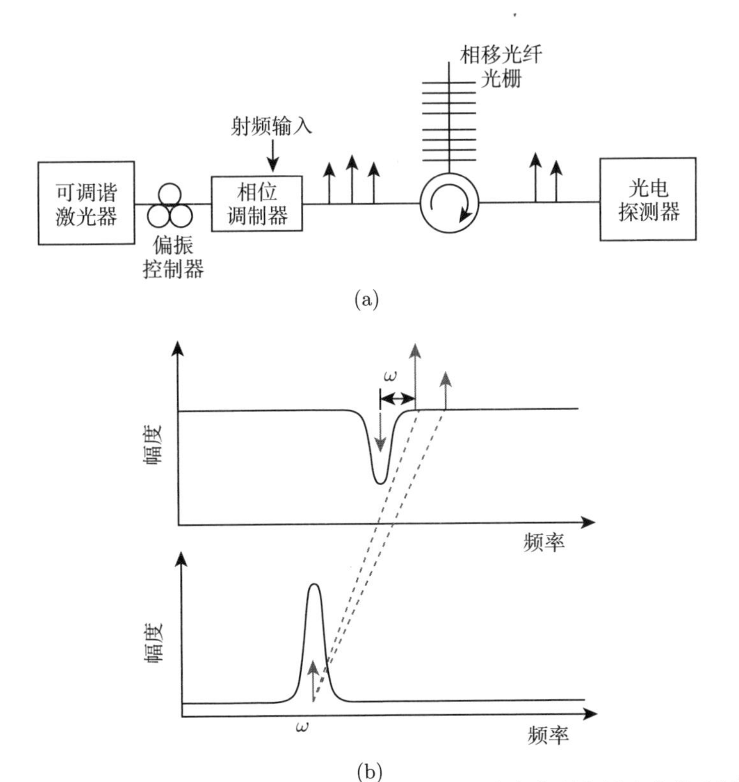

图 2-15 基于 PS-FBG 的 MPF 的结构图以及光域响应到电域响应的映射[70]

(a) 基于 PS-FBG 的 MPF；(b) PS-FBG 光域响应到电域响应的映射

2.3.3 光子真时延与波束成形

在现代雷达和无线通信系统中，相控阵天线 (phased array antenna，PAA) 已成为非常重要的角色。传统的相控阵天线是通过电移相器实现的，但存在波束倾斜现象，所以只能用于窄带波束的处理，这与许多实际应用的需求矛盾，使用真时延系统是一种有效的解决方法[11]。

波束倾斜现象是指相控阵的主极大的方向随微波信号频率的不同而改变的现象。因此，不同频率的波束的能量会集中在不同的方向上，从而限制天线只能工作在较窄的频带上[11]。

如图 2-16(a) 所示，为了使得天线发射波束的偏移角为 θ，需要引入的相移大小为 $\Delta\phi = 2\pi\dfrac{d\sin\theta}{\lambda}$。或者等价地说，偏移角 θ 与相移 $\Delta\phi$ 之间的关系[11] 为 $\theta = \arcsin\dfrac{\Delta\phi\lambda}{2\pi d}$。

从上述公式可以看出，波束的方向是微波波长 (频率) 的函数。因此，这种使用电移相器的波束成形系统只能工作于窄带信号，否则波束会发散。通过将移相器换成时间延迟线，如图 2-16(b) 所示，问题可以得到解决。波束偏移角 θ 与时间延迟线长度 ΔL 之间的关系为 $\theta = \arcsin\dfrac{\Delta L}{d}$。可以看出，波束的偏移角与微波频率无关，从而可以无发散地发射宽带射频信号。

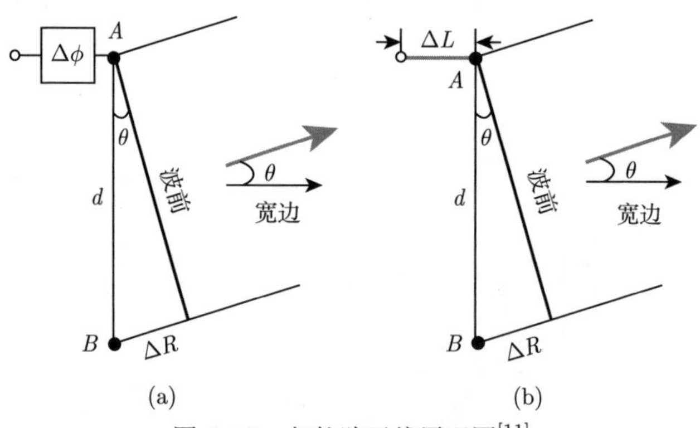

图 2-16 相控阵天线原理图[11]

下面介绍一种由 FBG 阵列构成的可调延时波束成形系统。如图 2-17 所示，可调激光源输出的光被射频信号调制后通过功分器分成五路：第一路直接通过一段单模光纤到达 PD 然后接入发射系统，第二路通过环行器后进入线性啁啾 FBG 经反射到达 PD，第三至五路通过环行器后进入 5 个等间距分布的不同反射波长的 FBG，光信号经过不同波长的 FBG 反射后，到达 PD。通过调整激光源的波长，可以使光载微波信号在对应波长的 FBG 处被反射，从而调整不同路之间的延时。可以看出，激光源的波长取 5 个不同的值对应 5 个不同大小的延时，从而对应 5 个不同的波束发射方向。波束发射角度的间隔取决于相邻 FBG 之间的距离，为了减小角度间隔，应减小相邻 FBG 之间的间距，图中为了减小间距，在第二条延迟线处使用啁啾的 FBG 而非分立的 FBG[73]。

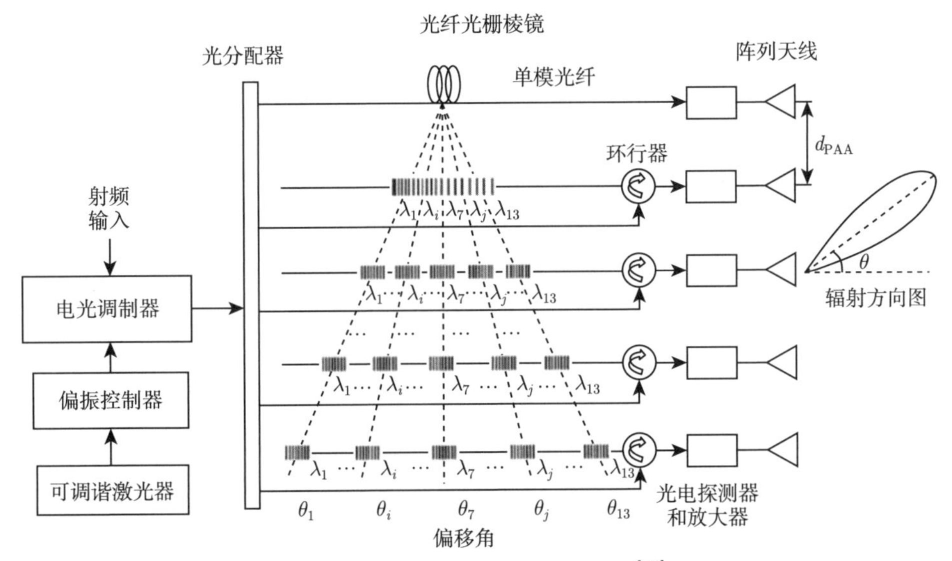

图 2-17 可调延时波束成形系统[74]

2.3.4 微波光子频谱侦测

利用微波光子链路可以侦测信号的瞬时频率。这通常是通过将待测信号接入微波光子链路，并将待测信号的瞬时频率转化为输出信号的功率来实现的。下面介绍两种利用微波光子链路进行频谱侦测的方案。

一种方案是基于光频梳。微波信号通过两个马赫–曾德尔调制器调制到两个光载频上，两个马赫–曾德尔调制器都工作在最低偏置点以实现载波抑制双边带调制，再将调制得到的信号通过强度随频率正弦变化的光频梳。两个载频分别位于光频梳的波峰和波谷处，如图 2-18 所示。得到的信号被解复用后再分别通过两个光电探测器，得到的两个微波信号的强度比是待测微波信号频率的函数。通过测量强度比实现频率测量[75]。

另一种方案是基于电域混频[76]。图 2-19 是利用电域混频来实现瞬时频率测量的原理图，待测信号被分束器等分成两束，其中一路通过延迟线，另一路不做处理，然后两路信号输入混频器进行混频，得到的信号包含一个与待测信号频率相关的直流项以及一个交流项，再将信号通过低通滤波器以滤除交流项。通过检测直流电压大小就可以测量待测信号的频率。

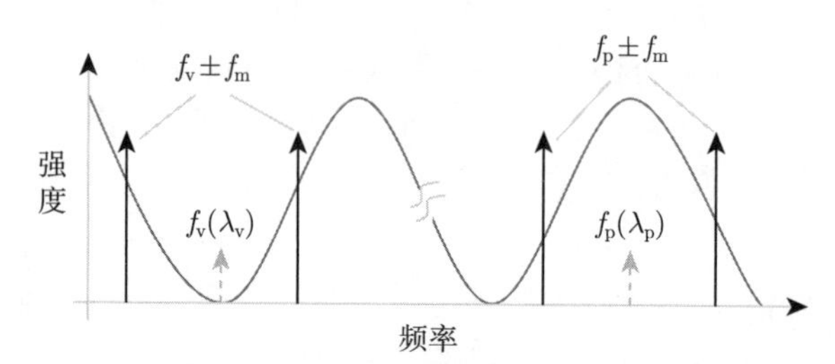

图 2-18 利用光频梳实现频谱侦测[75]

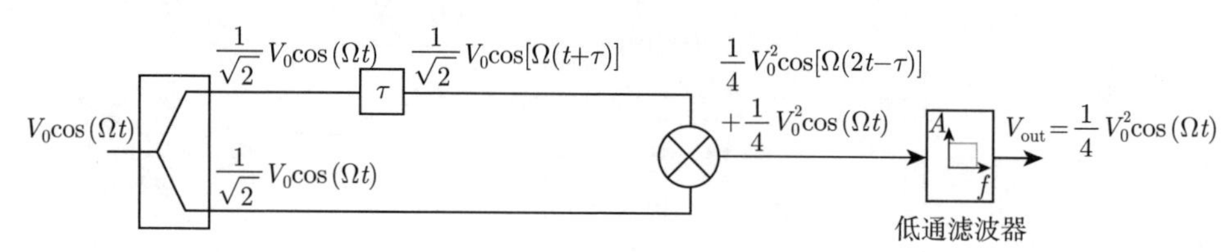

图 2-19 利用电域混频实现频率测量[76]

图 2-20 是对应的利用光子学混频手段实现瞬时频率测量的方案图。待测微波信号被分成两路，一路注入马赫–曾德尔调制器对光载波进行调制，另一路经历延时后再注入第二个马赫–曾德尔调制器对已调制过的光信号进行再次调制，得到的信号输入光电探测器，所得的信号会包含一个与待测微波信号频率相关的直流项，信号通过低通滤波器滤出直流项，通过检测电压大小可以测量微波信号的频率[76]。

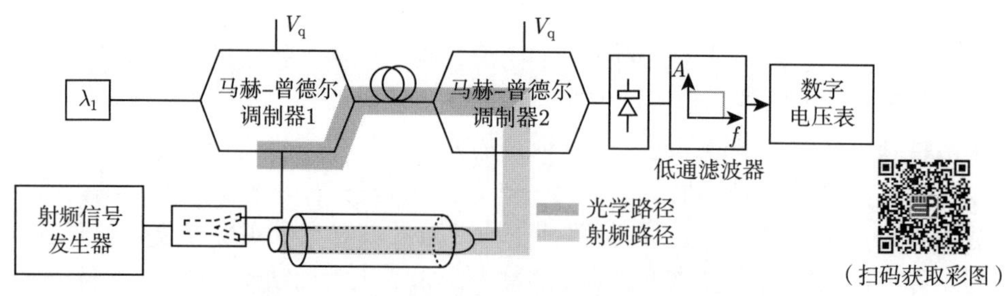

图 2-20 利用光子学混频手段实现瞬时频率测量[76]

2.3.5 基于微波光子的模数转换

光子学的模数转换主要可以分为四种类型：

(1) 光子学辅助的模数转换器 (analog-to-digital converter, ADC)，即将一个光子学器件加入到电的 ADC 中以提升其性能；

(2) 光子学手段采样以及电子学手段量化的 ADC；

(3) 电子学手段采样以及光子学手段量化的 ADC；

(4) 光子学手段采样及量化的 ADC[77]。

一种典型的利用马赫–曾德尔调制器做模数转换的装置如图 2-21 所示[78]：输入模拟电信号被同时调制到 4 路马赫–曾德尔调制器上，再经过光电探测器。整个系统的输入–输出电压关系如图 2-22 所示，可以看出：输出的电信号随输入的电信号呈周期性正弦变化，由于 4 路马赫–曾德尔调制器的臂长不同，所以半波电压不同，即整个系统的输入–输出关系曲线的周期不同[77]。

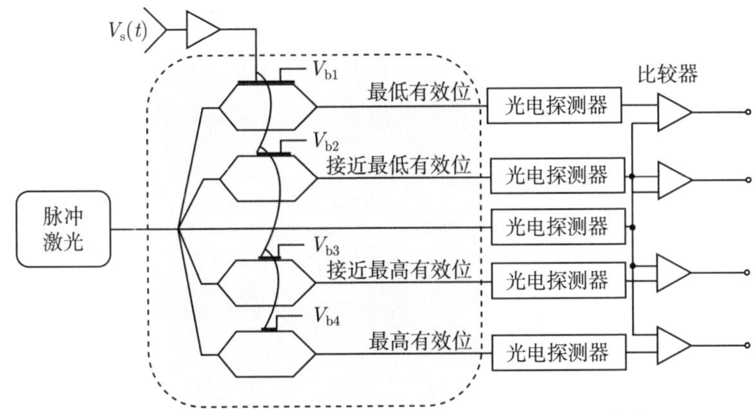

图 2-21 利用马赫–曾德尔调制器实现模数转换[78]

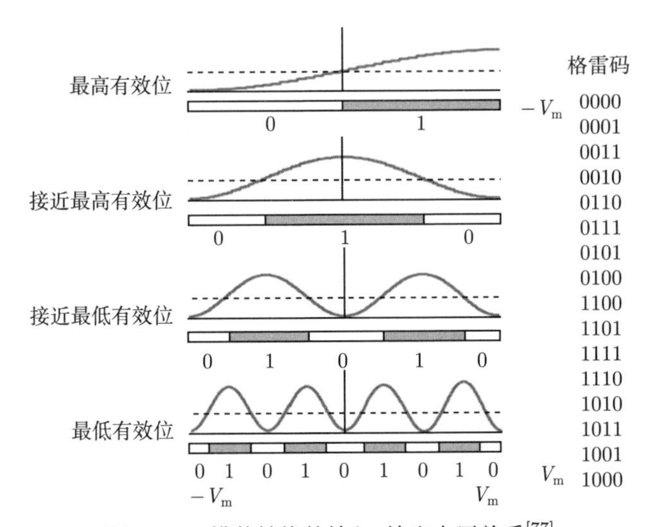

图 2-22 模数转换的输入–输出电压关系[77]

光电探测器的输出电信号经放大再与标准电压对比，高于/低于标准电压的部分分别转换为数字 1/0，对应图中横轴 (输入电压) 的灰/白部分。可以看出，输出的 4 路数字信号构成对输入模拟电信号的模数转换[77]。如果调整 4 路马赫–曾德尔调制器的直流偏置点，则系统的输入–输出关系如图 2-22 所示，从而构成格雷码 (Gray code)[77]。

上面介绍的马赫–曾德尔模数转化系统需多个半波电压不同的马赫–曾德尔调制器，这在制作上相对复杂。下面介绍一种利用相同半波电压马赫–曾德尔调制器构成的模数转换系统，如图 2-23 所示。其基本结构与前面介绍的系统相同，唯一的不同是使用半波电压相同的马赫–曾德尔调制器，并使得 4 个马赫–曾德尔调制器的直流偏置点彼此错开，使得 4 路模数转换电路的输入–输出关系曲线也彼此错开。它的输入电压与输出电压的关系曲线如图 2-24(a) 所示，使得输出 4 路的数字信号随输入电压的关系彼此错开，如图 2-24(b) 所示，最终完成模数转换[79]。

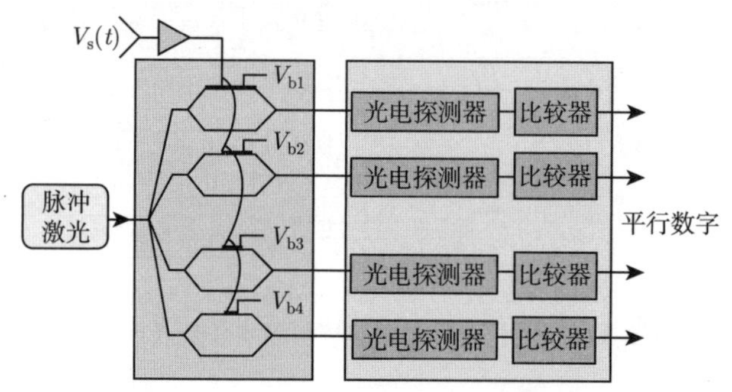

图 2-23　相同半波电压马赫–曾德尔调制器模数转换系统[79]

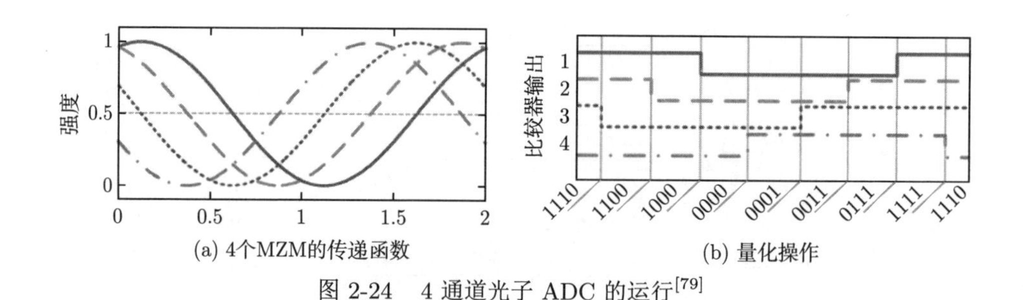

图 2-24　4 通道光子 ADC 的运行[79]

参 考 文 献

[1] Cox C H, Ackerman E I, Betts G E, et al. Limits on the performance of RF-over-fiber links and their impact on device design[J]. IEEE Transactions on Microwave Theory and Techniques, 2006, 54(2): 906-920.

[2] Effenberger F, Liu X. Power-efficient method for IM-DD optical transmission of multiple OFDM signals[J]. Optics Express, 2015, 23(10): 13571-13579.

[3] Li S Y, Zheng X P, Zhang H Y, et al. Compensation of dispersion-induced power fading for highly linear radio-over-fiber link using carrier phase-shifted double sideband modulation[J]. Optics Letters, 2011, 36(4): 546-548.

[4] Zhang H T, Pan S L, Huang M H, et al. Polarization-modulated analog photonic link with compensation of the dispersion-induced power fading[J]. Optics Letters, 2012, 37(5): 866-868.

[5] Sotobayashi H, Kitayama K. Cancellation of the signal fading for 60 GHz subcarrier multiplexed optical DSB signal transmission in nondispersion shifted fiber using midway optical phase conjugation[J]. Journal of Lightwave Technology, 1999, 17(12): 2488-2497.

[6] Ramos F, Marti J, Polo V. Compensation of chromatic dispersion effects in microwave/ millimeter-wave optical systems using four-wave-mixing induced in dispersion-shifted fibers[J]. IEEE Photonics Technology Letters, 1999, 11(9): 1171-1173.

[7] Chen Z Y, Yan L S, Pan W, et al. SFDR enhancement in analog photonic links by simultaneous compensation for dispersion and nonlinearity[J]. Optics Express, 2013, 21(18): 20999-21009.

[8] Smith G H, Novak D, Ahmed Z. Overcoming chromatic-dispersion effects in fiber-wireless systems incorporating external modulators[J]. IEEE Transactions on Microwave Theory and Techniques, 1997, 45(8): 1410-1415.

[9] Hong C, Zhang C, Li M J, et al. Single-sideband modulation based on an injection-locked DFB laser in radio-over-fiber systems[J]. IEEE Photonics Technology Letters, 2010, 22(7): 462-464.

[10] Cui Y, Xu K, Dai J, et al. Overcoming chromatic-dispersion-induced power fading in ROF links employing parallel modulators[J]. IEEE Photonics Technology Letters, 2012, 24(14): 1173-1175.

[11] Yao J P. Microwave photonics[J]. Journal of Lightwave Technology, 2009, 27(3): 314-335.

[12] Yu J J, Jia Z S, Yi L, et al. Optical millimeter-wave generation or up-conversion using external modulators[J]. IEEE Photonics Technology Letters, 2006, 18(1): 265-267.

[13] Li X Y, Yu J J, Zhang J W, et al. QAM vector signal generation by optical carrier suppression and precoding techniques[J]. IEEE Photonics Technology Letters, 2015, 27(18): 1977-1980.

[14] Wang Y Q, Xu Y M, Li X Y, et al. Balanced precoding technique for vector signal generation based on OCS[J]. IEEE Photonics Technology Letters, 2015, 27(23): 2469-2472.

[15] Li L, Zhang G Q, Zheng X P, et al. Suppression for dispersion induced phase noise of an optically generated millimeter wave employing optical spectrum processing[J]. Optics Letters, 2012, 37(19): 3987-3989.

[16] Ma J X, Yu C X, Zhou Z, et al. Optical mm-wave generation by using external modulator based on optical carrier suppression[J]. Optics Communications, 2006, 268(1): 51-57.

[17] Ma J X, Yu J, Yu C X, et al. Fiber dispersion influence on transmission of the optical millimeter-waves generated using LN-MZM intensity modulation[J]. Journal of Lightwave Technology, 2007, 25(11): 3244-3256.

[18] Kuri T, Sakamoto T, Lu G W, et al. Laser-phase-fluctuation-insensitive optical coherent detection scheme for radio-over-fiber system[J]. Journal of Lightwave Technology, 2014, 32(20): 3803-3809.

[19] Shao T, Paresys F, Maury G, et al. Investigation on the phase noise and EVM of digitally modulated millimeter wave signal in WDM optical heterodyning system[J]. Journal of Lightwave Technology, 2012, 30(6): 876-885.

[20] Shao T, Martin E, Anandarajah P M, et al. Chromatic dispersion-induced optical phase decorrelation in a 60 GHz OFDM-RoF system[J]. IEEE Photonics Technology Letters, 2014, 26(20): 2016-2019.

[21] Shao T, Beltrán M, Zhou R, et al. 60 GHz radio over fiber system based on gain-switched laser[J]. Journal of Lightwave Technology, 2014, 32(20): 3695-3703.

[22] Shao T, Shams H, Anandarajah P M, et al. Phase noise investigation of multicarrier sub-THz wireless transmission system based on an injection-locked gain-switched laser[J]. IEEE Transactions on Terahertz Science and Technology, 2015, 5(4): 590-597.

[23] Shams H, Shao T, Fice M J, et al. 100 Gb/s multicarrier THz wireless transmission system with high frequency stability based on a gain-switched laser comb source[J]. IEEE Photonics Journal, 2015, 7(3): 7902011.

[24] Pang X D. High-capacity hybrid optical fiber-wireless communications links in access networks[D]. Lyngby: Technical University of Denmark, 2013.

[25] Zibar D, Sambaraju R, Caballero A, et al. High-capacity wireless signal generation and demodulation in 75- to 110-GHz band employing all-optical OFDM[J]. IEEE Photonics Technology Letters, 2011, 23(12): 810-812.

[26] Pang X D, Caballero A, Dogadaev A, et al. 25 Gbit/s QPSK hybrid fiber-wireless transmission in the W-band (75—110 GHz) with remote antenna unit for in-building wireless networks[J]. IEEE Photonics Journal, 2012, 4(3): 691-698.

[27] Islam A H, Bakaul M, Nirmalathas A, et al. Simplification of millimeter-wave radio-over-fiber system employing heterodyning of uncorrelated optical carriers and self-homodyning of RF signal at the receiver[J]. Optics Express, 2012, 20(5): 5707-5724.

[28] Yu J J, Li X Y, Chi N. Faster than fiber: Over 100-Gb/s signal delivery in fiber wireless integration system[J]. Optics Express, 2013, 21(19): 22885-22904.

[29] Yaakob S, Wan Abdullah W R, Osman M N, et al. Effect of laser bias current to the third order intermodulation in the radio over fibre system[C]//2006 International RF and Microwave Conference, Putra Jaya, 2006: 444-447.

[30] Hassin D, Vahldieck R. Feedforward linearization of analog modulated laser diodes-theoretical analysis and experimental verification[J]. IEEE Transactions on Microwave Theory and Techniques, 1993, 41(12): 2376-2382.

[31] Katz A, Jemison W, Kubak M, et al. Improved radio over fiber performance using pre-

distortion linearization[C]//IEEE MTT-S International Microwave Symposium Digest, 2003, Philadelphia, 2003: 1403-1406.

[32] Magoon V, Jalali B. Electronic linearization and bias control for externally modulated fiber optic link[C]//International Topical Meeting on Microwave Photonics MWP 2000, Oxford, 2000: 145-147.

[33] Yan Y, Yao J P. Photonic microwave bandpass filter with improved dynamic range[J]. Optics Letters, 2008, 33(15): 1756-1758.

[34] Li W Z. Photonic generation of microwave and millimeter wave signals[D]. Ottawa: University of Ottawa, 2013.

[35] Chen X F, Deng Z C, Yao J P. Photonic generation of microwave signal using a dual-wavelength single-longitudinal-mode fiber ring laser[J]. IEEE Transactions on Microwave Theory and Techniques, 2006, 54(2): 804-809.

[36] Li S M, Li R M, Li L Y, et al. Dual wavelength semiconductor laser based on reconstruction-equivalent-chirp technique[J]. IEEE Photonics Technology Letters, 2013, 25(3): 299-302.

[37] Pan S L, Yao J P. A wavelength-switchable single-longitudinal-mode dual-wavelength erbium-doped fiber laser for switchable microwave generation[J]. Optics Express, 2009, 17(7): 5414-5419.

[38] De S, El Amili A, Fsaifes I, et al. Phase noise of the radio frequency (RF) beatnote generated by a dual-frequency VECSEL[J]. Journal of Lightwave Technology, 2014, 32(7): 1307-1316.

[39] Soltanian M R K, Sadegh Amiri I, Alavi S E, et al. Dual-wavelength erbium-doped fiber laser to generate terahertz radiation using photonic crystal fiber[J]. Journal of Lightwave Technology, 2015, 33(24): 5038-5046.

[40] Goldberg L, Taylor H F, Weller J F, et al. Microwave signal generation with injection-locked laser diodes[J]. Electronics Letters, 1983, 19(13): 491-493.

[41] O'Reilly J J, Lane P M, Heidemann R, et al. Optical generation of very narrow linewidth millimetre wave signals[J]. Electronics Letters, 1992, 28(25): 2309-2311.

[42] O'Reilly J J, Lane P M. Fibre-supported optical generation and delivery of 60 GHz signals[J]. Electronics Letters, 1994, 30(16): 1329-1330.

[43] Pan S L, Yao J P. Tunable subterahertz wave generation based on photonic frequency sextupling using a polarization modulator and a wavelength-fixed notch filter[J]. IEEE Transactions on Microwave Theory and Techniques, 2010, 58(7): 1967-1975.

[44] Harrison J, Mooradian A. Linewidth and offset frequency locking of external cavity GaAlAs lasers[J]. IEEE Journal of Quantum Electronics, 1989, 25(6): 1152-1155.

[45] Yao X S, Maleki L. Optoelectronic microwave oscillator[J]. Journal of the Optical Society of America B, 1996, 13(8): 1725-1735.

[46] Yao X S, Maleki L. Optoelectronic oscillator for photonic systems[J]. IEEE Journal of Quantum Electronics, 1996, 32(7): 1141-1149.

[47] Hao T F, Cen Q Z, Dai Y T, et al. Breaking the limitation of mode building time in

an optoelectronic oscillator[J]. Nature Communications, 2018, 9(1): 1839.
[48] Zhang J J, Yao J P. Parity-time-symmetric optoelectronic oscillator[J]. Science Advances, 2018, 4(6): eaar6782.
[49] Tang J, Hao T F, Li W, et al. Integrated optoelectronic oscillator[J]. Optics Express, 2018, 26(9): 12257-12265.
[50] Zhang W F, Yao J P. A silicon photonic integrated frequency-tunable optoelectronic oscillator[C]//2017 International Topical Meeting on Microwave Photonics, Beijing, 2017.
[51] Yu N, Salik E, Maleki L. Ultralow-noise mode-locked laser with coupled optoelectronic oscillator configuration[J]. Optics Letters, 2005, 30(10): 1231-1233.
[52] Salik E, Yu N, Maleki L. An ultralow phase noise coupled optoelectronic oscillator[J]. IEEE Photonics Technology Letters, 2007, 19(6): 444-446.
[53] Eliyahu D, Seidel D, Maleki L. Phase noise of a high performance OEO and an ultra low noise floor cross-correlation microwave photonic homodyne system[C]//2008 IEEE International Frequency Control Symposium, Honolulu, HI, 2008: 811-814.
[54] Zhou W M, Blasche G. Injection-locked dual opto-electronic oscillator with ultra-low phase noise and ultra-low spurious level[J]. IEEE Transactions on Microwave Theory and Techniques, 2005, 53(3): 929-933.
[55] Bogataj L, Vidmar M, Batagelj B. Improving the side-mode suppression ratio and reducing the frequency drift in an opto-electronic oscillator with a feedback control loop and additional phase modulation[J]. Journal of Lightwave Technology, 2016, 34(3): 885-890.
[56] Strekalov D, Aveline D, Yu N, et al. Stabilizing an optoelectronic microwave oscillator with photonic filters[J]. Journal of Lightwave Technology, 2003, 21(12): 3052-3061.
[57] Xu X Y, Dai J, Dai Y T, et al. Broadband and wide-range feedback tuning scheme for phase-locked loop stabilization of tunable optoelectronic oscillators[J]. Optics Letters, 2015, 40(24): 5858-5861.
[58] Li W Z, Yao J P. A wideband frequency tunable optoelectronic oscillator incorporating a tunable microwave photonic filter based on phase-modulation to intensity-modulation conversion using a phase-shifted fiber Bragg grating[J]. IEEE Transactions on Microwave Theory and Techniques, 2012, 60(6): 1735-1742.
[59] Peng H F, Zhang C, Xie X P, et al. Tunable DC-60 GHz RF generation utilizing a dual-loop optoelectronic oscillator based on stimulated Brillouin scattering[J]. Journal of Lightwave Technology, 2015, 33(13): 2707-2715.
[60] Zhang T T, Xiong J T, Wang P, et al. Tunable optoelectronic oscillator using FWM dynamics of an optical-injected DFB laser[J]. IEEE Photonics Technology Letters, 2015, 27(12): 1313-1316.
[61] Lasri J, Devgan P, Tang R Y, et al. Self-starting optoelectronic oscillator for generating ultra-low-jitter high-rate (10 GHz or higher) optical pulses[J]. Optics Express, 2003, 11(12): 1430-1435.
[62] Devgan P, Serkland D, Keeler G, et al. An optoelectronic oscillator using an 850-nm VCSEL for generating low jitter optical pulses[J]. IEEE Photonics Technology Letters,

2006, 18(5): 685-687.

[63] Wang M G, Yao J P. Tunable optical frequency comb generation based on an optoelectronic oscillator[J]. IEEE Photonics Technology Letters, 2013, 25(21): 2035-2038.

[64] Zou X H, Liu X K, Li W Z, et al. Optoelectronic oscillators (OEOs) to sensing, measurement, and detection[J]. IEEE Journal of Quantum Electronics, 2016, 52(1): 0601116.

[65] Jackson K P, Newton S A, Moslehi B, et al. Optical fiber delay-line signal processing[J]. IEEE Transactions on Microwave Theory and Techniques, 1985, 33(3): 193-210.

[66] Capmany J, Ortega B, Pastor D. A tutorial on microwave photonic filters[J]. Journal of Lightwave Technology, 2006, 24(1): 201-229.

[67] Pan S L, Zhang Y M. Tunable and wideband microwave photonic phase shifter based on a single-sideband polarization modulator and a polarizer[J]. Optics Letters, 2012, 37(21): 4483-4485.

[68] Zhang Y M, Pan S L. Complex coefficient microwave photonic filter using a polarization-modulator-based phase shifter[J]. IEEE Photonics Technology Letters, 2013, 25(2): 187-189.

[69] Zhang Y M, Pan S L. Tunable multitap microwave photonic filter with all complex coefficients[J]. Optics Letters, 2013, 38(5): 802-804.

[70] Wang Y, Jin X F, Chi H, et al. Tunable multi-tap microwave photonic filter with complex coefficients using a dual-parallel Mach-Zehnder modulator[J]. Journal of Modern Optics, 2013, 60(13): 1069-1073.

[71] Yi X, Minasian R A. Microwave photonic filter with single bandpass response[J]. Electronics Letters, 2009, 45(7): 362-363.

[72] Palaci J, Villanueva G E, Galán J V, et al. Single bandpass photonic microwave filter based on a notch ring resonator[J]. IEEE Photonics Technology Letters, 2010, 22(17): 1276-1278.

[73] Zmuda H, Soref R A, Payson P, et al. Photonic beamformer for phased array antennas using a fiber grating prism[J]. IEEE Photonics Technology Letters, 1997, 9(2): 241-243.

[74] Guan B O, Jin L, Zhang Y, et al. Polarimetric heterodyning fiber grating laser sensors[J]. Journal of Lightwave Technology, 2012, 30(8): 1097-1112.

[75] Chi H, Zou X H, Yao J P. An approach to the measurement of microwave frequency based on optical power monitoring[J]. IEEE Photonics Technology Letters, 2008, 20(14): 1249-1251.

[76] Sarkhosh N, Emami H, Bui L, et al. Reduced cost photonic instantaneous frequency measurement system[J]. IEEE Photonics Technology Letters, 2008, 20(18): 1521-1523.

[77] Valley G C. Photonic analog-to-digital converters[J]. Optics Express, 2007, 15(5): 1955-1982.

[78] Taylor H. An optical analog-to-digital converter—design and analysis[J]. IEEE Journal of Quantum Electronics, 1979, 15(4): 210-216.

[79] Chi H, Yao J P. A photonic analog-to-digital conversion scheme using Mach-Zehnder modulators with identical half-wave voltages[J]. Optics Express, 2008, 16(2): 567-572.

第 3 章 微波光子器件与集成技术

3.1 引 言

前面章节中已经讨论了微波光子学的相关研究进展，以及微波光子学的研究前景、原理、核心功能、典型结构等，本章将着重阐述微波光子集成化器件，介绍微波光子学涉及的器件如何在现阶段工艺情况下，实现小型化与集成化开发。本章内容主要包括半导体激光器、电光调制器、光电探测器以及各功能无源器件，分别从其功能、发展历程、基本原理、现阶段典型结构与前沿结构等方面进行介绍。

3.2 半导体激光器与激光阵列

在 1962 年 7 月召开的固体器件研究国际会议上，美国麻省理工学院 (MIT) 林肯实验室和美国无线电公司 (Radio Corporation of America，RCA) 实验室报道了砷化镓材料扩散结二极管的光发射现象[1]，随后在 1962 年 9~10 月，半导体激光器 (semiconductor laser) 几乎同时被美国纽约州斯克内克塔迪市的通用电气研究中心的 Robert N. Hall[2]、纽约州锡拉丘兹的通用电气的 Nick Holonyak[3]、纽约州约克敦海茨的 IBM 研究实验室的 Marshall I. Nathan[4] 以及马萨诸塞州列克星敦 (Lexington) 的 MIT 林肯实验室的 T. M. Quist[5] 成功研制。但早期的半导体激光器还存在很多缺陷，尤其是其必须在 77 K 低温下才能实现微秒脉冲工作。经过 8 年多的时间，贝尔实验室和列宁格勒 (现圣彼得堡) 约飞 (Ioffe) 物理研究所研制出能在室温下工作的连续半导体激光器[6]。20 世纪 70 年代中期，性能可靠的半导体激光器被研究出来。半导体激光器的发明给光通信等信息技术领域提供了一种高质量的光源。与固体、气体激光器相比，半导体激光器具有体积小、质量轻、寿命长、易电调制等突出优点。随后，半导体激光器的发展走向了两个方向，其中一个方向是以传递信息为目的，面向光通信的激光器；另一个方向是以提高光功率为目的的大功率半导体激光器。尤其是前者，20 世纪 90 年代中后期分布式反馈半导体激光器 (distributed feedback laser，DFB laser) 问世，以及在更早年美国康宁公司成功研制出低损耗光纤，使光纤通信得到飞跃发展，对人类进入大容量信息互联时代起到重要作用。表 3-1 显示了半导体激光器发展的历程。

表 3-1 面向光通信的半导体激光器发展历程

发展阶段	系统特点	光源特点
第一代光纤通信系统 (1977 年)	光源寿命长	以双异质短波长半导体激光器为光源
第二代光纤通信系统 (1979 年)	传输质量 (距离、速率) 有了新的突破	1.1～1.55 μm 的 InGaAsP 激光器，波长范围更宽、寿命更长
第三代光纤通信系统 (20 世纪 80 年代末)	可实现大容量、长中继的信息传输网	DFB 激光器，光谱纯度高 (单色性好)，线宽窄 (小于 1 MHz)，边模抑制比较高；能够实现单纵模发射，甚至是动态的单纵模发射

3.2.1 半导体激光器基本原理

半导体激光器的基本原理是导带中的电子和价带中的空穴复合可以辐射出一个光子。如果导带中的电子和光子相互作用实现受激辐射，如图 3-1 所示，使得具有光谐振腔结构的半导体腔内光子数大幅增加，即发生激光输出。对于具有法布里–珀罗谐振腔 (Fabry-Perot resonator，FPR) 结构的半导体激光器，由于周期性的光谐振峰，激光器受激辐射也是具有半导体波导模式增益包络的一系列谐振峰的光谱结构，如图 3-2 所示。一般情况下可以在半导体激光器的两个端面镀反射介质膜，从而实现法布里–珀罗的谐振腔结构。

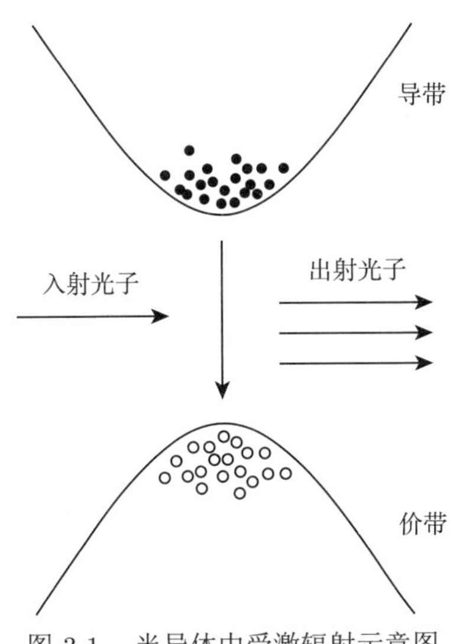

图 3-1 半导体中受激辐射示意图

事实上，目前光通信中主要用的是 DFB 半导体激光器。该激光器集成有波导光栅，可实现稳定的单模谐振，因此被广泛用于光通信等信息传输领域。DFB 激光器的基本原理结构如图 3-3 所示，其主要结构包含 N-InP、下限制层、多量子阱、上限制层、光栅层、P-InP 等。其中多量子阱为有源区；光栅层主要有均匀光栅结构和 π 相移光栅结构，而均匀光栅有两个简并的模式，常常出现多模现象；π 相移光栅结构在光栅布拉格波长 (Bragg wavelength) 中心有一个主导模式，可以确保单模运转。DFB 激光器的波长主要由波导的有效折射率和光栅的周期确定，即在布拉格波长附近。

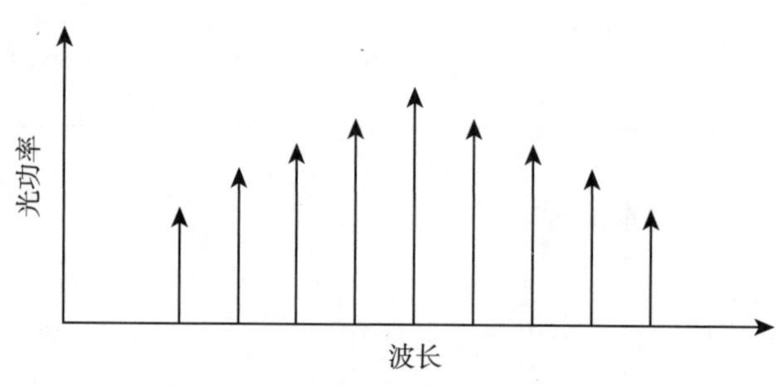

图 3-2 半导体中受激辐射谐振峰

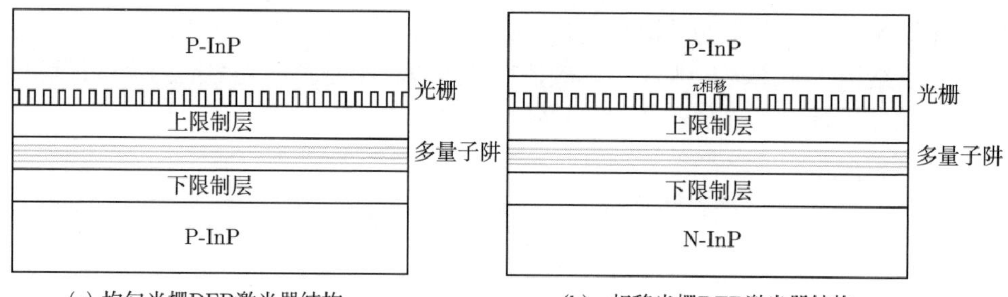

图 3-3 DFB 激光器的基本原理结构图

因为波导光栅独特的滤波特性，DFB 激光器具有单模特性好、结构紧凑、可靠性高等优点，被大量应用于光通信系统中。最早的 DFB 激光器是均匀的波导光栅，其制作方法是全息曝光技术。由于在光栅禁带的两侧存在模式的简并，单模特性较差，如图 3-4(a) 所示。目前主要解决办法有端面镀膜、增益耦合和折射率耦合光栅中插入相移。如果激光器端面一侧镀增透膜，另一侧镀增反膜，光栅在增反膜的端面处附加的相位会造成一个新的光谐振点，模式简并被破坏，从而形成单模的激射。然而，光栅周期一般只有 200~300 nm，在解理的时候很难控制端面的光栅相位，端面相位通常是随机的。因此用这种方法得到的合格的激光器也是随机的。π 相移光栅 DFB 激光器在禁带中间形成一个透射峰，这个峰值位置满足谐振条件形成激射，而且其阈值远远低于两个边模，所以具有非常好的单模特性，如图 3-4(b) 所示。若激光器两侧都镀有完美的增透膜，单模成品率为 100%，但是因为存在相移，其制作需要电子束曝光技术，成本很高。

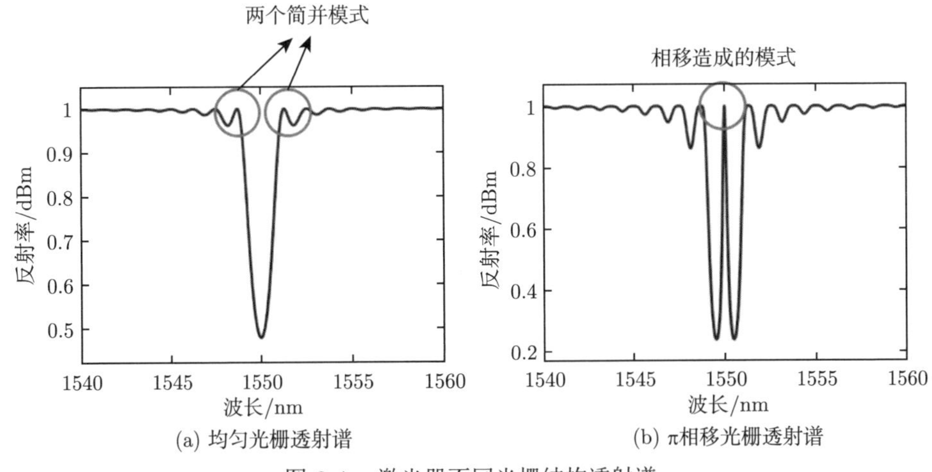

(a) 均匀光栅透射谱　(b) π相移光栅透射谱

图 3-4　激光器不同光栅结构透射谱

3.2.2 波分复用技术与多波长激光阵列

单个 DFB 激光器已广泛应用于光通信等光电信息技术，是非常成功的光源。光通信领域中为了增加通信容量，一般采用波分复用技术，该技术需要多信道激光器阵列光源，尤其是多信道光子集成电路，需要将多信道激光器阵列与调制器等阵列集成在一起。这种类似电子集成电路的技术路线被认为是未来光子技术的主流趋势。光子集成电路 (photonic integrated circuit，PIC) 最早是在 1969 年由美国贝尔实验室的 Miller 提出的[7]，但开发光子集成器件存在很多困难，且研制成本高昂，因此在光子集成电路概念提出后相当长的时间里，一直没有商业化的产品出现。直到 2004 年，PIC 集成度的研究取得重大进展，第一次在单一芯片上集成了超过 50 个功能器件的 PIC 发射器，并在美国 Infinera 公司面世[8]。这是一款已实用化的 PIC 器件，其结构如图 3-5 所示。从图可知，在这款 PIC 发射器共集成有 10 个可调 DFB 激光器组成的激光器阵列、10 个 10 Gbit/s 的电吸收调制器 (electric absorption modulator，EAM)、10 个可变光衰减器 (variable optical attenuator, VOA)、10 个光功率监视器 (optical power monitor, OPM)、1 个阵列波导光栅 (arrayed waveguide grating，AWG)；而 PIC 接收器则相对简单，是由 1 个阵列波导光栅解复用器和 10 个雪崩光电二极管 (avalanche photodiode，APD) 组成的探测器阵列构成。整个波分复用系统的传输速率达到创纪录的 100 Gbit/s。

正如发动机对于汽车一样，作为光源的多波长激光器阵列，是驱动 PIC 器件工作的动力。在 PIC 器件中，提供光源的多波长激光器阵列技术是其核心技术，也是 PIC 器件的关键所在。以集成有 10 个波长的 DFB 激光器阵列为例，如果一个 DFB 激光器的单模成品率为 60%，由 10 个这样的 DFB 激光器组成的阵列，其单模成品率将低至 0.6%，所以单个激光器的成品率十分重要。此外，根据 ITU-T (国际电联电信标准化部门) 标准，对于 200 GHz 信道间隔的波分复用 (wavelength division multiplexer，WDM) 系统，每个信道的光源在其整个寿命周期内，其工作波长对于标准波长的偏差必须在 0.32 nm (±40 GHz) 的范围内。阵列中单个激光器成品率因为镀膜随机相位以及制造上导致的缺陷总是没法达到 100%，高标准的性能要求对现有的加工制造技术构成巨大挑战。

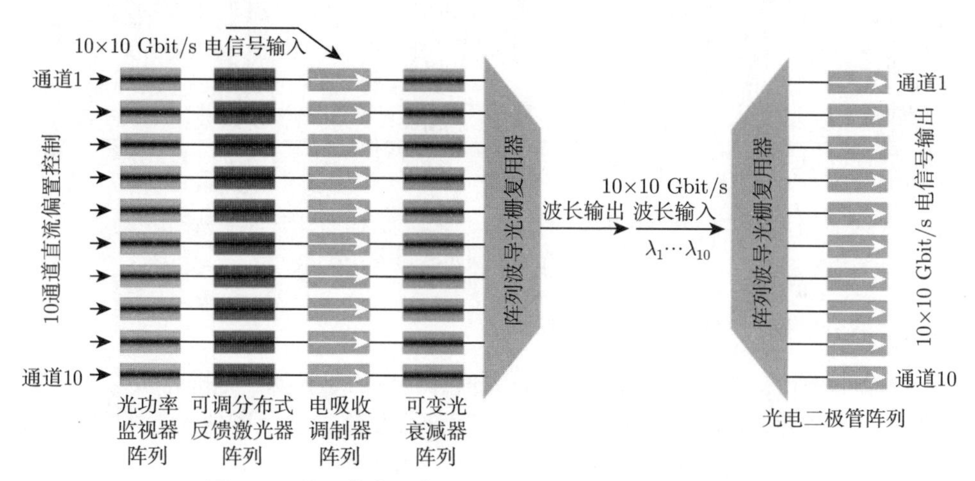

图 3-5　第一款商用集成化波分复用系统——PIC 器件

目前最为常用的是电子束曝光技术。通过改变聚焦的电子束的位置实现逐点扫描纳米级结构图案，如图 3-6 所示。通过控制每个激光器的光栅周期可以得到不同激光器的激射波长，实现多波长激光器阵列。随着技术的发展，电子束曝光得到普及。虽然电子束曝光技术能精确控制光栅的条纹图形，但是制作时间较长，科研人员正在寻求其他简便的制作办法，例如，改变激光器的脊条宽度、设计弧形脊条、非对称采样周期、选择区域生长 (selective area growth，SAG)、相位掩模版、纳米压印等。

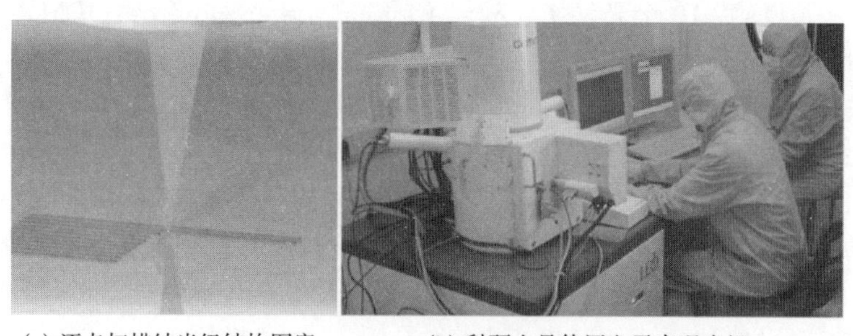

(a) 逐点扫描纳米级结构图案　　(b) 科研人员使用电子束曝光机

图 3-6　电子束曝光技术原理与实物图

改变脊条宽度制作阵列激光器方法的基本原理是利用不同的脊条宽度改变有效折射率，从而调整激光器的布拉格波长。但是脊条宽度的改变范围毕竟是有限的，不同的脊条宽度也会导致不同的注入电流密度，所以波长覆盖的范围相对比较小，阈值特性也不均匀。

利用弧形脊条的方法制作激光器阵列的基本原理是改变脊条与光栅的角度，折射率调制的周期在沿脊条轴向为 $\Lambda_i = \Lambda_\mathrm{o}/\cos\theta_i$，其中 Λ_o 是实际的光栅周期，θ 是脊条轴向与光栅矢量的夹角，如图 3-7(a) 所示。只要设计每个激光器的脊条方向，就可以等效改变每个激光器的光栅周期，从而控制激射波长。2004 年，Hartmut Hillmer 等利用这种方法实现了 7 个波长的阵列[9]，图 3-7(b) 是其阵列芯片实物图。

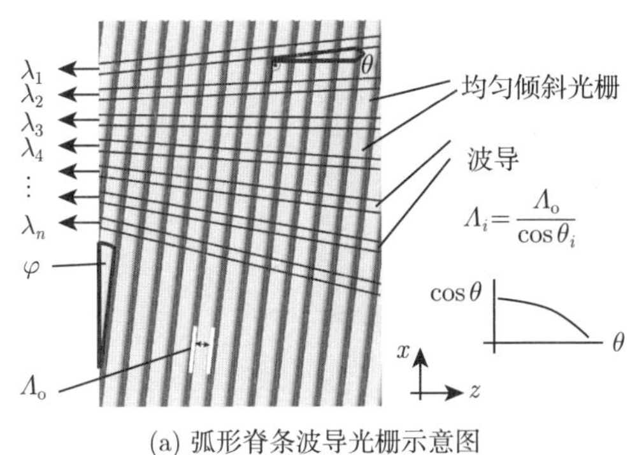

(a) 弧形脊条波导光栅示意图

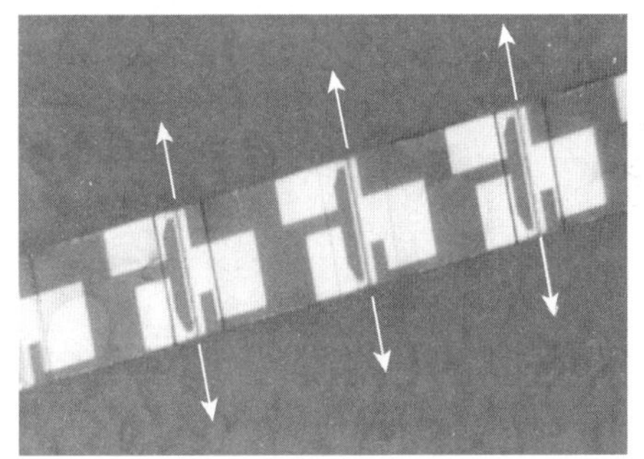

(b) 弧形脊条激光器阵列示意图

图 3-7 脊条激光器阵列光栅示意图与实物图

非对称采样的方法是通过制作一层折射率调整层，如图 3-8 所示，控制腔一侧的有效折射率，使左右两侧采样光栅的同一级次的布拉格波长能得到很好的对准，从而产生光谐振。基于该方法，研究人员曾实现 16 个波长的阵列[10]。这种方法的缺点是折射率调整层难以严格控制，因此，制作相移光栅仍有困难。

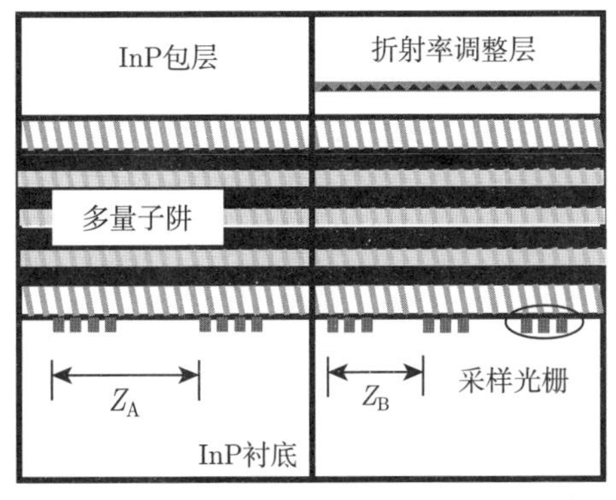

图 3-8 非对称采样光栅 DFB 激光器示意图

选择区域生长方法能够控制每个激光器的多量子阱的厚度和组分，改变每个激光器的能带结构和折射率，控制其布拉格波长和增益曲线，从而改变每个激光器的激射波长[11]。

相位掩模版可以制作相移、啁啾等光栅，但是掩模版的成本很高，也缺乏灵活性[12]。

纳米压印的模板制作成本同样也较高，目前纳米压印已得到商用，也是 DFB 激光器光栅潜在的制作方案[13]。图 3-9 为纳米压印制作的波导侧壁光栅，图 3-10 为纳米压印中颗粒等导致周边失效。

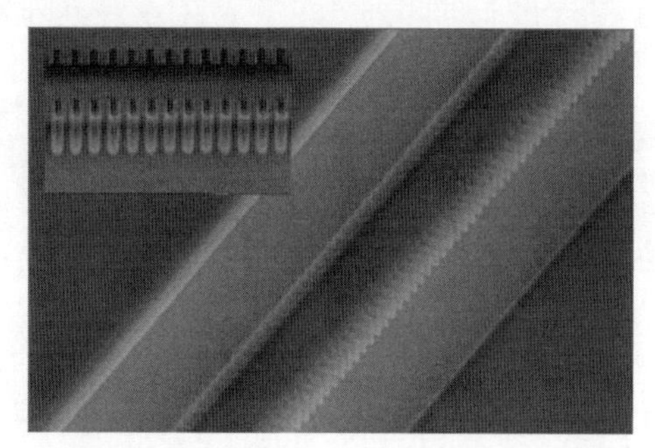

图 3-9　纳米压印制作的波导侧壁光栅

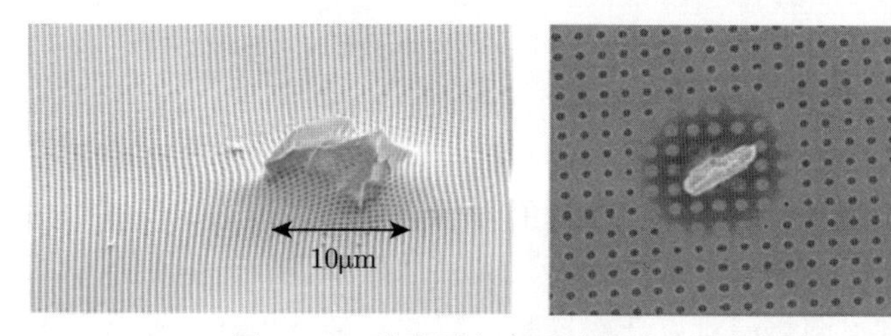

图 3-10　纳米压印中颗粒等导致周边失效

3.2.3　大规模重构–等效啁啾精准激光器阵列

由于每个激光器的波长需严格控制，而在密集波分复用等场合，比如 C 波段，波长间隔 100 GHz (约 0.8 nm)，根据布拉格波长公式 $\lambda = 2n\Lambda$ (其中 Λ 为光栅周期，n 为有效折射率)，相邻波长激光器的光栅周期相差仅为约 0.12 nm，因此，制作大规模多信道激光器阵列的难度依旧很大。

早在 2000 年，Chen 等[14] 报道了重构等效啁啾 (reconstruction equivalent chirp，REC) 技术的雏形，并提到若改变采样结构，比如在采样结构中引入啁啾，采样光栅的某一个傅里叶级次 (一般是 ±1 级) 的反射谱会随之改变。随后进一步研究发现，周期、相移甚至任意的光栅形貌都能仅通过改变采样结构，在某一级的傅里叶子光栅中得到与实际光栅相同的反射谱。采样周期一般比较大，为微米量级，而种子光栅 (基本光栅) 为均匀光栅。均匀光栅仅需传统的全息曝光技术便能实现，采样结构尺度较大，所以便于实现相同的反射频率响应。这给我们提供的思路是，如果人为精心设计采样结构，即便是种子光栅保持均匀，也可以得到所需的反射响应。利用这个特性可以设计多种功能光栅器件。这种设计思路给制作各种复杂结构光栅带来很大的便利，仅需改变微米量级的采样，而不是实际制作复杂纳米量级的光栅。

要得到具有良好单模特性的 DFB 激光器，需要在光栅中间插入相移、啁啾等精细结构。这些结构都可以利用 REC 技术等效实现。假设 z_0 处采样结构中有个相位突变 ΔP，则此时的采样光栅在数学上表示为

$$\Delta n_{\mathrm{s}}(z)=\begin{cases}\Delta n\sum\limits_{m}\dfrac{1}{2}F_m\exp\left(\mathrm{j}\dfrac{2m\pi z}{P}+\mathrm{j}\dfrac{2\pi z}{\varLambda_0}\right)+\mathrm{c.c.}, & z\leqslant z_0\\ \Delta n\sum\limits_{m}\dfrac{1}{2}F_m\exp\left(\mathrm{j}\dfrac{2m\pi z}{P}+\mathrm{j}\dfrac{2\pi z}{\varLambda_0}-\mathrm{j}\theta\right)+\mathrm{c.c.}, & z>z_0\end{cases} \tag{3-1}$$

式中，P 是采样周期；$\varLambda_0$ 是种子光栅周期；Δn 是种子光栅的折射率调制；$\theta=\dfrac{2m\pi\Delta P}{P}$，表示傅里叶子光栅中的相移量。

对于 $m=\pm1$，$\Delta P=\dfrac{P}{2}$ 时，为等效 π 相移或者称为等效 $\lambda/4$ 相移。

对于 $m=0$，不管 ΔP 为何值，0 级子光栅仍为均匀光栅。

根据式 (3-1)，一般选择 +1 级或者 −1 级傅里叶子光栅作为工作光栅。为了保证激光器单模工作，0 级光栅必须设计在增益区外面，如图 3-11 所示，以此抑制其潜在的光谐振。采样占空比一般设计为 0.5。此时，根据傅里叶分析，±1 级有最大的折射率调制强度，而 ±2 级傅里叶子光栅的折射率调制强度为 0。图 3-12(a) 是实际 $\lambda/4$ 相移激光器的光栅示意图，图 3-12(b) 为等效 $\lambda/4$ 相移光栅的示意图。

基于 REC 技术的激光器阵列，改变每一个激光器的采样周期，就可控制每一个采样光栅的工作子光栅的布拉格波长，从而控制激光器的激射波长。所以，对于单个激光器和激光器阵列的制作，除了采样图案有差别，其他的都是一样的。由于种子光栅仍为均匀光栅，不同光栅结构激光器需要改变的仅仅是采样图案，所以各种特殊激光器都可在同一晶片一次制作完成，如图 3-13 所示。

图 3-14 是制作基于 REC 技术的 DFB 激光器的基本流程图。REC 技术是一种光栅技术，与普通 DFB 激光器相比，仅有制作采样光栅这一步流程有所不同，需要增加一步传统的紫外曝光，其他工艺和传统的半导体激光器制作无任何区别。

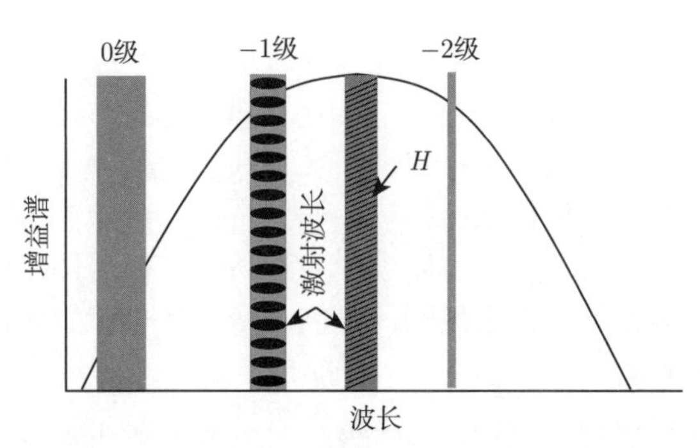

图 3-11　REC 技术设计 DFB 激光器示意图

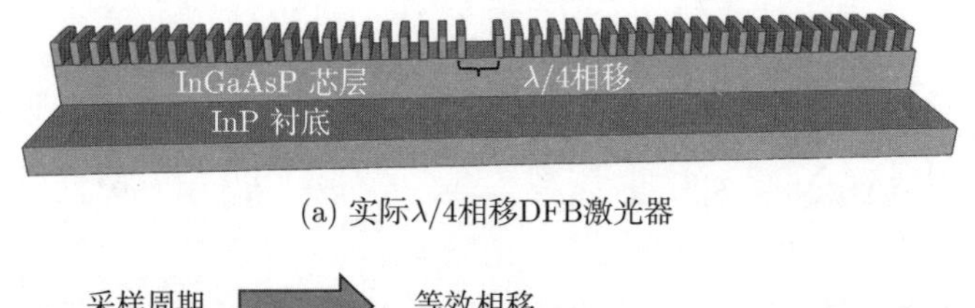

(a) 实际λ/4相移DFB激光器

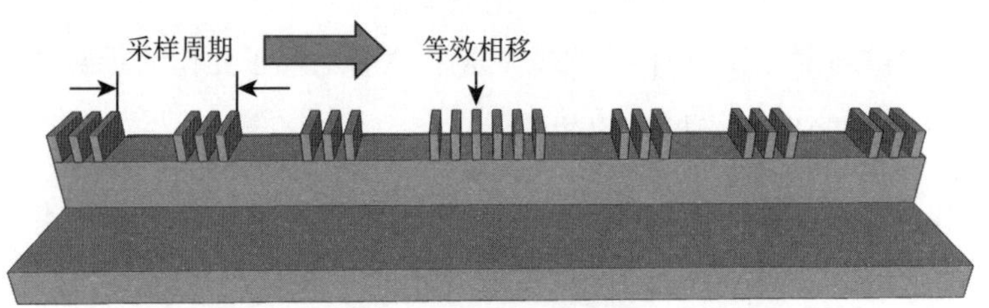

(b) 等效λ/4相移DFB激光器

图 3-12　REC 技术制作的等效 $\lambda/4$ 相移光栅

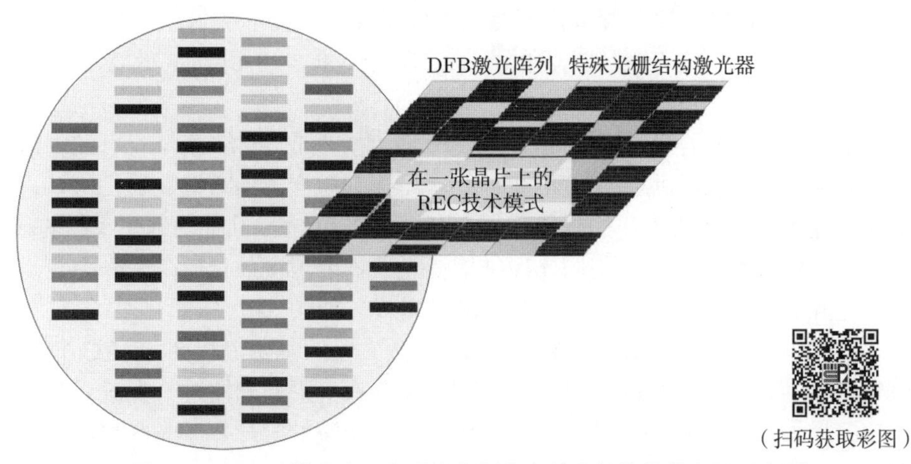

（扫码获取彩图）

图 3-13　REC 技术在一张晶片上制作各种光栅结构激光器示意图

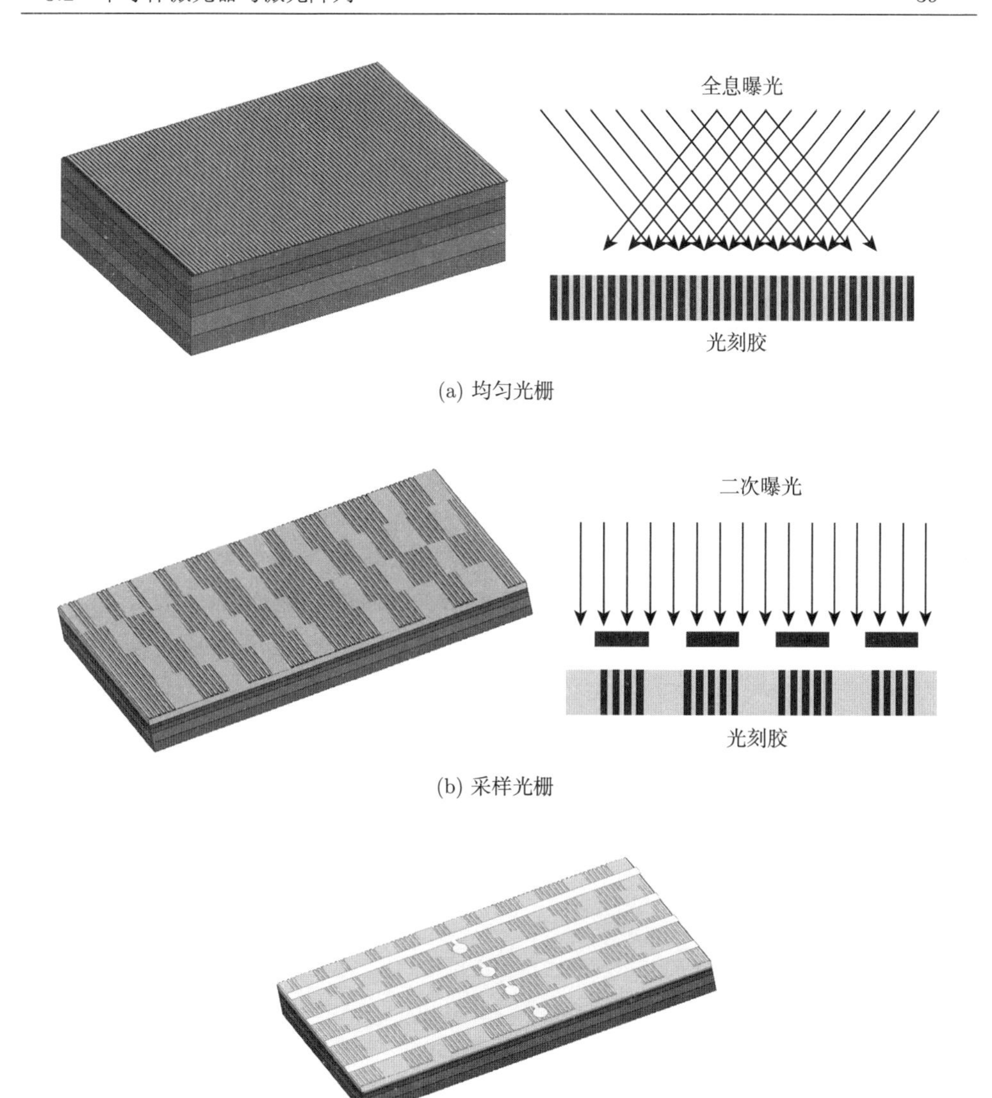

(a) 均匀光栅

(b) 采样光栅

(c) 制作完后续工艺

图 3-14 REC 技术制作 DFB 半导体激光器基本流程

南京大学团队基于 REC 技术研制出 60 信道激光器阵列，如图 3-15 所示。60 信道的激光器阵列测试的光谱、波长及波长线性残差如图 3-16 所示。波长间隔接近 0.8 nm，波长线性残差约 ±0.2 nm，具有很好的线性度。同时对 60 信道激光器的阵列波长线性残差进行统计，如图 3-17 所示，残差几乎都在 ±0.2 nm。该结果为大规模光子集成提供了一种全新的光源[15]。2020 年 Lee 等[16] 指出该结果也是当时激光器阵列波长数最高的结果，如图 3-18 所示。

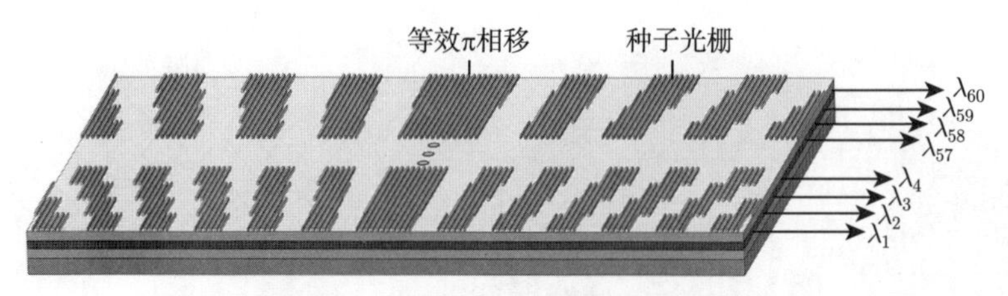

图 3-15 60 信道激光器阵列示意图

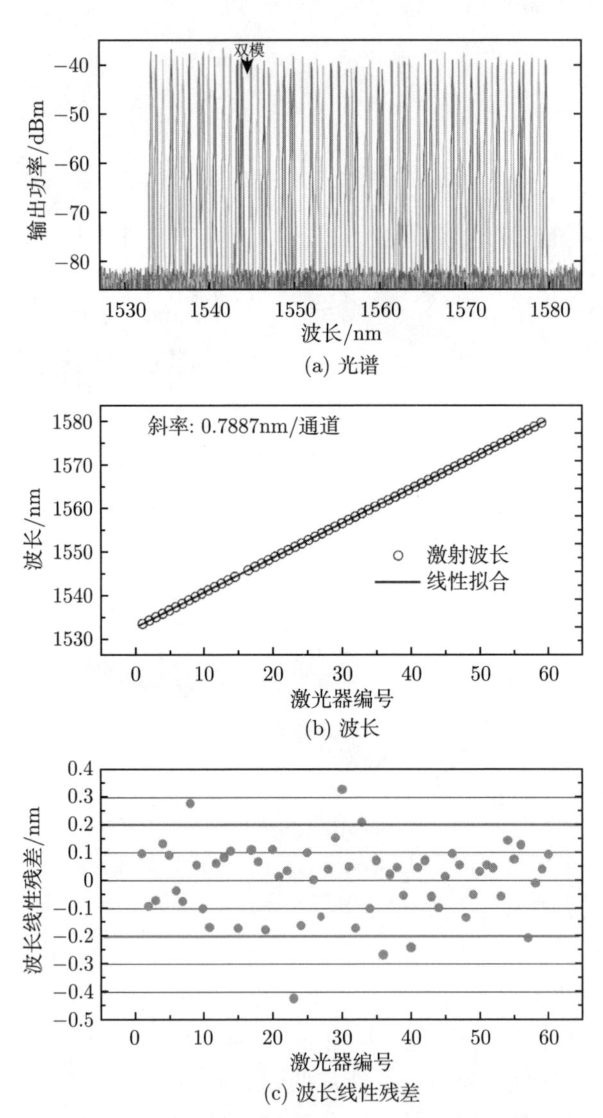

(a) 光谱

(b) 波长

(c) 波长线性残差

图 3-16 60 信道激光器阵列光谱、波长以及波长线性残差

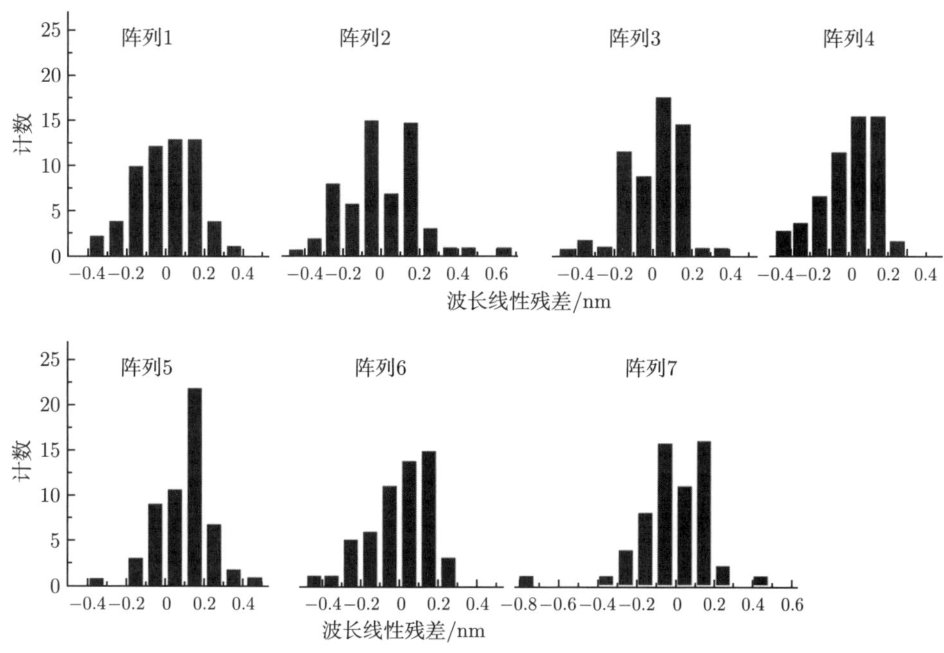

图 3-17 7 个激光器阵列波长线性残差

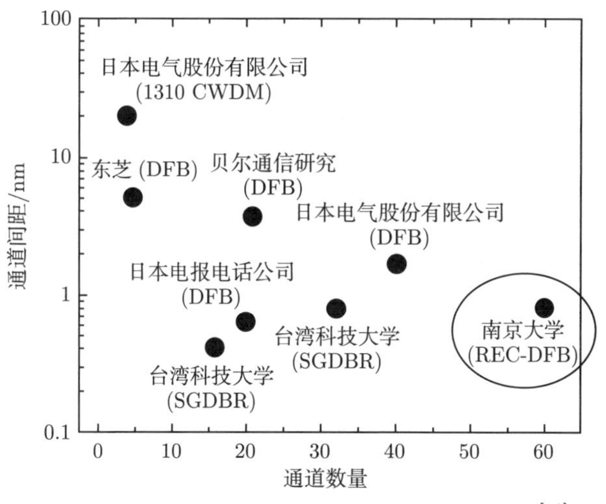

图 3-18 Lee 等对多波长激光器阵列的统计结果[16]

3.3 电光调制器

调制器是将电信号信息加载到光信号上，实现光电信息互联。宽带电光调制器是高速光通信和微波光子系统的重要器件，其调制带宽、带内平坦度和半波电压对于系统的整体性能至关重要。能够实现调制器的材料有多种，如铌酸锂、绝缘硅以及磷化铟半导体材料等。不同材料制作的电光调制器的特点如表 3-2 所示。

表 3-2 不同材料电光调制器对比

材料	优点	缺点
铌酸锂 (体材料)	工艺成熟，调制曲线周期性好	尺寸大，不易集成
铌酸锂 (薄膜)	带宽大，尺寸小，CMOS 兼容	工艺成熟度不高
磷化铟 (InP)	尺寸小，易集成	温度、波长相关性强，损耗大
绝缘硅 (SOI)	尺寸小，成本低，CMOS 兼容	半波电压大，插入损耗高

本章重点介绍适合集成光芯片的不同材料的电光调制器的工作原理、设计和制作工艺等内容。

3.3.1 铌酸锂薄膜电光调制器

3.3.1.1 铌酸锂薄膜电光调制器概论

铌酸锂 (lithium niobate，LN) 是一种性能优异的电光材料，它因出色的泡克耳斯效应 (Pockels effect) 而受到广泛关注，基于 Ti 元素的扩散或质子交换的 LN 波导已被成功应用于各种性能优异的商用电光调制器。然而，这种传统铌酸锂波导制作的调制器折射率对比度很低，导致波导对光波的约束能力弱，尺寸大，而金属电极必须远离光波导才能达到降低吸收损耗的效果，这导致驱动电压增大，调制效率降低。此外，这种波导很难和其他光子器件集成。面对这些限制，绝缘体上的铌酸锂薄膜 (lithium niobate on insulator, LNOI) 的出现打破了僵局，为电光调制器的发展提供了一种新的材料，已被用于制造各种对光波具有良好限制作用的波导器件，如光栅耦合器、定向耦合器、偏振分束器、微环谐振器等无源器件，以及具有低驱动电压和超高电光调制带宽的铌酸锂薄膜调制器。得益于铌酸锂材料的优异电光效应和薄膜波导的高折射率对比度，LNOI 调制器的性能参数大大优于基于其他材料的调制器。

根据光波导结构的不同，铌酸锂薄膜调制器分为相位调制器 (phase modulator，PM)、马赫–曾德尔调制器 (MZM)、迈克耳孙干涉调制器以及微环调制器等。根据信号的传输方向不同，将调制器电极结构分为集总电极与行波电极。集总电极中微波传输方向垂直于光波传输方向，而行波电极中微波与光波同时同向传输。行波电极更易于实现高带宽调制，在高速调制器中较为常见。

铌酸锂薄膜调制器的发展进程主要表现在其性能发展方面，即超高调制带宽与低驱动电压。近年来已有众多专家学者投入该领域研究，旨在实现调制器性能突破。首先对于调制带宽，早在 2018 年，有学者提出一种集成调制器结构在行波马赫–曾德尔干涉仪 (Mach-Zehnder interferometer，MZI) 配置中工作[17]，该配置具有良好的相位匹配与低传输损耗等优点，并具有调制长度 2 cm 下的电光调制带宽为 45 GHz、调制长度 1 cm 下的电光调制带宽为 80 GHz，以及调制长度 5 mm 下的电光调制带宽为 100 GHz 的良好性能。2019 年，美国佛罗里达大学报道了一种新型设计，用于硅衬底上的超紧凑薄膜铌酸锂电光调制器[18]，实现了 3 mm 的调制长度下的电光调制带宽为 400 GHz。2020 年，淄博职业学院报道了关于铌酸锂薄膜的马赫–曾德尔干涉仪结构调制器[19]，对 x 切向铌酸锂薄膜中的单模电光调制器进行设计、仿真和分析，实现了 67 GHz 的电光调制带宽。其次，对于调制器半波电压长度积 ($V_\pi \cdot L$)，该参数可用于衡量干涉调制器功耗性能和器件体积，是一个品质因子，也是一个反映调制器性能的重要指标。2018 年，国外提出的马赫–曾德尔集成调制器结构[17]，当调制长度取 2 cm 时，$V_\pi \cdot L$ 值为 2.8 V·cm，当调制长度取 1 cm 时，$V_\pi \cdot L$ 值为 2.3 V·cm，当调制长度取 5 mm 时，$V_\pi \cdot L$ 值为 2.2 V·cm。同年，美国哈佛大学提出的紧凑型铌酸锂薄膜电光平台[20]，2 mm 调制长度下的 MZI 调制器半波电压为 9 V，$V_\pi \cdot L$ 为 1.8 V·cm。2019 年美国哈佛大学提出的马赫–曾德尔结构调制器[21]，对于 2 mm 的调制长度，半波电压达到 8 V，$V_\pi \cdot L$ 为 1.6 V·cm。2020 年中山大学提出的 MZM[22]，当调制长度取 13 mm 和 7.5 mm 时，$V_\pi \cdot L$ 分别为 2.47 V·cm 和 2.325 V·cm。2021 年，华中科技大学提出的薄膜铌酸锂 (thin-film lithium niobate，TFLN) 推挽调制器[23]，对于 5 mm 的调制区域，其调制器半波电压约为 3.5 V，$V_\pi \cdot L$ 达到 1.75 V·cm。

如表 3-3 所示，从近几年来铌酸锂薄膜调制器的研究情况可以看出，MZM 是较容易实现高带宽、低驱动的理想结构，同时薄膜铌酸锂材料也展现出其独特优势，有望研制出更低驱动电压、更高调制带宽的调制器芯片，发挥更大的作用。

表 3-3 铌酸锂薄膜调制器电光带宽与半波电压长度积列表

年份	光学结构	电光带宽/GHz	$V_\pi \cdot L$/(V·cm)	参考文献
2018	MZM	45/80/100	2.8/2.3/2.2	[17]
2019	MZM	400	4.8	[18]
2020	MZM	67	2.2	[19]
2018	MZM	—	1.8	[20]
2019	MZM	29	1.6	[21]
2020	MZM	48/67	2.47/2.325	[22]
2021	MZM	40	1.75	[23]

3.3.1.2 铌酸锂薄膜电光调制器芯片理论与设计

铌酸锂薄膜材料凭借其理想的电光响应特性、大的非线性效应以及优异的温度稳定性，成为现代光子集成领域备受瞩目的光学材料。以铌酸锂薄膜行波马赫–曾德尔电光调制器为例，实现超高带宽或低驱动电压的高效率调制。但是两者之间相互制约，实现高带宽调制的同时也满足低驱动，还需相关领域学者对调制器结构设计进一步优化。

1) 工作原理

典型的铌酸锂薄膜行波马赫–曾德尔电光调制器结构如图 3-19 所示，它由衬底硅、埋氧层 (buried oxide，BOX) 二氧化硅、x 切向的薄膜铌酸锂 (TFLN)、缓冲层二氧化硅以及行波电极 5 部分组成。

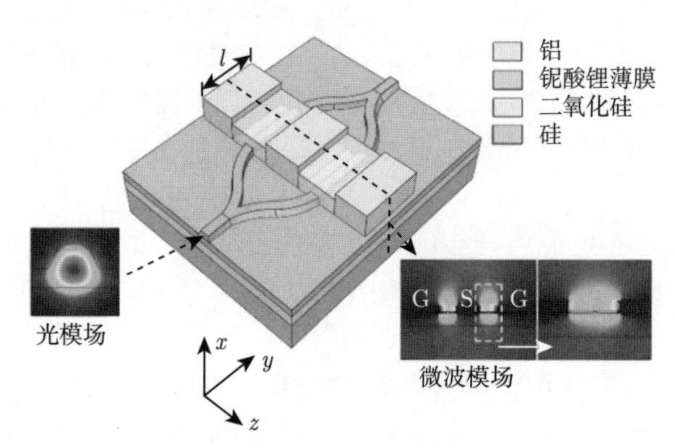

图 3-19 铌酸锂薄膜行波马赫–曾德尔电光调制器示意图

经光栅耦合器或端面耦合器注入的输入光沿 y 方向传输，经过 y 分支波导被分为功率相等的两束光，沿两条平行臂继续传输，并在相移的输出处再次结合后输出。此时微波沿行波电极同向传输，形成的微波场作用于光波导，脊形波导中的光模场分布和行波电极的微波模场分布如图 3-19 所示。可以看出，单模光斑被很好地限制在脊形波导中，而微波模场在源电极与地电极边缘分布很强。铌酸锂光波导在外加电场的作用下，折射率将发生改变，变化量可用外加电场 E 的幂级数表示：

$$\Delta n = n - n_0 = \gamma E + bE^2 + \cdots \tag{3-2}$$

式中，γE 是一次项，由该项引起的折射率变化称为线性电光效应或泡克耳斯效应；bE^2 为二次项，由该项引起的折射率变化称为二次电光效应或克尔效应 (Kerr effect)。

采用折射率椭球体方法分析电光效应，未外加电场时，铌酸锂晶体折射率椭球表示为

$$\frac{x^2}{n_0^2} + \frac{y^2}{n_0^2} + \frac{z^2}{n_e^2} = 1 \tag{3-3}$$

式中，n_0，n_e 分别为折射率椭球 x (或 y)、z 方向的折射率，$n_0 = 2.286, n_e = 2.2$。

当外加电场作用时，折射率椭球发生变形，可表示为

$$\begin{aligned}&\left(\frac{1}{n^2}\right)_1 x^2+\left(\frac{1}{n^2}\right)_2 y^2+\left(\frac{1}{n^2}\right)_3 z^2+2\left(\frac{1}{n^2}\right)_4 yz\\&+2\left(\frac{1}{n^2}\right)_5 xz+2\left(\frac{1}{n^2}\right)_6 xy=1\end{aligned} \tag{3-4}$$

折射率椭球各系数 $1/n^2$ 发生线性变化，变化量为

$$\Delta\left(\frac{1}{n^2}\right)_i=\sum_{j=1}^{3}\gamma_{ij}E_j,\quad i=1,2,\cdots,6 \tag{3-5}$$

式中，γ_{ij} 为线性电光系数。可以看出，当为了充分利用铌酸锂电光系数而外加电场沿 z 轴方向添加时 ($\gamma_{33}=30.9$ pm/V，1550 nm)，晶体各主轴折射率改变，

$$\begin{bmatrix}\Delta\left(\frac{1}{n^2}\right)_1\\\Delta\left(\frac{1}{n^2}\right)_2\\\Delta\left(\frac{1}{n^2}\right)_3\\\Delta\left(\frac{1}{n^2}\right)_4\\\Delta\left(\frac{1}{n^2}\right)_5\\\Delta\left(\frac{1}{n^2}\right)_6\end{bmatrix}=\begin{bmatrix}0&-\gamma_{22}&\gamma_{13}\\0&\gamma_{22}&\gamma_{13}\\0&0&\gamma_{33}\\0&\gamma_{42}&0\\\gamma_{42}&0&0\\\gamma_{22}&0&0\end{bmatrix}\begin{bmatrix}0\\0\\E_z\end{bmatrix} \tag{3-6}$$

可得 $\Delta n_0=-\frac{n_0^3}{2}\gamma_{13}E_z$，$\Delta n_{\mathrm{e}}=-\frac{n_{\mathrm{e}}^3}{2}\gamma_{33}E_z$。最终导致光波传输群速度发生改变，诱导光相位改变，当改变 π 相位时，所需外加电压为

$$V_\pi=\frac{\lambda g}{l\left(n_0^3\gamma_{13}-n_{\mathrm{e}}^3\gamma_{33}\right)\varGamma} \tag{3-7}$$

当两束光经过移相器后因折射率的改变会产生光程差，再经 y 分支波导干涉合波后形成如图 3-20 所示的传输函数，光程差与外加电压有关，因此调制器的输出光强度随外加电压的变化而变化。

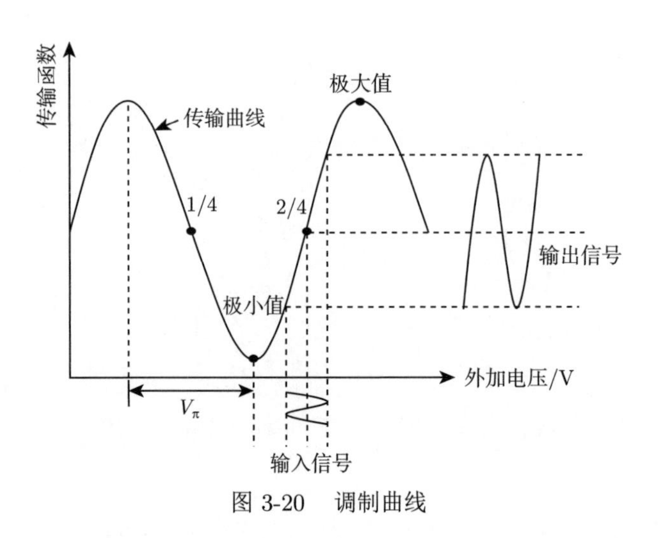

图 3-20　调制曲线

2) 铌酸锂薄膜调制器芯片仿真

为了打破电光调制带宽与驱动电压两者的相互制约，对调制器结构进行优化是十分必要的。确定铌酸锂薄膜行波马赫–曾德尔电光调制器带宽的重要因素有三个：相位匹配、阻抗匹配与微波损耗，而驱动电压主要受电光系数、电极间距、波导刻蚀深度和调制长度的影响。对铌酸锂薄膜行波马赫–曾德尔电光调制器的结构优化从两方面入手：光学结构与电极结构。首先，对于光学结构，需要考虑脊形波导的宽度、厚度等因素。如图 3-21 所示，当传输 TE_0 模式光时，波导宽度设计约 1 μm，便于与微波实现速度匹配。此外，对于光波导厚度，如图 3-22 所示，铌酸锂薄膜层厚度为 600 nm，当波导厚度 (即刻蚀深度) 大于 300 nm 时，单模光斑可以被很好地限制在脊形波导中，减少光损耗，同时还需要考虑过大的刻蚀深度在工艺上较难实现，所以选择 300 nm 的波导厚度较为合适。

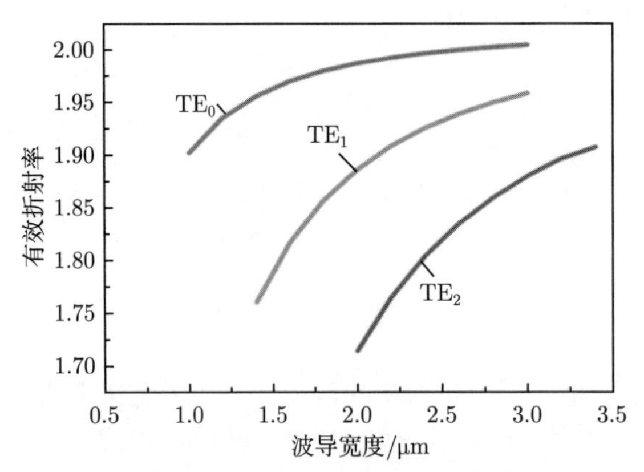

图 3-21　不同模式下波导宽度对有效折射率的影响

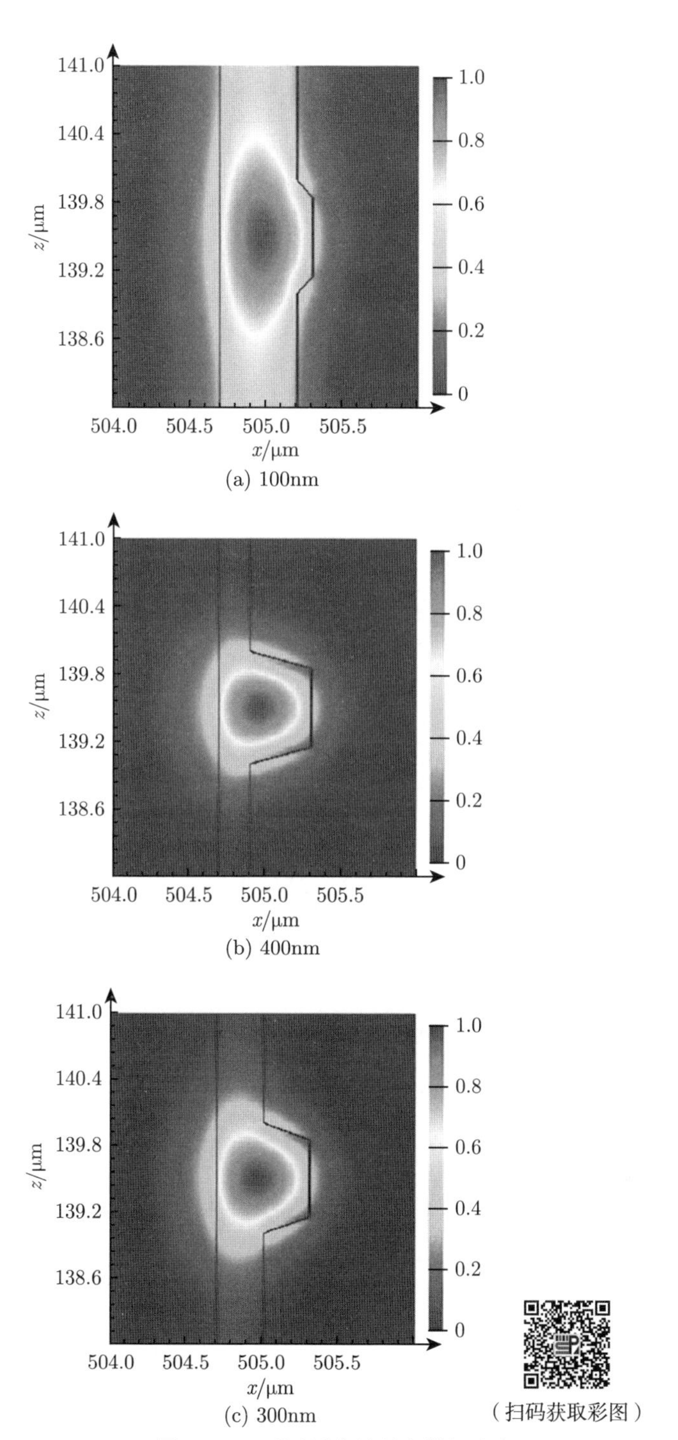

图 3-22 不同厚度波导光模场分布

其次，电极结构的设计也至关重要，电极结构参数如电极宽度、电极间距、电极厚度等会影响调制器相位匹配、阻抗匹配以及微波损耗，间接影响调制器性能。通常采用有限元法 (finite element method，FEM)[24] 计算行波电极的微波特性，然而，对于厘米级长度的结构，这是非常耗时的。另一种方法是基于准横电磁波模式 (transverse electromagnetic mode，TEM) 建立等效电路模型，铌酸锂薄膜行波马赫–曾德尔电光调制器横截面的结构参数如图 3-23(a) 所示。

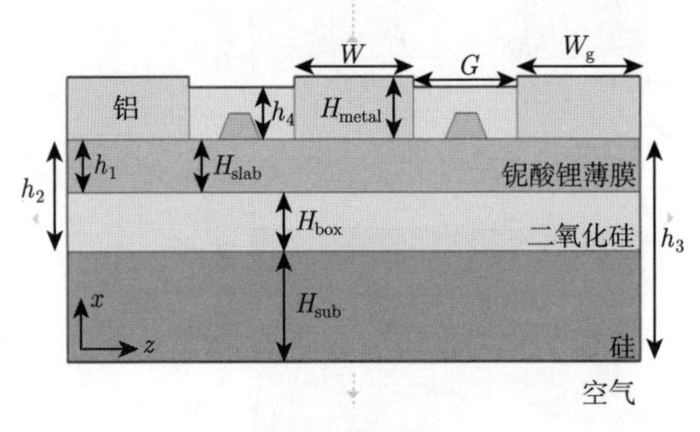

(a) 调制区域横截面

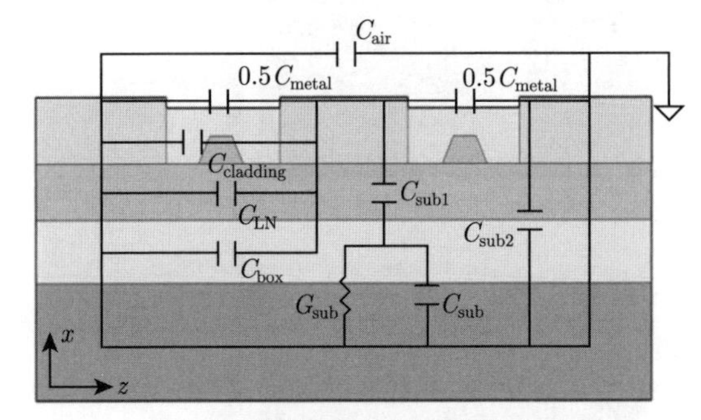

(b) 物理模型和电路元件之间的关系

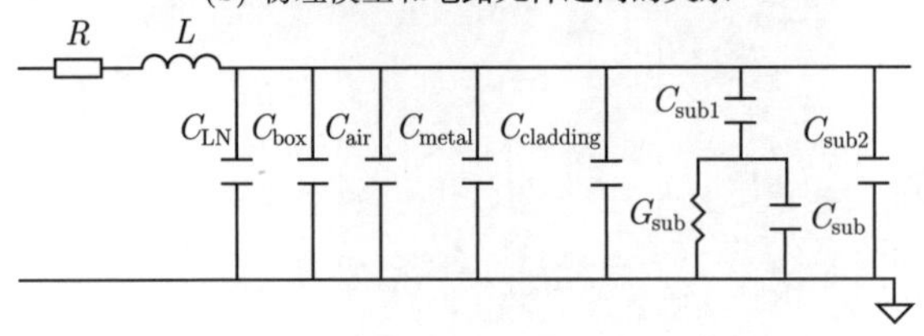

(c) 行波电极的等效电路

图 3-23　行波电极的结构设计与等效电路

根据分布式电容技术[25]，在工作频率下，横向电场和磁场可自由作用在 TFLN 层、BOX 层、空气和其他介电层上，因此每一层都可用一只电容表示，如

图 3-23(b) 所示。关于硅衬底，应该考虑横向电流的影响，因此导体 G_{sub} 并联到电容 C_{sub}。另外，2 只电容 C_{sub1} 和 C_{sub2}、铌酸锂平板层电容 C_{LN}、埋氧层二氧化硅电容 C_{box}、缓冲层二氧化硅电容 C_{cladding}、源电极与地电极侧壁形成的分布电容 C_{metal} 以及周围空气介质等效的电容 C_{air}，每个元件的单位长度电容都可通过保角映射[26,27] 计算，总电容是它们的总和。然后得到 TFLN 调制器的等效电路模型，如图 3-23(c) 所示，其中 R 与 L 是行波电极自身在工作时等效出的电阻与电感。由于铌酸锂薄膜行波马赫–曾德尔调制器通常在高频范围内工作，行波电极受到趋肤效应影响，利用 Heinrich 提出的大频率范围内精确的闭合形式公式[28] 计算与频率相关的 R 和 L。

到目前为止，各个电路元件值的计算已完成，根据电路的基本规律，可计算出等效电路的总串联阻抗 Z 和总并联导纳 Y。特性阻抗 Z_0 和传播常数 γ 都可由 Z 和 Y 表示[29]：

$$Z_0 = \sqrt{\frac{Z}{Y}} \tag{3-8}$$

$$\gamma = \sqrt{ZY} = \alpha + \mathrm{j}\beta \tag{3-9}$$

$$n_{\mathrm{m}} = \frac{c\beta}{\omega} \tag{3-10}$$

式中，α 和 β 分别是衰减常数和相位常数；n_{m} 是微波折射率；c 是真空中的光速；ω 是信号的角频率。

为了验证等效电路模型的正确性，将式 (3-8)～ 式 (3-10) 计算的结果与商业三维电磁模拟软件 Ansys HFSS 和 MODE Solutions 的结果进行比较。通过等效电路模型 (实线) 和 MODE 模拟 (虚线) 计算的微波折射率和微波损耗如图 3-24(a) 所示，而通过等效电路模型 (实线) 和 HFSS(虚线) 所计算的特性阻抗如图 3-24(b) 所示。结果表明，等效电路模型的计算结果与软件的计算结果吻合良好。对于微波折射率、微波损耗和特性阻抗，等效电路模型与软件的相对误差分别小于 3.282%、1.776%和 5.334%。

在验证所提出的等效电路模型的准确性的基础上，用其优化行波电极，以提高调制带宽。首先，改变源电极宽度 W、电极厚度 H_{metal} 和电极间距 G，计算 50 GHz 下的微波折射率 n_{m}、微波损耗 Loss 和特性阻抗 Z_0。其他参数与参考文献 [30] 所列参数相同，结果如图 3-25 所示。通过调节 W、H_{metal} 和 G 改善微波和光学模式之间的速度匹配，降低微波损耗以及提高阻抗匹配，最终实现高带宽调制。

通过以上分析，得出电极参数对微波折射率、微波损耗和特性阻抗的影响。表 3-4 中列出优化的结构参数，使用等效电路来计算频率响应。

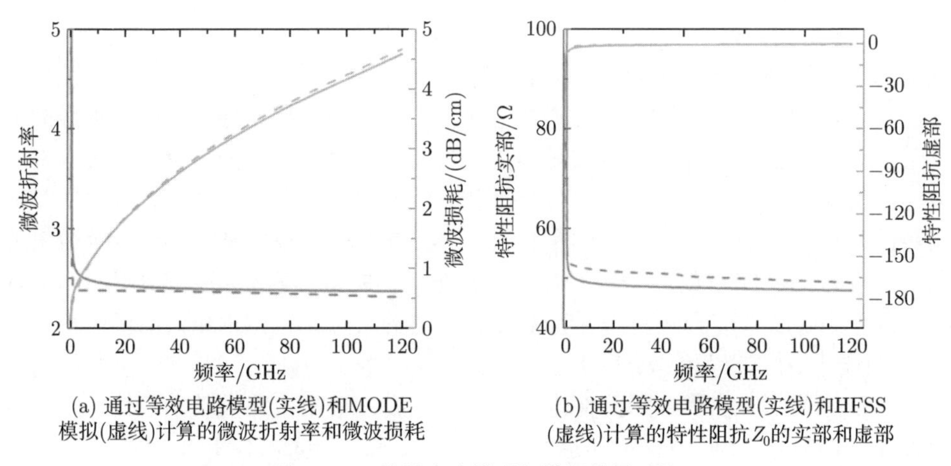

(a) 通过等效电路模型(实线)和MODE模拟(虚线)计算的微波折射率和微波损耗

(b) 通过等效电路模型(实线)和HFSS(虚线)计算的特性阻抗Z_0的实部和虚部

图 3-24 等效电路模型与模拟结果对比

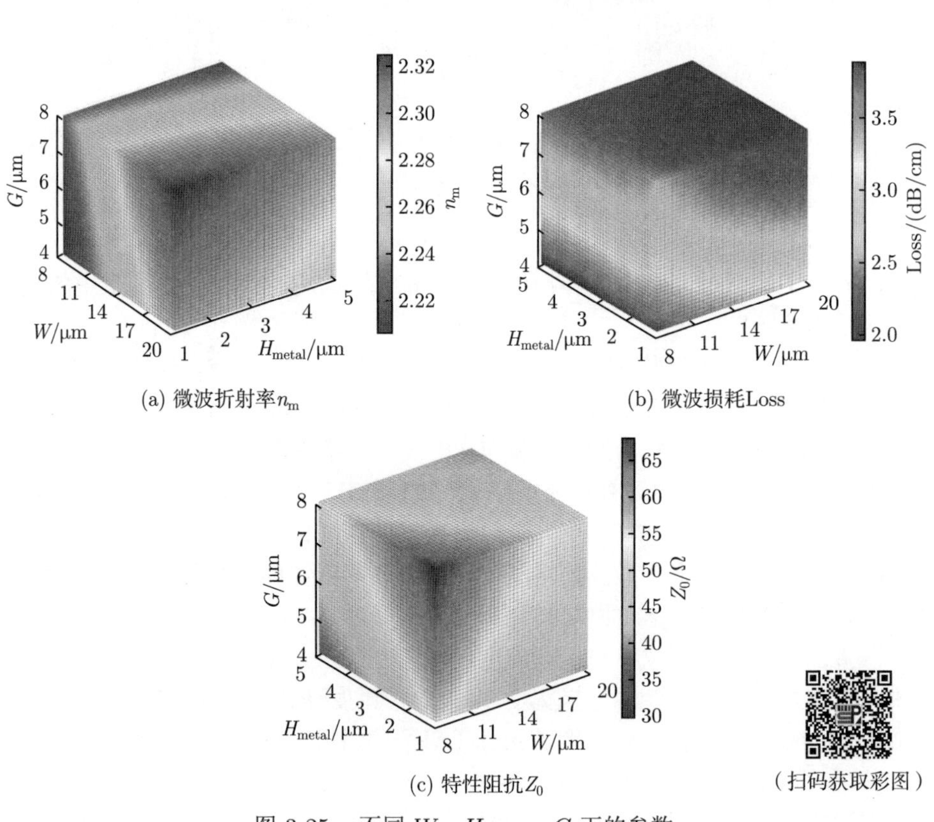

(a) 微波折射率n_m

(b) 微波损耗Loss

(c) 特性阻抗Z_0

图 3-25 不同 W、H_{metal}、G 下的参数

如图 3-26 所示，等效电路模型计算的 3 dB 电光调制带宽为 84 GHz，此外，基于 Ansys Lumerical INTERCONNECT 模拟该结构调制器，实现半波电压为

2.5 V，$V_\pi \cdot L$ 为 2 V·cm 的高效率调制。

表 3-4 优化铌酸锂薄膜行波马赫–曾德尔调制器的结构参数 (单位：μm)

H_{sub}	H_{box}	H_{slab}	H_{metal}
500	4.7	0.3	2.5
W	G	h_4	l
13	8	0.4	8

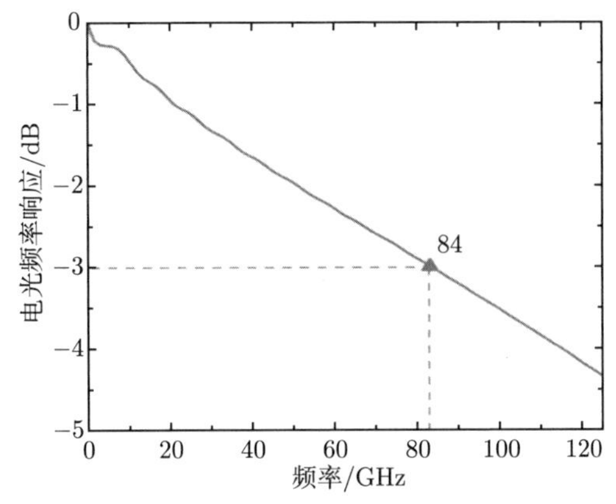

图 3-26 通过等效电路模型计算出 8 mm 长调制器的 3 dB 电光带宽

3) 铌酸锂薄膜调制器芯片制作工艺

基于理论分析，了解铌酸锂薄膜行波马赫–曾德尔电光调制器的工作原理与设计优化过程，实现高带宽调制与低驱动电压的高效率调制。制作工艺流程如图 3-27 所示，在 x 切向 LNOI 外延片上，使用负胶工艺在铌酸锂薄膜 (厚度 600 nm) 上刻蚀出脊形波导 (厚度 300 nm)，采用等离子体增强化学气相沉积 (plasma enhanced chemical vapor deposition，PECVD) 工艺镀缓冲层二氧化硅，减小光损耗，为了不影响电光作用效率，选择在行波电极位置向下挖空，露出铌酸锂平板层，最后完成行波电极生长。

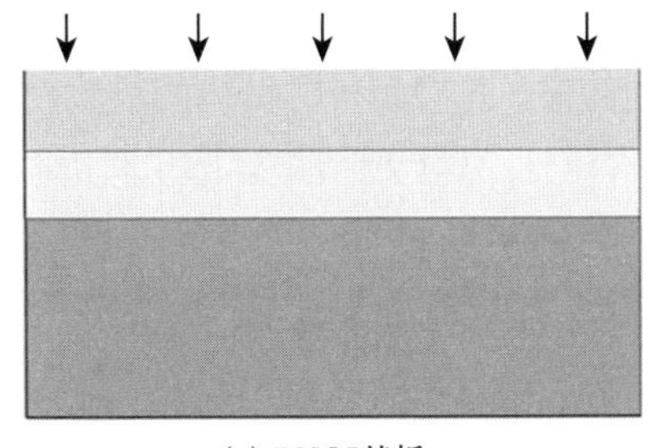

(a) LNOI基板

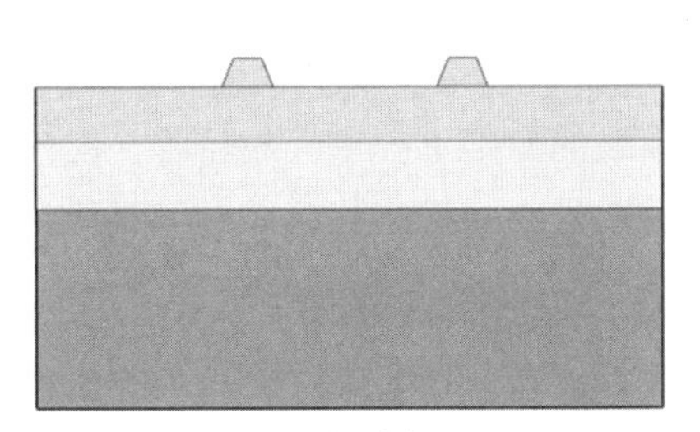

(b) 波导刻蚀

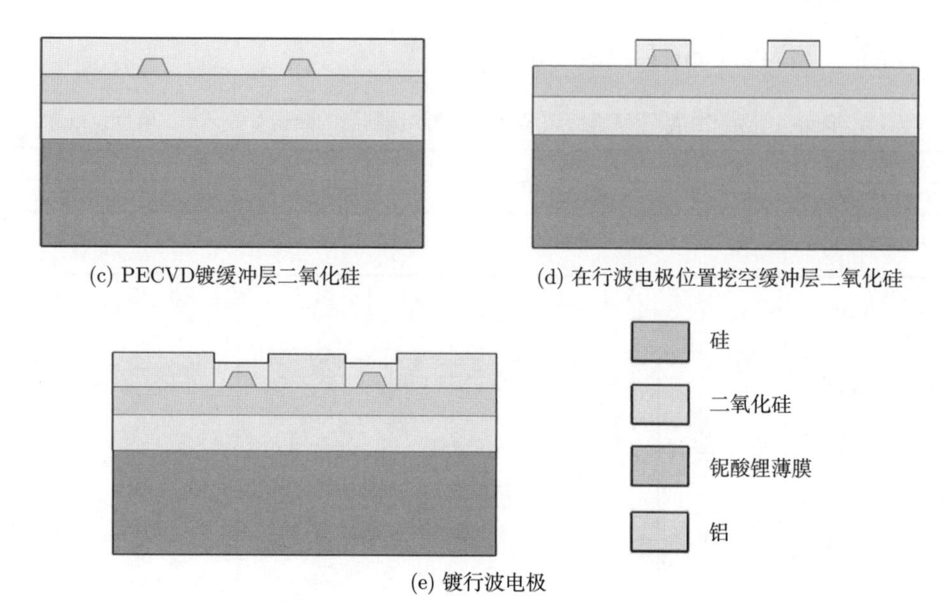

(e) 镀行波电极

图 3-27 铌酸锂薄膜行波马赫–曾德尔电光调制器制作工艺流程

3.3.2 Ⅲ-V 族电光调制器

Ⅲ-V 族化合物半导体，如砷化镓、磷化铟及其三元和四元合金，是制作电光调制器常用的合适材料。一般有两种应用的类型：一种是体材料，另一种是多量子阱 (multi-quantum well，MQW) 材料。虽然 Ⅲ-V 族半导体的电光系数只有铌酸锂的 1/20，但是基于半导体生长和制造技术的灵活性，可以设计合适的波导结构，使得光的传输模式局限在一个非常小的区域内，光斑大小仅有 2~3 μm，因此即使施加较低的电压，也可以产生一个非常强的电场。相较于铌酸锂体材料，Ⅲ-V 族化合物半导体具有很大的有效折射率，这使得在电光调制中的折射率变化更大。在上述影响因素共同作用下，Ⅲ-V 族电光调制器的效率可与铌酸锂调制器相媲美。除此之外，Ⅲ-V 族电光调制器还易于和各种组件集成，如激光器、半导体放大器、光电探测器、无源光电路和驱动电路等。

铟磷基调制器的工作原理是基于电光效应，在电场的作用下改变材料的折射率，实现光信号的调制。铟磷基调制器通常采用电吸收调制器 (EAM) 结构或马赫–曾德尔干涉仪 (MZI) 结构实现光的调制。其中，EAM 利用材料的吸收特性，在电场的作用下改变吸收特性，实现光信号的调制；MZI 调制器在两个光波导路径中引入不同的相移，通过干涉效应来调制光信号。

3.3.2.1 电吸收调制器

在半导体边带附近产生的电吸收 (electro-absorption，EA) 效应成为人们感兴趣的研究课题已有很多年，这些效应包括带间光子辅助隧穿效应或 Franz-Keldysh

(弗兰兹–凯尔迪什) 效应以及激子吸收效应。在半导体量子阱结构研究中，研究人员发现在外加辅助电场的作用下，量子阱中的光吸收随外电场表现出剧烈的变化，此前只有在低温情况下才能观察到体半导体中的激子电吸收效应，现在室温条件下就能在量子阱中观察到非常锐利的激子吸收谱，这就是所谓的量子限制斯塔克效应 (quantum-confined Stark effect，QCSE)[31]。QCSE 使吸收系数随外加偏压产生剧烈的变化，这是在准二维的量子阱结构中激子的结合能增加所致。量子阱势垒将电子和空穴限制在势阱中使激子的结合能增加，从而使激子更难以电离。利用电吸收效应可以实现对输入光的强度调制，一般利用该原理制作的调制器称为电吸收调制器 (EAM)。电吸收调制器采用量子阱材料，其材料体系与半导体激光器材料体系相同，比较容易实现调制器与半导体激光器的单片集成，集成芯片一般称为电吸收调制激光器 (electroabsorption modulated laser，EML)。在本节中，我们将首先介绍有激子效应的电吸收理论和 QCSE，随后介绍激光器与电吸收调制器集成工艺方法与目前的研究进展。

3.3.2.2 量子限制斯塔克效应

量子限制斯塔克效应 (QCSE) 原理如图 3-28 所示。其中图 3-28(a) 为不加偏置电压时量子阱能带结构图，图 3-28(b) 为加反向偏压时量子阱能带结构图。当量子阱结构外加反向偏压时，量子阱能带结构会发生倾斜，电子态与空穴态的波函数会发生拖尾，从空穴基态到电子基态的能量降低，此时具备更低能量的光子也可以被吸收，使得电子从空穴基态跃迁到电子基态，因此展现的是吸收谱的红移的特征。此外，由于二维量子阱中激子的稳定存在，吸收边带非常的陡峭。激子是受束缚的电子空穴对，电子被束缚在空穴周围，其类似于氢原子的模型。激子态的能量略低于电子基态能量，其与电子基态之间的能量差值称为激子的结合能。体材料中激子的结合能小，室温下激子不能稳定存在，而在量子阱材料中，激

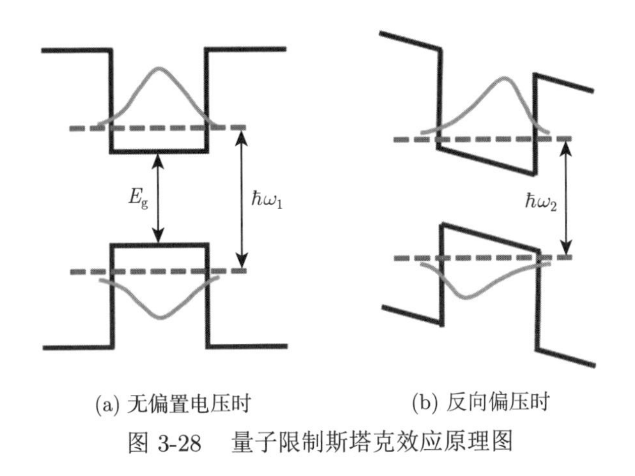

(a) 无偏置电压时　　(b) 反向偏压时

图 3-28　量子限制斯塔克效应原理图

子的结合能大大增加，因此激子可以稳定存在，吸收谱中激子吸收的存在使得吸收边带变得十分陡峭。

图 3-29 为加反向偏压时能带结构的简易示意图。由于采用的量子阱结构为微压应变的量子阱，重空穴带与轻空穴带分离，且位于轻空穴带的上方，激子态的能量位于电子基态能量的下方，激子态与电子基态的能量差即为激子的结合能。吸收源于电子在不同的态之间跃迁产生的。吸收边带附近的吸收贡献主要是电子从轻空穴态跃迁到电子基态、电子从重空穴态跃迁到电子基态和电子从重空穴态跃迁到激子态[32]。由于轻空穴态的激子不易形成，因此电子从轻空穴态跃迁到激子态的吸收忽略不计。从图 3-29(a) 中可以看出重空穴激子的吸收对应的能量最低，对应的吸收波长最长，也就是对应的吸收谱的长波长的边带，吸收谱的边带对应的也就是激子的吸收谱。

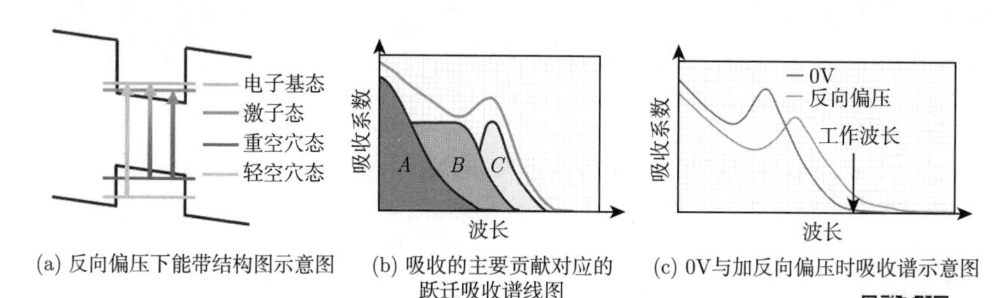

(a) 反向偏压下能带结构图示意图 (b) 吸收的主要贡献对应的跃迁吸收谱线图 (c) 0V与加反向偏压时吸收谱示意图

图 3-29 不同电压下的能带结构与吸收谱

（扫码获取彩图）

三种电子跃迁对应的吸收谱如图 3-29(b) 所示，分别对应 A、B、C 三个区域，分别为电子从轻空穴态跃迁到电子基态的吸收谱、电子从重空穴态跃迁到电子基态的吸收谱，以及电子从重空穴态跃迁到激子态的吸收谱。其中，红色曲线为总的吸收谱曲线，重空穴激子的吸收谱线展宽为高斯曲线[33]。图 3-29(c) 为量子阱不加偏置和加反向偏置时吸收谱示意图，箭头为设计的工作波长的位置，通过调整 EAM 上所加的偏置电压，可以对工作波长的光进行强吸收与弱吸收，从而实现光的强度调制。

3.3.2.3 集成电吸收调制器的激光器

电吸收调制器与激光器集成的示意图如图 3-30 所示。为了降低激光器与电吸收调试器之间的微波串扰，一般会在两者之间设计较大的电隔离，工艺中一般采用在两者之间刻蚀掉重掺杂接触层或离子注入的方法。电吸收调制器与激光器对量子阱需求不同，因此需要对两者的外延结构进行特殊设计，目前的激光器与 EAM 的集成技术方案主要有以下几种：选择区域生长 (selective area growth，SAG) 技术[34,35]、对接耦合 (butt-joint，BJ) 技术[36]、量子阱混杂 (quantum well intermixing，QWI) 技术[37]、双量子阱 (dual quantum well，DQW) 技术[38]、偏置量子阱 (offset quantum well，OQW) 技术[38] 和同质量子阱 (identical quantum well，IQW) 技术[39,40]。

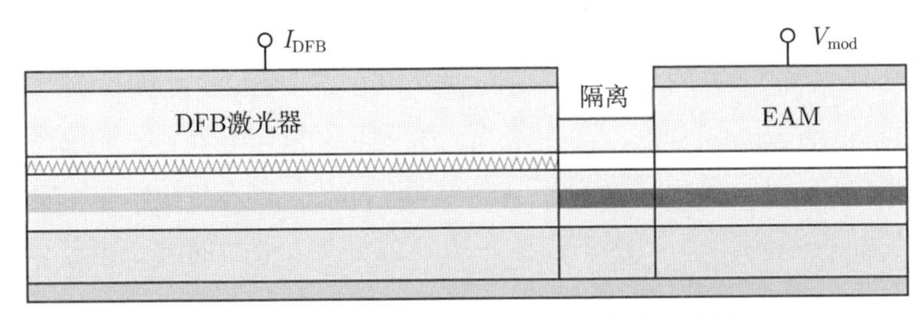

图 3-30　电吸收调制器与激光器集成示意图

图 3-31 展示了 6 种集成方案的示意图。图 3-31(a) 展示选择区域生长技术，选择区域生长主要思想是使用 MOCVD 选择区域生长法在掩模底上单步生长有源区的多量子阱结构。这种方法基于掩模衬底上同一平面内多量子阱材料带隙的变化。不能在介质掩模区域成核的源材料就近沉积，导致生长率的局部增加，外延生长带隙能量的位移主要是通过光刻限定的介质图样的几何图形来控制的。图

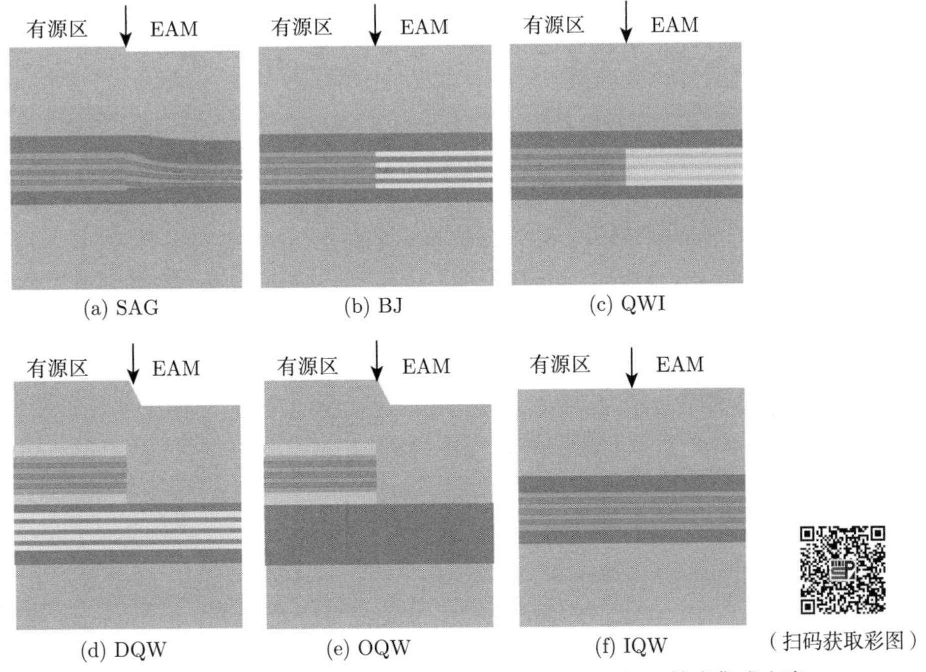

图 3-31　SAG、BJ、QWI、DQW、OQW、IQW 技术集成方案

3-31(b) 为对接耦合技术的示意图，其先生长有源区的量子阱，然后将 EAM 区域刻蚀掉，重新生长 EAM 的量子阱，对接耦合技术可以灵活地、分立地设计有源区和 EAM 区域的量子阱。图 3-31(c) 展示了量子阱混杂技术，量子阱混杂技术是通过离子注入和快速退火的方法实现 EAM 区域的吸收谱的蓝移。图 3-31(d) 展示了双量子阱的集成方案，生长时一次完成 EAM 和有源区的两种量子阱的生长，然后 EAM 区域刻蚀掉有源区的量子阱。偏置量子阱技术方案与双量子阱技术方案类似，在激光器下方生长一层波导层，EAM 区域刻蚀掉有源区的量子阱，利用波导层来实现调制效果 (图 3-31(e))。同质量子阱技术方案即激光器有源区与 EAM 采用相同的量子阱方案。当载流子注入时，随着载流子浓度的升高，增益曲线往长波长方向移动，使得工作在 EAM 吸收边带处的波长也可以获得一定的增益从而可以激射。设计波长时，对于激光器和 EAM 存在一个平衡，不能让 EAM 与激光器都处在最优的位置。同质量子阱方案由于其外延简单，可靠性高，也受到很多研究单位的关注。

3.3.2.4 马赫–曾德尔调制器

1) 马赫–曾德尔干涉仪

马赫–曾德尔调制器 (MZM) 是一种利用马赫–曾德尔干涉仪 (MZI) 原理进行光调制的器件，常用于光纤通信系统中对调制光信号进行相位调制。MZM 因可以快速地改变光信号的相位，在高速光通信中得到了广泛的应用。与其他光调制器相比，马赫–曾德尔调制器具有带宽更宽、调制速度快、线性度好等特点，成为光通信中的重要组件之一。

马赫–曾德尔干涉仪的原理并不复杂，如图 3-32 所示，入射光通过分光器被分为振幅和频率完全相等的两路，然后分别输入上、下两臂进行传输。每个臂上的光波都可以独立进行相位调制，高速数据流通过驱动电压方式加载到光载波信号上完成对光信号的调制。当两路光载波信号通过上、下两支路在合波处汇合时，如果上、下路臂长相同且对称，不加载调制电压时，则两臂之间的相对相位差为 0，发生相干相长，输出光信号的强度与原来输入的光信号相同；相反，如果在调制区域上加载调制电压，由于电光效应改变了传输波导材料的有效折射率，因而两路光信号会出现相位差，当两臂之间的相对相位差为 π 时，将发生相干相消，输出处的光强度为 0，实现对光载波信号的调制。

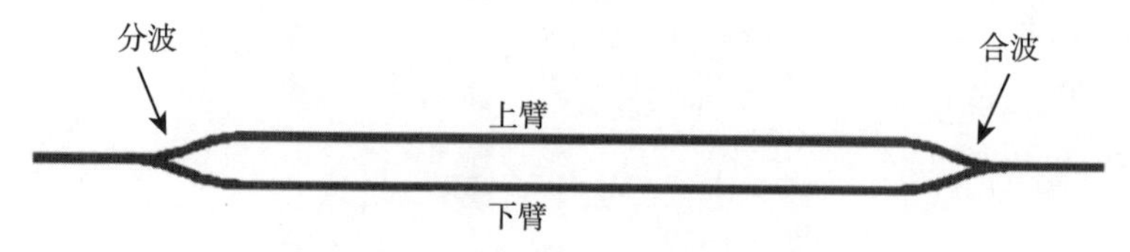

图 3-32 马赫–曾德尔干涉仪原理图

在 MZI 输出处的光信号振幅表示为

$$A_{\text{out}} = \frac{\sqrt{2}}{2}(A_1 \mathrm{e}^{\mathrm{j}\phi_1} + A_2 \mathrm{e}^{\mathrm{j}\phi_2}) \tag{3-11}$$

式中，A_1 和 A_2 分别表示两臂上光信号的振幅；ϕ_1 和 ϕ_2 分别表示光信号的相位延迟。

输入的光功率为

$$P_{\text{in}} = A_1^2 + A_2^2 \tag{3-12}$$

输出的光功率为[41]

$$P_{\text{out}} = |A_{\text{out}}|^2 = \frac{1}{2}\left[A_1^2 + A_2^2 + 2A_1A_2\cos(\phi_1 - \phi_2)\right] \tag{3-13}$$

相位差 $\phi_1 - \phi_2$ 由两部分组成：一是在不施加调制电压下的初始相位差 ϕ_0，一般是由两臂的臂长差引起的；二是由施加的调制电压引起的相位差 $\Delta\phi$。将输出光功率 P_{out} 除以输入光功率 P_{in}，MZI 的光强度传递函数可以写成

$$T_{\text{MZI}} = \frac{P_{\text{out}}}{P_{\text{in}}} = \frac{1}{2}\left[1 + b\cos(\Delta\phi + \phi_0)\right] \tag{3-14}$$

$$b = \frac{2A_1A_2}{A_1^2 + A_2^2} \tag{3-15}$$

式中，b 是两臂之间的光学不平衡因子，对于一个理想的平衡对称设计，即 $A_1 = A_2$，$b = 1$ 和 $\phi_0 = 0$，此时 MZI 的光强度传递函数可以简化成

$$T_{\text{MZI}} = \frac{1}{2}\left[1 + \cos(\Delta\phi)\right] = \cos^2\left(\frac{\Delta\phi}{2}\right) \tag{3-16}$$

2) 集总电极

电光效应是半导体材料中电场引起的光折射率的变化，折射率的变化导致了光学相位的变化，利用 MZI 转换为强度调制。电场是通过在光波导上的电极施加的偏置电调制信号形成的，所以电极设计是 MZM 设计的关键。

集总电极是 MZM 中一种简单的电极设计 (一般也称单臂调制)，其电极长度比射频波长要小，如图 3-33 所示。金属电极覆盖在 MZM 的其中一臂，通常是在光波导上直接制作一个 P 型欧姆接触，在波导另一侧制作一个正方形金属作为焊接垫或探测垫，并电连接到 P 型欧姆接触的中间点，以便于施加电压。但是该焊接垫会提供额外的寄生电容，从而降低调制带宽。

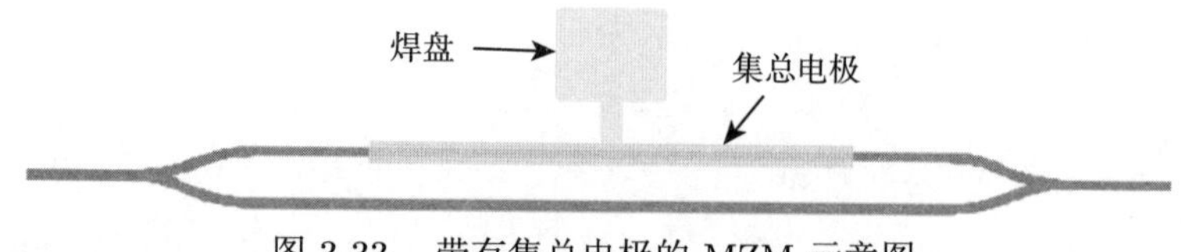

图 3-33　带有集总电极的 MZM 示意图

带有集总电极的 MZM 的等效电路模型如图 3-34 所示，可以推导出 3 dB 截止频率表示为

$$f_{3\text{dB}} = \frac{1}{2\pi R C_{\text{j}}} \tag{3-17}$$

$$R = Z_{\text{s}} + R_{\text{s}} \tag{3-18}$$

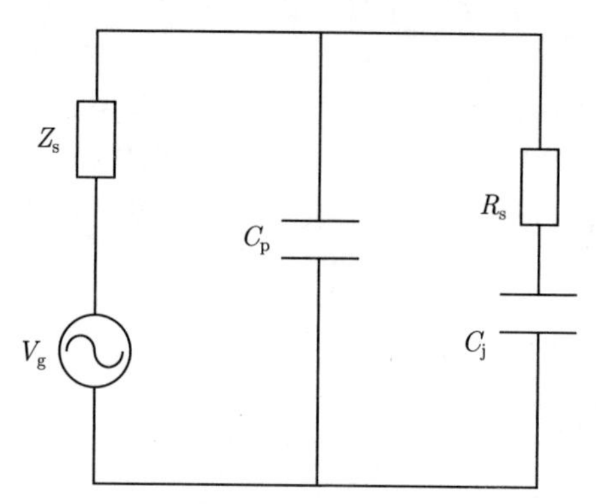

图 3-34　带有集总电极的 MZM 的等效电路模型

集总电极由于其单臂调制的非对称性，会存在频率啁啾的问题[41]。为了改进集总电极单臂调制的啁啾问题，通常采用 π 相移的波导设计[42,43]。

3) 推挽结构

推挽结构是在 MZM 双臂上制作两段集总电极，如图 3-35 所示，通过在两臂上施加相反的调制电压来对两臂的光信号进行相位调制，从而使调制效果加倍，并且消除单臂调制所带来的相位啁啾。

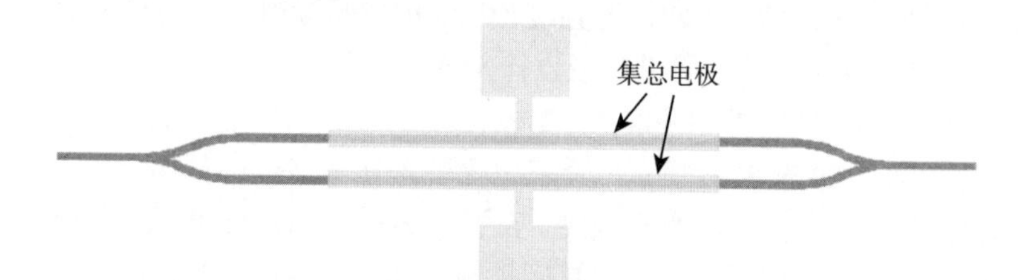

图 3-35　带有推挽结构的 MZM 示意图

如图 3-36 所示，推挽结构的电极设计在不增大驱动电压的情况下，大大增加了 MZM 的带宽，因为两臂电容串联可以使 3 dB 截止频率公式中的电容 C_{j} 降为原来的 1/2。除此之外，不同于单臂调制，由于推挽结构的电极设计具有对称性，因此其可以实现零啁啾的相位调制，这也是推挽结构 MZM 的最大优势[44]。

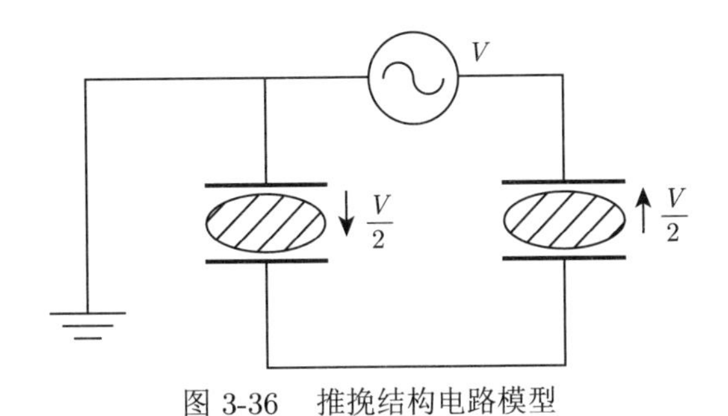

图 3-36 推挽结构电路模型

4) 行波电极

虽然采用推挽结构的电极设计可以扩大 MZM 的带宽，但仍难以达到 40 Gbit/s 及以上。为了解决这一问题，在 MZM 的设计中引入行波电极 (traveling-wave electrode，TWE)。

与集总电极相比，行波电极的基本思想是分布式电容并不限制调制器的速度，通过特殊的电极设计使光信号和调制电信号的传播速度相同，允许光信号的相位在臂上单调地积累变化，而不随频率改变而改变。图 3-37 展示了一种行波电极结构，整个 MZM 被两个宽电极包围，它们组成了宽度为 w、长度为 l 和间隙宽度为 s 的共面电极。行波电极用于调制的内部电极被平均分为许多小段，这些部分都可以作为一个小的集总电容，并周期性地连接到外部的行波电极，其调制长度

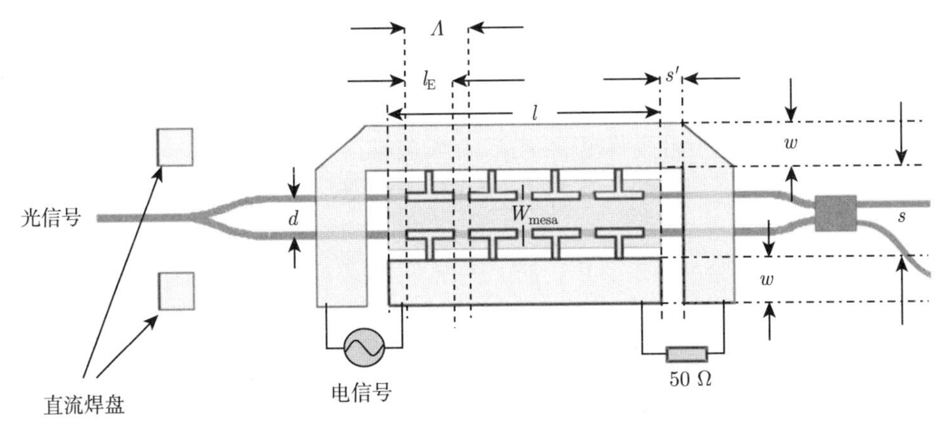

图 3-37 一种带有电容负载的分段行波电极的 MZM 示意图

为各小段电极长度之和。行波电极的特性阻抗通常设计为 50 Ω，其末端连接一个 50 Ω 的负载电阻。

在电光调制器中，光子从进入到离开波导所经历的相移量与在波导上施加的调制电压成正比，其比例常数包含诸如波导尺寸、光学波长、折射率、光波和微波之间的重叠以及电光系数等参数。由于施加的电压具有行波性质，光子获得的相移总量是光子在线上特定位置施加的瞬时电压引起的所有相移的累积。所以为了达到最好的调制效率，行波电极的设计需要满足速度匹配，即电信号与光信号以相同的速度沿着波导传输，若不满足，MZM 的带宽和效率会大大下降。带宽与速度不匹配之间的关系为

$$f_{3\mathrm{dB_{eo}}} = \frac{1.39c}{\pi l\left(n_{\mu} - n_{\mathrm{opt}}\right)} \tag{3-19}$$

式中，n_{μ} 是微波折射率；n_{opt} 是光学折射率；l 是行波电极长度；c 是真空中的光速。值得注意的是，这种关系的前提是该器件具有 50 Ω 的特性阻抗，而且忽略了整个器件的微波损耗。

5) 制作工艺流程

一般而言，铟磷基的 MZM 制造工艺包括以下几个技术环节：光波导的形成、台面隔离 (可选)、P 型和 N 型欧姆接触、表面平坦化 (可选)、互连、将晶圆分割成独立晶片以及在晶片端口镀上抗反射膜。许多研究小组已经研发了自己的铟磷基 MZM 制造工艺[45−47]，并且已有多家厂商实现了铟磷基 MZM 的工业化生产。

图 3-38 介绍一种铟磷基马赫–曾德尔调制器的制造工艺流程[48]，其具体的步骤如下。

步骤 1：制作用于波导刻蚀的 SiN_x 介质掩模；

步骤 2：使用 SiN_x 介质掩模对外延结构的 P 层进行电感耦合等离子体 (inductively coupled plasma，ICP) 刻蚀；

步骤 3：去除无源部分的 SiN_x 介质掩模；

步骤 4：使用剩下的 SiN_x 介质掩模对外延结构的 P 层和 I 层进行 ICP 刻蚀；

步骤 5：制作用于台面隔离的 SiN_x 介质掩模；

步骤 6：对外延结构的 I 层和 N 层进行 ICP 刻蚀，用于形成台面隔离和光输入/输出的波导；

步骤 7：在外延结构的 N-InP 层上制作 Ni/Ge/Au 欧姆接触；

步骤 8：沉积 SiN_x 薄膜；

步骤 9：沉积苯并环丁烯 (benzocyclobutene，BCB) 使得表面平坦；

步骤 10：在外延结构的 P-InP 层上制作 Ti/Pt/Au 欧姆接触；

步骤 11：制作 NiCr 薄膜电阻；

步骤 12：在调制器的端面镀上抗反射膜；

步骤 13：使用 Ti/Au 相互连接；

步骤 14：在边界处刻蚀凹槽；

步骤 15：最后进行切割分离。

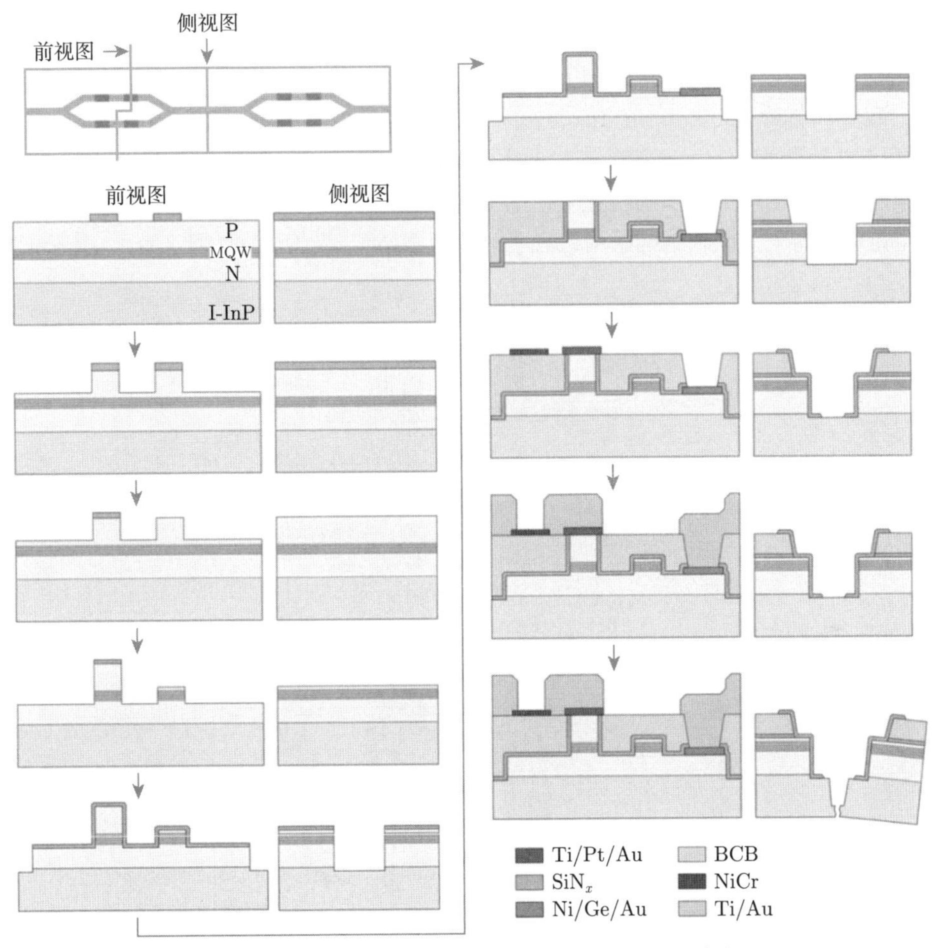

图 3-38 铟磷基马赫–曾德尔调制器的制造工艺流程

3.3.3 硅基电光调制器

3.3.3.1 硅基电光调制器的发展现状

互补金属氧化物半导体 (complementary metal oxide semiconductor，CMOS) 工艺是目前最成熟的半导体工艺，大规模的工艺制造大大降低了生产成本。此外，硅是迄今为止应用最广泛、最成熟的半导体材料，其在地球上的储量非常丰富。硅基光子学应用这一成熟的工艺平台和材料体系实现硅基发光、调制、路由、探测等各种功能器件的制作与集成，是片上多核处理器光学互连的理想选择方案。

硅基光子学最初得益于 Friedman 和 Soref 等的开创性工作[49,50]，随后硅基光子学迅速发展，在硅基发光、硅基调制、硅基路由、硅基探测等各个领域取得了重要进展，这里着重介绍硅基调制器的发展。

硅材料具有中心对称的晶格结构，因此不具备线性电光效应，Richard A. Soref 最先发现了硅材料中的等离子色散效应。2004 年英特尔公司首次报道了基于绝缘层上硅材料体系 (silicon on insulator，SOI) 调制速率超过 1 Gbit/s 的马赫–曾德尔高速电光调制器[51]，调制结构采用载流子积累型 MOS 结构 (图 3-39)。2005 年康奈尔大学的研究人员首次报道了调制速率超过 1 Gbit/s 的基于微环谐振器的高速电光调制器[52]，调制结构采用载流子注入型 PIN 二极管结构 (图 3-40)。由于采用

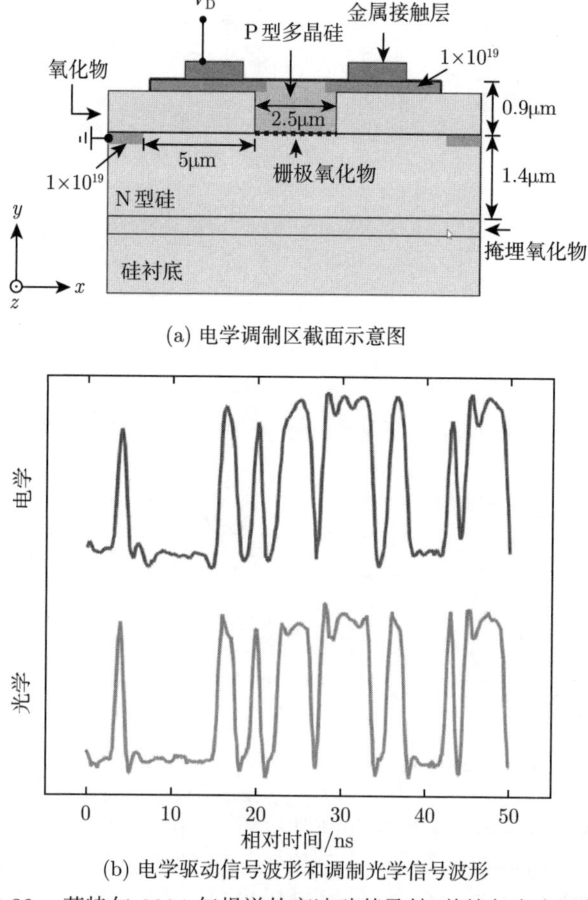

(a) 电学调制区截面示意图

(b) 电学驱动信号波形和调制光学信号波形

图 3-39 英特尔 2004 年报道的高速硅基马赫–曾德尔电光调制器

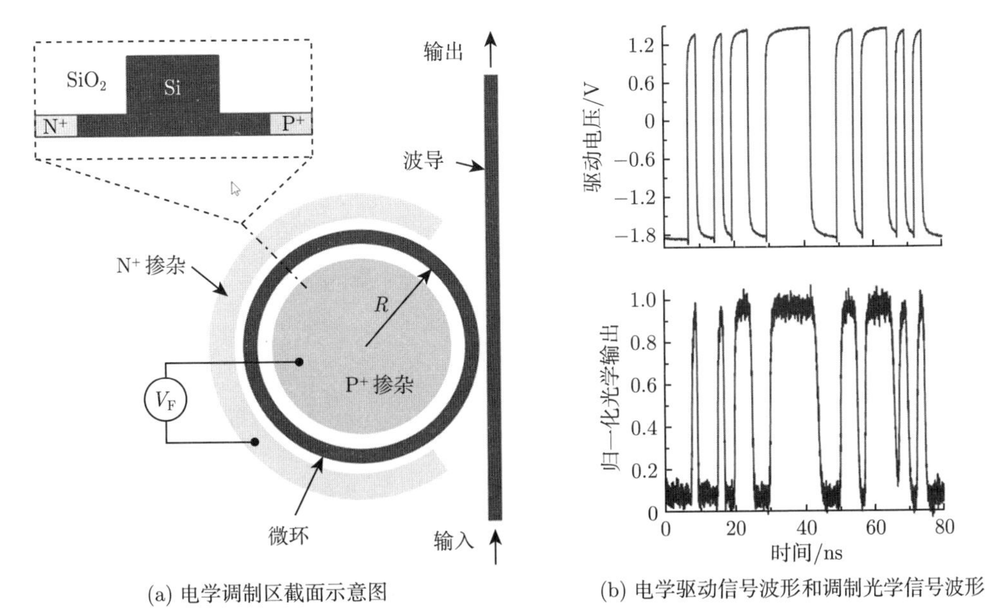

(a) 电学调制区截面示意图　　(b) 电学驱动信号波形和调制光学信号波形

图 3-40　康奈尔大学 2005 年报道的高速硅基微环电光调制器

微环谐振器作为调制器光学结构，器件尺寸非常小 (微环半径只有 6 μm)，相比较而言，英特尔报道的马赫–曾德尔高速电光调制器器件尺寸非常大 (调制区长度为 2.5 mm)，但是基于微环谐振器的高速电光调制器工艺敏感性和温度敏感性非常差。2004 年和 2005 年这两项里程碑式的研究成果大大鼓舞了硅基光子学领域的研究人员，在随后的几年内硅基高速电光调制器取得了一系列令人瞩目的研究成果。

随后的硅基高速电光调制器的研究主要集中于微环谐振器和 MZI 光学结构，以及载流子注入型 PIN 二极管和载流子耗尽型反向 PN 二极管电学调制结构。如前所述，基于微环的硅基高速电光调制器器件尺寸很小，这对于片上光互连应用至关重要。但是其工艺和温度敏感性很差，需要额外的温度控制电路，这无疑增加了多余的能量消耗，而器件的功耗正是光学互连能否最终取代传统电学互连的关键。载流子耗尽型 (反向 PN 二极管) 硅基马赫–曾德尔电光调制器这些年来取得了辉煌的研究成果[53−56]，器件调制速率被不断刷新，已有研究报道器件调制速率为 50 Gbit/s[56,57]。载流子耗尽型硅基马赫–曾德尔电光调制器之所以能够吸引众多研究人员的关注并取得一系列的研究成果，主要得益于反向 PN 二极管的高本征的响应速率以及器件相对简单的制造工艺。

相比较而言，载流子积累型硅基马赫–曾德尔电光调制器的研究则比较冷门，2007 年 IBM 的研究人员报道了调制速率为 10 Gbit/s 的实验结果[58]，由于其和载流子耗尽型硅基马赫–曾德尔电光调制器相比相对较小的器件尺寸、和微环电光调制器相比较好的工艺和温度敏感性，载流子积累型马赫–曾德尔电光调制器也具有很高的研究价值，但是由于正向 PIN 二极管本征电学响应速率受限于少数大的载流子寿命，器件频率响应带宽较低[59]。通过对高速数字驱动信号的频谱特性进行加工，可以大大提高载流子积累型硅基马赫–曾德尔电光调制器的调制速率。

2012 年，英国萨里大学 Thomson 团队率先制备出了调制速率为 50 Gbit/s 的硅基电光调制器[57]。该器件基于 MZI 结构，实验结果表明，在 1550 nm 中心波长下可以获得 3.1 dB 的消光比，插入损耗约为 3.7 dB。该调制器制备过程较为简单，采用 220 nm 脊形波导结构，宽度为 400 nm，脊形区左侧为 N 型掺杂，右侧为 P 型掺杂，由于两侧掺杂浓度不同，PN 结处耗尽层可延伸至脊形波导区域，大幅度降低器件本身插入损耗。

2019 年，日本 Sobu 团队提出一种基于等离子体色散效应的载流子注入 MZI 型电光调制器[60]。该调制器采用 PIN 偏置原理，对脊形波导进行非对称掺杂，SOI 晶圆顶硅和 BOX 层厚度分别为 220 nm 和 3 μm，引入了金属–绝缘体–金属 (metal-insulator-metal) 结构实现均衡功能。测试结果表明，3 dB 带宽可以达到 37.5 GHz，当消光比大于 1.38 dB 时，光学带宽为 70 GHz。

2012 年，加州大学伯克利分校的 Liu 等提出了一种双层石墨烯辅助的电光调制器[61]，其脊形波导掺杂部分由石墨烯进行替代，双层石墨烯与中间隔离层形成平板电容结构，通过外加偏置电压改变双层石墨烯的费米能级从而实现对光吸收的调节。在未加偏置电压时，石墨烯呈现类金属性，对光产生吸收，对应为“关”状态；在外加正向偏置电压的条件下，双层石墨烯费米能级升高，对光吸收效果减弱，对应为“开” 状态。这种结构大幅度降低了由载流子注入掺杂而导致的损耗，调制深度可以达到 0.16 dB/μm。此外，这种平板电容结构可以拓展石墨烯内更多层结构，从而进一步提升器件性能。2017 年，Hössbacher 等设计了一种金基等离激元波导与电光聚合物混合 (plasmonic organic hybrid，POH) 的电光调制器，器件的尺寸缩短至 12.5 μm，调制带宽达到 170 GHz[62]。

2023 年，北京大学王兴军教授研究团队实现了全球首个电光带宽达 110 GHz 的纯硅调制器[63]。针对传统硅基调制器带宽受限的问题，利用硅基耦合谐振腔光波导结构引入慢光效应，构建了完整的硅基慢光调制器理论模型，通过合理调控结构参数去综合平衡光学与电学指标因素，实现对调制器性能的深度优化。在无需数字信号处理器 (digital signal processor，DSP) 的情况下以简单的通断键控 (on-off keying，OOK) 调制格式实现了单通道超越 110 Gbit/s 的高速信号传输，降低了算法成本与信号延迟，同时在宽达 8 nm 的超大光学通带内保持多波长通信性能的高度均一性。该纯硅调制器同时具有超高带宽、超小尺寸、超大通带及 CMOS 工艺兼容等优势，满足了未来超高速应用场景对超高速率、高集成度、多波长通信、高热稳定性及晶圆级生产的需求，对于下一代数据中心的发展具有重要意义。

3.3.3.2 硅基电光调制器的工作原理

光调制器主要有两种实现方式，其一是通过光吸收直接控制光强，其二是通过材料折射率的变化引发光相位变化，再利用干涉仪或谐振腔转换为光强的变化。材料折射率变化通常通过加电信号产生，且折射率变化大小通常至少需达到 10^{-4} 的量级，以使器件尺寸不至于过大[64]。硅光调制的首选方法是利用电场，这样可以实现低电流、低功率和较快的响应速度。对材料施加电场可以同时导致其折射率实部和虚部的变化，其中实部变化 Δn 称为电折射，虚部变化 $\Delta\alpha$ 称为电吸收。在半导体材料中主要的电场效应为泡克耳斯 (Pockels) 效应、克尔 (Kerr) 效应和弗兰兹–凯尔迪什 (Franz-Keldysh) 效应。

首先介绍硅的吸收机制。半导体吸收损耗的两个主要来源为带间吸收和自由载流子吸收。光子的能量大于带隙时会发生带间吸收，电子从价带被激发到导带。为了避免带间吸收，光波长必须比波导材料的吸收边带波长更长。硅的边带波长约为 1.1 μm，因此硅可以作为波长在 1.1 μm 以上光的波导材料。硅对于波长小于 1.1 μm 的光吸收非常强，因此常用于可见光波长范围的光电探测器材料。材料的带间吸收并不意味着随着波长变化从强吸收到弱吸收的突然转变，因此对光波长的选择必须小心。例如，纯硅在 1.15 μm 波长处的吸收损耗为 2.83 dB/cm[65]，而在 1.52 μm 波长处的吸收损耗降低到 0.004 dB/cm[66]。因此，只要选择合适的工作波长，半导体波导的带间吸收可以忽略不计。相比之下，自由载流子吸收在半导体波导中影响更大。自由载流子的浓度会同时影响折射率的实部和虚部。对于硅基器件，可以利用自由载流子密度的变化来调制折射率，这一效应将在后文详细讨论。半导体吸收的变化可用德鲁德-洛伦兹 (Drude-Lorenz) 方程[67] 来描述：

$$\Delta\alpha = \frac{e^3\lambda_0^2}{4\pi^2c^3\varepsilon_0 n}\left(\frac{N_{\mathrm{e}}}{\mu_{\mathrm{e}}\left(m_{\mathrm{ce}}^*\right)^2}+\frac{N_{\mathrm{h}}}{\mu_{\mathrm{h}}\left(m_{\mathrm{ch}}^*\right)^2}\right) \tag{3-20}$$

式中，e 是电荷；c 是光在真空中的速度；μ_{e} 为电子迁移率；μ_{h} 为空穴迁移率；m_{ce}^* 是电子的有效质量；m_{ch}^* 是孔洞的有效质量；N_{e} 是自由电子浓度；N_{h} 为自由空穴浓度；ε_0 为自由空间介电常数；λ_0 是自由空间波长。Soref 和 Lorenzo 认为，计算式 (3-20) 中 N 在 $10^{18}\sim10^{20}\ \mathrm{cm}^{-3}$ 范围内[68]，1.3 μm 波长处注入的空穴和电子浓度为 $10^{18}\ \mathrm{cm}^{-3}$，会导致大约 $2.5\ \mathrm{cm}^{-1}$ 的总额外损耗，相当于 10.86 dB/cm，这表明半导体掺杂会对波导损耗产生显著影响。

接下来，考虑电场对折射率实部的影响。常见的电光效应如下所述：

(1) Pockels 效应，也被称为线性电光效应，实际折射率实部的变化与外加电场成正比。因此，如果外加均匀电场，折射率的变化将与外加电压成正比。一般来说，Pockels 效应产生折射率变化与外加电场相对于晶体轴的方向有关。硅的晶体结构会使 Pockels 效应完全消失，因此该效应难以应用于硅调制器。通常情况下会将外加电场对准晶体的一个主轴，以达到最大电光系数。例如，对于铌酸锂 ($LiNbO_3$)，如果利用所谓的 r_{33} 系数，折射率变化将达到最大，可以表示为

$$\Delta n = -r_{33} n_{33} \frac{E_3}{2} \tag{3-21}$$

式中，n_{33} 为外加电场方向的折射率；E_3 为外加电场强度，下标 3 仅表示材料的 3 个主轴中与外加电场对齐的那一个；$r_{33} = 30.8\times10^{-12}$ m/V。

(2) Kerr 效应是二阶电光效应，折射率实部的变化与外加电场的平方成正比：

$$\Delta n = s_{33} n_0 \frac{E^2}{2} \tag{3-22}$$

式中，s_{33} 为 Kerr 系数；n_0 为不存在电场时的折射率；E 为外加电场强度。

在这种情况下，折射率变化的正负号与晶轴内的方向无关。Soref 和 Bennett 从理论上计算了硅在 1.3 μm 波长处的折射率变化随外加电场强度的变化，在 10^6 V/cm (100 V/μm) 的电场下，折射率的变化量 Δn 达到 10^{-4}，Kerr 效应导致的折射率变化同样有限。

(3) Franz-Keldysh 效应可同时引起电折射和电吸收，且主要为电吸收。该效应是由施加电场时半导体能带的畸变造成的，由于带隙能量被改变，晶体的吸收特性发生了变化。Soref 和 Bennett 计算了波长为 1.07 μm 和 1.09 μm 处的折射率随电场强度的变化，在 2×10^5 V/cm (20 V/μm) 的电场下，折射率变化可以达到 10^{-4}。但 Franz-Keldysh 效应在 1.31 μm 和 1.55 μm 处会显著减弱。

可以看到，以上几种电光效应在通信波段均难以实现高效的折射率调制。目前在硅中实现电光调制最有效的方法是等离子体色散效应 (载流子注入或耗尽)。通过改变自由电荷的浓度，可以改变材料的折射率。如上文所述，电子和空穴浓度与吸收之间的 Drude-Lorenz 方程为

$$\Delta\alpha = \frac{e^3\lambda_0^2}{4\pi^2 c^3 \varepsilon_0 n}\left(\frac{N_\mathrm{e}}{\mu_\mathrm{e}\left(m_\mathrm{ce}^*\right)^2} + \frac{N_\mathrm{h}}{\mu_\mathrm{h}\left(m_\mathrm{ch}^*\right)^2}\right) \tag{3-23}$$

载流子浓度 N 与折射率变化 Δn 的关系式为[67]

$$\Delta n = \frac{-e^3\lambda_0^2}{8\pi^2 c^3 \varepsilon_0 n}\left(\frac{N_\mathrm{e}}{m_\mathrm{ce}^*} + \frac{N_\mathrm{h}}{m_\mathrm{ch}^*}\right) \tag{3-24}$$

Soref 和 Bennett[69] 对之前的文献进行研究，他们的结果表明电子浓度变化导致的折射率变化与经典的 Drude-Lorenz 模型基本一致，而对于空穴，则有 $(\Delta n)^{0.8}$ 的修正关系。

利用折射率实部和虚部之间的克拉默斯–克勒尼希 (Kramers-Kronig) 关系，可以得到硅中注入载流子引起的折射率和吸收系数的变化。我们可用以下方法导出该关系。

介质中的电位移矢量为

$$D = \varepsilon_0 E + P \tag{3-25}$$

式中，E 是电场强度；P 是极化强度。当介质为各向同性时，E、D 和 P 共线。电场较小时，P 与 D 成正比。因此，对于各向同性介质，可以写成

$$\begin{aligned} &D = \varepsilon_0 E + P = \varepsilon E \\ &P = D - \varepsilon_0 E = (\varepsilon - \varepsilon_0)E = (n^2 - 1)\varepsilon_0 E \end{aligned} \tag{3-26}$$

式中，n 为介质的折射率。对于某一均匀各向同性介质和大小为 $E = E_0 \mathrm{e}^{\mathrm{j}\omega t}$ 的电场，可写出极化强度 P 和位移 D 的关系：

$$P = (n^2 - 1)\varepsilon_0 E = P_0 \mathrm{e}^{\mathrm{j}\omega t} \tag{3-27}$$

$$D = \varepsilon E = D_0 \mathrm{e}^{\mathrm{j}\omega t} \tag{3-28}$$

如果介质存在色散，则介电常数 ε 是 ω 的函数。假设介电常数不随时间变化，则

$$D(t - t_0) = \varepsilon E(t - t_0) \tag{3-29}$$

如果在 $t = 0$ 时开始对介质施加电场，那么 $t< 0$ 时极化和电位移为零：

$$\begin{aligned} &P(t) = 0, \quad t < 0 \\ &D(t) = 0, \quad t < 0 \end{aligned} \tag{3-30}$$

如果电场在 $t = 0$ 时是一个很短的脉冲信号，即

$$E = \delta(t) \tag{3-31}$$

则电场可以表示为[70]

$$E(t) = \sqrt{\frac{2}{\pi}} \Re \int_0^\infty \mathrm{e}^{\mathrm{j}\omega t} \mathrm{d}\omega \tag{3-32}$$

式中，$\Re$ 表示取积分的实部。由式 (3-28) 可得位移为

$$D = \sqrt{\frac{2}{\pi}} \Re \int_0^\infty \varepsilon \mathrm{e}^{\mathrm{j}\omega t} \mathrm{d}\omega \tag{3-33}$$

如果介质不存在色散，则 D 也是一个位于 $t=0$ 处的脉冲函数。在色散情况下该情况则不成立。介电常数可表示为

$$\varepsilon=\varepsilon(\omega)+\varepsilon_{\mathrm{c}} \tag{3-34}$$

$\omega\to\infty$ 时，$\varepsilon(\omega)=0$，此时 ε 等于常数 ε_{c}。电位移 D 用以下形式表示：

$$D=\varepsilon_{\mathrm{c}}E+\sqrt{\frac{2}{\pi}}\Re\int_0^{\infty}\varepsilon(\omega)\mathrm{e}^{\mathrm{j}\omega t}\mathrm{d}\omega \tag{3-35}$$

由式 (3-30) 可知，当 $t<0$ 时，电场和电位移为 0，$E(t)=0, D(t)=0$，因此式 (3-35) 可改写为

$$\sqrt{\frac{2}{\pi}}\Re\int_0^{\infty}\varepsilon(\omega)\mathrm{e}^{\mathrm{j}\omega t}\mathrm{d}\omega=0 \tag{3-36}$$

介电常数 $\varepsilon(\omega)$ 通常为复数，它可以表示为

$$\varepsilon(\omega)=\varepsilon_{\mathrm{r}}(\omega)+\mathrm{j}\varepsilon_{\mathrm{i}}(\omega) \tag{3-37}$$

式中，ε_{r} 和 ε_{i} 分别为介电常数的实部和虚部。将式 (3-37) 代入式 (3-36) 可得

$$\sqrt{\frac{2}{\pi}}\int_0^{\infty}\varepsilon_{\mathrm{r}}(\omega)\cos(\omega t)\mathrm{d}\omega+\sqrt{\frac{2}{\pi}}\int_0^{\infty}\varepsilon_{\mathrm{i}}(\omega)\sin(\omega t)\mathrm{d}\omega=0 \tag{3-38}$$

当 $t<0$ 时，该方程成立。我们先设 t 为 $-t_1$，再用 t 代替 t_1，则式 (3-38) 可写成

$$\int_0^{\infty}\varepsilon_{\mathrm{r}}(\omega)\cos(\omega t)\mathrm{d}\omega=\int_0^{\infty}\varepsilon_{\mathrm{i}}(\omega)\sin(\omega t)\mathrm{d}\omega \tag{3-39}$$

如果定义等式左边为

$$p(t)=\sqrt{\frac{2}{\pi}}\int_0^{\infty}\varepsilon_{\mathrm{r}}(\omega)\cos(\omega t)\mathrm{d}\omega \tag{3-40}$$

显然 $\varepsilon_{\mathrm{r}}(\omega)$ 就是 $p(t)$ 的傅里叶余弦变换[71]：

$$\varepsilon_{\mathrm{r}}(\omega)=\sqrt{\frac{2}{\pi}}\int_0^{\infty}p(t)\cos(\omega t)\mathrm{d}t \tag{3-41}$$

$p(t)$ 等于方程 (3-39) 的左边，它也一定等于方程的右边：

$$p(t)=\sqrt{\frac{2}{\pi}}\int_0^{\infty}\varepsilon_{\mathrm{i}}(\omega)\sin(\omega t)\mathrm{d}\omega \tag{3-42}$$

将式 (3-42) 代入式 (3-41)，介电常数 $\varepsilon_{\mathrm{r}}(\omega)$ 的实部为

$$\varepsilon_{\mathrm{r}}(\omega)=\frac{2}{\pi}\int_0^{\infty}\int_0^{\infty}\varepsilon_{\mathrm{i}}(\omega)\sin(\omega_1 t)\cos(\omega t)\mathrm{d}t\mathrm{d}\omega_1 \tag{3-43}$$

这里用 ω_1 代替 ω 来表示应积分的那一部分。需要从式 (3-43) 开始逐步计算积分。设

$$I=\int_0^{\infty}\sin(\omega_1 t)\cos(\omega t)\mathrm{d}t \tag{3-44}$$

该积分可以写成

$$I=\Re\int_0^{\infty}\sin(\omega_1 t)\mathrm{e}^{\mathrm{j}\omega t}\mathrm{d}t=\Re F\left\{\sin(\omega_1 t)\right\} \tag{3-45}$$

这实际上是 $\sin(\omega_1 t)$ 的傅里叶变换，可将其写为

$$F\left\{\sin(\omega_1 t)\right\}=\lim_{a\to 0^+}F\left\{\sin(\omega_1 t)\mathrm{e}^{-at}\right\} \tag{3-46}$$

现在找到其傅里叶变换的形式：

$$\begin{aligned}F\left\{\sin(\omega_1 t)\right\}&=\lim_{a\to 0^+}\int_0^{\infty}\sin(\omega_1 t)\mathrm{e}^{-at}\mathrm{e}^{-\mathrm{j}\omega t}\mathrm{d}t\\&=\lim_{a\to 0^+}\int_0^{\infty}\sin(\omega_1 t)\mathrm{e}^{-st}\mathrm{d}t\end{aligned} \tag{3-47}$$

$$\begin{aligned}F\left\{\sin(\omega_1 t)\right\}&=\lim_{a\to 0^+}\int_0^{\infty}\frac{\mathrm{e}^{\mathrm{j}\omega_1 t}-\mathrm{e}^{-\mathrm{j}\omega_1 t}}{2\mathrm{j}}\mathrm{e}^{-st}\mathrm{d}t\\&=\lim_{a\to 0^+}\int_0^{\infty}\frac{\mathrm{e}^{-(s-\mathrm{j}\omega_1)t}-\mathrm{e}^{-(s+\mathrm{j}\omega_1)t}}{2\mathrm{j}}\mathrm{d}t\end{aligned} \tag{3-48}$$

$$\begin{aligned}F\left\{\sin(\omega_1 t)\right\}&=\lim_{a\to 0^+}\frac{1}{2\mathrm{j}}\left(\frac{1}{s-\mathrm{j}\omega_1}-\frac{1}{s+\mathrm{j}\omega_1}\right)\\&=\lim_{a\to 0^+}\frac{\omega_1}{s^2+\omega_1^2}=\lim_{a\to 0^+}\frac{\omega_1}{(a+\mathrm{j}\omega)^2+\omega_1^2}\end{aligned} \tag{3-49}$$

最终

$$I=\frac{\omega_1}{\omega_1^2-\omega^2} \tag{3-50}$$

式 (3-43) 的 $\varepsilon_{\mathrm{r}}(\omega)$ 可以写为

$$\varepsilon_{\mathrm{r}}(\omega)=\frac{2}{\pi}\mathrm{P.V.}\int_0^{\infty}\frac{\omega_1\varepsilon_{\mathrm{i}}(\omega_1)}{\omega_1^2-\omega^2}\mathrm{d}\omega_1 \tag{3-51}$$

式 (3-51) 中的 P.V. 表示取积分主值，因为积分在 $\omega_1 = \omega$ 处有一个奇异点。计算该积分需使用轮廓积分[72]。

同样，折射率虚部可以表示为

$$\varepsilon_{\rm i}(\omega) = \frac{2}{\pi}\omega {\rm P.V.}\int_0^{\infty}\frac{\omega_1\varepsilon_{\rm r}(\omega_1)}{\omega^2-\omega_1^2}{\rm d}\omega_1 \tag{3-52}$$

方程 (3-51) 和方程 (3-52) 表示 $\varepsilon - \varepsilon_{\rm c}$ 的实部和虚部之间的关系。折射率可由实部、虚部表示：$n = n_{\rm r} - {\rm j}n_{\rm i}$。介电常数与折射率之间的关系：$\varepsilon = n^2$。由式 (3-52) 可得

$$n_{\rm r}(\omega) - 1 = \frac{c}{\pi}{\rm P.V.}\int_0^{\infty}\frac{\alpha(\omega_1)}{\omega_1^2-\omega^2}{\rm d}\omega_1 \tag{3-53}$$

式中，$\alpha = n_{\rm i}\omega/c$，为吸收系数。由式 (3-53) 可以看出，折射率的实部和虚部是互相耦合的。因此，我们可以说，折射率扰动 $\Delta n_{\rm r}$ 是由光学吸收光谱 $\Delta\alpha$ 的变化引起的。由式 (3-53) 可得差分 Kramers-Kronig 色散关系[73]：

$$\Delta n_{\rm r}(\omega) = \frac{c}{\pi}P\int_0^{\infty}\frac{\Delta\alpha(\omega_1)}{\omega_1^2-\omega^2}{\rm d}\omega_1 \tag{3-54}$$

Soref 和 Bennett 利用光谱吸收的实验数据和式 (3-54) 计算积分，从而得到折射率变化与载流子浓度的关系。他们给出硅在 1.3 μm 和 1.55 μm 波长下由于载流子注入或耗尽而引起的折射率和吸收系数变化的表达式[69]，现在其已被广泛用于分析硅光调制的强度。

在 $\lambda_0 = 1.55$ μm 时，表达式为

$$\begin{aligned}\Delta n &= \Delta n_{\rm e} + \Delta n_{\rm h}\\ &= -8.8\times10^{-22}\Delta N_{\rm e} - 8.5\times10^{-18}(\Delta N_{\rm h})^{0.8}\end{aligned} \tag{3-55}$$

$$\begin{aligned}\Delta \alpha &= \Delta \alpha_{\rm e} + \Delta \alpha_{\rm h}\\ &= 8.5\times10^{-22}\Delta N_{\rm e} + 6.0\times10^{-18}(\Delta N_{\rm h})\end{aligned} \tag{3-56}$$

式中，$\Delta n_{\rm e}$ 和 $\Delta n_{\rm h}$ 分别是由自由电子和空穴浓度变化引起的折射率变化；$\Delta\alpha_{\rm e}$ 和 $\Delta\alpha_{\rm h}$ 分别是由自由电子和空穴浓度变化引起的吸收系数变化。

在 $\lambda_0 = 1.3$ μm 处，表达式为

$$\begin{aligned}\Delta n &= \Delta n_{\rm e} + \Delta n_{\rm h}\\ &= -6.2\times10^{-22}\Delta N_{\rm e} - 6.0\times10^{-18}(\Delta N_{\rm h})^{0.8}\end{aligned} \tag{3-57}$$

$$\begin{aligned}\Delta\alpha &= \Delta\alpha_{\mathrm{e}} + \Delta\alpha_{\mathrm{h}} \\ &= 6.0\times10^{-18}\Delta N_{\mathrm{e}} + 4.0\times10^{-18}(\Delta N_{\mathrm{h}})\end{aligned} \tag{3-58}$$

对于电子和空穴，5×10^{17} 量级的载流子注入水平是很容易实现的。此时波长为 1.3 μm 时折射率 Δn 的变化为

$$\begin{aligned}\Delta n &= -6.2\times10^{-22}\times(5\times10^{17}) - 6.0\times10^{-18}\times(5\times10^{17})^{0.8} \\ &= -1.17\times10^{-3}\end{aligned} \tag{3-59}$$

这比上文描述的其他电场效应导致的折射率变化量要大一个数量级以上。如果继续适当提高掺杂水平，则可实现更高的折射率变化。

除了电光效应，热光效应也可用于硅光调制器件。硅的折射率变化与温度变化可视为线性关系，热光学系数为[74]

$$\frac{\mathrm{d}n}{\mathrm{d}T} = 1.86\times10^{-4}\ \mathrm{K}^{-1} \tag{3-60}$$

由式 (3-60) 可以得到，如果硅温度变化 6 K，则折射率变化 1.1×10^{-3}。值得注意的是，温度上升会导致折射率上升，而注入自由载流子会导致折射率下降。因此，在硅光调制器中，这两种效应可能会相互竞争。

3.3.3.3 硅基电光调制器的制作原理

硅基电光调制器的制造主要依靠表面工艺。表面工艺是在集成电路平面工艺基础上发展起来的，它利用硅平面上不同材料的生长沉积顺序，逐层加工腐蚀得到各种微结构。该工艺技术成熟，且与传统 CMOS 工艺相兼容。硅基电光调制器所需的表面工艺主要包括光刻、刻蚀、离子注入和薄膜生长沉积等工艺步骤，其典型的制作工艺流程如图 3-41 所示。

首先对基片进行清洗，常用的基片为绝缘衬底上硅 (SOI)，其结构从上到下为顶层硅、二氧化硅和硅基底。顶层硅厚度一般为 220 nm，作为硅波导芯层；二氧化硅层的厚度一般为 3 μm 左右，作为硅波导的下包层。清洗 SOI 基片一般选用丙酮、异丙醇和去离子水等试剂。清洗完后需对 SOI 基片进行烘烤以去除表面水分。

接下来进行光刻，可先涂增黏剂增强光刻胶的黏附性。之后进行涂胶，一般选用旋涂法，将光刻胶滴在 SOI 基片表面并使基片快速旋转达到均匀涂覆的目的。涂胶厚度会影响后续光刻的精度，因此需设置好旋胶速度以得到合适的涂胶厚度。涂胶完需进行前烘，通过加热消除光刻胶中的溶剂，并增强胶膜和 SOI 基

片的黏附性。接下来进行曝光，常用的曝光方式为紫外曝光或深紫外曝光，即用紫外光穿过光刻板，选择性地照射 SOI 基片表面的光刻胶，并使照射处的光刻胶发生化学反应而变性。常用的紫外曝光方式包括接触式曝光、接近式曝光和投影式曝光三种。此外也可使用电子束曝光，该方法能够制作更为精细的结构，但成本高、速度慢，不适用于大规模生产。曝光完成后进行显影，将基片置于特定的显影液中以去除光刻胶的某些部分。光刻胶分为正胶和负胶，对于正胶被紫外光照射过的部分可被显影液去除，对于负胶未被紫外光照射过的部分将被显影液去除。一般来说正胶的图形精度更高。显影完成后需进行后烘，也称为坚膜，通过加热 SOI 基片挥发掉残存的溶剂，进一步提高胶膜和 SOI 基片表面的黏附力，并使胶膜坚固致密。至此光刻步骤结束，所需的光波导等结构图样已成功地从光刻板转移到了涂覆在 SOI 基片上的一层光刻胶上。

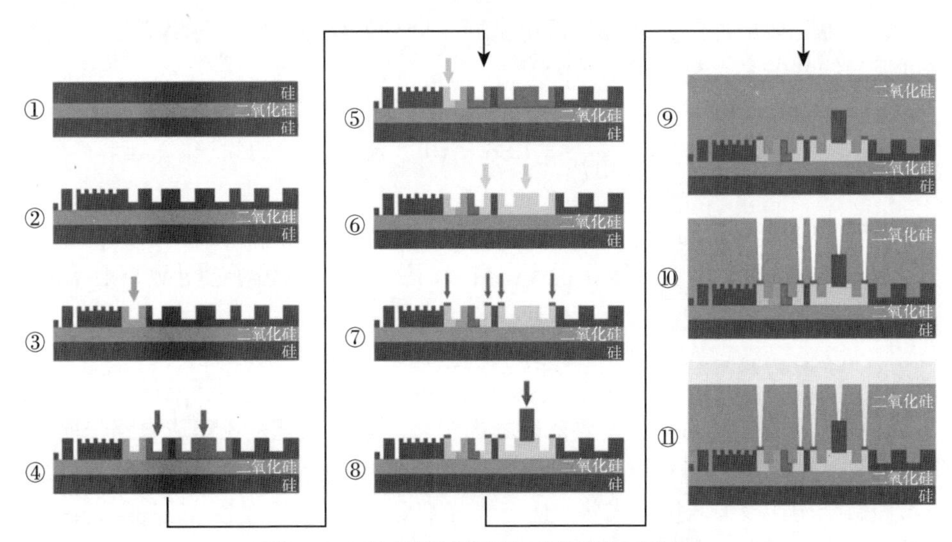

图 3-41　硅基调制器制作工艺流程示意图

下一步进行顶层硅刻蚀，通过化学和物理方法将光刻胶上的结构图样转移到顶层硅上。常用的刻蚀方法分为干法刻蚀和湿法刻蚀。湿法刻蚀成本低，但可控性较差，难以实现精细结构的制作，且难以较好地实现各向异性刻蚀，刻蚀后不能实现较高的侧壁陡直度。因此，硅光波导加工一般采用干法刻蚀，主要包括反应离子刻蚀 (reactive ion etching，RIE) 和电感耦合等离子体 (inductively coupled plasma，ICP)。这两种刻蚀方法同时利用物理和化学反应，既具有高选择性，可以实现良好的各向异性刻蚀，也具有较高刻蚀速率。RIE 在真空系统中利用分子气体等离子来进行刻蚀，利用离子诱导化学反应来实现各向异性刻蚀，即利用离子能量来使被刻蚀层的表面形成容易刻蚀的损伤层和促进化学反应，同时离子还可清除表面生成物以露出清洁的刻蚀表面。ICP 相比于 RIE，在反应腔室顶部增加了一个射频源以产生磁场，使带电粒子在磁场内有更多机会发生碰撞而产生等离子体，通过增大等离子体密度加强刻蚀性能。常见的刻蚀深度包括 220 nm 完全刻蚀以制作条形波导，以及 70 nm 和 150 nm 刻蚀以制作表面光栅和脊波导。条形波导一般用于光无源部分，而硅光调制器的有源部分则需采用脊波导。70 nm 和 150 nm 两种深度的刻蚀因为没有腐蚀停止层，需要通过控制刻蚀气体的流量和刻蚀时间来获得需要的刻蚀深度。刻蚀完成后需去除基片上所有剩余光刻胶。

接下来进行掺杂，主要包括扩散和离子注入两种工艺。扩散方式为将硅片在高温下加热，使掺杂剂原子能够进入半导体材料中。离子注入方式为使用高电压将离子态的掺杂物加速到非常高的速度，并使加速后的离子被精确地射向硅片的表面。完成扩散后均需进行退火等后处理以稳定掺杂元素的分布。相比于扩散，离子注入能够通过调整注入时间准确控制注入离子浓度，并通过调整注入能量准确控制离子深度。此外，离子束可聚焦到非常小的区域上，实现特定区域或特定图样的离子注入，因此硅光调制器一般采用离子注入的方式。硅光调制器脊波导的两侧将分别掺杂 ⅢA 族元素如硼得到 P 型半导体，以及掺杂 VA 族元素如磷得到 N 型半导体。此外还会通过两次掺杂分别得到轻掺杂区和重掺杂区。

在完成以上对硅波导的所有处理后，将在整个基片上生长一层 2~3 μm 厚的二氧化硅薄膜作为上包层，起到绝缘、保护和光场限制的作用。常用的薄膜制备技术包括物理气相沉积 (蒸发和溅射) 和化学气相沉积等。制备二氧化硅一般采用等离子体增强化学气相沉积的方法。制作完上包层二氧化硅后需再进行一次光刻和刻蚀，以得到调制器掺杂后硅的接触孔。为了降低接触电阻，需接着采用物理气相沉积 (PVD) 技术在接触孔的底部淀积一层金属镍，随后进行热退火，以形成镍硅合金。

最后对调制器的表面电极进行制作，常用于电极的金属材料为铝和铜。电极图样的制作与常规的光刻及刻蚀工艺有所不同，一般采用剥离 (lift-off) 工艺。剥离工艺首先要进行曝光和显影，去除特定区域的光刻胶，从而在基片上得到具有图样的光刻胶膜。然后通过蒸发或溅射技术在基片上生长一层金属薄膜，金属薄膜在光刻胶已被去除的区域内位于基片上，在其他区域则位于胶膜上。之后再利用剥离液溶解光刻胶，在光刻胶上的金属将被剥离掉，这样就在基片表面形成了金属电极图样。

以上就是硅基电光调制器的基本制作工艺。如需进行热调，则可继续在基片表面通过光刻和刻蚀工艺形成 TiN 加热层。除此以外硅光芯片还需与光纤或其他芯片互连，通常采用边缘耦合或光栅耦合器的形式。边缘耦合需要在芯片边缘制作锥形的宽度渐变波导与透镜或透镜光纤对准；光栅耦合器则需要对顶层硅进行 70 nm 深度的刻蚀制作表面光栅，再与光纤进行垂直耦合。

3.4　光电探测器

3.4.1　探测器芯片的基本概念

3.4.1.1　量子效率

量子效率是指每个入射光子产生的电子–空穴对的数目，表示为

$$\eta = \left(\frac{I_{\mathrm{p}}}{q}\right) \Big/ \left(\frac{P_{\mathrm{a}}}{h\nu}\right) \tag{3-61}$$

式中，I_{p} 是吸收波长为 λ (相应的光子能量为 $h\nu$) 的入射光产生的光电流；P_{a} 是吸收的光功率。决定 η 的关键因素之一是吸收系数 α。

假设半导体被一光源照射，光源光子能量 $h\nu$ 大于禁带宽度，光子通量为 $\varPhi$ (以每秒通过 1 cm^2 的光子数为单位)。当光通过半导体传播时，有一部分被吸收，被吸收的光子数正比于光通量的强度，因此在距离增量 Δx 内被吸收的光子数是 $\alpha\varPhi(x)\Delta x$，其中 α 是比例常数，定义为吸收系数。由光子通量的连续性，可以得到：

$$\varPhi(x+\Delta x) - \varPhi(x) = \frac{\mathrm{d}\varPhi(x)}{\mathrm{d}x}\Delta x = -\alpha\varPhi(x)\Delta x \tag{3-62}$$

或

$$\frac{\mathrm{d}\varPhi(x)}{\mathrm{d}x} = -\alpha\varPhi(x) \tag{3-63}$$

式中，负号表示由于光吸收，光子通量的强度减小。边界条件为在 $x=0$ 时，$\varPhi(x)=\varPhi_0$，这时方程 (3-62) 的解为

$$\varPhi(x) = \varPhi_0 \mathrm{e}^{-\alpha x} \tag{3-64}$$

在半导体的另一端 $(x=W)$ 的光子通量为

$$\varPhi(W) = \varPhi_0 \mathrm{e}^{-\alpha W} \tag{3-65}$$

式中，吸收系数 α 是 $h\nu$ 的函数。光吸收系数在截止波长 $\lambda_{\mathrm{c}} = \dfrac{1.24}{E_{\mathrm{g}}}$ μm 处急剧下降，这是因为在 $h\nu < E_{\mathrm{g}}$ 或 $\lambda > \lambda_{\mathrm{c}}$ 时，能带间的光吸收可以忽略不计。

由于 α 和波长有强烈的依赖关系，因此能产生明显光电流的波长范围是有限的。长波截止波长 λ_{c} 由禁带宽度 (E_{g}) 决定，例如对于锗是 1.8 μm，硅为 1.1 μm。当波长大于 λ_{c} 时，α 值太小不足以产生显著的吸收。光响应也有短波限，这是因为波长很短时，α 值很大 (约为 $10^5\ \mathrm{cm}^{-1}$)，大部分辐射在表面附近被吸收，而表面的复合时间又很短，因此光生载流子在被 PN 结收集之前就已经被复合掉。

3.4.1.2 响应速度

响应速度受下列三个因素限制：① 载流子的扩散；② 在耗尽层内的漂移时间；③ 耗尽层电容。在耗尽层外边产生的载流子必须扩散到 PN 结，这将引起可观的时间延迟。为了将扩散效应减到最小，PN 结应尽可能接近表面。当耗尽层足够宽时，光被吸收的量将最大。不过耗尽层又不能太宽，否则渡越时间常数 RC 变得很大，影响响应速度，这里的 R 是负载电阻。耗尽层宽度的最佳折中方案是使耗尽层渡越时间近似等于调制周期的一半。例如，调制频率为 2 GHz 时，硅的最佳耗尽层宽度约为 25 μm，饱和漂移速度为 10^7 cm/s。

3.4.1.3 响应度

响应度的定义类似于量子效率，均能表征器件的光电转换能力，具体定义为光电流与入射光功率之比：

$$\xi = \frac{I_{\mathrm{L}}}{P_{\mathrm{in}}} = \eta \frac{q}{h\nu}(1-R)\,\mathrm{e}^{-\alpha W_{\mathrm{P}}}\left(1 - \frac{\mathrm{e}^{-\alpha W}}{1+\alpha L_{hn}}\right) \tag{3-66}$$

式中，ξ 代表入射面的光功率反射率；α 为吸收层的吸收系数；W 表示吸收层的厚度；$h\nu$ 为入射光单个光子能量。

3.4.1.4 噪声特性与暗电流

在光电探测器的实际使用中，还有一个重要指标用于衡量它的工作性能，即噪声特性。由于器件的工作条件并非理想环境，因此在光电探测器将光信号转换为电信号的同时，不可避免地会引入一些噪声信号。探测器的噪声信号主要有 $1/f$ 噪声、热噪声、散粒噪声以及产生–复合噪声。

(1) $1/f$ 噪声，也被称为低频噪声，主要出现在低频域，它的均方值可表示为

$$\bar{i}_f^2 = K_i \frac{I^b \Delta f}{f^a} \tag{3-67}$$

式中，a 是常数，介于 0.8～1.3 之间；b 是与器件中电流 I 相关的常数；K_i 是比例系数。$1/f$ 噪声与光电探测器的表面工艺相关，大小与光信号的调制频域成反比，可以通过工艺上将光电探测器表面做得更加均匀来减少低频噪声。

(2) 热噪声，其产生原因是光电探测器内部载流子会发生随机热运动，这种噪声是始终存在的，它的均方热噪声电流 $\bar{i}_T^2$ 和均方热噪声电压 $\bar{u}_T^2$ 表示为

$$\bar{i}_T^2 = \frac{4kT\Delta f}{R_{\mathrm{d}}} \tag{3-68}$$

$$\bar{u}_T^2 = 4kT\Delta f R_{\mathrm{d}} \tag{3-69}$$

式中，T 是热力学温度；k 是玻尔兹曼常数；$R_{\rm d}$ 是光电探测器等效电阻。

(3) 散粒噪声，是一种有源噪声，通常存在于有源器件中，例如集成电路、晶体管、二极管等。在频域中，散粒噪声的功率谱密度在较宽的频率范围内都能够保持一个恒定值，即散粒噪声是一种高斯白噪声。而在量子光学中，光子的涨落引起了散粒噪声。我们可以通过在光电探测器的前置器件中采用低噪声的器件或者将前置放大器放置于低温容器中来减少散粒噪声。散粒噪声的表达式为

$$\overline{i_{\rm s}^2} = 2q(I_{\rm p} + I_{\rm d})\Delta f \tag{3-70}$$

式中，q 为元电荷电量；$I_{\rm p}$ 是光电流；$I_{\rm d}$ 是暗电流；Δf 是器件工作带宽。

(4) 产生–复合噪声。光电探测器中的电子和空穴在不断的运动中，也会产生复合现象，导致载流子浓度不断改变，这就是产生–复合噪声出现的原因。产生–复合噪声可以表示为

$$\left.\begin{aligned} \overline{i_{\rm g-r}^2} &= 4q\bar{I}M\Delta f \\ M &= \frac{\tau_0}{\tau_{\rm d}} \end{aligned}\right\} \tag{3-71}$$

式中，$\bar{I}$ 是平均电流；$\tau_{\rm d}$ 是载流子渡越时间；τ_0 是载流子平均寿命。

暗电流，顾名思义是在没有光照条件下，光电探测器中的电流大小。暗电流值越大，光电探测器性能越差，反之，值越小，光电探测器性能越好。暗电流中包括扩散暗电流、产生–复合暗电流等，受到诸多因素如器件厚度、面积、偏压大小、工作温度的影响。

3.4.2 光电探测器基本结构与工作原理

最早出现的光电探测器 (PD) 实质上是一个反向偏压的 PN 结二极管。反向偏压的作用是加强内电场和加宽耗尽区，耗尽区中的电场分布如图 3-42 所示。在入射光的作用下，在吸收区内产生电子–空穴对，吸收区的宽度 (即光的渗透深度) 与给定波长下入射光强有关。在吸收区内产生的电子和空穴在耗尽层内以高的漂移速度分别向二极管的两个电极运动，但在耗尽层外因只有速度低的扩散运动，这势必影响对光信号的响应速度。因此，这种简单的 PN 结构的光电探测器不适合于高频应用。

提高响应速度的方法之一是加大反向偏压，使耗尽区宽度变大，与吸收区尽量一致。然而增大反向偏压是很有限的，最好的方法是减小图中 N 区的掺杂浓度，使该区几乎达到本征半导体的状况，因此出现 PIN 型光电探测器。

PIN 光电二极管是在普通光电二极管的 P 区和 N 区之间以轻掺施主杂质形成近乎本征 (I) 区，其工作原理如图 3-43 所示。在限制 PIN 光电探测器响应速度的主要因素中，载流子的渡越时间是主要的，它取决于本征区的宽度 W 和载流子

的漂移速度 v。如果本征区太宽，光生载流子在该区的渡越时间 $t_r = W/v$ 就会较长而影响响应速度；如果本征区太窄，又会使光的吸收区超出本征区，因为本征区以外的区域不能产生有用的光电流。载流子的漂移速度受本征区内电场强度的控制。对于硅，在高场强下，电子和空穴将趋于各自的散射极限速度：8.4×10^6 cm/s 和 4×10^6 cm/s。如果渡越时间成为响应速度的主要限制因素，对 Si-PIN 光电二极管来说，若取 $W = 50$ μm，在 50 V 反向偏压下，对光脉冲响应的上升时间为 0.5 ns。对 GaAs 和 InGaAs PIN 管，为实现高速工作，需使本征区完全耗尽，所需电场强度应在 50 kV/cm 以上 (InGaAs)，以使载流子达到极限速度。

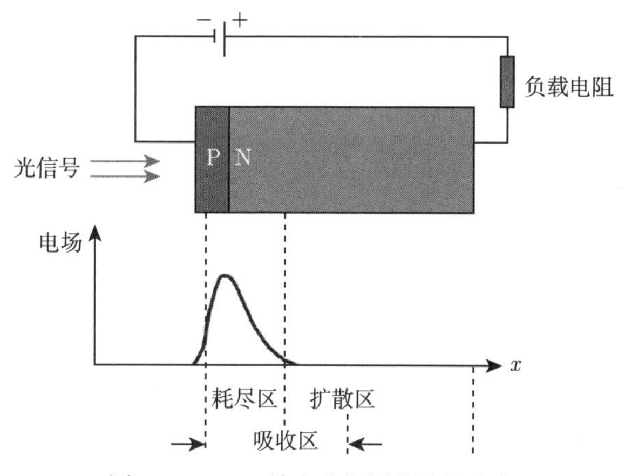

图 3-42 PN 结光电探测器电场分布

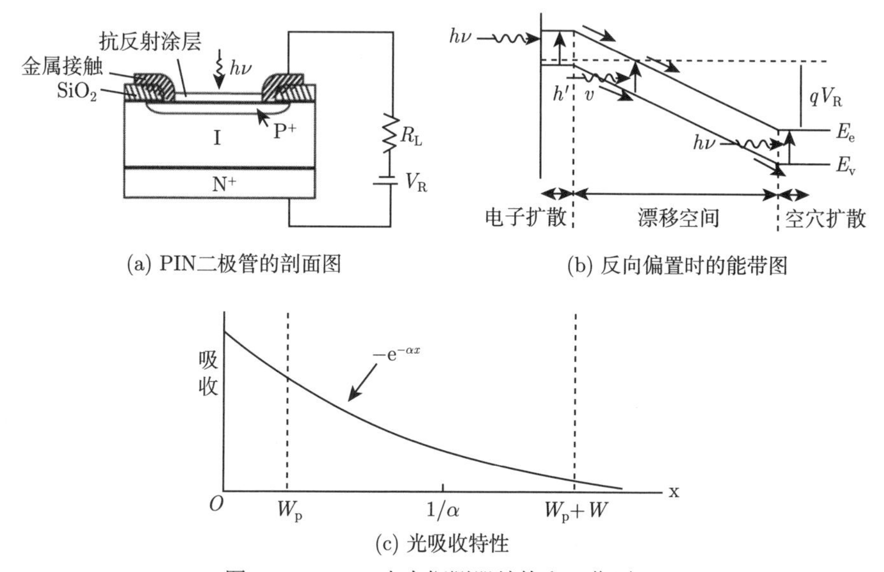

图 3-43 PIN 光电探测器结构和工作原理

从渡越时间考虑，影响响应速度的另一因素是时间常数 τ, $\tau = RC$ (R 为欧姆接触电阻和外加负载电阻之和)。C 表示为

$$C = \frac{\varepsilon_0 K A}{W} \tag{3-72}$$

式中，ε_0 为真空中的介电常数 (对硅来说 $\varepsilon_0 = 8.85 \times 10^{-12}$ F/m)；K 为比例常数 (对硅取 $K = 11.7$)；A 为结面积。合理选择 K 和 W，可使结电容达到 1 pF。如果有良好的欧姆接触和选择适当的负载电阻，RC 时间常数将不会成为响应速度的限制因素。对高速探测器，其量子效率可表示为

$$\eta \approx (1 - R_1)\left[\exp\left(-\alpha_0 d_1\right)\right]\alpha_0 W \tag{3-73}$$

式中，R_1 是入射面的光反射率，异质结光电探测器是用外延方法在较窄禁带半导体上外延一层禁带半导体形成的。异质结光电探测器的一个优点是量子效率和结距表面的距离之间没有决定性关系，这是因为宽禁带半导体材料可作为传输光电子的窗口，此外异质结能形成特定的材料组合，使得对给定波长的光信号，量子效率和响应速度都能取得最佳值。

为了减小异质结的漏电流，两种半导体的晶格常数必须严格匹配。在砷化镓衬底上外延生长三元化合物 $Al_xGa_{1-x}As$，可以形成良好晶格匹配的异质结，这些异质结光电探测器是在 0.65~0.85 μm 波长使用的光电器件。在更长波长 (1~1.6 μm)，像 $In_{0.47}Ga_{0.53}As$ ($E_g = 0.73$ eV) 之类的三元化合物和 $In_{0.73}Ga_{0.27}As_{0.65}P_{0.35}$($E_g = 0.95$ eV) 等四元化合物都能使用，这些化合物和磷化铟衬底有接近完美的晶格匹配。对于在波长 1.3 μm 和 1.55 μm 的光电探测器，常用的吸收材料为 $In_{0.47}Ga_{0.53}As$，因为 $In_{0.47}Ga_{0.53}As$ 能很好地与 InP 晶格匹配，可以使响应波长一直到 1.7 μm。

在 PIN 光电探测器中高量子效率和高的响应速度是依据较宽的本征区 (I 区) 结构实现的，而在雪崩光电二极管中又如何实现高量子效率、高的响应速度和光生载流子雪崩倍增呢？如果耗尽区的场强能达到某值，碰撞束缚的价电子使之离化而产生新的电子–空穴对，这些新生的电子–空穴对同样可能在强电场下获得足够大的能量，从而引起对其余价电子的碰撞电离，反复循环，就造成载流子的雪崩倍增。表征这种碰撞离化程度的参数是离化率，它表示电子或空穴在倍增区内经过单位距离平均产生的电子–空穴对数。离化率随场强呈指数增加。在不同材料中，电子的离化率 α 与空穴的离化率 β，以及它们的离化率之比 α/β 均不相同。造成载流子离化倍增的高场强不可能在宽耗尽层的 PIN 结构中实现。一种所谓“拉通型”结构能实现载流子倍增、高量子效率和高响应速度的统一。其原理如图 3-44 所示，它由 P^+-π-P-N^+ 四层组成，其中“π”为受主杂质浓度很低以致接

近本征的 P 型层。图中还表示电场强度的分布和在高场区载流子的倍增示意图。在高场区 (PN^+ 结的耗尽区) 内承受了所加反向偏压的大部分压降。随着反向偏压增大，耗尽层迅速向 P 区扩展，并在小于 PN 结击穿电压的某一电压 V_{rt} 下“穿通”到接近 π 区。超过 V_{rt} 的反向偏压全部降落在 π 区内，在高场区载流子能获得足够高的平均速度而发生碰撞电离。因为 π 区比 P 区宽得多，所以在高场区内的场强和载流子的倍增率在 V_{rt} 以上是随反偏压而缓慢增加的。在工作条件下，虽然 π 区的电场比高场区弱得多，但足以使载流子保持一定的漂移速度，在较宽的 π 区内只需短暂的渡越时间。这种将吸收与倍增融为一体，而倍增与漂移区分开的结构特点，使 APD 既能得到内部增益，又可以获得高的量子效率与响应速度。

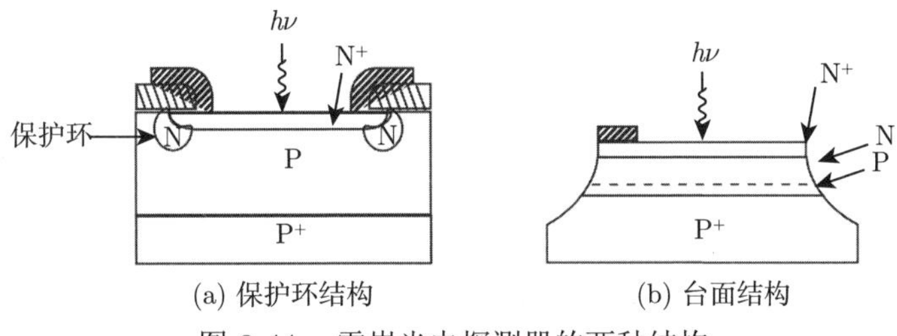

(a) 保护环结构 (b) 台面结构

图 3-44 雪崩光电探测器的两种结构

“拉通”结构 APD 的最佳性能和器件的几何尺寸与 P 区的掺杂水平有关。图 3-45 表示 P 区掺杂适当的理想场强分布。图 3-45(b) 表示 P 区掺杂浓度过高，故全部反向偏压降落在高场倍增区，在 π 区开始耗尽以前，高场强使载流子急剧倍增，但所产生的载流子无法在 π 区获得漂移速度，探测器响应速度很低。但如果 P 区掺杂浓度太低，如图 3-45(c) 所示，则 π 区很快耗尽，会导致开始雪崩所需的电压太高。

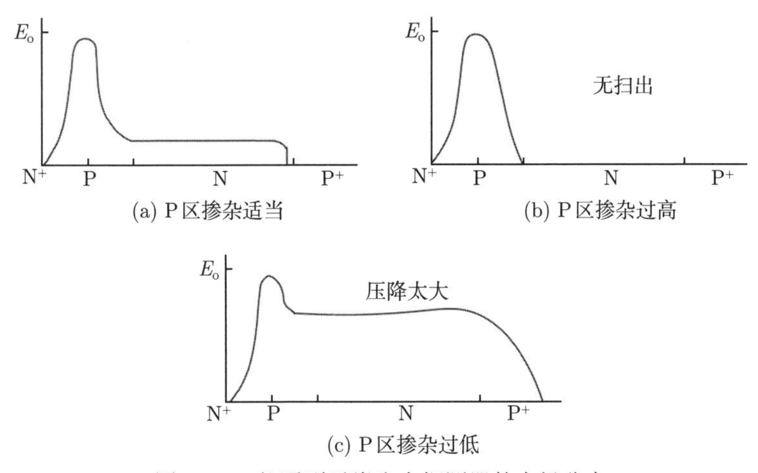

图 3-45 拉通型雪崩光电探测器的电场分布

3.4.3 UTC 探测器芯片

3.4.3.1 UTC 探测器工作原理

半导体光探测器作为组成光纤通信系统的关键元素之一，历年来备受研究人员的重视。传统 PIN-PD 光探测器由电子和空穴共同传输工作，而由于空穴的输运速率较低，耗尽层中容易发生载流子堆积，产生空间电荷效应，限制了器件性能的提高。1997 年，日本的 NTT 实验室在 PIN 光探测器的基础上进行改进，提出了单行载流子光电二极管 (uni-traveling-carrier photodiode，UTC-PD)[75]。图 3-46 分别展示了 UTC-PD 和 PIN-PD 的能带图。UTC-PD 将 PIN 光探测器的吸收层与收集层分离，入射光束在吸收层中产生光生电子–空穴对，然后空穴作为多数载流子，在介电弛豫时间内快速响应，有效减少了 PIN 光探测器中空穴堆积的空间电荷效应，电子作为单一载流子进行输运，这是 UTC-PD 单行载流子光探测器名称的由来。

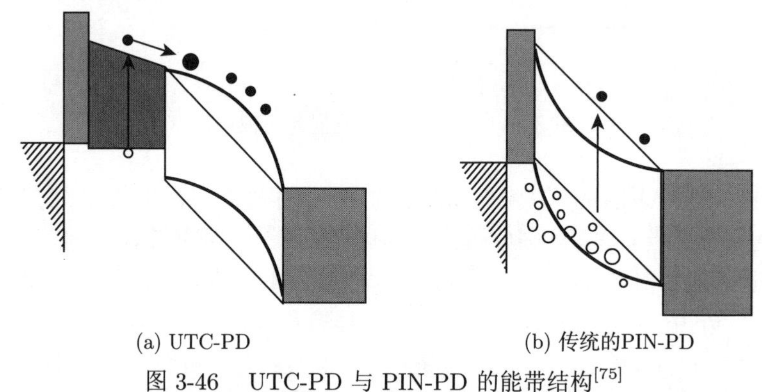

(a) UTC-PD　　(b) 传统的PIN-PD

图 3-46 UTC-PD 与 PIN-PD 的能带结构[75]

UTC-PD 在高速传输领域相较于 PIN 光探测器有着较大优势，主要原因有：首先，在耗尽层中电子的漂移速率远高于空穴，通过利用 P 型高掺杂的吸收层，让空穴产生后便快速弛豫，不再参与光探测器的载流子输运，大大提升了 UTC-PD 整体的载流子响应速率。其次，将吸收层与收集层分开，可以同时获得较高的工作带宽与更大的饱和电流，对于 PIN 光探测器，增加吸收层厚度会导致载流子渡越时间增加，减少吸收层厚度会导致电容上升，渡越时间的增加同样会降低器件带宽。最后，由于 UTC-PD 中载流子输运速率的增加，空间电荷效应得到缓解，可以承受更大功率的入射光束，获得较大的输出饱和电流。

3.4.3.2 UTC 探测器研究进展

自 1997 年单行载流子光探测器被提出以来，由于其独特的单行载流子输运特性，在高速信息传输领域展现了巨大的潜力。同时，随着我国在通信领域的不断发展，从 3G 追赶到 4G 并行和 5G 领先，各行各业对信息传输速率的要求也在不断提升，国内外相关研究团队也在 UTC-PD 的高速性能研究上投入大量资源，当前已公开报道过的高速性能优化方案主要有改进器件层结构、改善外延层掺杂方案、集成波导结构、优化器件尺寸以及使用新材料等。

1) 改进器件层结构

改进器件层结构是当前有效提升 UTC-PD 高速性能的手段之一，通过新增或改进器件外延层，可以控制器件内部电场，使器件获得更优秀的高速响应。加利福尼亚大学 Shi 等基于电子近弹道输运效应提出一种新型 NBUTC-PD，在 UTC-PD 基础上，通过在吸收层中插入一层 P^+ 电荷层实现对器件收集层电场的控制，在 5V 偏压下，InAlGaAs 收集层中电场使光生电子以过冲速度进行输运，缩短载流子的输运时间，最后直径 10 μm 的 NBUTC-PD 获得 40 GHz 工作带宽和 1.14 A/W 的响应度[76]。在后续的优化中，Shi 等在 NBUTC-PD 的基础上通过减小收集层的厚度以及器件结面积，并在 InP 收集层下方通过 P 型 InAlAs 控制收集层电场分布，在 2V 偏压下，改进后的 NBUTC-PD 仿真中可以达到 270 GHz 的带宽以及 17 mA 的饱和电流[77]。

如图 3-47 所示，清华大学首次提出在耗尽层中加入一层 P 掺杂层，通过调节器件内部电场分布使光生电子维持以过冲速率进行输运，减少器件内部载流子堆积与空间电荷效应，提升了器件高速响应性能，所制备的 UTC-PD 经过实际测量，在 1 V 偏压下，3 dB 带宽超过 25 GHz，响应度达到 0.44 A/W[78]。

2) 改善外延层掺杂方案

通过调整已有结构外延层掺杂方案，同样是使器件获取更高响应速率的有效手段之一。日本 NICT 实验室通过减小 UTC-PD 收集层掺杂浓度，使渡越时间常数降低，从而有效提升器件的高速响应特性，在零偏压下，器件获得 110 GHz 的 3 dB 带宽[79]。南洋理工大学 Meng 等通过在吸收层与收集层之间插入偶极掺杂的 InGaAs/InP 层，在 4V 偏压下直径 18 μm 的器件获得最大 103 GHz 的带宽以及 0.6 A/W 的响应度[80]。其制备的偶极掺杂 UTC-PD 层结构示意图如图 3-48 所示，通过将 InGaAs/InP 插入至器件吸收层与收集层之间，实现调节器件内部电场分布的作用，降低器件吸收层与收集层间能带势垒，改善器件的高速性能，进而提升器件带宽。

3) 集成波导结构

针对太赫兹通信，Nagatsuma 等通过使用 WR-1.5 矩形金属波导封装 UTC-PD，使其可以工作在 600 GHz 波段，并且将 UTC-PD 与空心波导进行单片集成，最后得到的光探测器模块 3 dB 带宽创历史新高地达到 340 GHz[81]，其模块结构示意图如图 3-49 所示，通过微带线以及末端的散热器有效地将太赫兹波引导进入中空波导，并通过在与 UTC-PD 相同的基板上形成耦合电路来克服 600 GHz

频段中的耦合器问题，从而使模块成功应用于 10 Gbit/s 的无线通信中。

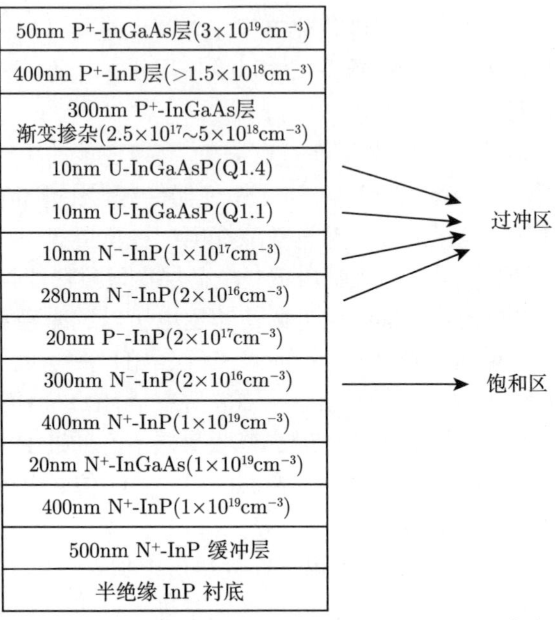

图 3-47　双漂移层 UTC-PD 外延层结构示意图[78]

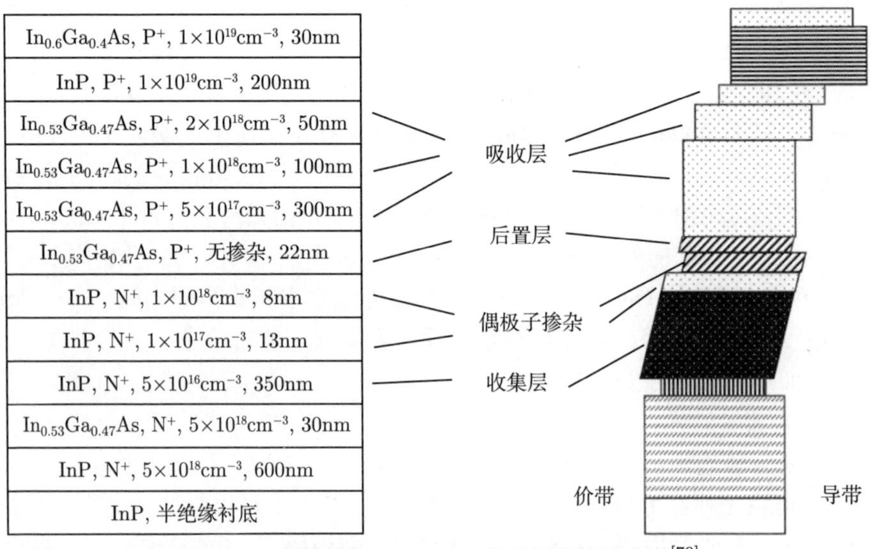

图 3-48　偶极掺杂 UTC-PD 外延层结构示意图[79]

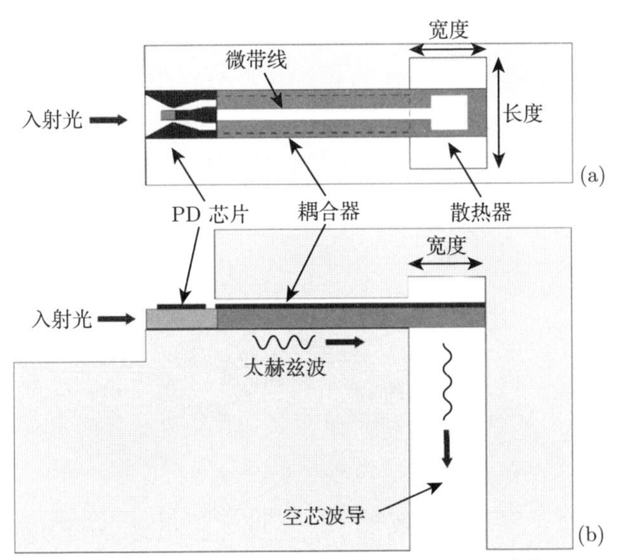

图 3-49 矩形波导输出 UTC-PD 结构图[81]

3.4.3.3 UTC 探测器阵列设计

探测器阵列是利用光子集成技术将多个探测器集成在一起。目前主要的集成方式有单片集成与异质异构集成两种。

中国科学院半导体研究所利用区域选择生长工艺实现了 4 通道 UTC-PD 阵列芯片与波导阵列光栅的单片集成，图 3-50 是该阵列芯片的材料结构示意图[82]。采用金属有机物化学气相沉积 (MOCVD) 法在半绝缘 InP 衬底上生长了外延结构。在利用区域选择生长技术生长 AWG 顶部包层之前，采用电感耦合等离子体刻蚀 (ICP) 技术将 1.49 μm 高 PD 台面刻蚀至匹配层。为了使 PD 完全独立，这一步骤特意在 SAG (选择区域生长) 之前进行，这样阵列中的每个 PD 都是电隔离的。然后用 $H_2SO_4/H_2O_2/H_2O$ 的选择性化学溶液去除 AWG 区域的匹配层，用 300 nm 的二氧化硅保护层覆盖 PD 区域，并在 PD 台面前 10 μm 的距离对齐。在 610℃ 条件下，用 MOCVD 法选择性生长了 1.2 μm 厚的大面积 (超过 PD 面积的 7 倍) InP 包覆层。在对接界面，如图 3-51(a) 和 (b) 所示，在匹配层上的掩模上形成一个宽度为 4.67 μm、高度为 3.80 μm 的脊波导。由于该脊的晶体质量异常，且尺寸不可重复，很难在不破坏 AWG 顶部包层的情况下完全去除这一高脊。这也是需要扩展匹配层来拉开 PD 台面和防止 PD 台面过度生长的原因。在重新生长后，用缓冲氧化刻蚀剂清除面罩上的小晶体颗粒，但脊形波导仍未受影响。然后，通过连续的步骤，在核心层下用溴溶液刻蚀非故意掺杂 (UID) 层，用等离子体增强化学气相沉积 (PECVD) 法钝化 SiO_2，以及分别用 Au/Ge/Ni 合金金属化 N 接触层和 Ti/Au 金属化 P 接触层，完成 PD 结构。最后通过 ICP 刻蚀，在 PD 区域用 SiO_2 保护的情况下完成 AWG 结构，得到 4.7 μm × 2.7 μm 深脊波导，如图 3-51(c) 所示。图 3-51(d) 还显示了 AWG 切割后 PD 的扫描电子显微图 (SEM)。通道波长间距为 20 nm 时，AWG-UTC 阵列总尺寸为 4.5 mm×1.2 mm，通道频率间距为 800 GHz 时，AWG-UTC 阵列总尺寸为 4.5 mm×1.67 mm，如图 3-52 所示。

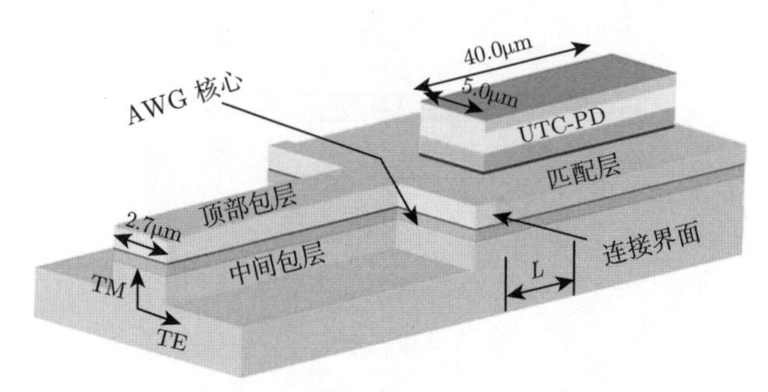

图 3-50　半导体研究所设计的多通道 UTC-PD 阵列芯片结构图[82]

图 3-51　4 通道 UTC-PD 工艺图[82]

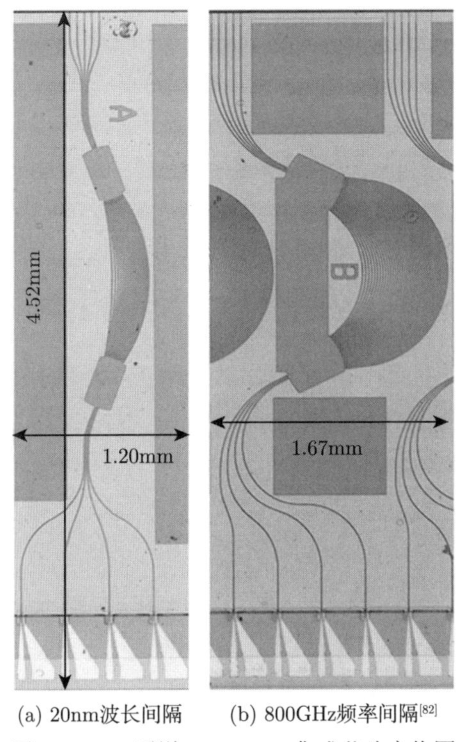

(a) 20nm波长间隔　　(b) 800GHz频率间隔[82]

图 3-52　4 通道 UTC-PD 集成芯片实物图

3.5　集成无源光器件

集成光电子器件主要分为有源器件与无源器件，本节将重点围绕无源器件展开。无源器件是一种不需要借助外部光或电的能量即可工作的器件，其作为片上重要的功能器件在光信号的传输、耦合、控制与处理等方面具有重要的作用[83−87]。无源器件最显著的特点是种类丰富、结构多样、设计灵活。本章将从基本的光学波导结构与材料入手，重点介绍耦合器、滤波器、波导布拉格光栅、阵列波导光栅，以及其他多种新型无源器件。

3.5.1　光学波导理论

为有效约束光信号的传输，通常采用光学波导，包括常见的光纤、介质光波导等。光学波导的工作原理主要是利用波导芯层与包层材料之间的折射率差构建全内反射，从而将入射光信号极大地约束在光学波导中进行传输[88,89]。图 3-53 所示为典型光学波导的二维截面图 (沿传输方向) 及折射率分布。所以，为保证全内反射的工作要求，波导的芯层折射率 n_1、包层折射率 n_0 与入射光的角度 θ 之间应满足

$$\theta \leqslant \arcsin\sqrt{n_1^2 - n_0^2},\quad \theta_{\max} = \arcsin\sqrt{n_1^2 - n_0^2} \tag{3-74}$$

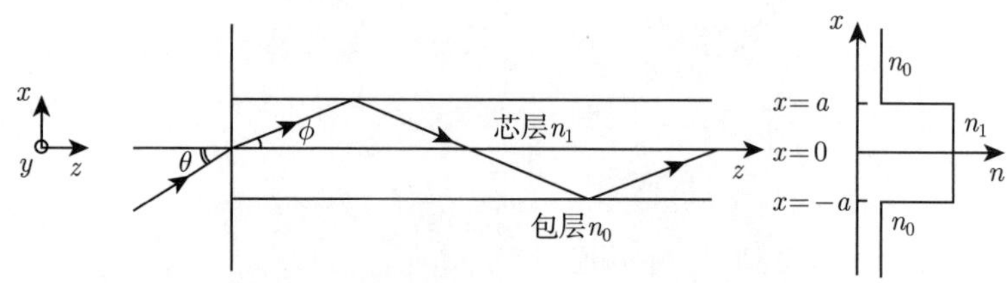

图 3-53　光学波导的二维基本结构及折射率分布[88]

因此，入射光角度必须小于 $\theta_{\max}$，并且 $\theta_{\max}$ 也规定了光学波导的最大光接收角度，对应于数值孔径 (numerical aperture，NA)。当光学波导的芯包折射率差较小时，NA 可近似表示为

$$\mathrm{NA} = \theta_{\max} \approx \sqrt{n_1^2 - n_0^2} \tag{3-75}$$

该参数也是光纤中的一个重要指标，数值孔径越大，意味着光纤的入射角允许更大，更有利于输入光信号的耦合。

光学波导的分析方法通常有几何光学与波动光学两种[88]。上述采用的方法即为简单的几何光学法，易于获得光学波导的数值孔径等参数，但是无法深入分析光学波导内在的电磁场分布规律。与此同时，几何光学法因完全忽略了光在全反射界面以外的存在，无法用来直接处理如包层材料引起的损耗、光学波导之间的能量耦合等电磁场相关问题，所以必须采用更加精准的波动光学法进行分析求解。根据几何光学的分析，为保证光信号在波导中的稳定传输，光信号入射角必须在光纤数值孔径以内，但并不是满足前述条件的任意光信号都能够在波导中形成稳定的传输模式。进一步根据电磁场分析可知：只有一些满足电磁场分布规律的离散波导模式 (对应于特定的入射角) 才能够稳定传输，所以，光波导模式概念由此引入。

3.5.1.1　光波导模式

为了直观地描述光波导模式的形成，采用几何光学法将更加清晰简明。图 3-54 所示为平面波在光波导介质分界面处的全反射示意图。全内反射光信号的反射系数 r 可以表示为

$$r = \frac{A_\mathrm{r}}{A_\mathrm{i}} = \frac{n_1 \sin\phi + \mathrm{j}\sqrt{n_1^2\cos^2\phi - n_0^2}}{n_1 \sin\phi - \mathrm{j}\sqrt{n_1^2\cos^2\phi - n_0^2}} \tag{3-76}$$

式中，ϕ 为光信号的入射角 (或入射光线与介质分界面的夹角)。反射系数 r 若用复数形式表示为 $r = \exp(-\mathrm{j}\varPhi)$，则相应的相移为

$$\varPhi = -2\arctan\frac{\sqrt{n_1^2\cos^2\phi - n_0^2}}{n_1\sin\phi} \tag{3-77}$$

该相移即为古斯–汉欣位移 (Goos-Hanchen shift)。紧接着分析光学波导中传输光线的相位差，如图 3-55 所示，其中平面波沿着 z 轴方向传输，光波长为 λ/n_1，波数为 kn_1，波前为图中虚线所示。以图中光线 PQ、RS 为例，其中点 P 与 R 等相位，点 Q 与 S 等相位，则光线 PQ 与 RS 的光程差应该相等或为 2π 的整数倍。需要注意的是，光线 RS 包含有因两次全反射引起的两次古斯–汉欣位移，所以光线 PQ 与 RS 之间的相位差可以表示为

$$\left(kn_1\frac{2a}{\sin\phi} + 2\varPhi\right) - kn_1\left(\frac{2a}{\sin\phi} - 2a\tan\phi\right)\cos\phi = 2m\pi \tag{3-78}$$

式中，m 为整数。进一步化简上述方程可得

$$\tan\left(kn_1 a\sin\phi - \frac{m\pi}{2}\right) = \sqrt{\frac{2\varDelta}{\sin^2\phi} - 1}, \quad \varDelta = \frac{n_1^2 - n_0^2}{2n_1^2} \tag{3-79}$$

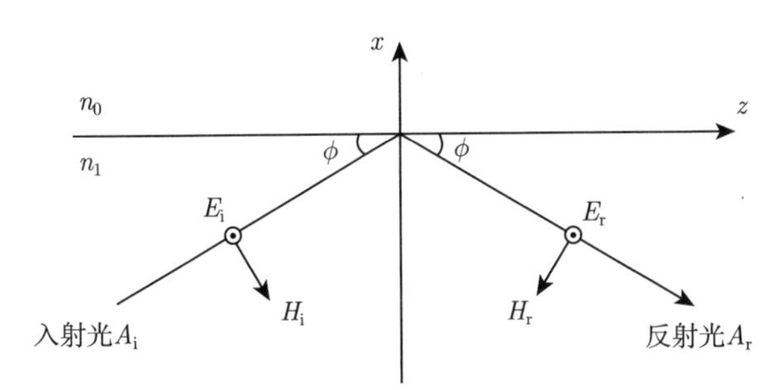

图 3-54 平面波在介质分界面处的全反射

根据方程 (3-79) 可知光信号的入射角受上述方程制约，具体入射角依赖于波导结构与材料折射率差以及工作波长，为离散值。能够满足上述方程的光场分布称为光波导模式，相应的传输常数 $\beta = kn_1\cos\phi$ 也是离散值，称为本征值，与每个传播常数相对应的光场分布称为本征矢。其中 $m = 0$ 对应于最小的入射角，相应的光场分布为光波导的基模；$m \geqslant 1$ 对应于较大的入射角，相应的光场分布为光波导的高阶模。

利用严格的麦克斯韦方程组分析求解，同样可以获得上述光波导模式以及相应的传播常数。基于时域有限差分法，可以较为容易地获得光波导模式，如图 3-56 所示。其中，TE_0、TM_0 为光波导基模 (不同偏振方向)，$TE_n(n \geqslant 1)$、TM_n $(n \geqslant 1)$ 为光波导高阶模。图 3-56 为一典型的硅基 SOI 光波导模式有效折射率 n_{eff} 随波导

宽度 W_1 的变化关系。从图中可见，随着波导宽度的增加，模式有效折射率也相应增加并逐渐趋于饱和，同时通过该图还可确定单模与多模的分界位置以及不同波导宽度可支持的模式数量，有助于单模或多模器件波导宽度的设计。另外，通过对波导截面进行模式分析获得的光波导模式可以在光波导中稳定传输，如图 3-57 所示 (以输入 TE_0、TE_1 模式为例)。其他高阶模式同样可以在相应的光波导中进行稳定传输。

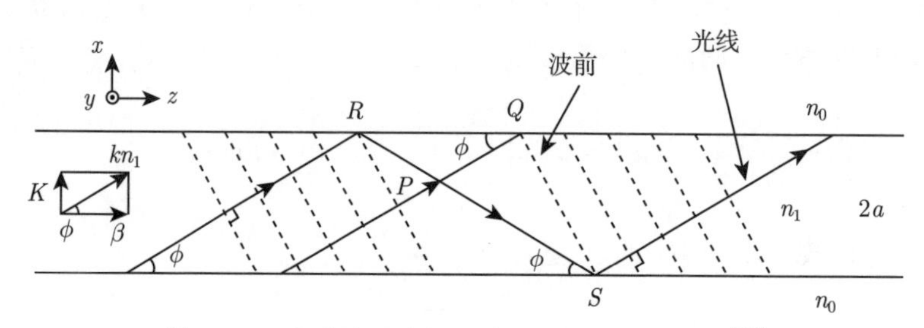

图 3-55　光学波导中的传输光线及波前示意图[88]

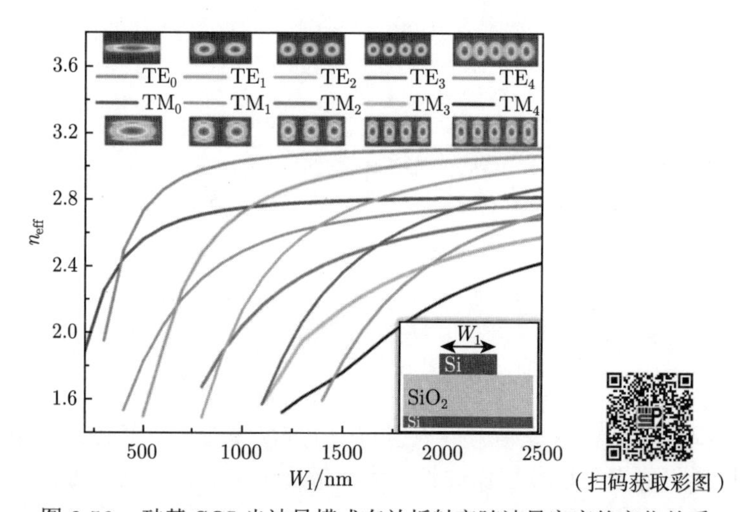

图 3-56　硅基 SOI 光波导模式有效折射率随波导宽度的变化关系

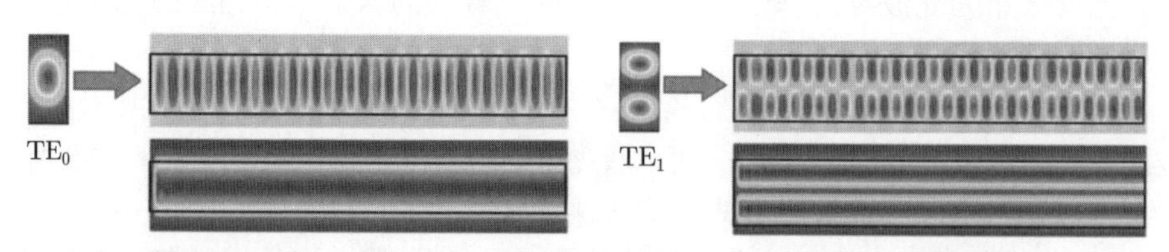

图 3-57　输入 TE_0、TE_1 模式在硅基 SOI 光波导中进行稳定传输

3.5.1.2 光学波导结构

光波导作为光子集成器件或回路的基础，其结构主要包含以下几种：纳米线条形波导、狭缝波导、(混合) 等离激元波导、亚波长光栅波导等[90−92]，如图 3-58 所示。以硅基 SOI 平台为例，硅纳米线条形波导作为一种最常用的波导结构，基于 SOI 材料较高的芯包折射率差，光波导模式被极大地限制在波导芯层且具有明显的小尺寸优势，作为一种重要的波导结构目前已被广泛应用于光子集成器件及片上光回路中。硅狭缝波导是 Michal Lipson 教授课题组于 2004 年首先提出，通过在纳米线条形波导的中间位置刻蚀宽度较窄的狭缝，利用电磁场边值关系，光波导模式将在低折射率的狭缝中出现明显的场增强效应，可用于提高光与物质的互作用，是研制调制器、传感器较好的波导结构[93]。为了进一步提高光场限制能力，金属等离激元波导以及混合等离激元波导被提出，利用金属材料对光模式极强的局域效应，可将光模场限制在纳米尺度范围内，这是普通介质波导难以做到的[94,95]。超小的模场尺寸可将微米尺度的光子集成器件带入纳米尺度，为将来构建超高集成度的光子集成芯片打下坚实的基础。然而，金属材料的引入在极大缩小模场尺寸的同时也不可避免地引入了金属吸收损耗，如何有效降低损耗是该种波导结构应用中需要解决的关键问题。亚波长光栅波导是一类光栅周期远小于布拉格周期的波导结构，可有效抑制普通光栅中存在的反射、衍射效应并能等效成均匀介质波导；通过改变亚波长光栅的周期、占空比、排列方式等，可以灵活地设计等效波导结构，实现普通条形波导无法实现的功能[96−98]。因亚波长光栅波导具备较高的设计自由度，目前多种亚波长光栅器件被研制出来，可用于光场低损耗传输、定向耦合、波导交叉、波导弯曲、光纤–波导耦合、信号滤波等。此外，条形波导也是一种常见波导结构，主要用于输入/输出光纤与波导之间的端面耦合，也用于调制器波导结构。光子晶体波导是一种基于带隙特性工作的波导，可实现大角度的波导弯曲，但是受限于带隙特性，器件的工作带宽极窄且需要一定数量的周期结构以形成光子晶体带隙，所以器件的整体尺寸略大[99,100]。

综上，以这些基本光波导结构为基础，可以实现结构紧凑、功能多样、性能优异的集成光器件或回路，进一步助力未来大规模光子集成回路的发展。

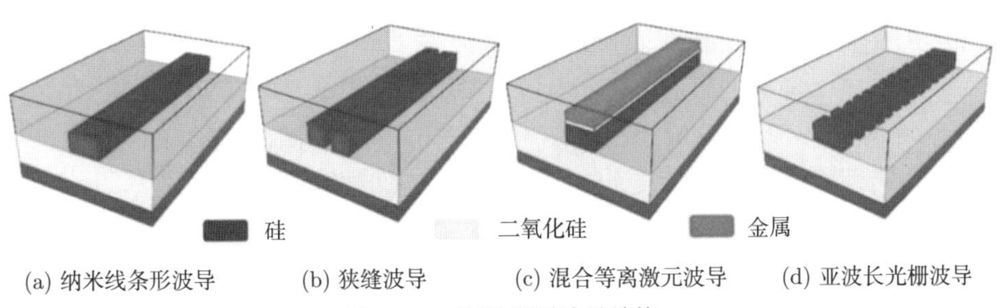

(a) 纳米线条形波导　(b) 狭缝波导　(c) 混合等离激元波导　(d) 亚波长光栅波导

图 3-58　不同类型波导结构

3.5.1.3　光学波导材料

构成上述光学波导结构的材料主要为以下几种：体铌酸锂、Ⅲ-V 族半导体、有机聚合物、氮化硅、硅基二氧化硅、绝缘体上硅、薄膜铌酸锂等。本部分将围绕每种材料在构建光波导时的优势和劣势展开。

体铌酸锂：利用钛扩散或质子交换的方法在体铌酸锂中形成局部高折射率以构建约束光模场的波导结构。该种波导材料的优势在于优异的电光效应、声光效应及非线性效应等，劣势在于折射率差小导致构建的波导尺寸大，不利于片上密集集成。

Ⅲ-V 族半导体：该类材料为直接带隙材料，非常适合于制作激光器，但是价格昂贵，制作工艺复杂，难以大规模应用于光子集成领域。Ⅲ-V 族材料可以实现 DBR 激光器、AWG、MZM 的单片集成，制作成本比硅基平台高很多，大规模应用需要解决加工成本问题。

有机聚合物：该类材料加工工艺简单、尺寸大、价格低廉，是光通信系统中常用的波导材料，特别是其电光、热光系数非常高，很适合研制高速光波导开关、调制器等。但是该类材料最大的问题是稳定性差，老化问题尤为严重，另外折射率差小也限制了其在片上光子集成中的应用。

氮化硅：其是重要的 CMOS 工艺兼容材料，具有损耗低、透明波段宽、非线性系数高等优点。然而，制备厚度较大的氮化硅薄膜难度较大 (薄膜内部存在很大的应力，容易发生破裂)，同时氮化硅无法用于制备有源器件。目前，片上频率梳的发展备受关注，其被认为是一种理想的片上光源，该技术最为成熟的方案就是利用氮化硅微腔产生 Kerr 光频梳。因氮化硅波导的折射率比硅波导低，所以波导尺寸相对较大，与输入/输出光纤的耦合损耗低。

硅基二氧化硅：二氧化硅波导是通过在二氧化硅中掺杂形成高折射率区的方法构建的，具有易与光纤耦合、传输损耗低的优势。然而，其波导折射率差小，造成器件尺寸大，不利于片上密集集成。

绝缘体上硅：这是目前在光子集成领域使用最广泛的波导材料，基于绝缘体上硅较大的芯包折射率差，使得波导的尺寸很小，如典型的硅基 SOI 单模波导的尺寸仅为 450 nm×220 nm，非常利于设计片上紧凑型器件。目前该种波导材料已被广泛应用于多种光子集成器件，图 3-59 为硅基 SOI 晶圆及光波导示意图。但是较小的器件尺寸将显著增加与光纤的耦合难度，导致耦合损耗高。另外，硅材料的间接带隙特性，也导致其无法直接用于电光调制等有源器件中。

薄膜铌酸锂：该材料为利用薄膜工艺，基于传统的体铌酸锂研制而成。铌酸锂材料优异的电光效应、声光效应及非线性效应等被完整地保留在薄膜铌酸锂中，并且拥有较高的折射率差优势 (波导芯层折射率约为 2.2，包层可为空气或二氧化硅)，是制备片上高性能紧凑型调制器的理想材料，有望解决硅基光波导无电光效应的问题。目前基于薄膜铌酸锂的光子集成器件是一大研究热点，除了重要的调制器，其他器件如偏振控制器、模式复用器、输入/输出耦合器、光源、探测器等均有报道，所以在薄膜铌酸锂平台上将来可以集成多种无源及有源器件 (明显优于硅基 SOI 平台)，构建功能更强大、性能更优异、应用更广泛的大规模光子集成回路。

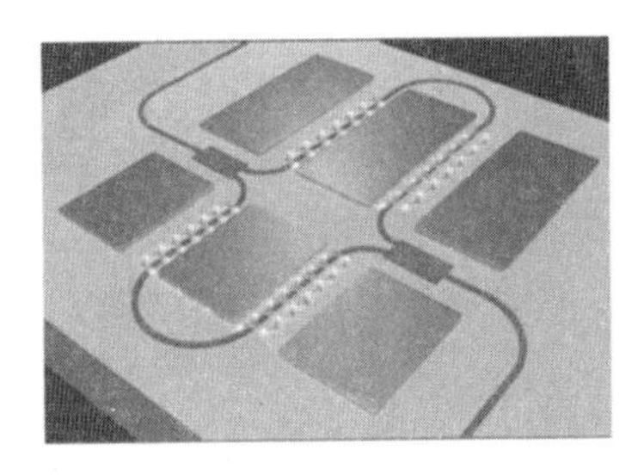

图 3-59　硅基 SOI 晶圆与光波导示意图

除了上述常用的光波导材料之外，碳化硅、氮化铝、硫系玻璃、钛酸钡、二维材料 (石墨烯、过渡金属硫化物等) 等[101] 也可以作为传输光信号的波导材料。这些材料将共同支撑起光子集成回路的发展，推动片上光通信、光互连、数据中心等领域的快速发展[102]。

3.5.1.4 光学波导制备工艺

光学波导制备是光集成器件研制中重要的一环，所涉及的工艺与半导体加工工艺相仿。本部分将以常用的硅基 SOI 光波导为例，介绍硅基 SOI 光波导的一般制备工艺流程，如图 3-60 所示。主要的制备工艺流程如下：

(1) 对硅基 SOI 晶圆进行电子束曝光，将波导图案转移至电子束光刻胶。

(2) 用等离子刻蚀机对曝光的光刻胶进行刻蚀，从而将波导图案进一步转移至 SOI 晶圆。

(3) 去除残余的光刻胶并用等离子体增强化学气相沉积 (PECVD) 法在器件表面制备一层 SiO_2 上包层以保护光波导。

以上为光波导的一般制备工艺流程，若器件还涉及其他材料，比如金属、介质材料、二维材料等，需要添加额外的工艺以完成相应器件的制备。另外，若器件的线宽尺寸较大 (如大于 2 μm)，可采用紫外光刻的方法进行器件制备，该法优点是光刻速度快，适用于批量化生产[103]。

本节针对光学波导，重点讲述了波导模式的形成、典型的波导结构、常用的波导材料以及波导制备工艺，这些内容将是后续无源器件的基础。

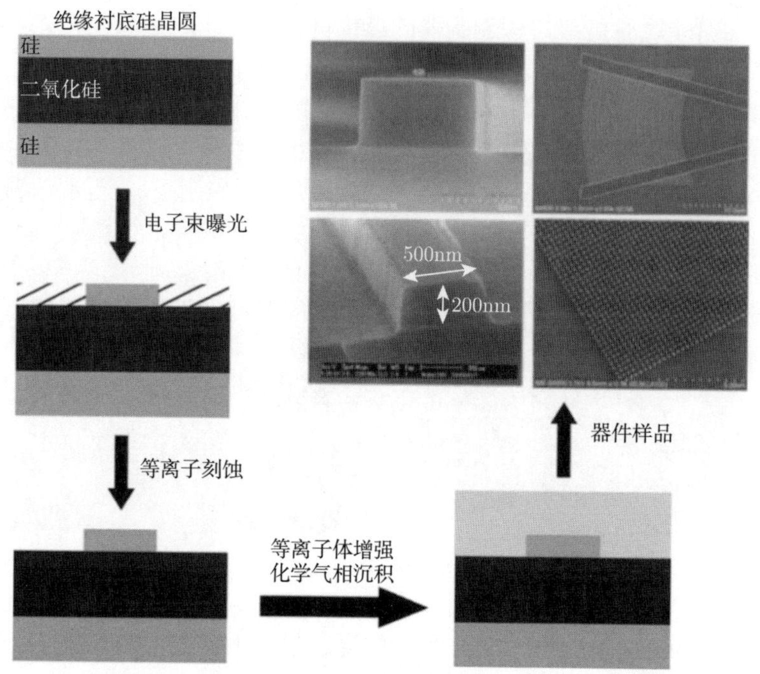

图 3-60　硅基 SOI 光波导的一般制备工艺流程示意图

3.5.2 合分波波导

前一节中已重点介绍了单个波导的模式特性、波导结构及材料等，然而，对于构建片上光子集成器件而言，波导之间的相互耦合尤为重要，能有力地推动多种功能器件的研制。本节将介绍基于耦合模理论的几类典型合分波的波导结构与它们最新的器件结构及应用。

3.5.2.1 双波导耦合模理论

在单个波导的模式分析中可以看到，宽度较大的波导能够支持多个本征模式的稳定传输，但是如果将两个波导靠得很近，它们的模式之间就会发生相互耦合，传输特性也将发生显著变化。我们将光从一个光学波导引入另一个光学波导的过程称为光耦合，以下借助微扰理论，阐述两波导之间的模式耦合过程[88]。

如图 3-61 所示，对于两个波导的耦合，单个波导的模式需要满足麦克斯韦方程:

$$\left\{\begin{array}{l}\nabla\times\tilde{\mathbf{E}}_p=-\mathrm{j}\omega\mu_0\tilde{\mathbf{H}}_p\\ \nabla\times\tilde{\mathbf{H}}_p=\mathrm{j}\omega\varepsilon_0N_p^2\tilde{\mathbf{E}}_p\end{array}\right.\quad(p=1,2)\tag{3-80}$$

式中，$N_p^2\left(x,y\right)$ 代表每个波导的折射率分布。假设耦合波导的电磁场分布可以用每个波导的本征模叠加进行表示，如下所示：

$$\begin{cases} \tilde{\mathbf{E}} = A(z)\tilde{\mathbf{E}}_1 + B(z)\tilde{\mathbf{E}}_2 \\ \tilde{\mathbf{H}} = A(z)\tilde{\mathbf{H}}_1 + B(z)\tilde{\mathbf{H}}_2 \end{cases}, \quad \begin{cases} \nabla \times \tilde{\mathbf{E}} = -\mathrm{j}\omega\mu_0\tilde{\mathbf{H}} \\ \nabla \times \tilde{\mathbf{H}} = \mathrm{j}\omega\varepsilon_0 N^2\tilde{\mathbf{E}} \end{cases} \tag{3-81}$$

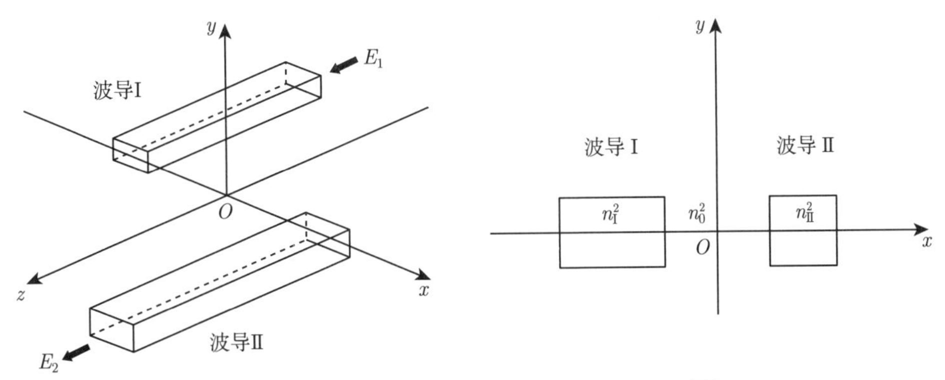

图 3-61 定向耦合波导结构及耦合区截面图[88]

进一步推导可得

$$\begin{aligned} &\frac{\mathrm{d}A}{\mathrm{d}z} + c_{12}\frac{\mathrm{d}B}{\mathrm{d}z}\exp[-\mathrm{j}(\beta_2-\beta_1)z] + \mathrm{j}\chi_1 A + \mathrm{j}\kappa_{12}B\exp[-\mathrm{j}(\beta_2-\beta_1)z] = 0 \\ &\frac{\mathrm{d}B}{\mathrm{d}z} + c_{21}\frac{\mathrm{d}A}{\mathrm{d}z}\exp[\mathrm{j}(\beta_2-\beta_1)z] + \mathrm{j}\chi_2 B + \mathrm{j}\kappa_{21}A\exp[\mathrm{j}(\beta_2-\beta_1)z] = 0 \end{aligned} \tag{3-82}$$

其中关键的系数为

$$\begin{aligned} \kappa_{pq} &= \frac{\omega\varepsilon_0\displaystyle\int_{-\infty}^{\infty}\int_{-\infty}^{\infty}(N^2-N_q^2)\mathbf{E}_p^*\cdot\mathbf{E}_q\mathrm{d}x\mathrm{d}y}{\displaystyle\int_{-\infty}^{\infty}\int_{-\infty}^{\infty}\mathbf{u}_z\cdot(\mathbf{E}_p^*\times\mathbf{H}_p+\mathbf{E}_p\times\mathbf{H}_p^*)\mathrm{d}x\mathrm{d}y} \quad (\text{耦合系数}) \\ c_{pq} &= \frac{\displaystyle\int_{-\infty}^{\infty}\int_{-\infty}^{\infty}\mathbf{u}_z\cdot(\mathbf{E}_p^*\times\mathbf{H}_q+\mathbf{E}_q\times\mathbf{H}_p^*)\mathrm{d}x\mathrm{d}y}{\displaystyle\int_{-\infty}^{\infty}\int_{-\infty}^{\infty}\mathbf{u}_z\cdot(\mathbf{E}_p^*\times\mathbf{H}_p+\mathbf{E}_p\times\mathbf{H}_p^*)\mathrm{d}x\mathrm{d}y} \quad (\text{对接耦合系数}) \\ \chi_{pq} &= \frac{\omega\varepsilon_0\displaystyle\int_{-\infty}^{\infty}\int_{-\infty}^{\infty}(N^2-N_p^2)\mathbf{E}_p^*\cdot\mathbf{E}_q\mathrm{d}x\mathrm{d}y}{\displaystyle\int_{-\infty}^{\infty}\int_{-\infty}^{\infty}\mathbf{u}_z\cdot(\mathbf{E}_p^*\times\mathbf{H}_p+\mathbf{E}_p\times\mathbf{H}_p^*)\mathrm{d}x\mathrm{d}y} \quad (\text{激励系数}) \end{aligned} \tag{3-83}$$

对于上述方程，在同向传输情况下的解假设为

$$\begin{cases} A(z) = (a_1 e^{jqz} + a_2 e^{-jqz}) \exp(-j\delta z) \\ B(z) = (b_1 e^{jqz} + b_2 e^{-jqz}) \exp(j\delta z) \end{cases} \tag{3-84}$$

式中，q 为待定系数，根据初始条件

$$\begin{cases} a_1 + a_2 = A(0) \\ b_1 + b_2 = B(0) \end{cases} \tag{3-85}$$

将方程 (3-84)，(3-85) 代入方程 (3-82) 可得

$$\begin{cases} A(z) = \left\{ \left[\cos(qz) + j\dfrac{\delta}{q}\sin(qz) \right] A(0) - j\dfrac{\kappa}{q}\sin(qz)B(0) \right\} \exp(-j\delta z) \\ B(z) = \left\{ -j\dfrac{\kappa}{q}\sin(qz)A(0) + \left[\cos(qz) - j\dfrac{\delta}{q}\sin(qz) \right] B(0) \right\} \exp(j\delta z) \end{cases} \tag{3-86}$$

其中，系数 q 与 δ 为

$$q = \sqrt{\kappa^2 + \delta^2}, \quad \delta = (\beta_1 - \beta_2)/2 \tag{3-87}$$

进一步可获得两耦合波导沿传输 z 方向的光功率分布为

$$\begin{cases} P_{\mathrm{a}}(z) = \dfrac{|A(z)|^2}{|A_0|^2} = 1 - F\sin^2(qz) \\ P_{\mathrm{b}}(z) = \dfrac{|B(z)|^2}{|A_0|^2} = F\sin^2(qz) \end{cases}, \ F = \left(\dfrac{\kappa}{q}\right)^2 = \dfrac{1}{1 + (\delta/\kappa)^2} \tag{3-88}$$

关键的波导耦合长度为

$$\begin{cases} L_{\mathrm{c}} = \dfrac{\pi}{2q} = \dfrac{\pi}{2\sqrt{\kappa^2 + \delta^2}} \\ L_{\mathrm{c}} = \dfrac{\pi}{2\kappa} \quad (\text{完全耦合}) \end{cases} \tag{3-89}$$

上式表明，当两个波导完全一样时可以实现光能量的完全耦合，耦合长度与两波导之间的耦合系数有关。图 3-62 给出了两个波导的光能量与归一化距离的变化关系，其中 $\delta = 0$ 表示两个波导的结构完全一样。从图中可看出输入光能量将会在两个耦合波导之间来回耦合传输，光能量也将经历从 0 到 1 的大幅度转变。利用图示关系可以确定光波导的最佳耦合长度，以实现光能量的分离。若两个耦合波导的结构不同，$\delta \neq 0$，则光能量在两个耦合波导之间无法实现完全耦合，耦合长度也由方程 (3-89) 确定。

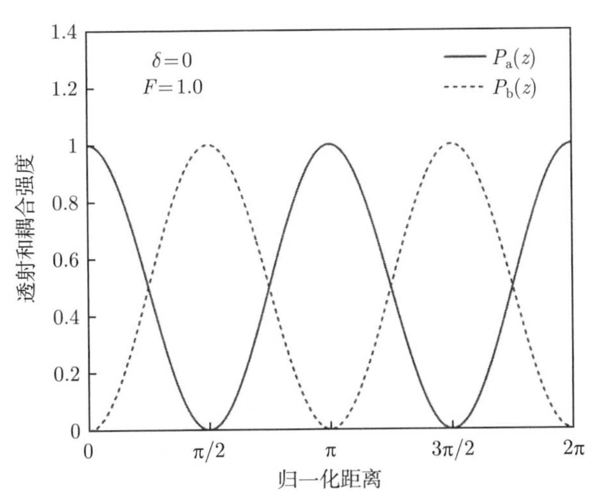

图 3-62 光能量耦合与归一化距离之间的关系

3.5.2.2 定向耦合器

由前述耦合模理论可知，通过两个并排紧靠的波导可以实现光能量的交换耦合。基于该原理，可以设计多种光功能器件，比如偏振分束器 (利用不同偏振态耦合长度不同的特点来实现输入偏振态的分离)、功率分配器等。图 3-63 所示为基于直波导定向耦合的部分光子集成器件，其中关键的设计参数为耦合波导结构、耦合区长度以及两端的 S 形弯曲波导。除了常规的定向耦合结构，近年来发展了

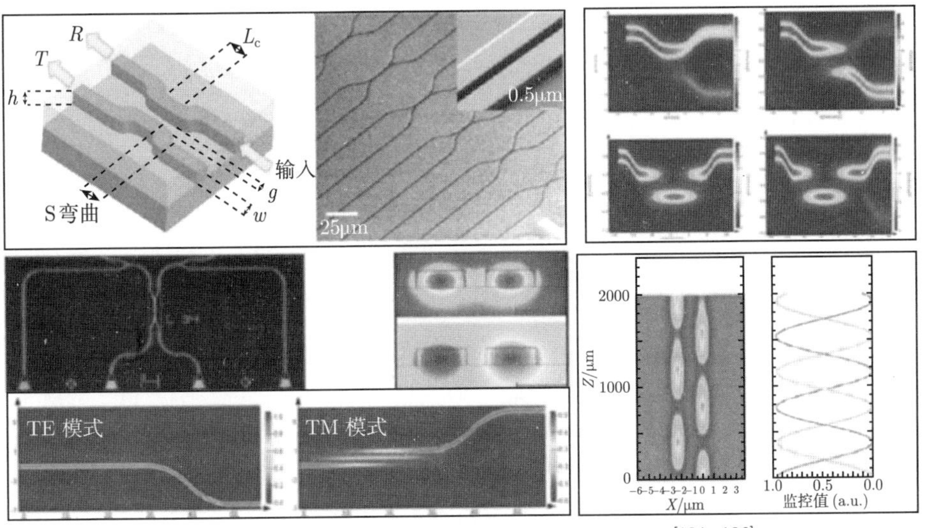

图 3-63 常规基于定向耦合原理的光子集成器件[104−106]

许多新型结构，比如弯曲定向耦合、非对称定向耦合 (包括不同波导宽度、不同类型波导之间的耦合)。

3.5.2.3 多模干涉耦合器

多模干涉耦合器是另一类重要的合分波波导结构，相比于传统的单模波导，在宽度较宽的多模波导中将能同时支持多个模式，这些模式在传输过程中会发生明显的干涉现象。多模干涉耦合器相较于定向耦合器而言，具有插入损耗低、带宽大、工艺容差大、偏振相关性低等优点，目前多模干涉原理已被广泛应用于光开关、功率分配器、滤波器等重要光学元件中[107]。

在多模干涉耦合器的设计过程中，通常利用自镜像效应 (self-imaging effect) 来设计多模波导的结构参数。自镜像效应是多模干涉器件的理论基础，它是波导中被激励起来的多个模式之间发生相长干涉的结果，将沿波导的传输方向周期性地产生输入光场的一个或者多个像[107]。下面将对多模波导中的自镜像效应加以说明。

在多模波导的输入处，光场可以展开为多模波导本身支持的所有本征模的线性叠加：

$$E(x,0)=\sum_{v}c_v\varphi_v(x),\quad c_v=\frac{\displaystyle\int E(x,0)\cdot\varphi_v(x)\mathrm{d}x}{\sqrt{\displaystyle\int\varphi_v^2(x)\mathrm{d}x}} \tag{3-90}$$

式中，$\varphi_v(x)$ 表示多模波导的本征模分布函数；c_v 为光场激励系数；v 为所支持的模式阶数。模式的传播常数 β_v 和多模波导的等效宽度 W_e 可表示为

$$\beta_v\approx k_0n_\mathrm{r}-\frac{(v+1)^2\pi\lambda_0}{4n_\mathrm{r}W_\mathrm{e}^2} \tag{3-91}$$

$$W_\mathrm{e}=W_\mathrm{M}+\left(\frac{\lambda_0}{\pi}\right)\left(\frac{n_\mathrm{c}}{n_\mathrm{r}}\right)^{2\sigma}\cdot(n_\mathrm{r}^2-n_\mathrm{c}^2)^{-1/2},\begin{cases}\text{TE 模式}, & \sigma=0\\ \text{TM 模式}, & \sigma=1\end{cases}$$

式中，W_M 为多模波导的实际宽度；n_r 和 n_c 分别为波导芯层和包层的折射率；λ_0 为工作波长。图 3-64 给出多模波导前九个本征模的分布函数。另外，关键的多模波导拍长 (最低阶的两个模式之间产生 π 相位差所对应的长度) 定义如下：

$$L_\pi=\frac{\pi}{\beta_0-\beta_1}\approx\frac{4n_\mathrm{r}W_\mathrm{e}^2}{3\lambda_0} \tag{3-92}$$

进一步利用拍长可将多模干涉区的光场分布表示如下：

$$E(x,z)=\sum_{v}c_v\varphi_v(x)\exp\left[-\mathrm{j}\frac{v(v+2)\pi}{3L_\pi}z\right]$$

利用奇偶性将上述方程改写成奇数阶模式与偶数阶模式分布的叠加，如下式所示：

$$E(x,z)=E_{\mathrm{e}}(x)+E_{\mathrm{o}}(x) \tag{3-93}$$

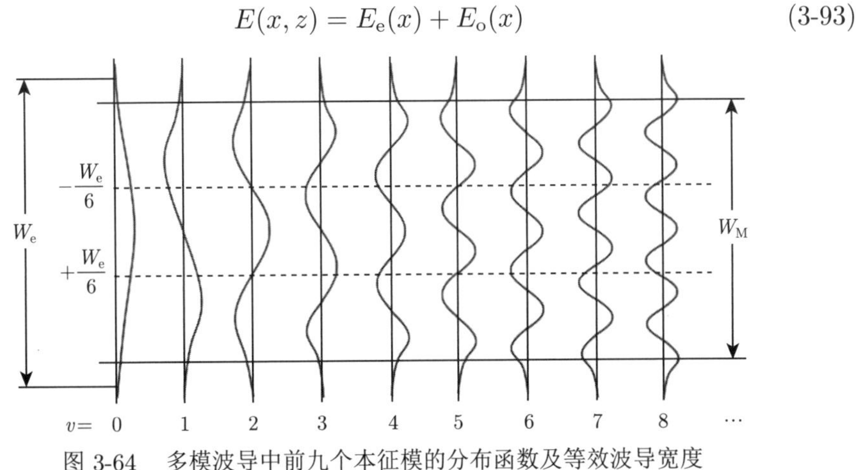

图 3-64 多模波导中前九个本征模的分布函数及等效波导宽度

(1) 当多模波导区长度 $L=3L_{\pi}$ 时，存在如下关系：

$$\Phi_{3L_{\pi}}=\{0,\pi,0,\pi,\cdots\} \tag{3-94a}$$

$$E_{3L_{\pi}}(x)=E_{\mathrm{e}}(x)-E_{\mathrm{o}}(x)=E_{\mathrm{e}}(-x)+E_{\mathrm{o}}(-x)=E_{\mathrm{in}}(-x) \tag{3-94b}$$

(2) 当多模波导区长度 $L=6L_{\pi}$ 时，存在如下关系：

$$\Phi_{6L_{\pi}}=\{0,0,0,0,\cdots\} \tag{3-95a}$$

$$E_{6L_{\pi}}(x)=E_{\mathrm{e}}(x)+E_{\mathrm{o}}(x)=E_{\mathrm{in}}(x) \tag{3-95b}$$

(3) 当多模波导区长度 $L=\dfrac{3}{2}L_{\pi}$ 时，存在如下关系：

$$\Phi_{\frac{3}{2}L_{\pi}}=\left\{0,\frac{3}{2}\pi,0,\frac{3}{2}\pi,\cdots\right\} \tag{3-96a}$$

$$E_{\frac{3}{2}L_{\pi}}(x)=E_{\mathrm{e}}(x)-\mathrm{j}E_{\mathrm{o}}(x)=\frac{1}{\sqrt{2}}\left\{E_{i}(x)\mathrm{e}^{-\mathrm{j}1/(4\pi)}+E_{i}(-x)\mathrm{e}^{\mathrm{j}1/(4\pi)}\right\} \tag{3-96b}$$

相应的光场传输情况如图 3-65 所示，从图中可见上述三种情况分别对应于镜像、自镜像、功率分束三种功能。这几种干涉传输现象对输入光场与位置没有特殊要求，我们也称上述多模干涉为一般性干涉。图 3-66 将上述三种情况进行统一呈现，可以明显看到周期性的成像过程。

除了上述一般性干涉，限制性干涉是一种有效缩短模式干涉长度的方式，这种方式是通过在多模波导中激励出特定的模式并沿传输方向发生模式干涉，主要分为成对干涉和对称性干涉。其中成对干涉要求多模波导中这些模式的激励系数为 0，即 $c_v = 0, v = 2, 5, 8, 11, \cdots$。对称性干涉要求只有偶数阶模式被激励，即 $c_v = 0, v = 1, 3, 5, 7, \cdots$。另外，对于输入光场的位置，成对干涉要求输入光场在 $x = \pm\dfrac{W_e}{6}$，对称性干涉要求输入光场在 $x = 0$ (波导中心处) 入射。图 3-67 给出一般性干涉与两种限制性干涉效果及干涉长度的直观对比。从图中可以看到，对称性干涉拥有最短的干涉长度 (仅为一般性干涉长度的 1/4)，所以对称性干涉在光开关、功率分配器中有大量的应用。

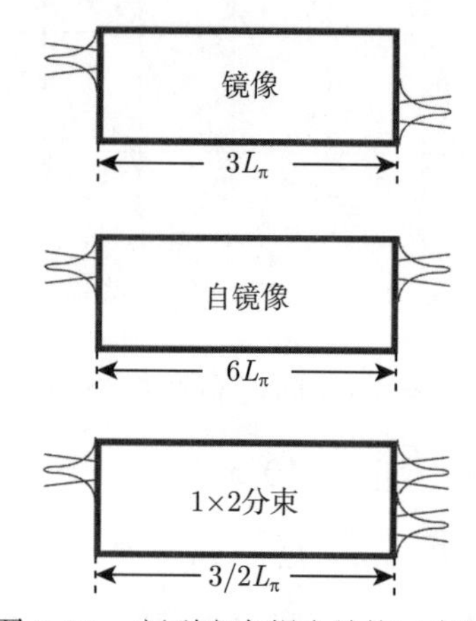

图 3-65 新型定向耦合结构示意图

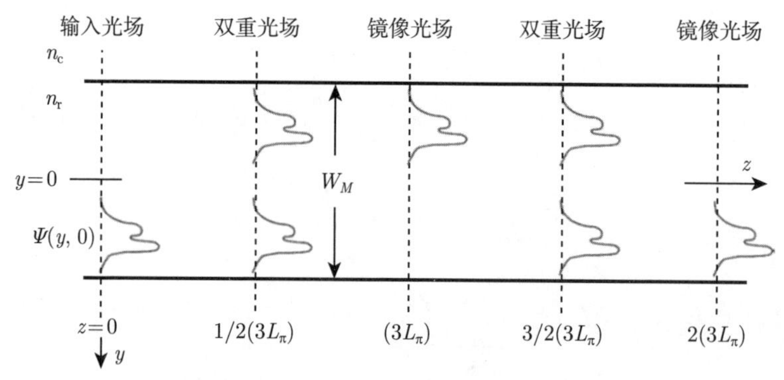

图 3-66 自镜像效应所呈现的周期性成像过程[107]

多模干涉作为一种重要的光器件工作原理，目前已被应用于多种光子集成器件，比如功率分配器、光开关、WDM 滤波器、谐振器等，如图 3-68 所示。此外，在多模光子学领域，多模干涉耦合器的应用更加广泛，已助力了多种新型器件的研制。可以预见在不久的将来，多种高性能、超小尺寸、超大带宽的多模干涉器件将不断被开发，支撑起新的应用需求。

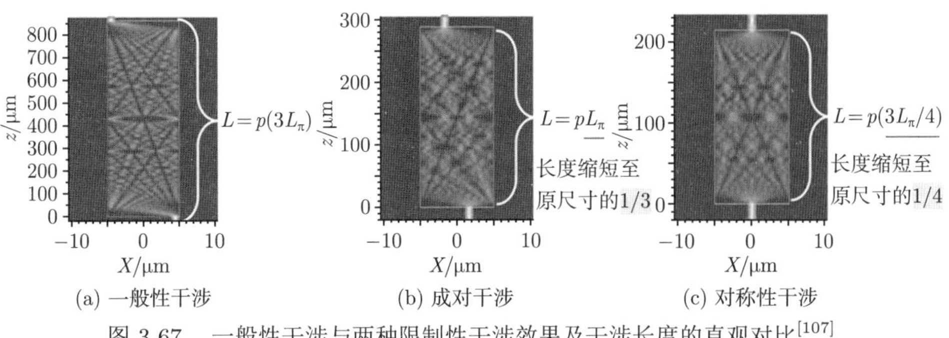

(a) 一般性干涉 (b) 成对干涉 (c) 对称性干涉

图 3-67 一般性干涉与两种限制性干涉效果及干涉长度的直观对比[107]

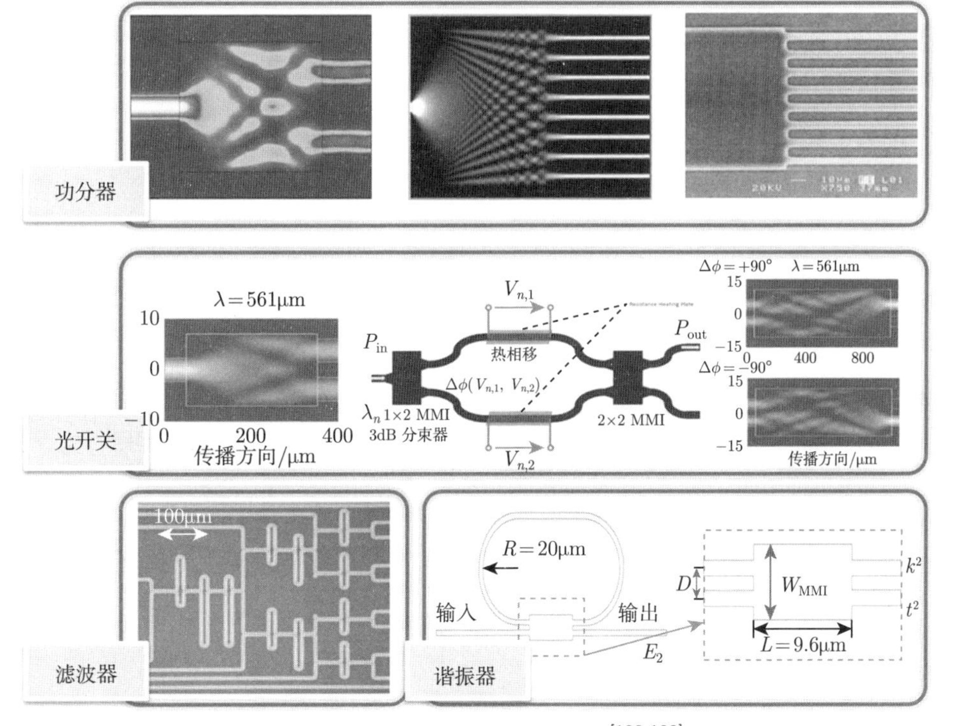

图 3-68 多模干涉耦合器的应用[108,109]

3.5.3 微环滤波器

3.5.3.1 微环滤波器基本概念与原理

微环谐振器是由 Marcatili 于 1969 年首次提出，它独有的环形结构使得入射光一旦满足了谐振条件便可以在腔内循环振荡，具有明显的波长选择功能。在光纤通信系统中，微环谐振器已被大量使用，主要应用还是信号滤波器。目前，随着微纳加工工艺不断进步，片上多种材料体系的波导微环谐振腔已被研制出来，最直接的应用是片上微环滤波器。同时也不断开发出了新的应用，比如光开关、调制器、传感器、波长转换器及片上频率梳。以下将从片上微环滤波器入手，重点介绍其工作原理、性能参数、器件结构及新应用。

图 3-69 所示为典型的全通型与上下路型微环滤波器，由输入/输出直波导与微环波导构成。当输入光波通过倏逝场耦合进入微环，待传播一圈之后累积的相移恰好等于 2π 时，与输入光波在耦合点处发生相长干涉，形成微环谐振。据此可以推导出谐振波长的计算公式：

$$\lambda_{\mathrm{res}} = \frac{n_{\mathrm{eff}} L}{m} \tag{3-97}$$

式中，λ_{res} 为微环的谐振波长；n_{eff} 为微环光模式的有效折射率；L 为微环周长；m 为正整数。对于全通型微环滤波器，输出端光强表示为

$$T_{\mathrm{n}} = \frac{I_{\mathrm{pass}}}{I_{\mathrm{input}}} = \frac{a^2 - 2ra\cos\phi + r^2}{1 - 2ra\cos\phi + (ra)^2} \tag{3-98}$$

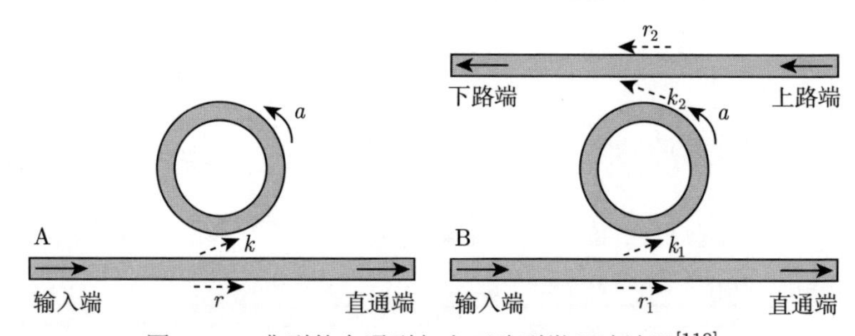

图 3-69　典型的全通型与上下路型微环滤波器[110]

式中，r 为直波导的自耦合系数；k 为直波导与微环的交叉耦合系数；a 为微环中的光传输系数；ϕ 为光在微环中的相位角。对于上下路型微环滤波器，输出端光强表示为

$$\begin{cases} T_{\mathrm{p}} = \dfrac{I_{\mathrm{pass}}}{I_{\mathrm{input}}} = \dfrac{r_2^2 a^2 - 2r_1 r_2 a\cos\phi + r_1^2}{1 - 2r_1 r_2 a\cos\phi + (r_1 r_2 a)^2} \\ T_{\mathrm{d}} = \dfrac{I_{\mathrm{drop}}}{I_{\mathrm{input}}} = \dfrac{(1 - r_1^2)(1 - r_2^2)a}{1 - 2r_1 r_2 a\cos\phi + (r_1 r_2 a)^2} \end{cases} \tag{3-99}$$

式中，r_1、r_2 为直波导的自耦合系数；k_1、k_2 为直波导与微环的交叉耦合系数，如图 3-69 所示。根据上述理论计算公式可以绘制出两种典型微环滤波器的透射率曲线，如图 3-70 所示，其中红色曲线为全通型微环滤波器，黑色曲线为上下路型

微环滤波器，相应的器件性能参数也标注于图中。器件较高的消光比保证了实际应用中的光滤波效果。

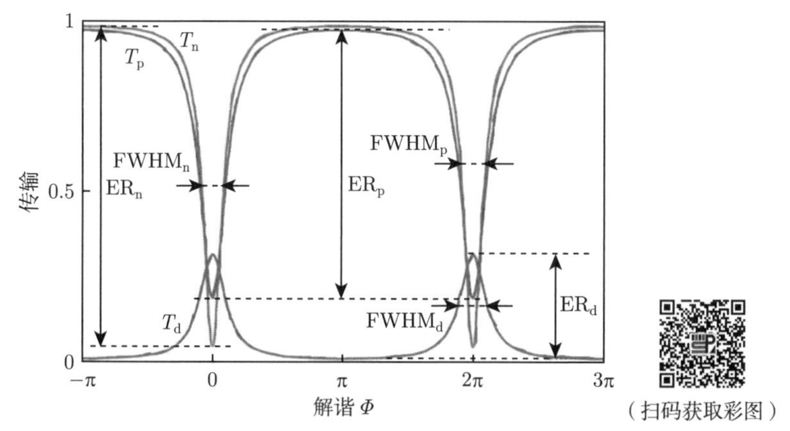

图 3-70 典型的全通型与上下路型微环滤波器的透射率[110]

对于两种典型的微环滤波器而言，根据直波导自耦合系数 (r) 与微环中的光传输系数 (a) 之间的关系，可以将微环耦合分为三种情况：过耦合 $(r < a)$、临界耦合 $(r = a)$、欠耦合 $(r > a)$。其中，当发生临界耦合时，微环滤波器的消光比最高，这也是目前很多微环器件的工作状态。

3.5.3.2 微环滤波器基本参数

对于微环滤波器，其基本参数主要包括半峰全宽 (full width at half maximum, FWHM) (或 3 dB 带宽)、自由频谱范围 (FSR)、品质因子 (Q 值)、精细度 (F 值)、灵敏度等[110]。具体含义如下所述：

(1) 半峰全宽 (或 3 dB 带宽) 指在微环滤波器透射谱曲线中，当透射率降低为最大值一半时所对应的谱线线宽，对全通型、上下路型微环滤波器分别为

$$\begin{cases} \text{FWHM} = \dfrac{(1-ra)\lambda_{\text{res}}^2}{\pi n_{\text{g}} L\sqrt{ra}} \quad (\text{全通型}) \\ \text{FWHM} = \dfrac{(1-r_1 r_2 a)\lambda_{\text{res}}^2}{\pi n_{\text{g}} L\sqrt{r_1 r_2 a}} \quad (\text{上下路型}) \end{cases} \tag{3-100}$$

(2) 自由频谱范围 (FSR) 指在微环滤波器的透射率谱线中相邻两个谐振峰 (波长) 之间的间距，表示为

$$\text{FSR} = \frac{\lambda^2}{n_{\text{g}} L} \tag{3-101}$$

(3) 品质因子 (Q 值) 指谐振波长与谐振波长处 FWHM 的比值，用于评价微环的损耗，表示为

$$Q = \frac{\lambda_{\text{res}}}{\text{FWHM}} \tag{3-102}$$

(4) 精细度 (F 值) 指 FSR 与 FWHM 的比值，用于测量 FSR 相对于 FWHM 的锐度，表示为

$$F = \frac{\text{FSR}}{\text{FWHM}} \tag{3-103}$$

(5) 灵敏度指外界的变化对微环滤波器谐振波长漂移的影响，表示为

$$\Delta\lambda_{\text{res}} = \frac{\Delta n_{\text{eff}} L}{m}, \quad m = 1, 2, 3, \cdots \tag{3-104}$$

3.5.3.3　不同类型微环滤波器

上述讨论的微环滤波器均为单微环结构，而级联型微环结构通过多个微环之间的耦合，可有效改善微环滤波器的透射谱，同时通过控制多微环之间的耦合效率实现更多复杂的逻辑计算功能。图 3-71 所示为几种级联型微环滤波器的结构，包括双环耦合、三环耦合等。

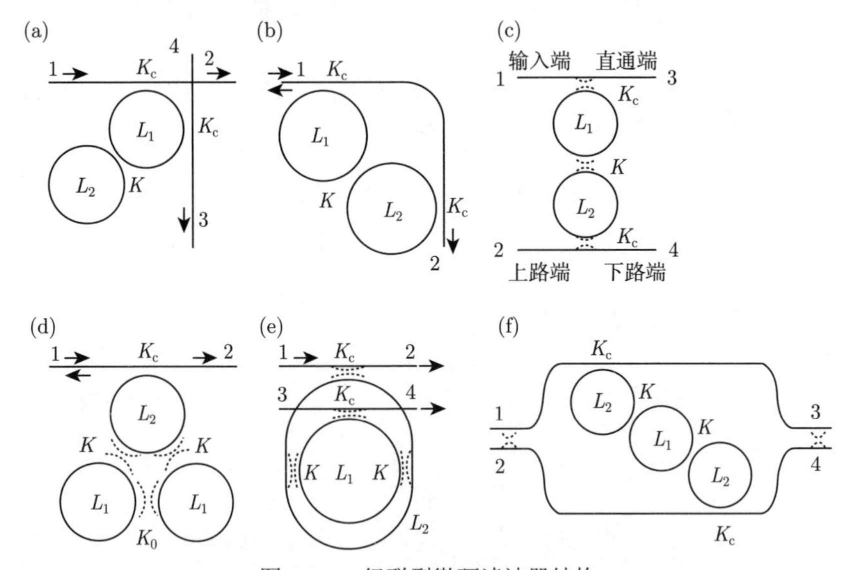

图 3-71　级联型微环滤波器结构

在实际应用中，人们往往希望微环滤波器的 FSR 越宽越好，以支持更多的数据传输通道 (例如在 WDM 系统中通道数越多，总传输容量越大)；同时希望微环的谐振波长调节范围越大越好，以充分利用微环的波长敏感性提升传感的灵敏度。为此，要求在器件的设计与加工过程中能够制备小尺寸的微环滤波器，在单微环不能满足设计要求的情况下，进行微环的级联以扩大波长调节范围。

增加微环滤波器 FSR 的方法主要有缩短腔长和抑制不需要的谐振峰。图 3-72 所示为微环半径与其 FSR 之间的关系，从图中可见随着微环半径的减小，FSR 明显增大，例如当微环半径仅为 1.5 μm 时，微环 FSR 增加至 58 nm。对于典型的微环滤波器的谐振峰，FSR 即为两个相邻谐振峰之间的距离，若能够有效抑制某些谐振峰，微环 FSR 将得以增加。如图 3-73 所示为通过级联微环的方式，合理设计两个微环的参数，从而有效抑制不需要的谐振峰，使得最终获得的透射谱表现出极大的 FSR。

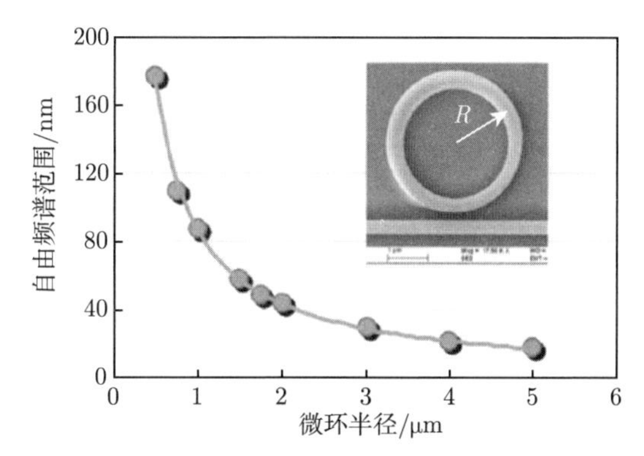

图 3-72 微环半径与其 FSR 之间的关系

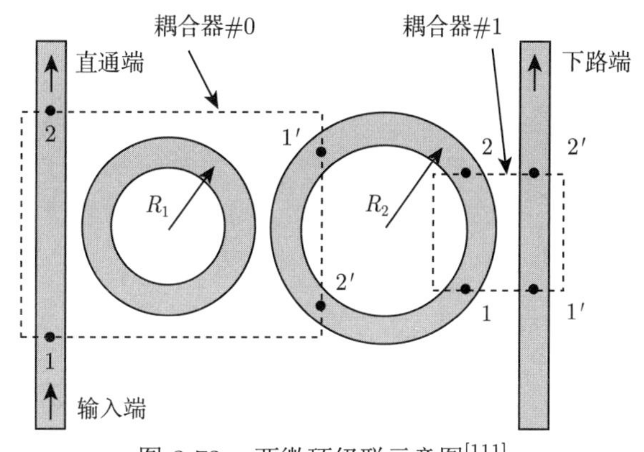

图 3-73 两微环级联示意图[111]

对于微环滤波器而言，固有的微环谐振效应，一方面可以显著提升器件的滤波敏感性，另一方面尖锐的谐振峰使得器件的工作带宽极窄，无法适应宽带工作的需要。所以，微环光谱的平坦化是微环滤波器需要解决的关键问题。目前有效的方法是采用多个微环的级联，将滤波器的谐振峰进行展宽以提升器件的可用工作带宽。虽然通过级联更多的微环，滤波器的谐振峰确实可以适当展宽，但是器件的整体损耗也在增加 (微环的数量越多，损耗越高)。

3.5.4 马赫–曾德尔滤波器

对于集成微波光子学，滤波器是一类重要的信息处理器件，本节将讲述马赫–曾德尔干涉仪在滤波器中的应用，包括器件的基本结构、设计方法、功能等。

马赫–曾德尔滤波器的基本工作原理是基于两个相干单色光经过不同的光程传输后进行光学干涉，从而在器件的不同输出端口输出不同波长的光信号，实现对输入光信号的滤波选择功能。马赫–曾德尔滤波器的基本结构如图 3-74 所示，主要包括输入/输出 3dB 耦合器、两个干涉臂，其中 3dB 耦合器用于光信号的合波分波，两个干涉臂用于产生光程差。因此，3dB 耦合器一般采用简单的 Y 形分支结构或多模干涉耦合结构进行设计，光程差一般是分别控制两个干涉臂的折射率 (n) 与物理长度差 (ΔL)，或利用电/热/光调制的方法同时控制这两者予以实现。图 3-75 所示为两种典型的马赫–曾德尔滤波器结构，其中两个干涉臂均可以进行相位的调控，图中右侧的滤波器嵌入两个马赫–曾德尔干涉仪作为整体滤波器的两个干涉臂，调控自由度更高，功能更强大。

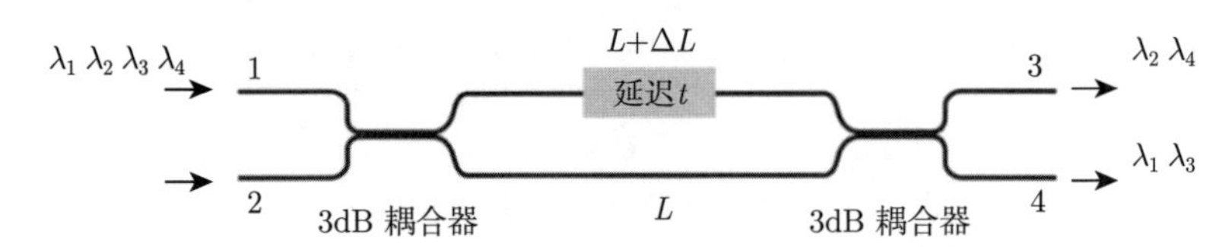

图 3-74 马赫–曾德尔滤波器的基本结构及传输特性

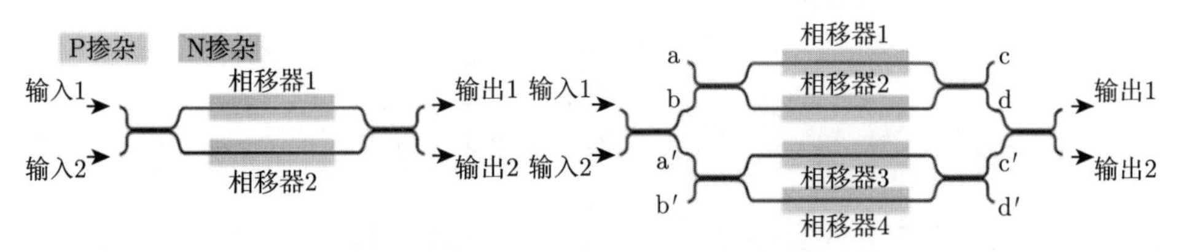

图 3-75 两种马赫–曾德尔滤波器的结构[112]

在实际应用中，单个马赫–曾德尔干涉仪型滤波器的功能较为单一，往往是采用级联扩展型结构，如图 3-76 所示。另外，随着可编程光子学的快速发展，人们利用马赫–曾德尔干涉仪构建开关滤波阵列，通过控制每个马赫–曾德尔干涉仪单元的状态，实现片上可编程的光芯片功能，如图 3-77 所示，目前这类可编程光电集成芯片在量子通信、量子信息处理领域的应用较多。马赫–曾德尔干涉仪作为基本工作单元，每个单元通过控制两个波导干涉臂实现光信号在两个输出端口之间的切换，进一步级联成阵列，构建功能强大的光电集成芯片。因每个单元可以独立控制，所以整体芯片具有强大的可编程功能，并且随着阵列规模的增大，器件功能将快速增强，但是器件的整体功耗将是制约阵列规模增长的重要因素。近年

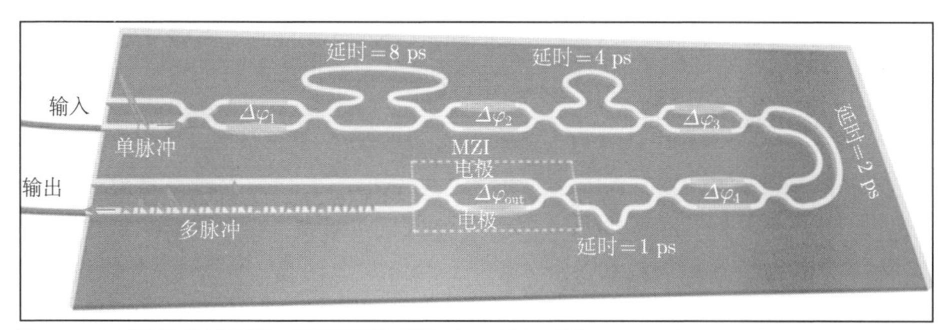

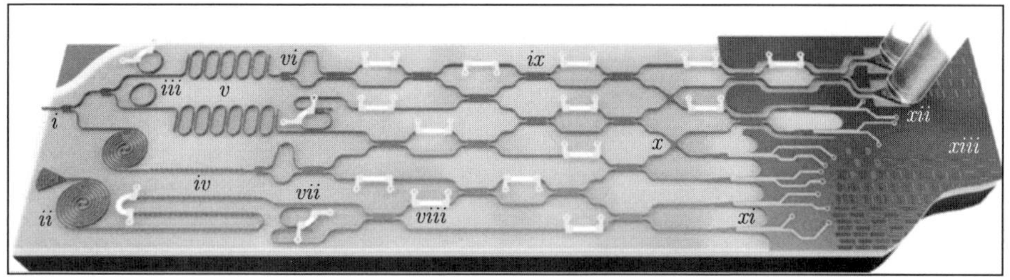

图 3-76 级联扩展型马赫–曾德尔滤波器[113]

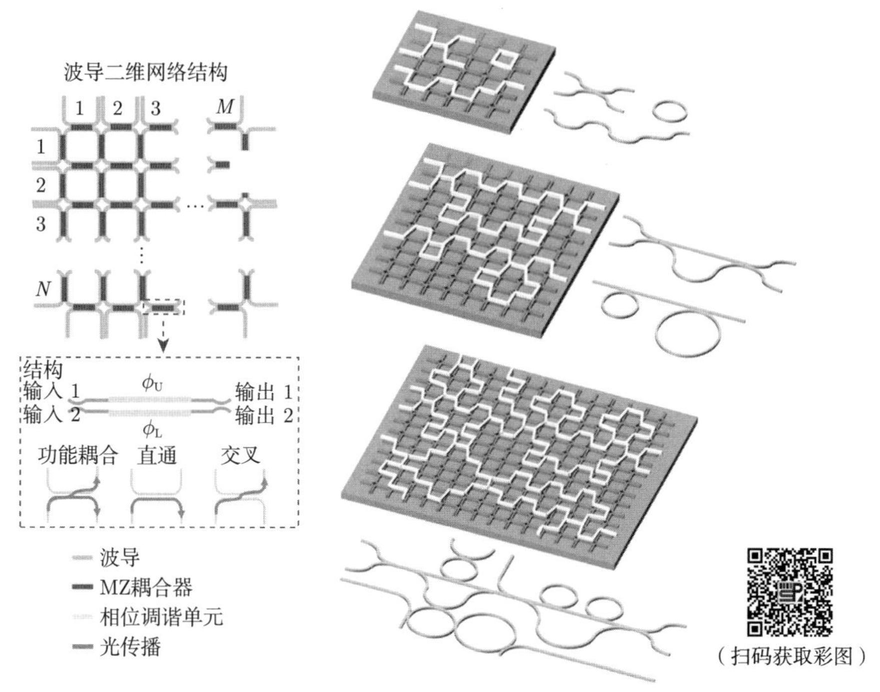

图 3-77 马赫–曾德尔干涉仪型开关滤波阵列芯片示意图[114]

来，人们也在尝试开发基于非易失相变的光电集成开关阵列，其最大的优势在于器件的静态功耗为零，控制灵活，是未来可编程光电集成芯片的重要发展方向。

3.5.5　波导布拉格光栅

波导布拉格光栅结构是在普通条形波导的侧壁引入宽度调制，使得波导的有效折射率在传输方向上呈现周期性变化，如图 3-78 所示，这种折射率的变化会给光场传输带来扰动，使得原本稳定的光模场传输发生改变。特别是当波导有效折射率的变化周期满足布拉格反射条件时，输入光信号在通过该波导光栅后将发生明显的光反射现象，这在反射滤波、选频、构建激光腔等方面具有独特优势。波导布拉格光栅具有加工简单、插入损耗低、消光比高的优点，并且频谱响应具有很高的灵活性 (几乎任何物理可实现的频谱响应都可以通过控制布拉格光栅的耦合系数予以实现)[115]。

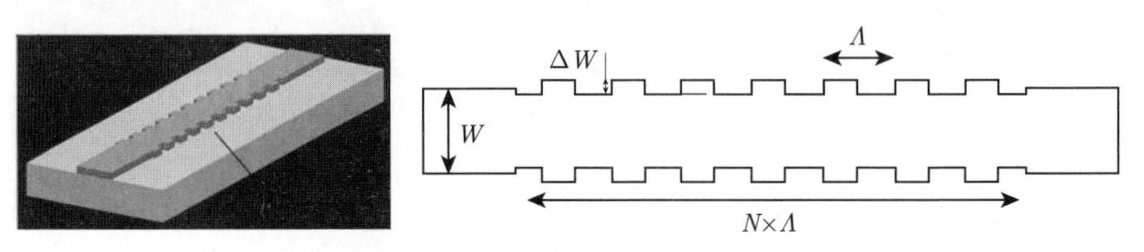

图 3-78　波导布拉格光栅示意图

除了上述波导布拉格光栅的构建方法，通过包层调制也可以等效实现光栅结构。另外，通过改变光栅的周期可以实现相位调制的波导布拉格光栅，如图 3-79 所示。

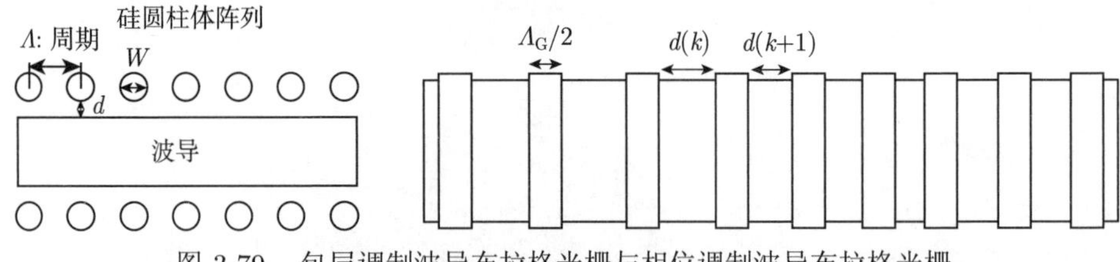

图 3-79　包层调制波导布拉格光栅与相位调制波导布拉格光栅

对于波导布拉格光栅而言，有效的设计方法与流程至关重要。本部分将重点讨论波导布拉格光栅的典型设计方法与流程，据此可以设计出满足反射光谱要求的波导布拉格光栅。图 3-80 所示为波导布拉格光栅的典型设计方法与流程示意图，其中关键要确定的参数如下：波导宽度 W、光栅周期、波导宽度变化量 ΔW 以及光栅长度 L。以下以均匀波导布拉格光栅为例，简述整体的设计与加工验证流程。

步骤 1: 选择并确立适当的波导截面宽度 W;

步骤 2: 计算波导的模场分布与有效折射率，并进一步利用布拉格条件计算光栅周期;

步骤 3: 针对特定带宽需要，计算波导耦合系数 κ;

步骤 4: 计算光栅区域波导宽度的变化量 ΔW;

步骤 5: 计算光栅长度 L;

步骤 6: 进行器件加工与测试;

步骤 7: 对比测试结果与目标频谱响应，进行验证。

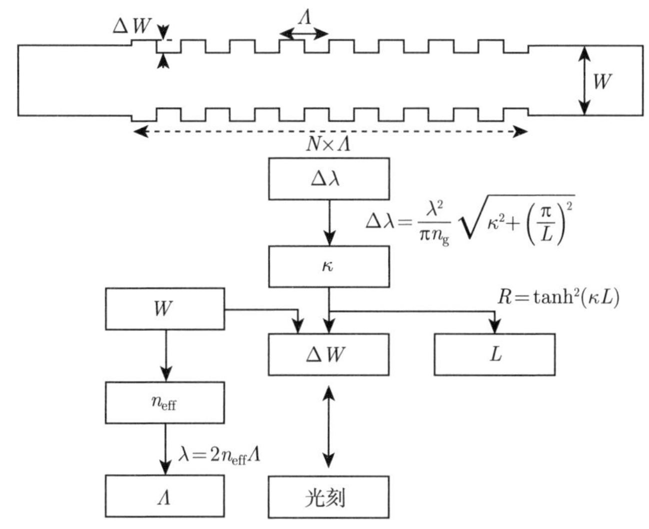

图 3-80 波导布拉格光栅的典型设计方法与流程示意图

图 3-81 所示为均匀波导布拉格光栅的典型光谱曲线，采用上述方法可以设计出满足光谱要求的波导布拉格光栅结构。上述步骤 6 与步骤 7 是通过实际器件的加工与测试来验证所设计的波导光栅是否能够产生所需要的反射谱与透射谱，通过几次设计与加工的迭代可以达到设计目标的要求。

图 3-82 展示了波导布拉格光栅的加工与测试。其中，加工主要采用电子束曝光与感应耦合等离子刻蚀技术将所设计的波导图案刻蚀在硅基 SOI 或氮化硅晶圆上，测试主要采用输入/输出光栅耦合器进行在线测试。当然，端面耦合也是一种较好的方法，但其主要问题在于占用过大的芯片面积及需要额外的加工工艺进行端面耦合器的制备。

均匀波导布拉格光栅是一种较为简单的波导光栅结构，如果我们人为地在均匀波导光栅的内部引入一段波导相移，光栅光谱将发生明显变化，例如会在原均匀波导布拉格光栅的透射谱中打开一个很窄的谐振传输窗口，这类光栅我们称为相移波导光栅，如图 3-83 所示。通过对其光谱进行深入分析发现，相移波导光栅所打开的谐振传输窗口具备极好的单频特性，进一步结合相移波导光栅布拉格反射特性，使得该结构非常适用于半导体激光器。目前基于相移波导光栅的集成半导体激光器已被报道，其中光栅结构的精准制备直接关系激光器的激射波长及线宽。

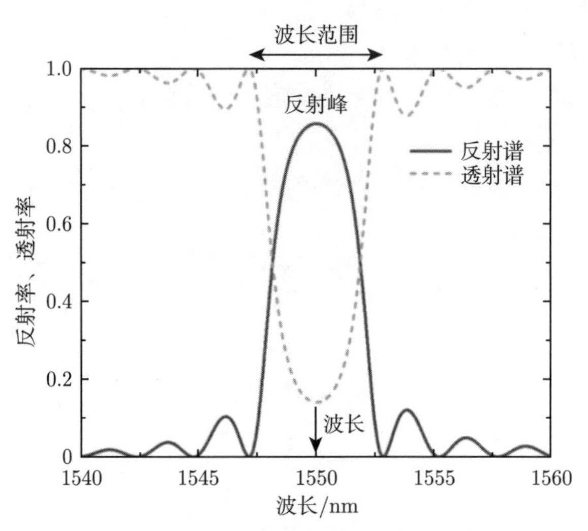

图 3-81 均匀波导布拉格光栅的透射率与反射率光谱图

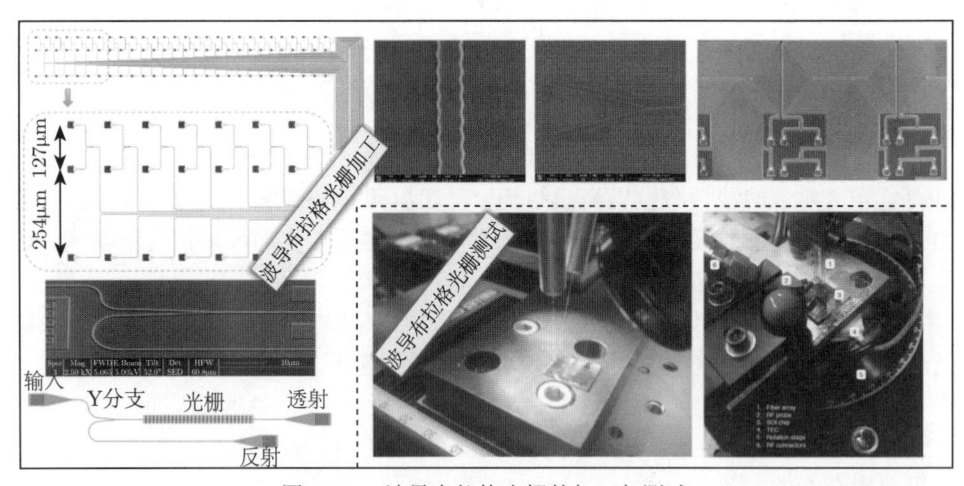

图 3-82 波导布拉格光栅的加工与测试

除了上述均匀波导布拉格光栅与相移波导光栅，还有采样波导光栅、狭缝波导光栅等。采样波导光栅是通过在均匀波导布拉格光栅的表面叠加一个采样函数，使得光栅结构按照一定的周期被打破，如图 3-84 所示。这种结构设计可以使得输出光谱呈现梳子状，满足可调谐激光器、多通道上下路复用器及色散补偿等对梳状光谱的要求。从图 3-84 可见，当波导光栅的采样周期发生变化时，对应产生的梳状光谱间隔也将发生改变，这就为我们提供了一种可变梳状光谱间隔的设计方法，可满足对不同梳状光谱间隔的要求。

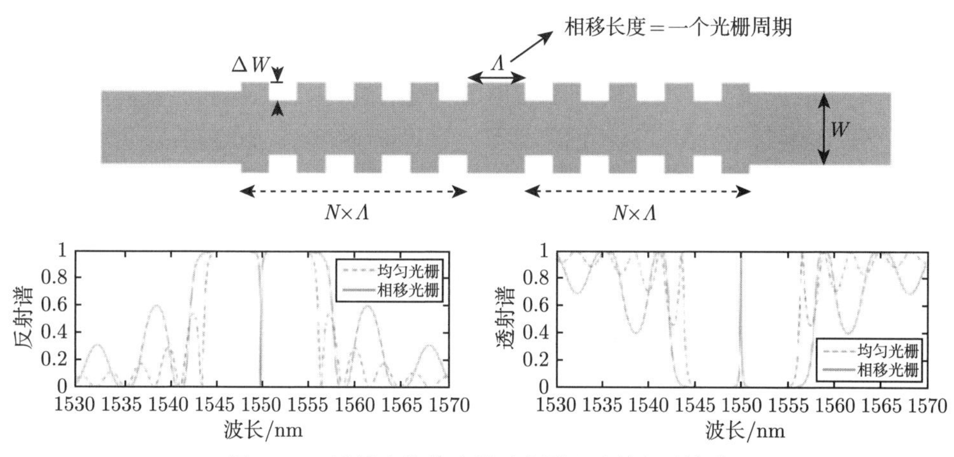

图 3-83 波导布拉格光栅示意图及反射和透射谱

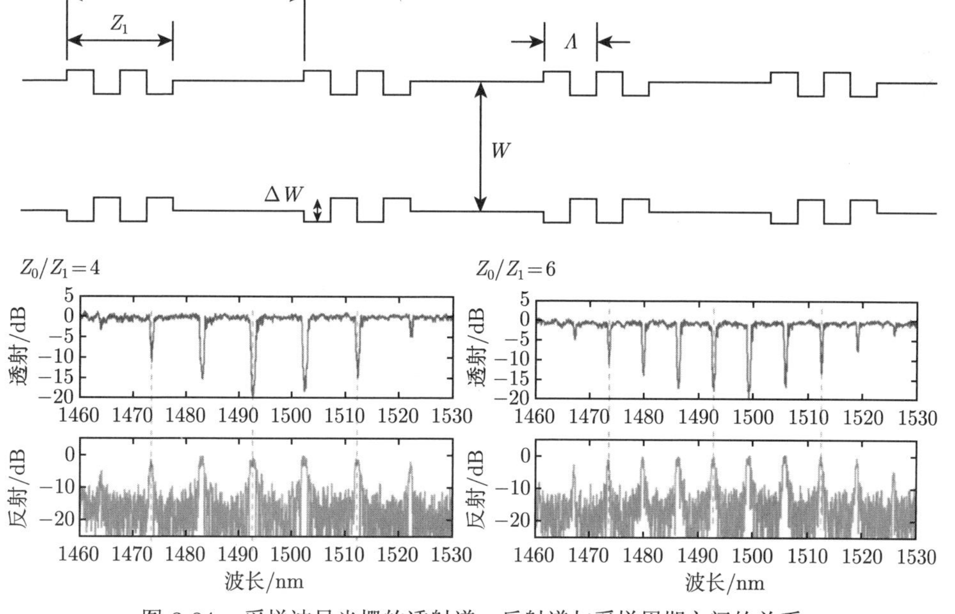

图 3-84 采样波导光栅的透射谱、反射谱与采样周期之间的关系

3.5.6　阵列波导光栅

以光波为载频进行通信的光纤通信技术支撑起了全社会的信息高速公路，满足了人们对多种信息量呈指数增长的需求，而光纤通信系统中最为关键的部分则是掺铒光纤放大器 (erbium-doped fiber amplifier，EDFA) 和波分复用器 (WDM)，使得长距离、超大容量光传输成为可能。在 WDM 中，波长复用器和解复用器是关键所在，其性能的优劣对光复用系统的传输质量有决定性影响，为此阵列波导光栅应运而生。

早期的波分解复用器是基于法布里–珀罗腔结构，利用不同波长的光在法布里–珀罗腔内部发生干涉并在不同位置进行输出的器件，总体而言，这是一种串联型结构，不同的光波长将经历不同的光路径，使得不同光波的功率损耗不同。另外，随着信道数量的增加，信道损耗的均匀性变差，极大限制了实际的可用信道数。值得注意的是，最后一个输出端口因经历了最长的光传播路径，所以通道损耗最大。因此，这种串联型的结构设计存在着诸多问题，之后人们考虑用并联型结构，以期实现多波长信号的同时解复用。

典型的阵列波导光栅 (AWG) 是基于干涉原理的波分复用与解复用器件，由输入/输出波导阵列、自由传播区平板波导与弯曲波导阵列所组成，如图 3-85 所示。输入波导连接输入自由传播区的一端中心位置，输出波导阵列连接输出自由传播区的一端并以一定的中心间距均匀地排列在罗兰圆的圆周上，弯曲波导阵列中的每条波导正对中心输入/输出波导，并均匀地排列在以中心输入/输出波导为圆心的圆周上。具体的器件功能如下：

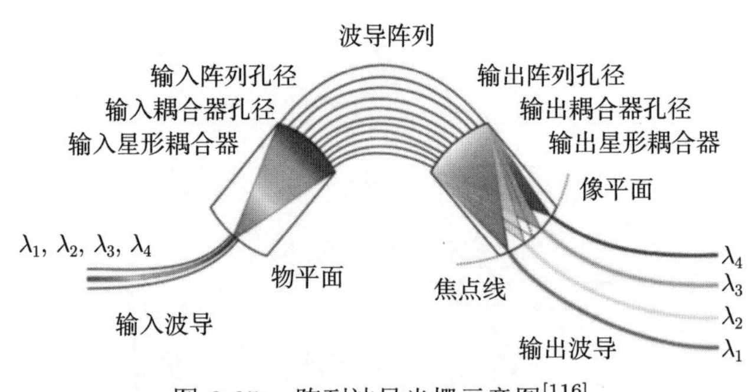

图 3-85　阵列波导光栅示意图[116]

(1) 多波长信号从输入波导进入自由传播区的星形耦合器，经自由传输产生光学衍射并被均匀分配至阵列波导。

(2) 经阵列波导传输后，因相邻阵列波导之间拥有相同的长度差，传输的各光束之间的相位呈现等差级数，这与传统凹面光栅的情况类似。

(3) 进一步在阵列波导的末端，不同光束的光在输出星形耦合器中发生干涉并聚焦到不同的输出波导，最后完成输入多波长信号的解复用功能。该器件反向使用可以实现波长复用的功能。

综上所述，阵列波导光栅最为关键的部分是输入/输出星形耦合器 (自由传播区) 与中间阵列波导的设计。对于输入星形耦合器，其功能主要是对多波长信号进行分配，注意这里只是对多波长信号的光功率进行分配，并不涉及波长，即输入的多波长信号将被平均分配至阵列波导的输入端口，如图 3-86 所示，该过程仅仅是光功率均分，与波长无关。对于输出星形耦合器，不同波长的信号将在该区域发生光学干涉，干涉之后不同波长的光信号应聚焦于不同的输出波导，从而实现多波长复用信号的同时解复用。这些功能要求的背后主要涉及光程差、光学衍射、干涉的分析计算等。

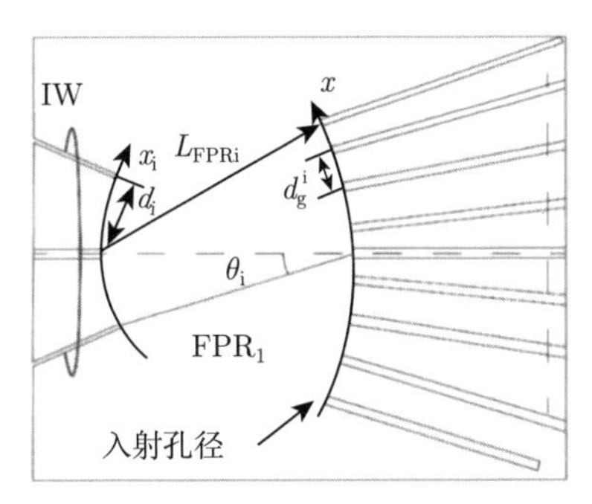

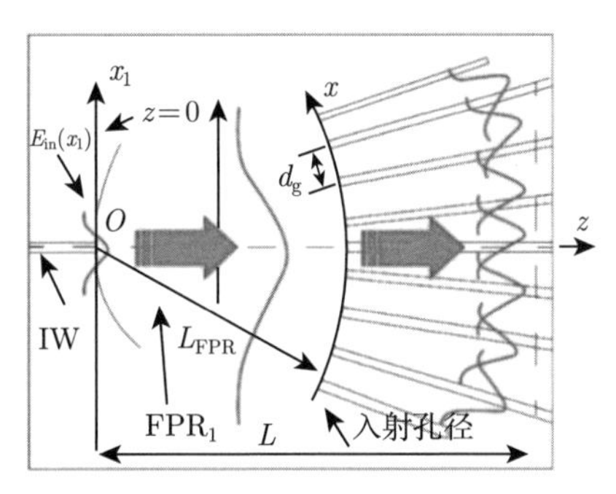

(a) 输入星形耦合器

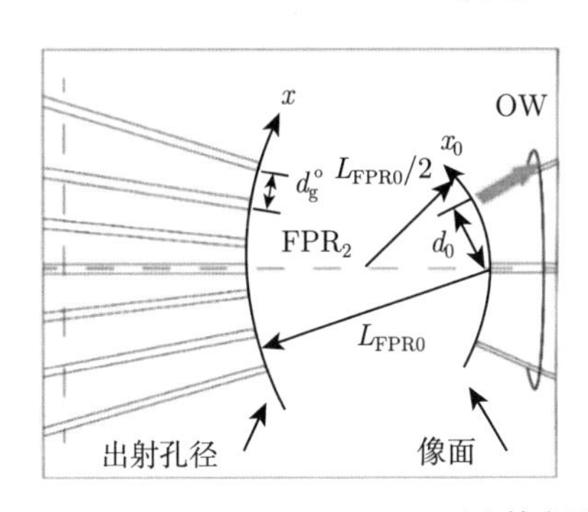

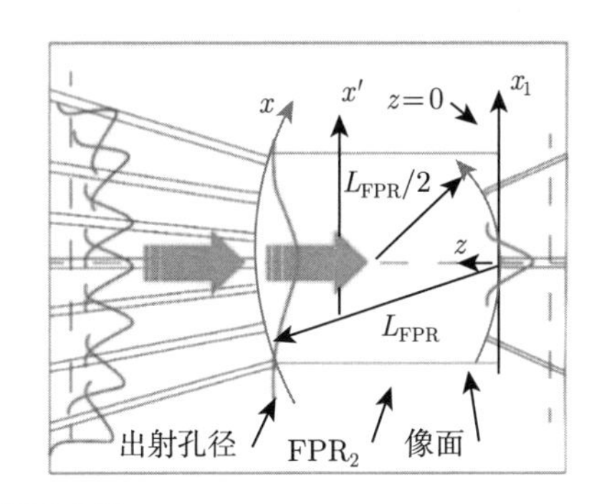

(b) 输出星形耦合器

图 3-86 输入/输出星形耦合器示意图

阵列波导光栅的主要性能指标包括：信道间隔 (比如 50 GHz, 100 GHz)、信道数 (比如 16, 32, 64)、信道波长 (比如 ITU-T 标准)、信道不均匀性 (比如信道之间的损耗差低于 1 dB)、信道串扰 (比如 $-35 \sim -25$ dB)、插入损耗 (比如低于 0.5 dB)、偏振相关损耗 (比如低于 1 dB)、反射损耗 (比如低于 -30 dB) 等。通过这些指标来评价阵列波导光栅的优劣。

作为重要的波分复用与解复用器件，目前阵列波导光栅发展趋势主要有：缩小器件尺寸，提高器件性能 (包括增加 3 dB 带宽、降低器件损耗与串扰、消除偏振相关性、提高温度不敏感性等) 及拓展新应用。

小尺寸阵列波导光栅：传统 AWG 一般是采用低折射率的硅基二氧化硅材料制备，器件尺寸普遍较大，若采用高折射率的硅基 SOI 材料进行制备再辅以新的结构设计，可以极大缩小目前 AWG 的尺寸。另外，大 3 dB 带宽一直是 AWG 的重要追求目标，这是因为大 3 dB 带宽可以满足高速光传输、对激光器波长的漂移容忍度更高、对偏振相关损耗的容忍度更高以及级联滤波器的需要，所以 AWG 追求平顶形的波长解复用曲线。据此，人们改进了 AWG 的结构设计，通过在输入波导、输出波导与星形耦合器之间插入锥形波导将光模场进行适当扩束，可以实现较为平坦的波长解复用曲线，相较于传统的 AWG 输出光谱，图 3-87 所示方案的效果大为改善。

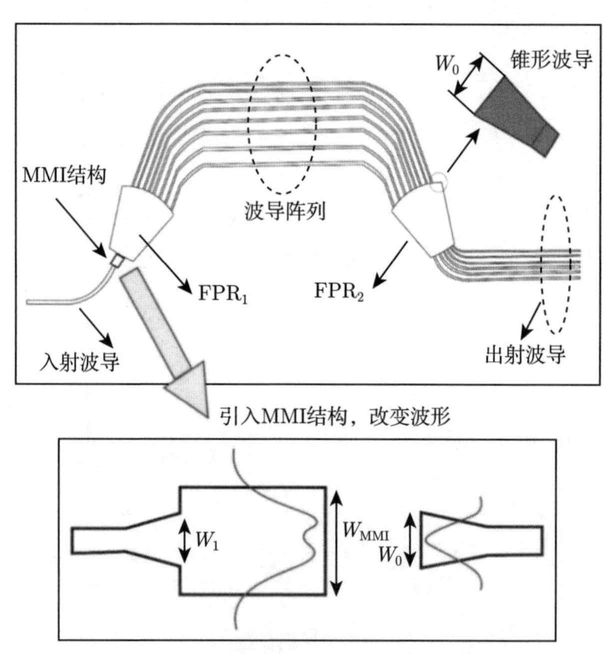

图 3-87 大 3 dB 带宽的阵列波导光栅设计

低损耗工作：传统 AWG 的损耗主要来自不同波导间的耦合损耗。为了保证器件处于低损耗工作状态，需对高损耗波导部分进行优化设计。在阵列波导光栅中的波导连接处设计垂直锥形波导、双层锥形波导进行高效的模式耦合以有效降低器件的整体插入损耗。在研制小尺寸 AWG 的过程中，人们往往采用高折射率的 SOI 材料平台，然而高折射率材料不可避免地会引入严重的偏振相关性，使得器件表现出明显的偏振选择性。为了降低偏振敏感性，在早期低折射率 AWG 中常采用插入半波片、加入三角补偿区、使用不同的波导厚度等方式来解决。对于高折射率的 SOI 材料，目前已报道的有效方法是采用二维光栅，将输入的 TE 和 TM 模分开，分别进入不同的 AWG 传输，保证两种偏振态在通过 AWG 后产生相同的波长解复用效果，进而实现偏振无关或偏振不敏感。

3.6 集成微波光子器件封装

半导体光电子器件的封装是指通过电连接、光耦合、温控、机械固定及密封等措施，使半导体光电子器件成为具有一定功能且性能稳定的组件的装配过程。封装不是简单地对芯片进行包装，也不仅仅是提供机械的支撑和保护，这涉及热学、力学、材料科学、电子学以及器件物理学等，是一个多学科交叉融合的领域。

3.6.1 异质异构集成技术

随着全球通信流量的急速增加，互连网络通信流量速率和容量规模也不断扩大，导致互连功耗急剧上升，相应地对传输系统的带宽和功耗需求亦逐步上升。传统的信息交换技术基于电子集成技术，金属互连的寄生效应会引起高频电信号的严重衰减，导致功耗增加，同时高速电信号传输会产生明显的延时和信号串扰，难以满足未来高速率、高密度集成互连应用需求[117]。相应地，光信号传输具有低延时、低串扰、功耗低等优势，能打破距离与带宽的限制。以光子作为信息载体构建光子集成电路 (PIC) 目前也已取得了长足的技术进步[118]。

在过去的几十年里，研究人员开展了大量 PIC 方面的研究，其正逐步成为一个成熟的工业平台，以可扩展的方式将有源和无源光学元件集成在单个芯片上，具体包括激光器、探测器、光波导、调制器、光开关、分路器、耦合器等光子器件，实现提高速度、压缩尺寸、扩展功能等目的。与集成电路相比，PIC 因受集成器件性能限制，不同器件使用基础材料不一致，单器件线度也远远大于微电子器件的线度，例如用于 850 nm 波段短距通信的垂直腔表面发射激光器 (VCSEL) 主要基于 GaAs/GaAlAs 材料，用于 1.31 μm/1.55 μm 波段长距通信的 DFB/DBR 激光器采用 InP/InGaAsP 材料，光调制器使用的是绝缘体上硅 (SOI) 或铌酸锂材料，光电探测器使用的是 InGaAs 或 Ge-Si 材料，无源光波导使用的材料包括 SiO_2、Si、聚合物材料等。相对应地，正在开发的工业规模著名的 PIC 平台亦有多种，包括 SOI 平台[119,120]、氮化硅平台 (SiN)[121,122]、InP 平台[123,124] 和铌酸锂平台[125,126] 等。因此，目前 PIC 的集成度远低于微电子电路，光子芯片集成难度也远大于传统的微电子芯片。

在传统的微电子技术领域，基于 Si 材料的集成电路制造与封装测试技术经过几十年的发展已非常成熟，为硅光子技术的发展指出了一条可供参考的技术路线。与此同时，硅光子平台可以利用现有成熟的互补金属氧化物半导体 (CMOS) 工艺平台进行兼容性的大规模、低成本生产，具备高集成度、高良率以及和微电子电路集成的优点[127,128]。其先天性的技术优势吸引了众多公司和研究机构的广泛关注，成为当前的研究热点。而欧美发达国家和地区也陆续将光子集成技术定位为重要的战略发展方向。

近年来，大部分光子元件已实现在硅基基板上的单片集成。SOI 平台特别适用于通信波段的应用 (1.31 μm 和 1.55 μm)，因为硅及其氧化物 SiO_2 在通信波段光吸收极低，透明度高，并且 Si-SiO_2 具备高折射率对比度，可形成光模场束缚度高的波导结构，有利于高度集成的 PIC 应用。此外，CMOS 工艺相关基础设施和设备建设经过半导体行业多年的投资和完善，可实现具有更小特征尺寸、更光滑表面和更高良率的硅波导，随着 PIC 的集成复杂度提高，这一优势将变得越来越重要。

如上所述，由于硅的间接带隙，难以基于单一硅材料平台实现有源器件集成，例如激光光源，因此硅上的高效电泵浦源仍然是一个挑战。目前虽然有一些应变锗的应用集成报道，但性能与实际基于 Ⅲ-V 族材料实现的激光器性能标准相去甚远[129]。异质集成是当前实现硅光子器件集成的主要替代方案，同样以激光器为例，可以将 Ⅲ-V 材料晶片黏合到图案化的 Si 晶圆上，然后使用标准光刻工具进行后道工艺处理，该方法在 2006 年由加州大学圣巴巴拉分校 (UCSB) 首次论证[130]，目前同样被大学 (例如 UCSB[131,132]、比利时根特大学[133,134])、研究机构 (例如 Ⅲ-V 实验室[135]) 和公司企业 (例如英特尔[136]、Juniper Networks(前身 Aurrion)[137]、HP Enterprise[138]) 广泛使用，并在数据中心市场实现了批量生产发货[136]。此外，硅-铌酸锂异质集成有源器件也有广泛报道[139]。

3.6.1.1 异质异构键合工艺技术

异质异构集成是将单独制造的组件集成到一个更高层次的组件，在系统级别表现为更强的功能和工作特性。异构集成背后的总体思路是在同一封装中集成多个组件，使封装能够以小尺寸执行特定的高级功能。三维异质异构集成是一种集成技术，类似于封装技术，把异质异构的材料或者元器件、芯片深层次联结到一起，发挥更优越的性能。

随着系统复杂性的增加，在集成到最终系统之前对有源元件的测试变得越来越重要。尽管通过在硅 (Si) 衬底上直接外延或异质外延生长的直接带隙化合物半导体在制造光源方面已经取得了实质性的进展，但将 Ⅲ-V 层堆叠或者转移到 Si 衬底上仍是实现高效光源集成的有效途径之一。在这种情况下，人们主要追求两种方法，通常被称为异质集成和混合集成。异质集成的基础是将没有图案的 Ⅲ-V 族芯片黏接到预先处理过的 SiP 晶圆上，这样在 Ⅲ-V 族芯片的外延层中产生的光线就会逐渐耦合到 SiP 波导上。然后通过晶圆规模的模具加工来制造 Ⅲ-V 族器件，其中所有的结构都以最高的精度进行光刻对准。因此，模具的高精度定位是不必要的，这是与混合集成相比的关键优势，但相关的技术复杂性仍然相当高。此外，异质集成不允许在集成到更复杂的系统之前对光源进行测试，因此，需要严格的过程控制以保持高产量。此外，异质集成的光源可能会在 SiP 芯片上占用相当大的空间，而且由于 Ⅲ-V-Si 键合层和埋藏的氧化物带来的高热阻，散热是一个挑战。

以三维异质集成为终极目标的方案有许多实现途径。这些技术途径可分为四类：异质外延生长、芯粒异构集成、晶圆级键合和基于外延转移的集成。芯粒异构集成技术可以解决工艺兼容性方面的难题，该技术通过类似于混合多芯片集成的方法将多种化合物器件与硅基衬底集成在一起。以芯粒异构集成为核心的多芯片集成工艺即在一个标准的硅基工艺平台上将多种化合物半导体技术相互融合在一起，这种集成技术的优点之一是无须对现有的化合物半导体工艺技术做出很大的改变，各个化合物半导体器件可以在各自已经成熟的工艺生产线上单独加工。而硅基芯片作为面向异质集成技术的公共平台，需要完成更加精细的多层布线和三维通孔互连结构的制备，各个化合物半导体器件通过键合等方式实现与硅基器件的异质集成，其中常用的方式有金属微凸点键合技术。这些芯片级键合技术相比于传统的引线键合和倒装焊接而言更加先进，可以实现极小间距的高密度互连和精准的图形化，使得三维异质集成技术具有高的可靠性和生产效率。这种集成方法的缺点在于必须保持互连结构的一致性和稳定性，尤其是对于高密度的小芯片集成工艺而言，互连基本只依靠金属凸点，集成异质芯片的稳定连接还有待考量。其次，利用该方式进行集成的芯片间散热问题较为复杂，低热阻的芯片间互连结构和异质通孔需要合理地设计和实现，以减少热积累引发的互连缺陷。晶圆键合技术是指将不同材料的基片通过分子力或黏性力结合在一起，从而在一种材料的晶圆上结合另一种材料的晶圆，然后通过后续的加工工序，在单片上实现包括这两种晶圆材料的功能性器件。目前主流的晶圆键合技术面向 InP 基片与 SOI 硅基片，其主要实现方案有两种：第一种是由美国加州大学圣巴巴拉分校发明的直接键合技术，其主要是在充分清洗的 InP 基片与 SOI 硅基片的表面进行氧气等离子体处理，随后将两种基片直接贴合在一起并进行高压与热退火，最后两种基片便通过分子键紧密结合在一起[140]；第二种是由比利时根特大学发明的黏性键合技术，其主要是在 InP 基片与 SOI 硅基片上旋涂黏性材料，随后将两种基片通过黏性材料贴合在一起。晶圆键合后即可在不同材料上制备不同的器件，并通过片上光路互连将其集成在整个光学系统中 [141]。

混合集成依赖于将容易加工的 Ⅲ-V 族激光器、增益芯片甚至光电二极管与 SiP 电路进行光学连接，其中 Ⅲ-V 族器件可以安装在 Si 衬底的顶部或旁边。混

合集成保持了原生 Ⅲ-V 族光源的优越性能特征，并允许在系统组装前对器件进行测试，但也带来了制造上的挑战。特别是 Ⅲ-V 族与 SiP 波导的有效光学耦合通常依赖于在低微米甚至亚微米范围内的精度对准。

芯片倒装焊接技术是指将制作好的芯片直接倒装焊到另一种已经制作好电极的基片上，并保证光学波导之间的对准，因而同时满足电学与光学的互连。该技术的主要难点在于倒装焊的同时保证两种芯片的在四轴光学高精度对准，一般地，两种芯片的出光波导都会进行模斑转换等处理，可以降低对对准精度的要求。倒装焊接技术的工艺流程如图 3-88 所示，首先需要在衬底和芯片器件上制作凸点下金属化层 (under bump metallization, UBM)，这一层不但能够保证良好的金属连接，也可作为易湿性表面用于连接熔融性合金，接下来将焊料加到芯片顶端的接触点，将芯片翻过来，与衬底上接触点接触，通过熔料自身的表面张力让芯片与基板自对准，最后通过外部两个方向的作用力，将芯片与衬底对准连接，两者之间的空隙用绝缘胶填充。使用上述方法将 Ⅲ-V 族激光器芯片倒装焊在 SOI 晶圆上，再将光通过端面耦合或者其他耦合方式耦合进硅波导中，便可以实现硅基激光器的制造。激光器的模斑尺寸与硅基波导的模斑尺寸相差较大，因此导致其耦合效率较低，所以倒装焊接技术中需要很高的对准精度才能将激光器中的光高效地耦合进硅波导，对设备的精度要求很高。

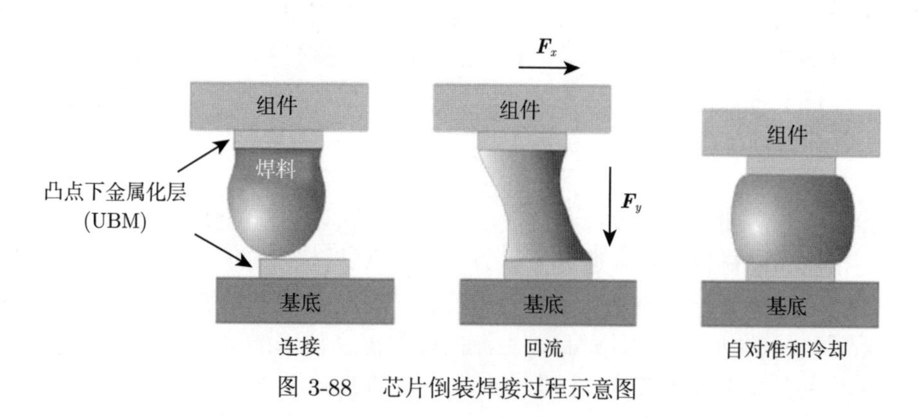

图 3-88　芯片倒装焊接过程示意图

混合光子集成技术，主要指将不同材料体系的制作好的光子集成芯片通过特殊的设计把相应结构固定，使其芯片间的光路导通从而进行互连，主流的技术包括波导光栅耦合技术、倒装焊技术、模斑转换技术、光子引线键合技术。混合光子集成技术将激光器件与无源器件分别制作，完成后通过一定的方式将激光耦合进无源波导，该方案对对准精度的要求非常高。这种方式可将有源结构与无源结构分开制作，因此，除了对准之外其他工艺都已非常成熟，实现过程简单；另外，该方式制作的器件性能容易保持，可以得到较高的输出功率。

混合光子集成系统如图 3-89 所示。激光器、调制器、可调微环滤波器、探测器集成在一个衬底上，通过光波导实现各个器件的连接[142]。

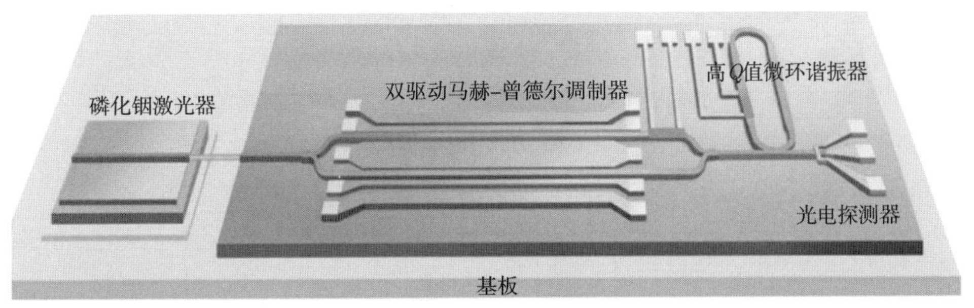

图 3-89 混合光子集成系统示意图

3.6.1.2 波导光栅耦合技术

光栅耦合器是一种能有效解决模式失配问题的方法。和端面耦合相比，光栅耦合器具有以下几个优势：准直容差大；不需要后续加工处理；可置于波导的任意位置；可提高设计的灵活性。波导光栅耦合器是一种利用波导光栅实现光波导的输入/输出的集成光学器件，具有加工工艺简单、易于封装和集成化等优点。此外，还可以通过改变光栅的参数实现光栅衍射级次或者衍射方向的变化，这就大大提高了光栅耦合器的耦合效率。区分波导光栅耦合器的方法不同，归类的结果也会有所不同。有两种常用的分类方法，一种是按照耦合光模式区分，可分为导模–导模耦合器、导模–辐射模耦合器、共线耦合器和共平面耦合器；另一种是按照波导光栅的结构类型区分，可分为体光栅耦合器和表面浮雕光栅耦合器。

根据光信号输入/输出的位置需求，光栅耦合器可以加工在光波导的不同位置。在硅基材料上制作的光栅可以用作集成光学的波导和光纤之间的输入/输出耦合，通常称之为光栅耦合器。光栅耦合器由于其高的耦合效率、可在芯片表面任何地方实现光信号输入输出、不需要解理样品即可进行晶片级的测试和大量的制备、与 CMOS 工艺兼容等优点，成为光子集成回路中最有效的耦合方案。

光栅耦合器是使一个特定波导模式与倾斜入射在波导表面上的非传导光束实现相位匹配。耦合过程是利用光栅对进入其中的光进行衍射来实现的，主要工作原理可通过布拉格衍射条件来进行解释。如图 3-90 所示，为了实现耦合，在波导和光束内波传播的相速度在 z 方向的分量相等，即要求：

$$\beta = kn_1 \sin\theta = \frac{2\pi}{\lambda_0} n_1 \sin\theta \tag{3-105}$$

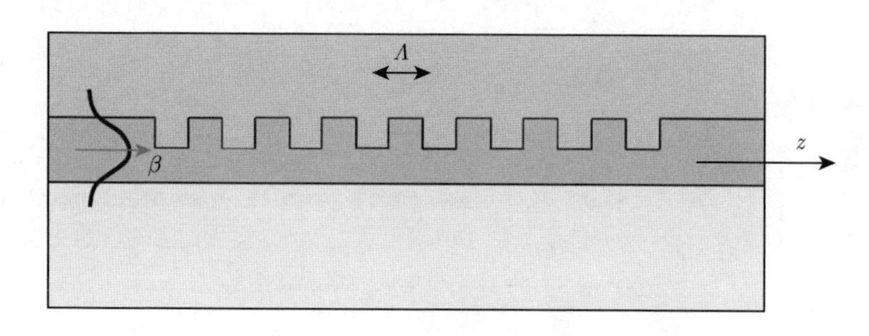

图 3-90 光纤中的光进入光栅耦合器示意图

由于光栅的周期性质，光栅下面区域的波导模式会受到微扰，使每个模式具有一组空间谐波，它们在 z 方向的传播常数为

$$\beta_v = \beta_0 + \frac{2v\pi}{\Lambda} \tag{3-106}$$

式中，$v = 0, \pm 1, \pm 2, \cdots$；$\Lambda$ 是光栅周期；基阶因子 β_0 近似地同没有光栅覆盖波导区域的特定模式的 β 相等。现在由于有负的 v 值，可以满足相位匹配条件，所以 $\beta_v = kn_1 \sin\theta$。由于每个模式的所有空间谐波在光栅区域内耦合，形成完整的表面波场，从光束引入任意一个空间谐波的能量，当它向右传播通过光栅时，这个能量最终耦合到基阶谐波中去。该基阶谐波近似于光栅区域外面的 β 模式，并且最终变为 β 模式。因此，选择恰当的光束入射角度，光栅耦合器就可以用来选择性地将光束能量转移到特定波导模式中。

图 3-91 为光纤中的光向光栅耦合器耦合示意图，该法耦合效率相对较低，激光器倾斜放置不稳定。Lin 等提出如图 3-92 的架构[143]，Ⅲ-V 芯片输出端带有倾斜反射镜面，输出激光通过光栅耦合器耦合进 SOI 芯片中，通过改变 SOI 中的可调谐反射镜实现硅上混合集成可调谐激光输出。为了制作集成版本，Ⅲ-V 和 SOI 硅波导都需要表面法向耦合器。使用光栅耦合器可以很容易地实现 SOI 侧的表面法向耦合。

下面对带倾角 (耦合角度偏离垂直方向约 10°) 耦合和垂直 (耦合角度偏离垂直方向 0°) 耦合的两类光栅耦合器分别介绍研究进展。

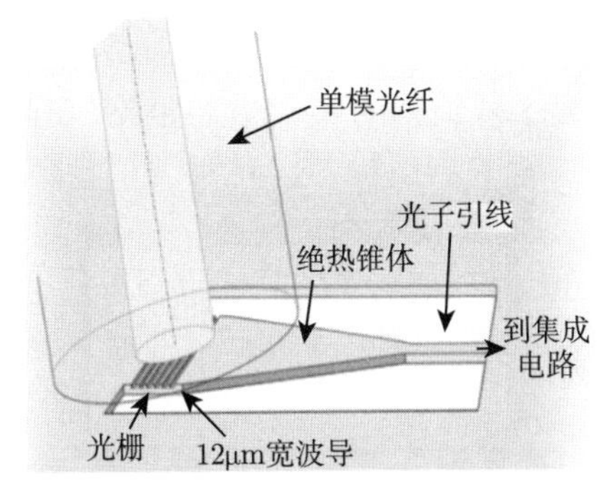

图 3-91 光纤中的光向光栅耦合器耦合示意图

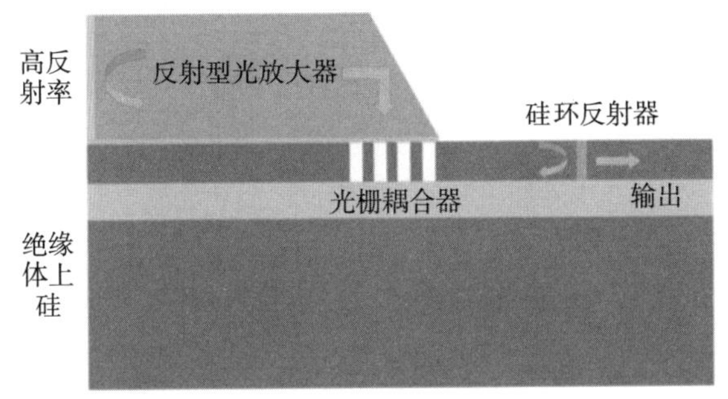

图 3-92 输出端带有反射镜 Ⅲ-V 芯片与带有光栅耦合器的 SOI 芯片集成示意图[143]

3.6.1.3 带倾角耦合的光栅耦合器

光栅耦合器通常利用负一阶衍射实现垂直耦合，然而由于同时出现强的负二阶背反射，以及直接通过光栅的透射光和向衬底方向的负一阶衍射光，在垂直方向的耦合效率大大降低。对传统的光栅耦合器，为了避免负二阶背反射，通常将光纤倾斜偏离垂直方向 10° 左右。光栅耦合器耦合效率的提高存在两个主要限制因素：一是光栅耦合器弱的方向性；二是光栅向外衍射光呈指数降低的模场分布与单模光纤高斯模场之间存在模式不匹配。近年来，研究人员通过优化光栅结构，提升了光栅耦合器的耦合效率。图 3-93 中给出了光栅耦合器中几种有代表性的结构。例如，为了提高光栅耦合器的方向性，Selvaraja 等通过 PECVD 的方法制备带底部 DBR 反射镜的均匀光栅，获得模拟结果在 1550 nm 波长处最高 75%的耦合效率，实验测得在 1510 nm 波长处耦合效率最高可达 69.5%，3 dB 带宽 63 nm[144]；Van Laere 等通过对均匀光栅底部增加金属反射镜，获得模拟结果在 1564 nm 波长处最高 72%的耦合效率，实验测得在 1540 nm 波长处耦合效率最高可达 69%，3 dB 带宽 64 nm[145]。

Mekis 等通过将弧形聚焦光栅刻蚀在锥形模斑转换器结构上，同时实现了耦合和模斑转换的功能，测试的耦合效率为 75%，得到了与普通光栅耦合器结构同等水平的耦合效率，但这种结构的尺寸更为紧凑，有利于硅基光子集成[146]。Roelkens 等通过二维光栅耦合器结构，同时实现了耦合和偏振分离的功能，测试的耦合效率偏低 (为 21%)，但偏振相关损耗非常低，仅 0.66 dB，这种结构不需要偏振控制器即可将光纤中两个正交偏振的光耦合入两个正交方向的波导中，耦合进波导中的光均为 TE 偏振，这种结构可以在偏振不敏感的硅基光子集成回路中工作[147]。

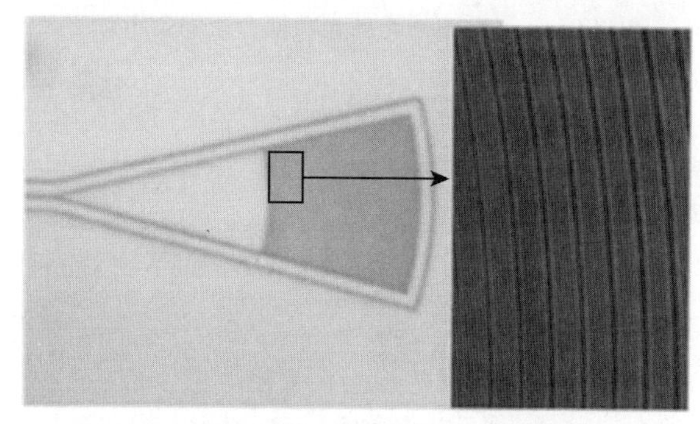

(a) 聚焦光栅耦合器[146]

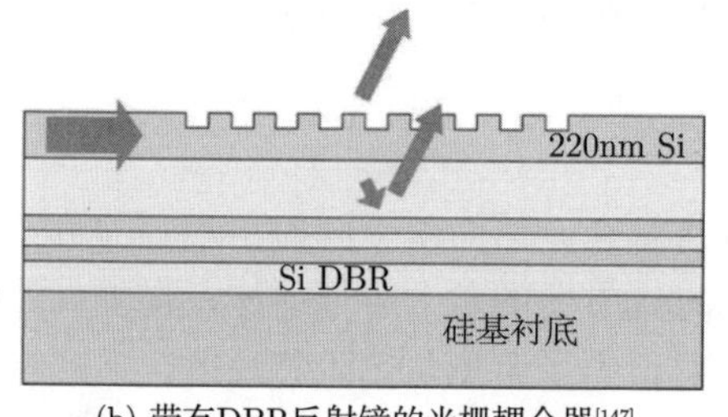

(b) 带有DBR反射镜的光栅耦合器[147]

(c) 带有金属反射镜的光栅耦合器[147]

图 3-93　光栅耦合器的代表性结构

为了解决光栅耦合器的衍射模场与光纤高斯模场的匹配问题，人们提出通过表面光栅横向或者纵向非均匀的结构，调控泄漏因子分布，从而实现了切趾 (非均匀) 光栅耦合器衍射模场为高斯分布，图 3-94 中给出了几种有代表性的切趾光栅耦合器结构。Taillaert 通过纵向上裁剪光栅的占空比制备出切趾光栅，获得高斯分布的衍射模场，实验测得在约 1550 nm 波长处最高耦合效率 >30%，1dB 带宽 40 nm[148]；Tang 利用感应耦合等离子体刻蚀工艺中的迟滞效应，获得的光栅结构刻蚀深度不均匀，同时剪裁光栅纵向的占空比，也获得了高斯分布的衍射模场，在波长 1520 nm 处理论上最高耦合效率为 74%，实验测得在 1524 nm

波长处获得最高耦合效率 64%，3 dB 带宽 70 nm。然而，这种工艺很难完全控制[149]。2014 年，Zaoui 等通过优化算法来优化设计切趾光栅的占空比并集成底部反射镜，获得高斯衍射场分布，理论计算在 1550 nm 处获得最高耦合效率 94.2%，1 dB 带宽 43 nm，实验测得在 1550 nm 处获得最高耦合效率 86.7%，1 dB 带宽 40 nm[150]。上述方法中都是浅刻蚀的光栅，需要在全刻蚀 SOI 顶硅层生成波导结构后二次刻蚀生成波导表面的光栅结构。

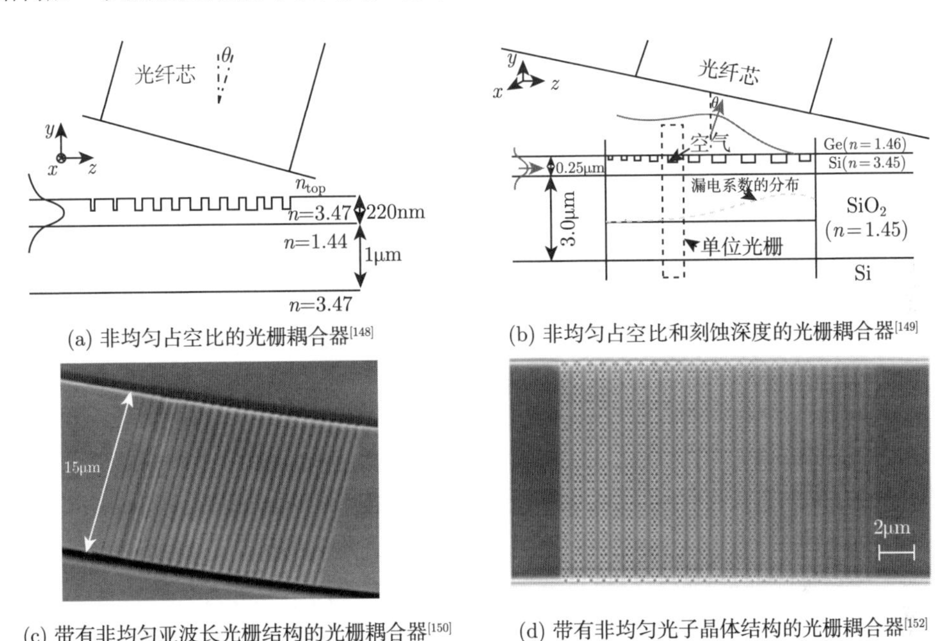

(a) 非均匀占空比的光栅耦合器[148]

(b) 非均匀占空比和刻蚀深度的光栅耦合器[149]

(c) 带有非均匀亚波长光栅结构的光栅耦合器[150]

(d) 带有非均匀光子晶体结构的光栅耦合器[152]

图 3-94　非均匀占空比结构的光栅耦合器

Halir 利用亚波长光栅 (sub-wavelength grating, SWG) 剪裁光栅槽，等效折射率从 3.22 到 2.16 线性变化，在 1550 nm 波长处，计算的最高耦合效率为 52.5%，3 dB 带宽为 64 nm[151]；通过剪裁光栅槽，折射率分布为前 15 个周期从 2.8 到 2.2 线性变化，后 10 个周期为常数 2.2，计算的在 1550 nm 波长处最高耦合效率为 63.5%，3 dB 带宽 66 nm，实验测试在 1543 nm 波长处最高耦合效率为 60.8%，3 dB 带宽 64 nm。亚波长的全刻蚀光子晶体也被用于剪裁切趾光栅耦合器每个光栅槽的折射率，Ding 在 1550 nm 波长处，计算的最高耦合效率为 66%，实验测试在波长约 1543 nm 处最高耦合效率为 67%，3 dB 带宽 60 nm。附加一个键合的金属反射镜后，计算在 1560 nm 波长处最高耦合效率为 91%，3 dB 带宽为 76 nm，实验测试在约 1560 nm 波长处最高耦合效率为 87.5%，3 dB 带宽为 71 nm[152]。

3.6.1.4　垂直耦合的光栅耦合器

由于耦合角度偏离垂直方向时，在一些特定应用场合下，比如垂直腔面发射激光器与波导之间的垂直耦合，会增加封装困难，因而有必要去设计表面垂直耦合的光栅耦合器以降低封装难度。目前，几种途径被提出用来实现表面垂直耦合，如图 3-95 所示。一类方法是通过合理设计光栅结构，降低负二阶背反射能。比如通过在光栅前端刻蚀一个额外槽或者附加一段啁啾光栅，额外槽和啁啾光栅都可发挥部分反射镜的功能，通过它们反射的光与垂直耦合光栅的二阶背反射光之间实现相消干涉来降低最终返回到输入波导的反射光。额外槽结构利用均匀光栅和非均匀光栅分别获得模拟结果最高 65%和 80%的耦合效率[153]，附加啁啾光栅的结构模拟结果获得最高 42%的耦合效率，实验测试为 34%[154]。另一类方法是使用不同形式的光栅。例如，使用倾斜光栅代替矩形光栅 [155]，在光纤和平板波导表面耦合时，能打破光栅的对称性问题，光能在单一方向耦合进入波导中，而在相反方向的耦合能被抑制，利用均匀光栅和非均匀光栅分别获得模拟结果最高 66.8%和 80.1%的耦合效率。对垂直耦合的二元闪耀光栅耦合器[156]，通过二元量化的方法去近似传统的闪耀光栅，耦合输出的光能集中到一个特定的衍射级次，从而提高

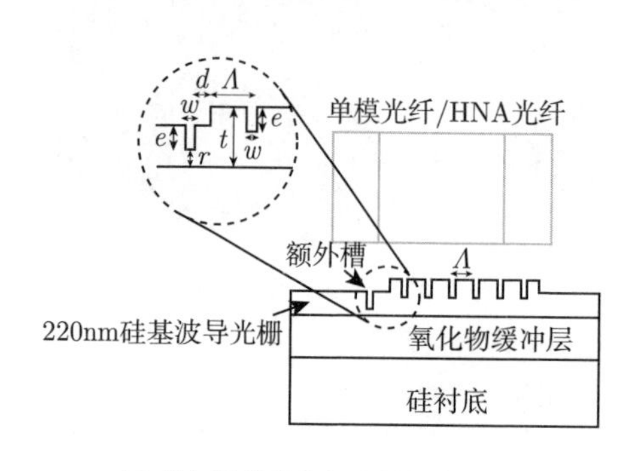

(a) 带额外槽结构的光栅耦合器[153]

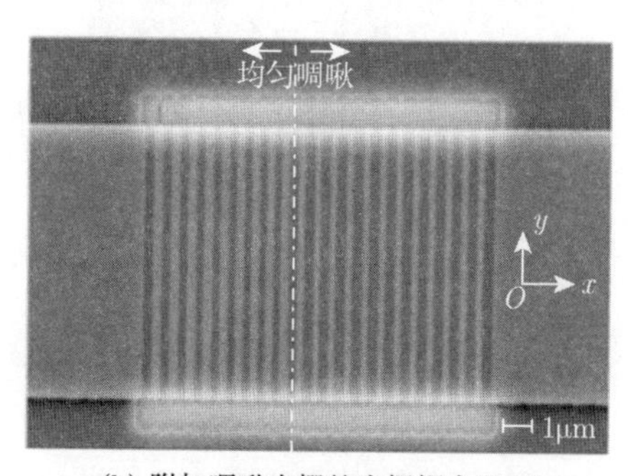

(b) 附加啁啾光栅的光栅耦合器[154]

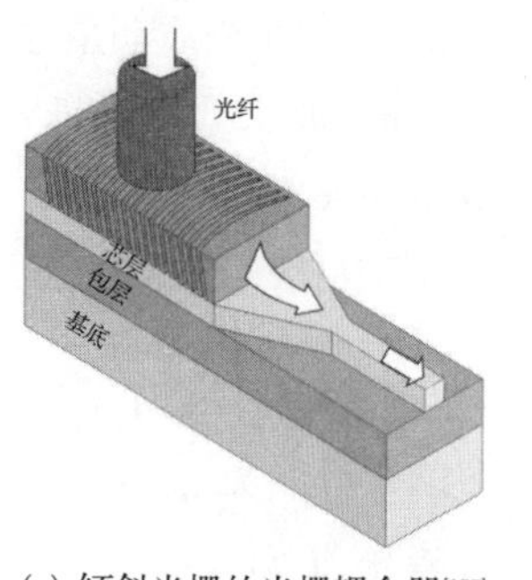

(c) 倾斜光栅的光栅耦合器[155]

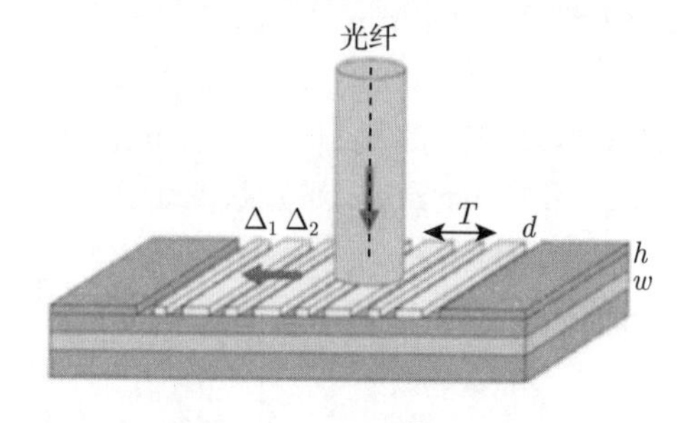

(d) 二元闪耀光栅耦合器[156]

图 3-95　不同结构的光栅耦合器

耦合效率，模拟结果获得最高 65%的耦合效率。

3.6.1.5 光子引线键合技术

Ⅲ-V 光源与硅光子电路的高效耦合是集成光学的关键挑战之一，其重要的要求是低耦合损耗、整体装配的小尺寸和高产量，以及能够使用自动化工艺进行大规模生产。光子引线键合 (photonic wire bonding, PWB) 技术是由德国卡尔斯鲁厄理工学院发明，基于双光子曝光的光学 3D 打印的方法在不同的芯片间制作一根连接两个芯片的光子引线，从而实现不同芯片之间的光学互连。

图 3-96 所示为在芯片波导出光端打印各种微透镜结构辅助不同材料芯片间的耦合 [157]，图 3-97 所示为在不同芯片间打印连接两个芯片的波导，包括激光器芯片与硅基芯片之间、硅基芯片与硅基芯片之间、硅基芯片与光纤之间等。该技术具备很大的灵活性，因而有望在大规模光芯片及其互连方面得到应用[158]。其应用最大的难点在于需要较高精度的加工方式以及稳定可靠的光学打线材料。

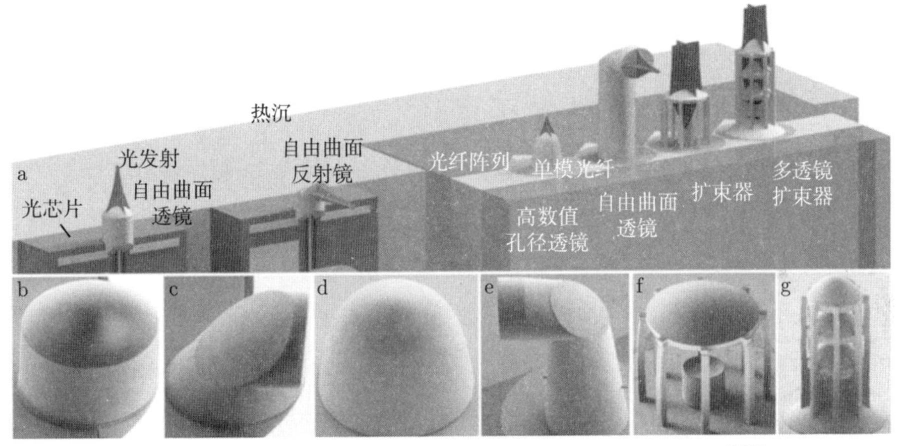

图 3-96 芯片波导出光端打印微透镜结构辅助芯片间耦合[157]

Lindenmann 等[159] 通过利用直写式双光子光刻技术在光芯片之间现场制造三维自由形状的波导，证明了光子引线键合技术可以解决这些挑战。在实验中将基于磷化铟 (InP) 的激光器连接到无源硅光子电路，插入损耗低至 0.4 dB。光子引线键合利用了在预先定位的光子芯片之间现场添加自由形态聚合物波导以实现芯片间波导低损耗连接。光子引线键合的三维形状可以适应芯片的准确位置，从而使芯片能高精度对准。

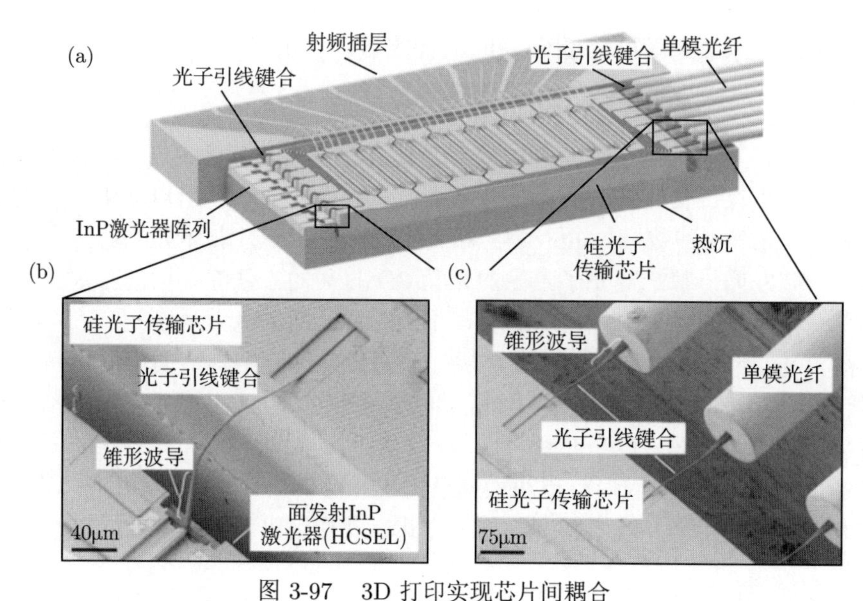

图 3-97 3D 打印实现芯片间耦合

(a) 8 通道发射机示意图；(b) InP 激光芯片与硅光子发射芯片的接口；(c) 光纤到芯片接口[158]

图 3-98 以一个波分复用发射器为例，说明了由 PWB 实现的混合光子多芯片模块的愿景[160]。该光发射器件结合了不同光子集成平台的明显优势：分布式反馈 (DFB) 激光器被用作各种波长通道的光源，并在 InP 衬底上实现；而 SiP 芯片

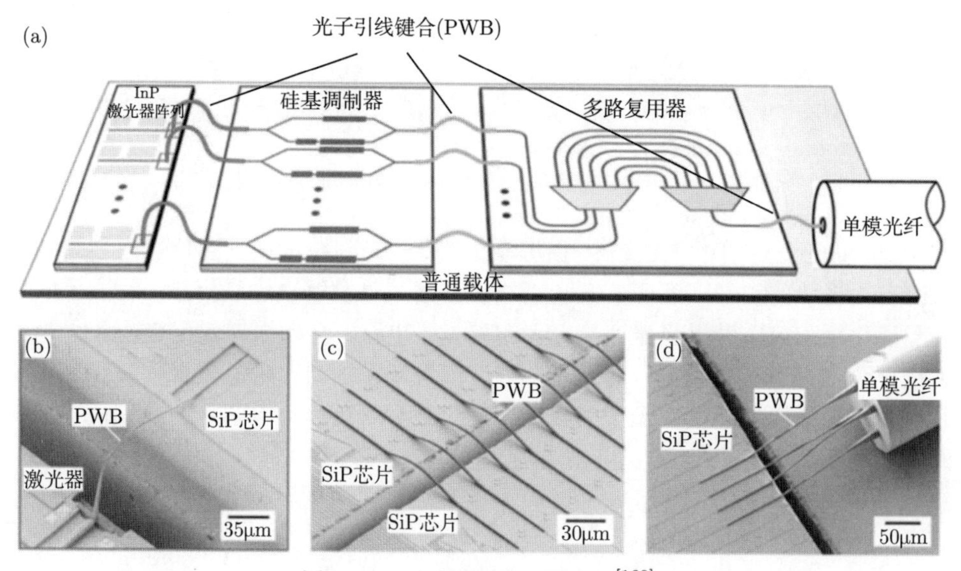

图 3-98 波分复用发射器示例[160]

被用来实现密集集成的电光 IQ 调制器，对各种光载体的信息进行编码。混合多芯片集成允许在集成之前对芯片上的子系统进行测试，这与单片或异质集成方法相比，大大增加了产量，因为单片或异质集成方法的一个部件的故障会损害整个系统的功能。PWB 是通过双光子光刻技术在现场制作的，包括两个锥形部分以尽量减少两个界面的模场失配。PWB 的形状与需要连接的波导端面的位置相适应，从而补偿了芯片放置的公差。

光子多芯片组件结合了不同光子集成平台的独特优势。如图 3-99 所示，光源在直接带隙 InP 基板上实现，并连接到 SiP 芯片[157]，该芯片包括例如马赫–曾德尔调制器和 SiGe 光电二极管，用于生成和检测光信号。一个 SMF 阵列被用作与外部世界的连接。自由形式的光束整形光学元件，如微透镜或微镜，用于模场匹配 (红色)，从而实现低损耗耦合，增大了对准公差范围。

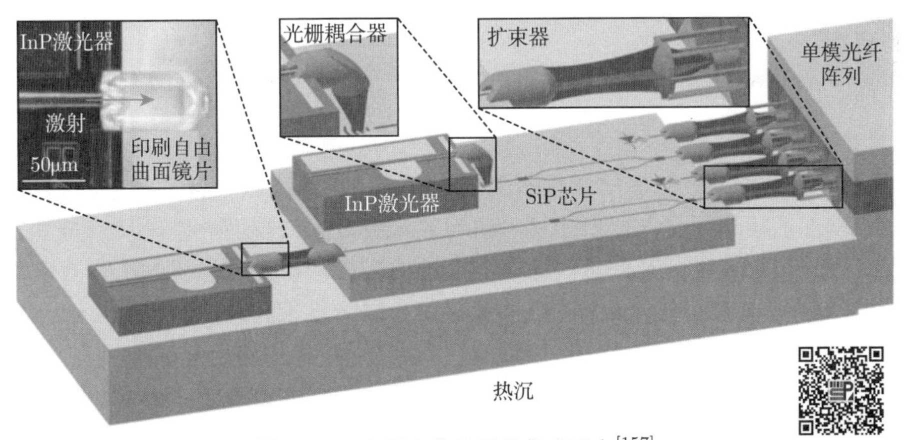

图 3-99　光子多芯片组件集成平台[157]

具体说来，PWB 方案可以细分为如下步骤。

步骤 1: 将不同的光芯片放置在同一基片上。可以设计基片的形状，补偿不同芯片间的高度差。受激光写场 (writing field) 大小的限制，两个芯片间的三维空间距离不宜超过 500 μm×500 μm×300 μm。

步骤 2: 使用丙酮、乙醇等清洗光芯片，在需要互连的两芯片间沉积光刻胶。

步骤 3: 基于机器视觉技术，借助于标记识别需要互连的区域，曝光形成 PWB。PWB 的形状可根据芯片间的距离、MFD 等参数做相应的调整。

步骤 4: 去除未曝光的光刻胶。

3.6.1.6　模斑转换技术

模斑转换技术主要是指将不同芯片的光路通过模斑转换器进行耦合，主要原因是对于不同材料的芯片和光纤，其光场模斑的形状和大小都相差很大，例如 InP

材料的光斑尺寸大约为 3 μm 且呈扁平状，硅基材料的光斑尺寸大约为 500 nm，也呈扁平椭圆状，而光纤的光斑尺寸大约为 8 μm 且呈圆形，而高效率的光学耦合需要光场尽可能重叠，因此被广泛用来进行不同尺寸的光斑之间的校正匹配。

如图 3-100 所示，将激光器芯片发射出来的光功率耦合进入光纤，在进行光耦合过程中需要考虑光源的尺寸、发散角、场分布等参数，以便设计和加工光学部件和结构，使其尽量与光源的模场实现匹配，达到高的耦合效率和稳定性[161]。

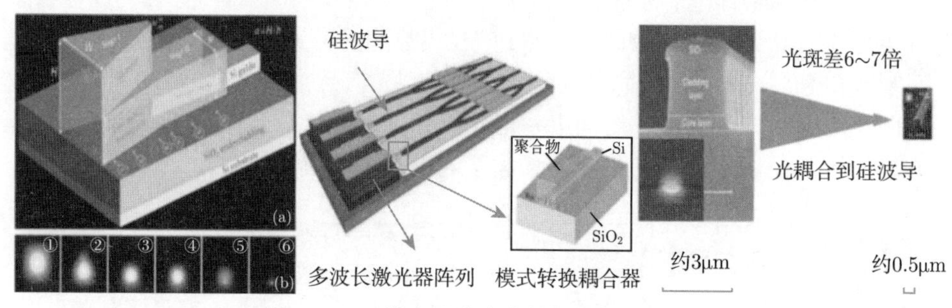

图 3-100 激光器芯片发射光到光线耦合

模斑转换器实际上是一个两端面尺寸不同、中间光滑连续变化的几何结构。其中一端面的模斑尺寸与光纤中的模斑尺寸一致，另一端面的模斑尺寸与集成光子芯片上光波导中的模斑尺寸一致。目前国内外楔形模斑转换器的工艺制作多使用灰度掩模版、电子束灰度曝光、阴影镀膜、阴影刻蚀、湿法腐蚀等方法，工艺复杂、制作周期长、成本较高，可重复性低且难以大规模生产。

模斑转换器 (spot size converter, SSC) 对于 Ⅲ-V 族半导体集成平台而言是一个非常重要的组件，它可以大幅度地提高芯片与光纤之间的耦合效率。一般来说，Ⅲ-V 族半导体集成器件波导的模斑尺寸小于 4 nm，集成波导的模斑形状具有较高的不对称性，而 SMF 的模斑是圆形的准高斯场。因此，波导与光纤之间会有一定程度的模式失配。而集成 SSC 则可以很好地解决耦合效率和封装精度的问题。通过在波导耦合端制作尖端结构，或通过聚合物扩大波导耦合处光斑，工艺步骤一般较多较复杂，增加额外损耗，需控制的变量条件较多。在波导耦合端制作楔形模斑转换器，可以绝热地调节模斑尺寸，使其与光纤中的模斑更好地匹配，连接集成芯片与外部光纤，显著减小光损耗，以较高的耦合效率及较低的相关损耗实现光在光纤和波导中的高效传输。本书采用的也是制备楔形模斑转换器的方法，其形状直观、封装简易、耦合效率高、易于集成，已成为国内外研究的热点。

3.6.1.7 模斑转换器的耦合方式

根据内部光场的耦合方式，可以将 SSC 分为两类：一是绝热型，二是谐振型。对于绝热型 SSC，如果不考虑波导的散射、吸收等损耗，光场在 SSC 内传播时的损耗主要是由波导形状变化 (如波导宽度等) 引起的模式失配导致的。假设将一个 SSC 截断成一系列离散波导，在每个波导截面边界上，如果基模与基模之间不能达到最佳模式叠加的话，就会有部分能量耦合到高阶模中去，而存在于高阶模中的能量最终将转化为持续辐射模式被损耗掉。显然，SSC 的传输损耗随波导锥度的增加而增加，由此，如果锥形波导的锥度能保持足够小，则 SSC 的损耗也能保持在很低的水平。但实际上，由于光刻工艺分辨率的限制，在一定长度内，波导的锥度有一个最小值。综上所述，沿锥形波导传输时，如果基模的损耗可以忽略不计，则可以称为绝热，最终 SSC 内的光场将从一个波导绝热耦合至另一波导。

对于谐振型 SSC，在波导内部会激发出两种模式，利用模式之间的干涉将光场从一个波导耦合至另一个波导。谐振耦合常用于横向波导之间的光场耦合，两个相似的单模波导水平并列，可被看成一个整体。两个波导整体的光场可以用奇模与偶模的叠加和来表示，这些叠加光场在沿定向耦合器传输时会改变奇模与偶模的相对相位，假设输入场在 z=0 时相位相同，当传输距离 $z=\dfrac{\pi}{\beta_{\mathrm{e}}-\beta_{\mathrm{o}}}$ 后，它们的相位将相差 π。也即一个波导内的初始光场在传输距离后，将耦合至另一个波导。垂直方向的谐振耦合同理。

目前，绝大部分 SSC 的设计是基于绝热耦合的原理，由此波导内的基模模场从小的波导模场逐渐转变为接近光纤模场的大小。在这个变化的过程中需要波导的几何形状缓慢变化，例如使用锥形波导。Shimizu 等描述了一种具有新颖配置的混合集成光源[162]，如图 3-101 所示，其中 LD 阵列被安装在硅光波导平台上，用于芯片间的光互连。其展示了混合集成光源的高密度和多通道操作，以及通过硅光波导与模斑转换器 (SSC) 的高效耦合。阵列中的每个 LD 都是带有 SSC 的

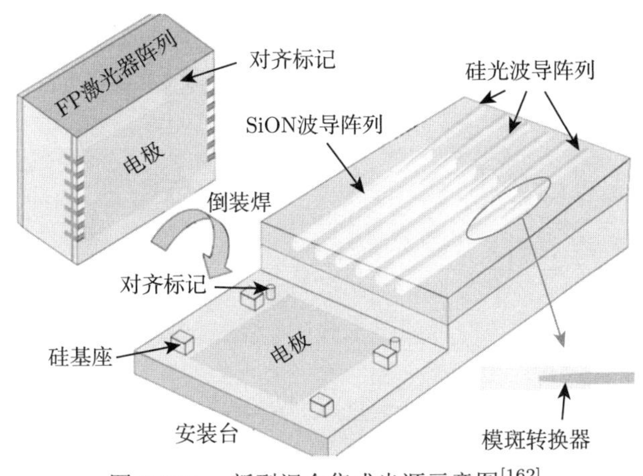

图 3-101 新型混合集成光源示意图[162]

法布里-珀罗型。LD 阵列有 13 个通道的条纹间距为 30 μm，并有对齐标记。SiON 和硅光波导通过 SSC 连接起来，其中一个 SiON 波导核心围绕着一个反锥度的硅光波导尖端。LD 阵列通过倒装芯片的焊接凸点安装在硅光波导平台上，并面向 SiON 波导面，以耦合到 SiON 波导上。放在 LD 和安装平台上的对准标记能够对 LD 阵列进行高度精确的水平定位，硅基座也能够进行高度精确的垂直定位。这些结果表明，由于 LD 条纹和 SiON 波导与 SSC 之间的高耦合效率，硅光波导平台上的 LD 阵列混合集成光源具有高密度、多通道和高功率的特点。

3.6.2　半导体激光器的封装

3.6.2.1　半导体激光器的封装类型

1) TO 封装激光器

TO 封装，即 transistor outline 或者 through-hole 封装技术，原来是晶体管器件常用的封装形式，在工业技术上比较成熟。TO 封装的寄生参数小、工艺简单、成本低，使用灵活方便，被广泛用于 2.5 Gbit/s 以下 LED、LD、光接收器件和组件的封装。TO 管壳内部空间很小，而且只有 4 根引线，不能安装半导体制冷器。近年来，随着激光器阈值的降低，对于许多应用，例如短距离通信和背板间的连接，无制冷 TO 封装激光器获得了越来越广泛的应用。由于在封装成本上的极大优势和封装技术的不断提高，TO 封装激光器的速率已经可以达到 10 Gbit/s，近年来高速 TO 形式封装激光器越来越受到人们的关注。

TO 管壳所用材料主要为不锈钢或可伐合金。整个结构由 TO 管座、内套、透镜座、外套以及内部光学系统组成，结构上下部有一致的同心度。

根据与外部的光学连接方式，TO 封装分为插拔式 (pluggable) 封装、窗口式 (window-can) 封装和带尾纤式 (pigtailed) 的全金属化耦合封装三种形式 (图 3-102)。

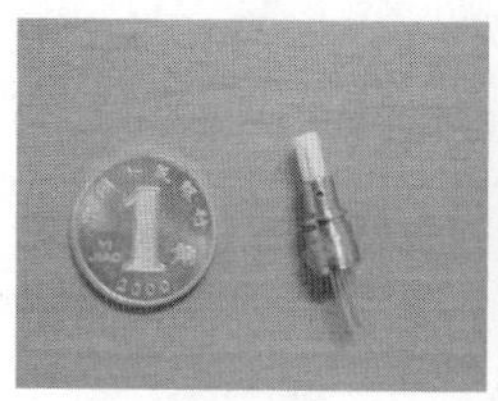

(a) 插拔式

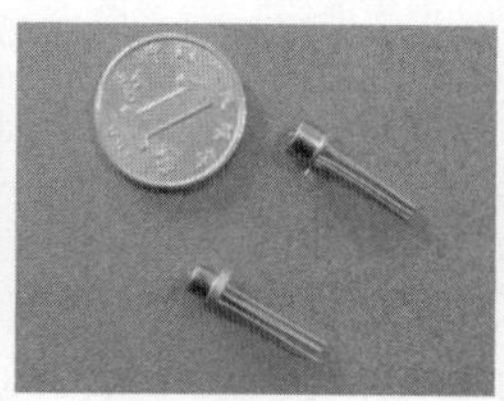

(b) 窗口式

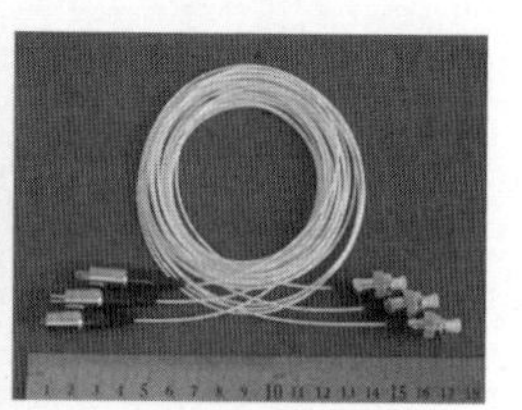

(c) 带尾纤式

图 3-102　TO 的外部连接方式

通常 TO 封装激光器的管壳内部有激光器芯片 (LD) 和探测器芯片，引脚引出线常见有 4 引脚和 3 引脚两种，其引脚定义如图 3-103 所示。

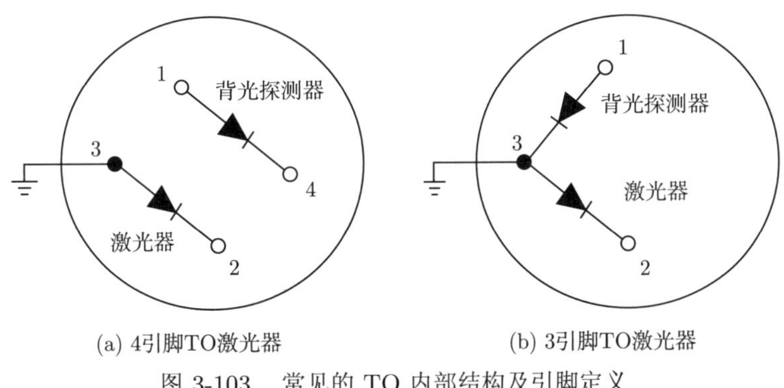

图 3-103 常见的 TO 内部结构及引脚定义

图 3-104 给出窗口式 TO 封装激光器的内部结构。激光器芯片烧焊在载体上，激光器发出的光经过透镜聚焦，投射到外面的光接收器件。激光器通过金丝连接在 2 个引脚上。调制信号和偏置电流都通过这两个引脚。管座上的探测器用于监测激光器的工作状况，其可接收到激光器背面发出的光，产生光电流。当激光器的发光强度随着外界环境的变化而产生变化时，探测器产生的光电流也会变化。通过外电路的负反馈作用，控制激光器的偏置电流，使得激光器工作状态稳定。探测器用金丝与另外 2 个引脚相连。在 3 个引脚的 TO 封装中，探测器和激光器必须共用一个接地引脚。

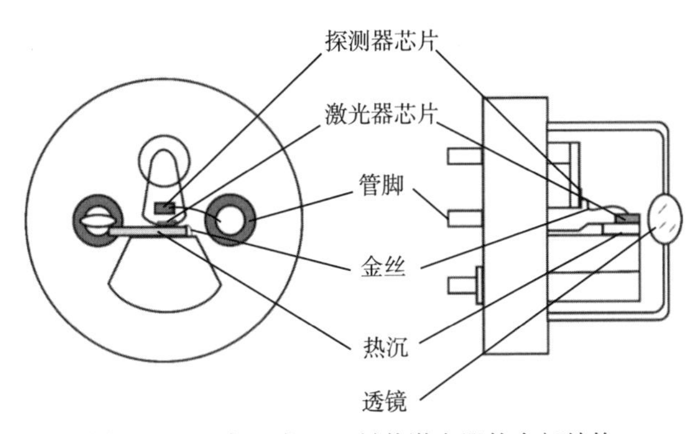

图 3-104 窗口式 TO 封装激光器的内部结构

2) 蝶形封装激光器

以上讨论的 TO 激光器一般应用于低速率、短距离的光传输系统，而对于高速率、长距离的传输系统，如果采用直接调制式的 DFB 激光器作为光源，必须使用热敏电阻和制冷器组成的温控电路来保证激光器工作在比较稳定的温度和状态下。TO 管壳因为内部空间和引脚数目的限制，难以满足 DFB 激光器的封装需要，而体积稍大一些、带制冷器的蝶形管壳就成了理想的选择。传统的蝶形管壳共有 14 条引脚引出线，整个外形近似于蝴蝶，因此被称为蝶形封装，如图 3-105 所示。

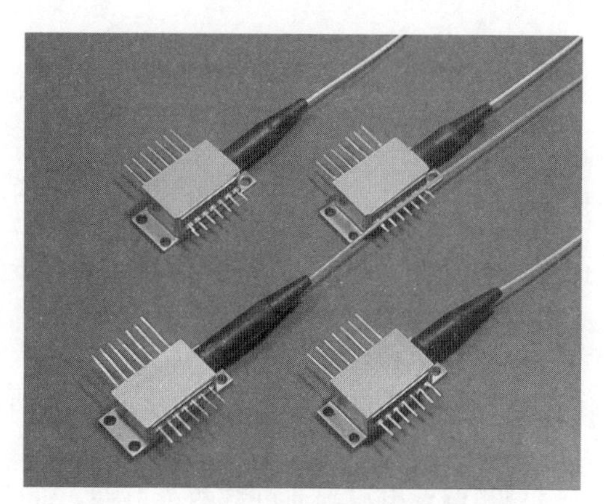

图 3-105　14 引脚的蝶形封装激光器

蝶形封装激光器管壳中的元件分布如图 3-106 所示。蝶形管壳和 TO 管壳相比，除了包括激光器芯片和背光探测器芯片，还引入了热敏电阻和制冷器，热敏电阻紧贴激光器芯片放置，实时监测激光器芯片的温度，然后反馈给外电路控制芯片，驱动制冷器工作来调节激光器温度，使之保持在一个恒定的范围内。此外根据光发射模块中不同激光器驱动芯片的输出阻抗 (25 Ω 或 50 Ω)，在激光器芯片的交流回路中需要串联一个电阻来实现阻抗匹配，例如图 3-106 中驱动芯片输出阻抗为 25 Ω，激光器芯片交流阻抗大约为 5 Ω，于是串联电阻等于 20 Ω。此外，在激光器芯片的直流偏置回路中需要串联一个高频电感，其理想作用是对偏置电流短路而对交流调制信号开路，隔离直流偏置支路对交流回路的影响，但是通常实际使用的电感不够理想，从而会对交流回路和调制特性造成影响。

在传统的 14 引脚蝶形封装中，由 11、12、13 引脚组成地–信号–地 (ground-signal-ground，GSG) 型的共面微带线，应用时将其焊接在外部电路板上，然后由此引入交流调制信号。但是在运用网络分析仪进行小信号频率响应测试的时候，就需要一个专门的测试夹具来实现同轴电缆到共面微带线的端口转换，这使得测试系统有些复杂。于是出现了一种改进的同轴型 RF 转接头的蝶形封装管壳，如图 3-107 所示，其内部元件和结构都没有变化，只是传统蝶形管壳的共面微带线结构被现在的同轴 RF 转接头 SMA(sub-miniature version A) 取代，可以直接与测试系统的同轴电缆相连，而同侧的其余 4 条闲置引脚被取消。高频 SMA 接头的带宽和稳定性与微带线相比都要优越很多，当然成本也相对高一些，所以这种改进型的管壳通常用于高速激光器的封装。

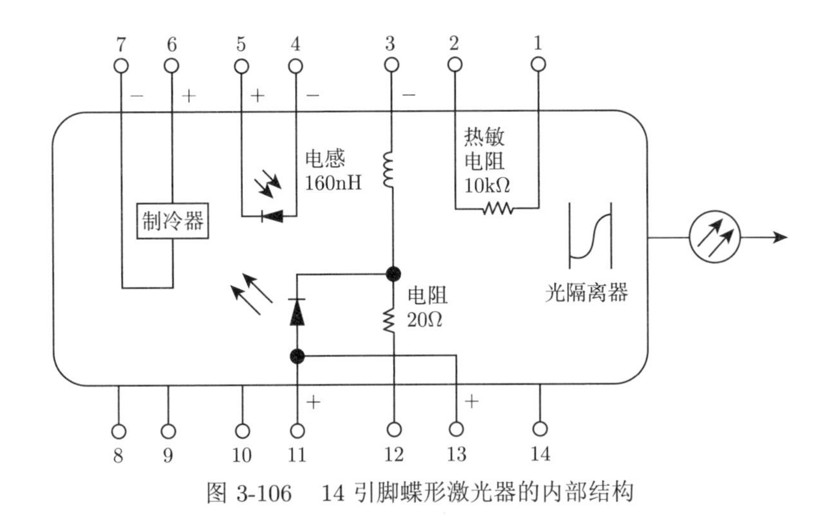

图 3-106　14 引脚蝶形激光器的内部结构

图 3-107　带同轴 RF 转接头的蝶形激光器 (左：SMA，右：GPO)

3) 其他封装

通常激光器、探测器等光电子芯片需要在氮气保护环境下工作，因此无论哪种封装形式都必须考虑气密性。对于某些特殊用途的模块，封装管壳通常根据用户的要求设计，其结构不规则，外形尺寸比较大，模块内部往往包含有其他功能的芯片和电路。如图 3-108(a) 所示，如果对模块进行整体气密封装 (黑色区域)，光电子芯片和电子芯片都在其中，存在相互干扰和影响，气密工艺复杂而且成本较高。但是如果将核心部分即光电子芯片用气密小室封装技术实现局部气密封装，如图 3-108(b) 黑色区域所示，其他电子芯片采用非气密封装，就可以大大降低气密的难度，提高模块的气密可靠性。

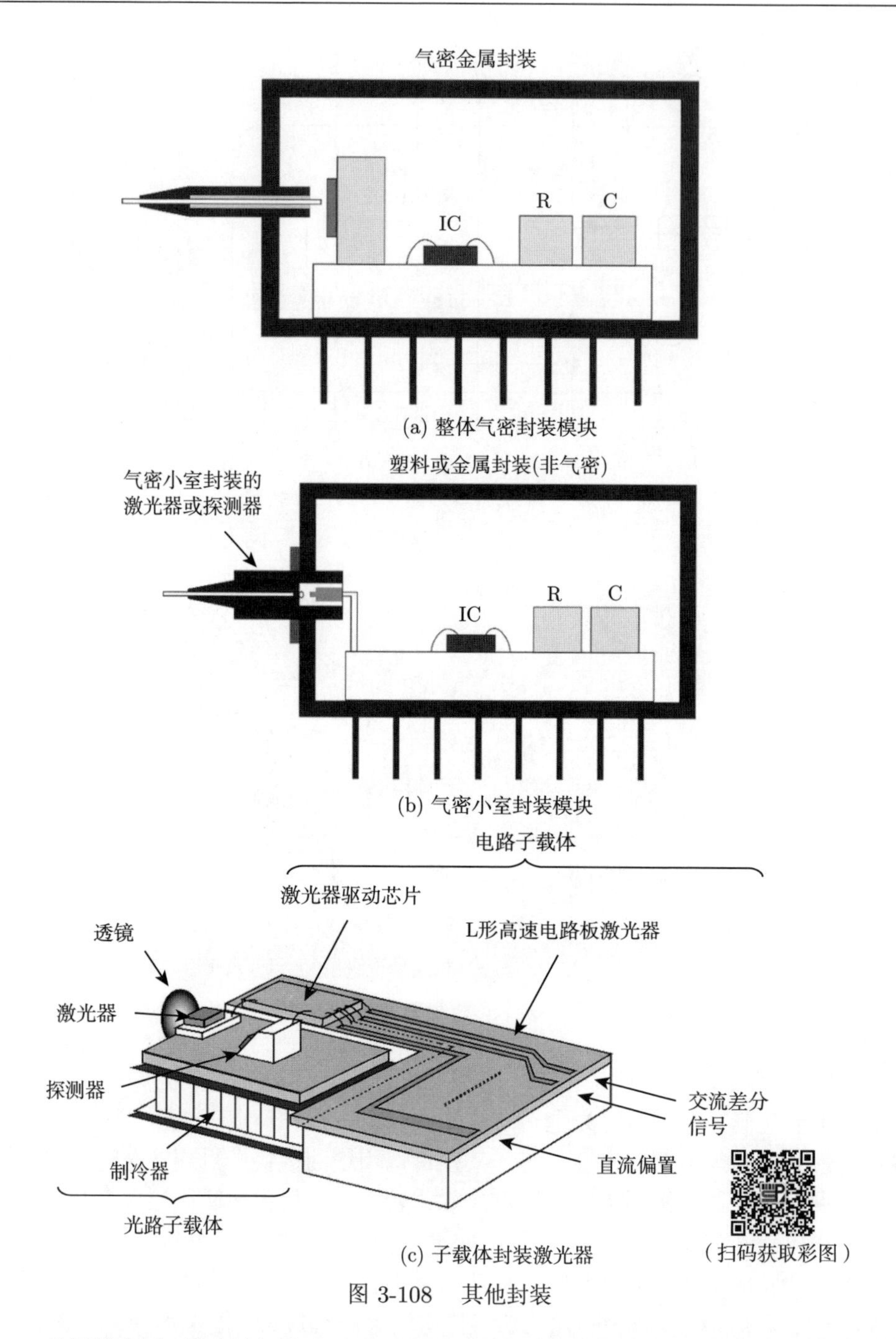

(a) 整体气密封装模块

(b) 气密小室封装模块

(c) 子载体封装激光器

图 3-108 其他封装

采用常规电路板制备技术，难以保证模块的高频性能和热稳定性。通常模块内部的电路和芯片中只有部分具有高频要求，其他控制电路都工作在较低的频率，而且激光器需要考虑散热问题，因此没有必要将整个电路都制备在绝缘性能和导热性能好的高频基片上。基片材料价格高是一方面，由于采用特殊制备工艺，电路制备成本将大大提高，更困难的是在这些基片材料上制备多层电路，会导致模块成本增加，结构尺寸增大。采用子载体封装激光器可以解决这个问题，如图 3-108(c) 所示。有的光转发器便是采用该技术方案，速率为 10 Gbit/s 的电路制备在绝缘性能高和导热性能好的介质基片上，速率为 622Mbit/s 的电路和控制电路采用常规 FR4 多层电路制备技术。

采用气密小室封装和子载体封装激光器还可以解决光电集成模块中电隔离问题。对于多信道光模块，采用气密小室封装和子载体封装激光器是非常好的解决方案。

3.6.2.2 微波设计和封装方法

半导体激光器在阈值以上电流工作时阻抗较小，通常只有几欧姆 (垂直腔表面发射激光器 (VCSEL) 除外)，而半导体光探测器和电吸收调制器均属于高阻器件，这对于大多数特性阻抗为 50 Ω 的测试系统和应用系统，存在严重的阻抗失配。此外，光电子芯片相对于电子元件来说尺寸非常小，电连接时存在严重的模场失配。这是微波封装需要解决的两个关键问题，主要的研究对象是封装过程中引入的载体、金丝、传输线、匹配电路和偏置网络等部件。

1) 载体设计

载体作为激光器芯片测试和封装中的重要部件，是激光器芯片测试和封装中的直接载体。对高速激光器而言，载体有别于热沉，后者的主要功能是导热，用于高功率半导体激光器，可以由导热性好的导电材料制成，例如镀金或溅射金的金属铜块，也可以是导热性好的绝缘材料电镀或溅射金制备而成。载体除了具有导热功能外，还需要在表面上制备电路结构。对于上下电极的芯片，其载体上面通常设计有两个相对应的电极结构，对于某些应用，还需要将激光器的偏置电路、匹配电路制备在载体上面。电极的尺寸和相互间距决定了载体的寄生参数。因此，载体通常采用导热性和绝缘性好的材料 (Si、AlN 或 SiC) 制备而成。载体设计时，要考虑阻抗匹配问题、与焊接材料的热膨胀系数匹配问题，以及漏电和高频损耗问题。同时还要考虑是否容易制备，例如用高阻硅制备载体的好处是容易解理、成本低。但对于高速率的激光器封装，高阻硅制备的载体性能不够好。由于光耦合光学元件 (透镜等) 紧靠激光器芯片，载体设计时还需要考虑是否对光耦合有影响。

2) 金丝设计

每一个光电子芯片都有两个电极，通常电极位于芯片上下两面，也有的芯片具有共面电极结构。在芯片测试或封装时，需要将其烧结在载体上，用金丝键合与外部电路进行电连接。为了减少封装寄生参数，要尽量缩短金丝的长度。同时也要缩小电极的尺寸和电极的间隔，以降低载体的寄生电容和金丝的电感。金丝同时也是封装中实现电极间短距离电连接的常用手段，例如载体和传输线之间、偏置电路电极和载体之间、传输线和管壳引脚之间都是用金丝连接。研究发现，常用金丝 (直径 25 μm) 的等效电感和电阻分别是大约 1 nH/mm 和 2 Ω/mm。因此缩短金丝长度或者并联多根金丝，可以在一定程度上降低寄生效应。于是人们设计了凹槽形的载体和台阶电极，用以缩短芯片上电极到载体的金丝长度；对于工作频率特别高的器件，最好选用金带楔形焊，在同样金丝长度情况下，可减小金丝电感。应用倒扣焊技术则可以完全免除某些部位金丝的使用。

3) 传输线过渡结构设计

在高速光电子器件封装中，会用到各种各样的传输线。对于封装中较长距离的电连接，尤其在高频信号线路中，介质传输线相比金丝具有反射小、损耗低和可靠性高的优势。管壳内部和外部过渡部分同样是一段传输线。例如 14 脚蝶形封装管壳的高频输入部分就是一种地–信号–地 (GSG) 的共面波导 (coplanar waveguide, CPW) 传输线。设计管壳时，除了要考虑特性阻抗匹配的问题，还要考虑管壳的气密要求。另外在设计连接引脚和内部芯片之间的微带传输线时，需要考虑到特性阻抗的变换和微波模式的匹配。通常激光器相对于管壳的位置由光耦合结构决定，管壳上高频信号输入线的位置也是根据器件的规范决定。由于传输线的弯曲比较容易实现，传输线的另外一个重要功能是激光器位置的适当调节。在某些情况下，载体可以看成是传输线。在电连接中，载体和传输线的设计应该结合起来考虑。对于有制冷器的激光器模块，连接制冷器上的电路和蝶形管壳高频引线的传输线的横截面不应该太大，否则传输线的导热作用会影响激光器芯片的温度控制，同时应该选用热导率较低的材料作为此传输线的基片。

4) 匹配电路设计

匹配电路需针对特定芯片的性能进行灵活设计，目前文献报道中也出现了多种多样的实现方案。有的采用由 3 个电容和 4 个电感组成的滤波网络，使得传输系数在 2 GHz 附近提高了 3 dB；在 10 Ω 激光器芯片的两端串联 2 个 20 Ω 的电阻并采用差分传输线的技术，不仅实现了 50 Ω 阻抗匹配，还降低了噪声的干扰。这些都是针对芯片阻抗实部部分的匹配方法，针对虚部部分的匹配方案，出现了开路线等匹配技术，这种技术在微波电路设计中被称为闲置电路。这些匹配技术往往都具有频率限制，只适合带通型器件封装。实验证明，匹配电路应该设置在尽量靠近芯片的位置上，才能尽可能降低寄生参数的影响。

5) 偏置网络设计

偏置网络的核心部件是电感器，为激光器芯片提供直流偏置、为电吸收调制器和探测器提供反向偏压的同时，隔绝外部高频噪声的进入和内部交流信号的外泄。由于光耦合光学元件 (透镜等) 紧靠激光器的出光面，激光器的后出光面有背光探测器，因此，偏置网络不能放置在激光器的出光面和背面。激光器的一个侧面用于微波传输线、匹配电路等。通常偏置网络设置在芯片和匹配电阻之间，是为了避免直流通过匹配电阻而产生热量影响激光器芯片的正常工作。由于上文提到匹配电路应该靠近芯片设置，所以在模块内部留给偏置网络的空间十分有限，如何进行电连接是偏置网络设计时需重点考虑的问题。此外，电感器线圈之间将有寄生电容，使得电感器在某些高频段呈现容性阻抗特性。因此，应该选择截止频率高的电感器。

6) 综合设计考虑

从结构上看，激光器由封装寄生网络、芯片寄生网络和本征激光器三部分构成。寄生网络的存在是必然的事实，任何器件本身必须与外界有电的连接，必须有电极引线，所以存在一定的寄生参数。

在器件设计中，希望寄生参数越小越好，元部件之间存在的相互影响越小越好。为了实现所需要的器件功能，在器件封装中，必须采用各种各样的元部件。封装寄生参数和芯片寄生参数是由具体器件制备和封装的工艺条件决定的，不可能无限制地降低，只能根据器件实际应用的需要和所具备的工艺条件来进行参数的综合设计考虑。

以上讨论了几种主要部件的设计思路，但是由于彼此之间的相互作用和影响，各个部件的良好设计并不能保证整体器件的性能。总之，激光器的封装设计是一项比较复杂的工作，其基本原则在 Lindgren 等[163] 的文章中有所归纳，具体情况还需要设计人员全面考虑激光器芯片本征特性和引入部件的寄生参数，结合等效电路模型进行综合设计和性能优化。在实验研究中，利用金丝的寄生电感对激光器芯片和载体的寄生电容效应进行补偿，在某些频率上实现了器件频率响应的改善。

7) 焊接和耦合封装

众所周知，激光器的管芯是无法直接使用的，必须通过一定的方法将电信号加载到激光器的正负端，并通过稳定的光学链路将光引出。为达到此目的，就需要对激光器进行光耦合与焊接封装。通常，对激光器的耦合与焊接封装必须从光、电子、机械和热等多方面进行考虑，通过设计巧妙的耦合夹具将加工精密的光学、电子学和金属元器件按照一定的顺序进行准直和装配。例如，光学元件对位置的要求十分严格，而电子学元器件对位置要求没那么严格，所以，一般先安装电子学元器件，再安装光学元件。

在装配过程中元器件的焊接是按照元器件自身特性采用不同熔点的梯度焊料先后进行焊接，通常先用高熔点且与管芯材料相匹配的焊料将管芯安装到衬底材料上，再用低熔点焊料装配半导体热电制冷器 (thermoelectric cooler, TEC) 等有特殊要求的元部件。对于光耦合部分，光学元件的设计要求，既要满足高的光耦合效率，以增大光输出功率；又要注意减少反射，因高频状况下光反射会引起激光器的强度噪声、脉冲失真和相位噪声，所以，高频状况下经常选用镀增透膜的透镜与隔离器。最后采用激光焊接固定机械与光学元件。

需要注意的是，耦合与焊接的工艺流程需要在超净及防静电条件下进行，以防止元器件受到污染或被静电损伤，尤其激光器管芯烧结过程需要在氮气保护下进行，以避免激光器的腔面被氧化影响到使用寿命。对于蝶形或双列直插封装形式，采用平行缝焊机在充满氮气的环境中封盖是最后一道封装工序，而同轴 (TO) 封装形式，则先采用储能焊机在氮气保护环境下封盖，再用激光焊接进行光耦合。完成以上的耦合和焊接封装后需要进行可靠性能检验，合格后才可以交付使用。

3.6.3　电光调制器的封装

3.6.3.1　高频封装结构寄生参数对器件高频性能影响分析与补偿

电光调制器高频封装性能受封装寄生网络和芯片寄生网络两部分影响。在器件封装过程中，需要用到金丝、匹配电路、传输线和管壳等部件，实现对芯片的支撑、保护和与外界电连接。每一个部件的引入都会带来寄生参数，会对调制器的响应特性产生一定的影响。例如芯片电极焊盘将引入并联寄生电容，该电容将对光电流进行分流，特别是对高频调制信号，分流的结果是导致高频响应信号幅度下降。芯片电极焊盘引入的电容值与电极下的绝缘材料和焊盘尺寸有关。在实际设计中，希望电极电容越小越好。通常焊盘的直径大于 50 μm，靠减小焊盘尺寸来降低寄生参数的效果是有限的。同样在光电器件封装中，金丝是必不可少的。由于金丝在高频传输网络中呈感性，其作用类似于一个串联电感，阻碍了高频电流注入光电子器件芯片，也将导致高频响应信号幅度下降。

电光调制器件是一个光和电相互作用、相互交换能量的整体。光电调制器器件尺寸较小，由尺寸差异引起的模场失配使得元部件之间存在相互影响，对电光调制器芯片频率响应特性的影响变得更加严重。

高速率的电光调制器封装要求对光电子器件的仿真模型与电子器件的仿真兼容性和协作性提出了要求。目前，比较有效的方法是等效电路模型。电路模型是从器件的内部物理机制出发，建立相应的等效电路来描述器件的行为。电路级模型较器件级模型编程量大大减少，程序健壮性有所增强，可以适用于标准电路仿真环境，与电阻和电容等协同工作实现系统联合仿真。针对调制器的电路模型还可以用于光电子电路的单片和混合集成设计中，准确仿真调制器的相关行为参数。

从理论上讲，通过与实验测得的电光调制器芯片散射参数 S_{11} 和 S_{21} 拟合，可以同时确定所有的等效电路元件值。我们首先需要获得准确的测试结果。通过传统的拟合方法，应用仿真软件，我们可确定等效电路模型中的元件值，通过实验数据与模拟结果的比较，证实等效电路的有效性。

建立电光调制器芯片等效电路模型的一个重要目的是快速进行器件的模拟分析和优化设计。为了达到这个目的，必须首先知道等效电路模型中元件与实际结构尺寸和材料参数间的对应关系。一种简单的方法是将实际器件在物理结构上划分为若干个区域，如果某个区域尺寸较大，还可以细分为子区域。根据各个区域材料的性质，用相应的电子学元件来描述。

集总参数模型是用具体电路元件构成的模型来描述器件的特性。这种模型往往存在一定的局限性，特别是在较高的工作频率条件下，对于复杂的器件结构，器件的特性很难用为数不多的几个电路元件构成的模型来描述。集总参数电路模型可能在一定的频率范围内比较好，但要使得电路模型适合于整个器件的工作频率范围是非常不容易的。

在建立电光调制器芯片的分布式等效电路模型后，可以根据器件的结构尺寸和材料性质初步确定各个元件的取值范围，然后可以通过与实验测试结果拟合确定各个元件的参数值。如果建立的分布式等效电路模型合理，并且所确定的元件参数值正确，调节等效电路模型中元件数值就可以知道哪些元件对器件综合性能影响较大，同时可以进行器件最佳性能预测。具体步骤主要分为三步：首先根据现有工艺条件下可能实现的器件封装结构尺寸和材料形貌参数，找出与之相对应的元件参数范围；其次通过模拟分析，在这些等效元件参数范围内找出最佳参数组合；最后找出相应的器件封装结构尺寸和材料形貌参数，并综合分析验证该结构在高频电光调制器封装中的可行性。电光调制器设计方案是否可到达预想的设计指标，还需要通过实验验证。虽然在电光调制器的实际封装过程中，任何一道工艺程序的差异都可能使器件的性能发生较大变化，但是通过这样的模拟分析和优化设计，有助于查找影响器件性能的主要因素，找到器件参数优选的方向，尽快找到可行的最佳设计方案。

高频电光调制器的等效电路模型中的电路分别与具体封装结构相对应。在建立调制器的等效电路模型，并确定所有等效电路元件参数值后，通过调节元件参数值，再观察模拟的器件特性的变化情况，就可以知道哪些参数对器件高频特性有较大的影响了。由于等效电路元件与实际封装结构和芯片有对应的关系，通过分析就可以知道哪部分封装结构和芯片寄生参数对封装后调制器的整体性能有较大影响，在器件封装设计过程中应该重点考虑这些封装结构的设计。这种分析同时还为器件封装的优化设计提供了可行的思路。

依据先前的工作，我们进行了相应的模拟仿真，分析了传输系数随芯片电极与地线间的电容 C 和金丝电感 L 变化的情况，如图 3-109 和图 3-110 所示。从图中可以看出当电感值 L 降低时，3 dB 带宽增加；当电容值 C 增大时，3 dB 带宽增加。因此要尽可能缩短传输结构中的金丝长度，并增大芯片电极和地线间电容。为了缩短金丝的长度，射频接口应尽可能靠近传输线结构，或者用金带代替金丝。适当地增加电极的宽度可以增大载体的电容。另外 C 和 L 的影响表现为两者的谐振作用，适当选取这两个参数，可以优化器件频率响应特性。

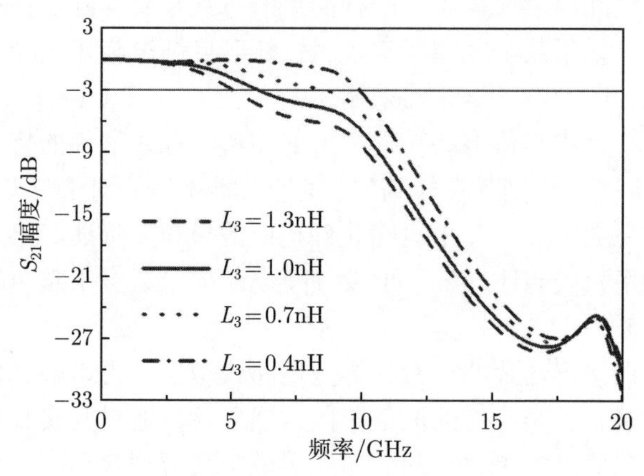

图 3-109　模拟传输系数 S_{21} 随金丝电感 L 的变化

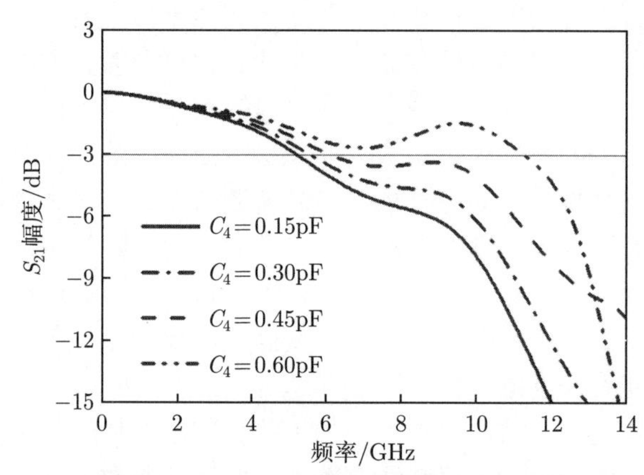

图 3-110　模拟的传输系数 S_{21} 随芯片电极与地线间的电容 C 的变化

传统观念认为器件封装后性能总会有所下降，但事实上并非如此。在器件封装过程中，必然会引入一定的寄生参数。在电子学器件的封装中，大量实验已经证明金丝引入的电感和电极焊盘带来的电容会产生谐振，这一谐振现象可以对器件频率响应特性进行补偿，从而改善高频响应特性。例如，在芯片与芯片的互连中，金丝和器件焊盘构成低通型网络，出现类似于滤波器的频率响应特性，利用这一特性可以扩展其截止频率。研究发现，利用金丝的电感与电极的电容的谐振现象可以对光电子器件响应特性进行补偿，从而提高器件的高频响应特性。但仅仅考虑这两个寄生参数元件的相互作用和影响是不够的。封装寄生参数和电光调制器件构成了非常复杂的网络，如果将所有寄生参数以及器件本征响应特性一同进行综合优化设计，必然会大大改善器件的总体性能指标，使得电光调制器芯片在封装后，性能不会劣化，甚至有所提升，更好地发挥电光调制器芯片的高频性能。

结合上述理论分析，建立电光调制器封装模型，以此为基础，实现下文所述的高频传输线结构的仿真与设计、射频结构连接工艺设计与优化、终端匹配负载结构优化设计、管壳与射频连接器设计工作。

3.6.3.2 高频封装结构的设计与优化

在低频电路中，电阻、电感、电容和电导都是以集总参数的形式出现的，连接元件的导线都是理想的短路线，电线的长度远小于波长，该传输线称为短线。在微波波段，随着频率升高，由导体构成的传输线往往与波长长度相当或比波长长，该传输线称为长线。当电磁波沿长线传输时，低频情况下可忽略的一些电磁效应通过沿导体线的损耗电阻、电感、电容和漏电导表现出来，导致沿线的电压电流随着时间和空间位置变化，波的特性显现出来，只能用分布参数来描述传输线的特性，称之为分布参数电路，如图 3-111 所示。分布参数 R、L、C、G 分别称为传输线单位长度的分布电阻、分布电感、分布电容、分布电导。

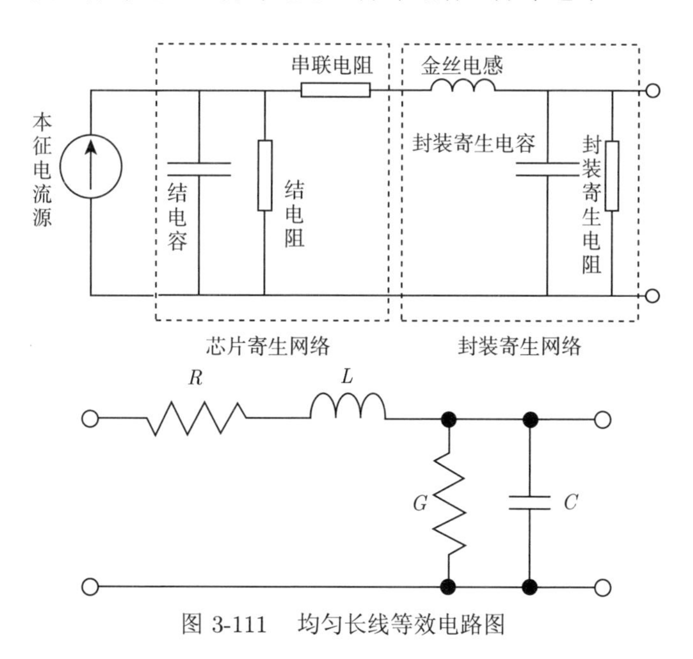

图 3-111 均匀长线等效电路图

在微波信号的传输路径中，高频信号从管壳外射频接口注入，经过穿墙结构到达管壳内部，然后经过一段高频传输线通过金丝加载到芯片电极上。由于微波电路传输的是电磁波而不是低频电路中的电压和电流，因此在微波系统的设计中，必须考虑其阻抗匹配的问题。若不匹配，将会引起反射，传输线传输的入射波功率将不能被负载全部吸收。当射频信号从传输线传输到调制器电极时，会产生较为严重的反射，这是阻抗失配造成的，在光电封装中阻抗匹配是首要问题。通常使用串联匹配电阻来实现阻抗匹配。

高频传输线的布局也是高频封装过程中的一个难点，阵列芯片的布线不如分立芯片灵活，极有可能出现长度多变、多种结构相互转换的情况。传输线过长容易产生谐振，电极弯曲会造成一定的场辐射，电极之间的互连也必然存在模场失配和阻抗失配的问题。传输线和连接线以某种方式用于不同功能部件之间的连接，并作为传输信号的载体。输电线路通常布置得相当密集，因此产生了许多寄生参数，其中电串扰和谐振是设计输电线路时需要考虑的主要因素。共振是微波电路中小信号的响应在某一频率下突然下降并会降低传输性能的一种现象。共振的存在涉及几个因素，最主要的是传输线的长度。通常当传输线的长度大于传输的最高频率波长的一半时，就会发生共振。因此，为了消除共振，应尽量缩短输电线路。

因此我们的研究主要集中在基于对调制器和传输结构建立等效电路模型的基础上，进行高频传输线的设计，以及其与射频头和芯片电极的连接上。具体包括以下几个方面：

1) 高频传输线结构的仿真与设计

在电光调制器工作过程中，微波信号需要经过一段高频传输线，由射频接口传到芯片电极。微带线的结构是信号线加工在介质层的顶部，接地面在介质层的底部。共面波导 (CPW) 传输线是一种信号线和地线共面排布的结构，相邻信号线之间有地电极进行隔离，因此间距可以做得很小，适合高密度应用场景。接地共面波导 (grounded coplanar waveguide, GCPW) 结构除了介质层底部有接地平面外，还在介质层顶部增加了额外的两个地平面并使信号线处于这两个地平面中且相互间隔，通过金属填充过孔或侧面金属化使顶部和底部的接地平面相连接，以实现良好的接地性能。如图 3-112 所示。

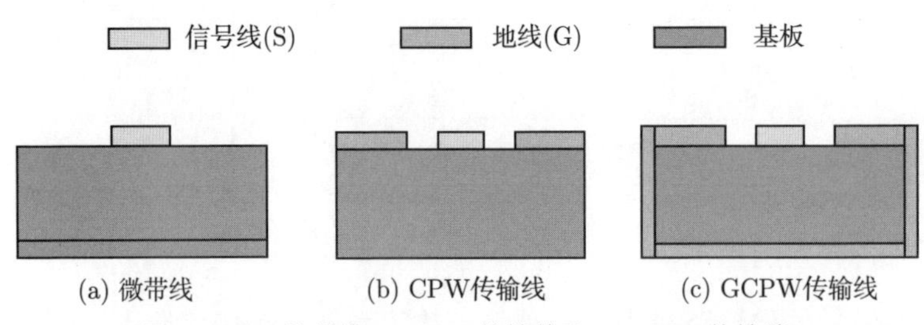

图 3-112 微带线、CPW 传输线和 GCPW 传输线

接地共面波导中，顶层地线和信号线之间的小间距可以实现传输线的低特性阻抗，且通过调节该间距与信号线宽度的比值可以改变传输线的特性阻抗。接地

线和信号线的间距增大，阻抗也会增大。当接地共面波导的顶层地线和信号线的间距增大时，接地线对电路的影响会降低。当间距足够大时，接地共面波导电路就类似于微带线电路了。很明显，相比于接地共面波导传输线，微带线结构简单，这便于加工和仿真建模。微带线是微波波段最常用的传输线结构，但在毫米波频段时，微带线的损耗将增加。这使得这种传输线结构在 30 GHz 及以上频段工作的效率降低。但接地共面波导具有牢固的接地结构，在高频频段具备更低的损耗，这为毫米波频段甚至 100 GHz 及以上频段的设计提供了潜在的优势和稳定性能。

基于以上分析，我们针对接地共面波导结构传输线进行了设计与仿真分析，得出了反射系数 S_{11} 与传输系数 S_{21} 随传输线长度 L 的变化关系。由图 3-113 和图 3-114 可知，传输线长度越短，越适用于高频传输。因此需要缩短射频接口到芯片电极的距离。

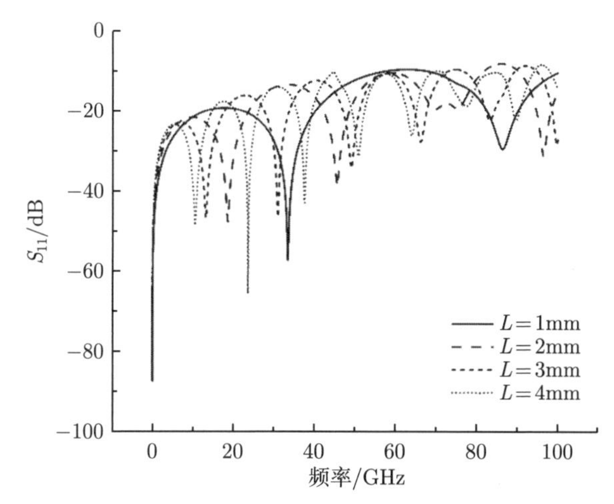

图 3-113 接地共面波导传输线 S_{11} 随传输线长度的变化关系

对于多通道阵列电光调制器，其对通道间的高隔离度提出了要求，需要开展相应的串扰抑制技术研究。由于电磁辐射等效应的影响，对于电光调制器芯片，一个通道的微波信号除了通过该通道的行波电极调制到对应的光路上，还会影响周围邻近的其他通道，将信号调制到邻近的光路上，引起通道间的信号串扰。一般认为，在复杂的三维结构上进行高密度高速率的信号布线设计，都会不可避免地发生串扰的问题。串扰会导致信号噪声增加，信噪比恶化；会导致更加剧烈的数据抖动，减少通信系统的冗余量；同时还有可能增加无用信号的反射与传输，降低接收机的探测灵敏度。作为多通道的光调制器，耦合封装中的各个通道之间因为空间、结构及模场问题，容易引发微波串扰，从而对高频响应造成严重的影响。

在微波传输线中，地电极具有电磁屏蔽的作用，在间距固定的前提下，信号线和沟道宽度的增加减小了地线宽度，而宽度降低导致电磁屏蔽能力减弱。因此，在高频传输线的设计中，若空间允许，应尽可能地增加地线的宽度。

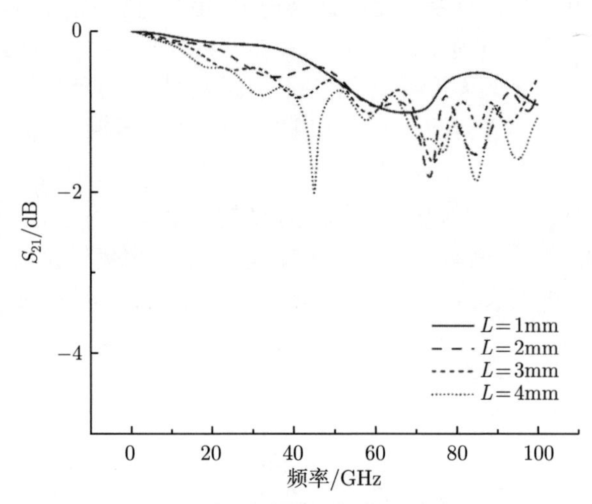

图 3-114　接地共面波导传输线 S_{21} 随传输线长度的变化关系

对于 GSG 形式的传输线结构，地线在信号线之间合理排布，可以在信号线之间对微波信号进行隔离。图 3-115 为初步仿真验证设计的用于电光调制器芯片封装的共面波导传输线模型，随信号线宽度的增加，相邻通道之间电串扰增强。地电极具有电磁屏蔽的作用，在间距固定的前提下，信号线和沟道宽度的增加导致了地线宽度的降低，而宽度降低导致电磁屏蔽能力减弱。因此，在高频传输线的

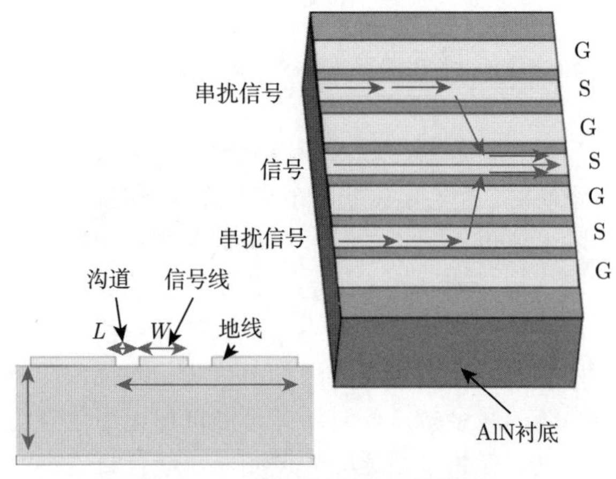

图 3-115　共面波导传输线模型

设计中，在空间允许的前提下，应尽可能增加地线的宽度。图 3-116 为限定条件下通道间串扰随频率的变化曲线。根据先前工作，在通道间距离为 250 μm 时，相邻通道间串扰小于 −40 dB，由于传输接口的限制，电光调制器阵列芯片通道间距离将达到毫米级，预期满足通道间隔离度要求。

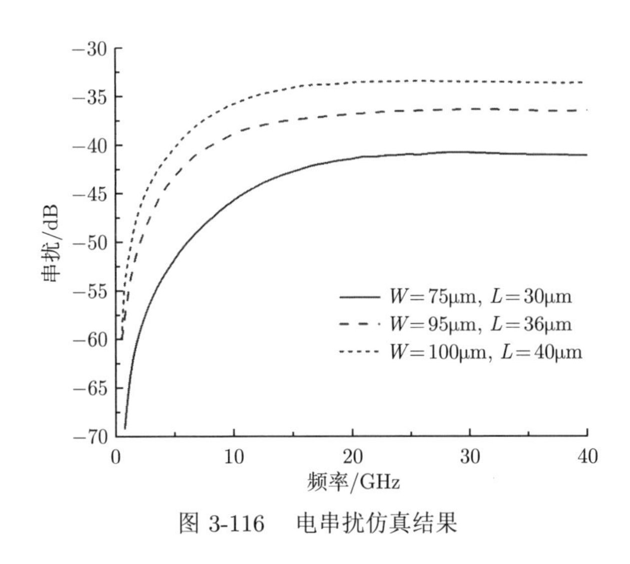

图 3-116 电串扰仿真结果

2) 射频结构连接工艺设计与优化

在传统的电光调制器传输线的设计中，地电极之间往往是分立的，根据上述分析，对于高频多通道阵列电光调制器，这样的设计不利于对通道间串扰的屏蔽。因此，将所有分立地电极串联成一个整体，以形成一体化的共地结构，将更加有助于通道间微波信号的隔离和串扰抑制。常用的方法是在地电极上加工过孔以完成各分立电极之间的电连接。目前过孔加工工艺十分成熟，已经大量用于高频电路板的设计与制作。特别需要注意的是，为了确保良好的电连接以及屏蔽效果，过孔的直径和间距需要被严格控制。并且，由于加工工艺的限制，过孔的直径不能小于基板的厚度，最小约 0.1 mm。

一体化共地结构是实现高频多通道阵列电光调制器传输结构串联的另一种有效形式，如图 3-117 所示。首先将处于传输线阵列中的地线延长一定长度，然后通过一个共同的平面将上表面的地电极连成整体，最后利用侧面金属化与背面地平面连接，将信号线包裹在其中，形成一体化的共地结构。仿真计算结果表明，一体化的共地结构比无共地结构电串扰降低约 20 dB，如图 3-118 所示。在实际应用中，高频信号经管壳电极或过渡传输线从近端流入一体化共地结构传输线，然后经金丝从远端注入阵列调制器电极结构。为了降低金丝所引入的寄生效应，在实际操作中并联多根金丝或使用金带进行连接。结合前期工作，当通道间距离为毫米量级时，通道间隔离度将满足预期要求。

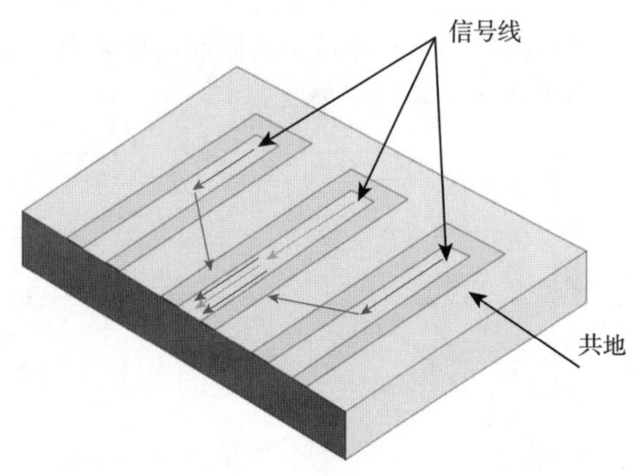

图 3-117 一体化共地结构的高频传输线

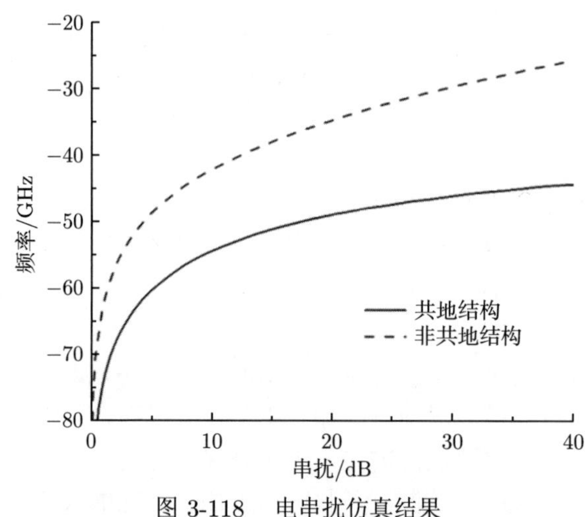

图 3-118 电串扰仿真结果

在光电子器件的封装中，通常使用金丝键合实现各功能芯片、芯片与过渡传输线、芯片与管壳引脚等之间的电连接，在管壳内大量存在，是封装的重要组成部分。对于高频电光调制器，合理的金丝键合结构的选择设计对于实现高频低损耗低串扰是十分重要的。引线键合常用的材料有金 (Au)、铜 (Cu)、铝 (Al) 等，由于金的延展性很好，容易在电极表面起球黏结且不易被氧化。因此在高频电光调制器的封装中，要考虑金丝键合带来的影响。如果需要电连接的两个电极之间的距离过大，可用短小的过渡传输线代替，以提高器件的可靠性。在直流引脚的连接应用中，则不需要考虑寄生参数的影响。

金丝键合形貌和金带键合形貌分别如图 3-119 和图 3-120 所示。金丝键合的数量、跨距、长度、焊点位置、拱高等参数特性均对微波传输特性有较大的影响。金丝键合的过程需要满足以下几个条件：① 金丝键合区的变形宽度大于引线直径的 1.5 倍、小于 3 倍，长度大于引线直径的 1.5 倍、小于 6 倍；② 键合尾部不能超过金丝直径的 2 倍；③ 芯片上的键有超过 75%的部分在键合区内。

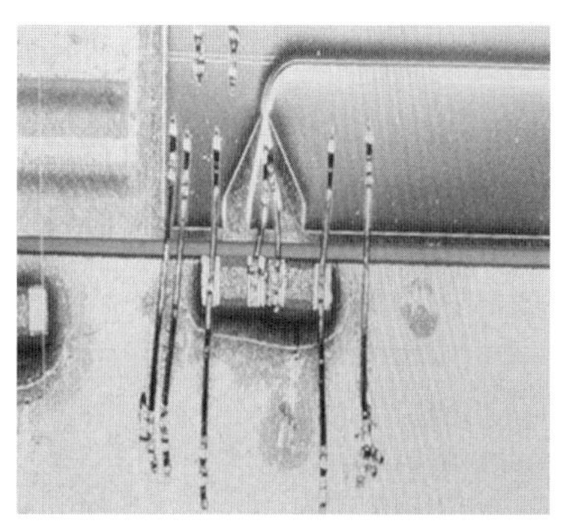

图 3-119 金丝键合示意图

信号完整性是指信号在电路中能以正确的时序和电压做出响应的能力，是信号未受到损伤的一种状态，它表示信号在信号线上传输的质量，对于高频电光调制器，无论是模拟还是数字应用，均会损失信号的完整性。当信号在传输线上传播时，只要遇到了阻抗变化，就会发生反射。尤其对于高速信号，严重的阻抗失配会造成眼图闭合信号失真。因此，在信号的传输路径中不同介质之间的连接处要保证阻抗的连续性，防止出现阻抗突变。

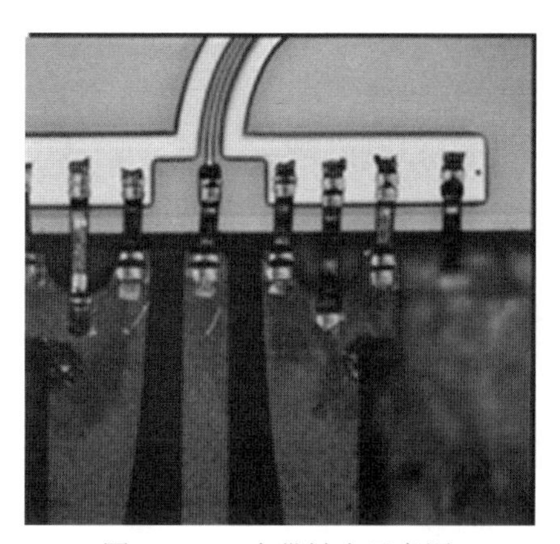

图 3-120 金带键合示意图

连接射频接口和高频电光调制器芯片的过渡传输线用来将同轴结构的传输线转换为共面结构。为了达到良好的电磁屏蔽效果，采用接地过孔连接上、下表面两个地电极。在一般的电光调制器件封装方案中，考虑到电磁场的模场匹配，在过渡传输线与同轴接头相连接的部分引入了适当宽度的无金属覆盖缝隙，然而在实际应用中这样会导致接地的不连续，并且在无金属覆盖区域信号线是微带线结构，其特性阻抗不再遵守 GCPW 传输线的设计规则，在相连处容易引入阻抗不连续，如图 3-121 所示。电磁仿真结果显示在信号线与同轴接头连接处出现明显的谐振，这意味着信号传输过程中出现了很大的损耗。因此我们在传输线上表面进行了全金属覆盖，如图 3-122 所示。仿真的电磁结果显示，谐振得到了有效的抑制。图 3-123 是半金属覆盖和全金属覆盖两种情况的传输响应仿真结果对比，可以看到，在半金属覆盖条件下，传输响应在大约 23 GHz 处有明显下跌，与电磁仿真结果一致。

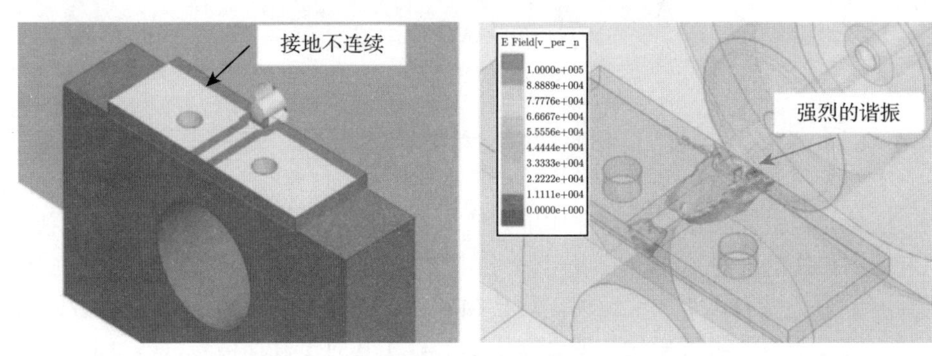

图 3-121　半金属覆盖仿真模型和电场仿真结果

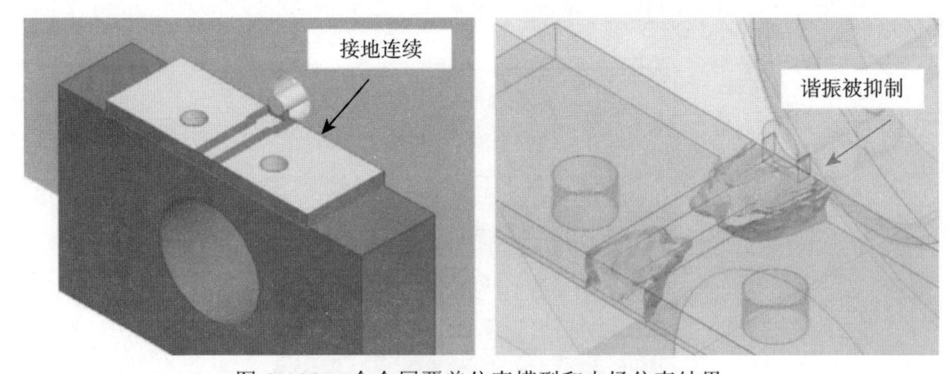

图 3-122　全金属覆盖仿真模型和电场仿真结果

在电光调制器实际封装过程中，将过渡传输线通过焊锡固定在热沉垫块上，同时将信号线与同轴接头凸出的玻璃绝缘子用导电银胶或焊锡进行连接。为了保证接地的连续性，传输线与管壳之间的间隙应该尽可能小。然而在实际封装中，间隙不可能完全消除。如果在这两部分之间存在空气间隙，在过渡传输区域就会引入接地不连续，高频传输性能将会受到影响。为了获得良好的地接触，在高频电光调制器实际封装过程中，我们在过渡传输线与管壳连接处填注了导电银胶，以获得更平滑的传输曲线。

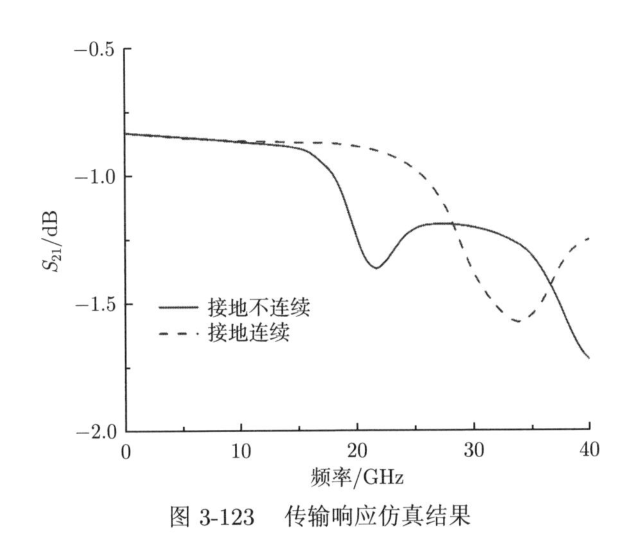

图 3-123 传输响应仿真结果

3) 终端匹配负载结构优化设计

由于微波电路传输的是电磁波而不是低频电路中的电压和电流，若阻抗不匹配，将会引起电磁波的反射，传输线传输的入射波功率将不能被负载全部吸收，当射频信号从传输线传输到调制器电极时，会产生较为严重的反射，因此在微波系统的设计中，必须考虑其阻抗匹配的问题。对于高频电光调制器，阻抗失配导致器件反射响应过大，在大信号测试中导致眼图出现振铃、抖动等现象，误码率升高。通常，使用串联终端匹配电阻来实现阻抗匹配。

在电光调制器工作时，微波信号通过玻璃绝缘子接入管壳内部过渡传输线，同轴线转换为共面波导线。电光调制器芯片输入端电极也是共面波导结构。在设计过渡共面波导传输线时，需要考虑其阻抗过渡和与调制器芯片电极输入端尺寸匹配情况，以减少模场失配。终端匹配电阻电极的特性阻抗选择与匹配电阻相同。为了减少调制器电极的输出端与匹配电阻电极输入端的模场失配，两者的尺寸应尽可能接近。电阻薄膜制备在电极缝隙中，终端匹配电阻基片最好具有良好的绝缘性和导热性，使电阻薄膜吸收的剩余微波功率能够通过衬底耗散掉，提高器件的稳定性。

针对传统的体材料铌酸锂调制器，电极的特性阻抗为 23 Ω 左右，终端匹配电阻也是 23 Ω，电极作用区长度为 2~3 cm，其中心电极所引入的串联电阻为 6~15 Ω，所以在电极的输入端，阻抗为 29~38 Ω。通常为了减少器件的反射，同时避免玻璃绝缘子与调制器芯片输入端共面波导电极反射波引起的谐振，在过渡共面波导传输线中插入一个约为 3 Ω 的串联电阻。针对铌酸锂调制器，需要重新仿真提取计算相应参数并设计仿真终端匹配负载结构。在装配终端匹配电阻和过渡共面波导传输线时，应使两者与铌酸锂调制器芯片电极尽可能贴近，并处于同一平面。这样可以减少空气间隙带来的阻抗和模场失配，减小金丝连线的长度，从而减小寄生参数。

因此，需要根据实际应用要求进行电光调制器的封装设计，输入阻抗的选择也需要进行综合考虑。选择接近 50 Ω 的输入阻抗可以降低反射，但这样可能会降低调制效率，使得所要求的驱动电压升高。和其他高速光电子器件封装设计一样，在高频电光调制器的封装设计时，要减少每一个连接点、过渡段或结构转换处的寄生参数，避免多个反射点形成的谐振，这样才能减少器件的反射，降低传输系数的纹波和振荡。

对于多通道高频电光调制器小型化、阵列化的装配要求，传统的二维平面贴装的封装工艺可能难以满足最新的百吉赫兹以及未来太赫兹光传输模块的性能要求，三维阻抗匹配电路设计技术将更好地匹配光电子集成芯片未来高速率、高密度、小尺寸、低功耗的发展趋势。在传统的方案中，电阻通常只是制作在基板的其中一面。对于通道数少的芯片可以采用这种方式，但对于多通道的芯片，同时考虑到小型化的发展方向，封装尺寸会越来越小，这种方式会使得大量电阻集中在尺寸有限的基板上，造成单个电阻的面积受到限制。另外我们一般使用的 Ta_2N 薄膜电阻阻值只由方阻的长宽比决定，如果面积过小，阻值精度就难以精确控制。为此我们设计了三维阻抗匹配电路，匹配电阻平均分配到基板的两个表面。同一面的相邻两个电阻之间相隔一个通道，使得电阻的面积相比原来的方案增加了 4 倍，阻值的控制精度也更高，并且还增大了电阻的散热面积，降低了单位功率密度，改善了热学性能，如图 3-124 所示。

4) 管壳与射频连接器设计

管壳是电光调制器的重要组成部分，是保护内部功能器件免受外界环境干扰的一道屏障，具有高频传输、电磁屏蔽、导热、密封等功能。管壳包括管体、高频输入端口、直流输入端口、光纤过孔及光纤固定支撑部件等。

常用作管壳的材料有可伐合金和钨铜合金。相比于可伐合金，钨铜合金的导热性能更为优良，常作为底座或热沉用在大功率微波和有源器件以及集成电路模块的封装中。但钨铜合金一般采用熔渗方式制备，孔隙率比采用冶炼方式制备的可伐合金大，因此对气体的吸附性会更强，导致氢含量更高。氢会对电光调制器产生一定的危害，包括被氧化造成内部水汽含量增加从而加速器件老化、与金属发生反应生成氢化物导致材料本身性能劣化以及造成应力开裂等。可伐合金发展时间长，工艺成熟，在电光调制器这种无源低功率密度金属封装中应用最为广泛，还可通过在上面镀金来增加其导热性。

图 3-124 三维阻抗匹配电路

在器件密封方面，根据电光调制器封装对内部气氛的需求，开展气密封装技术研究，具体包括管壳成型及表面改性、信号传输接口密封和低漏率封盖等方面。为了满足高密封性的要求，管壳材料应选择致密、易成形、热力性能优异的材料；高精度成型和表面改性是实现信号接口密封的关键，表面镀层应满足接口连接器密封钎焊要求，机械加工精度应满足设计的紧密配合的公差要求，可实现管壳的封装要求。为了满足模块内部气氛要求，在封盖前需要开展高温真空烘烤，同时通过局部加热的熔焊方式进行低漏率盖板焊接，最后开展模块的气密性检测，实现模块的高密封性能。

射频连接器是电光调制器封装外壳的重要组成部分，在高频设备系统中传输微波信号的线路中不可或缺。高频电磁波信号在传输线中传输时，其信号完整性受波导形状的影响可以忽略不计；但是当高频电磁波信号波长由于频率的提高，缩短到与传输线尺寸数量级相仿的程度时，容易发生电磁能量辐射，从而产生辐射损耗，这种辐射损耗可以被传输线中封闭的同轴结构避免。一般射频连接器均为同轴结构，结构上两个导体分别定义为内导体和外导体。射频连接器的工作频率对其性能有较大的影响，频率越高，传输的电磁能量就越易在阻抗不连续处 (一般是线缆与连接器相连处) 产生能量反射，从而导致信号衰减损耗。军事电子设备对射频同轴连接器提出的性能要求越来越高，解决阻碍信号传输的问题、提高毫米波工作性能成为微波领域关注的重点问题。

毫米波射频同轴连接器有螺纹式和推入式两种结构用于界面连接，由于毫米波射频同轴连接器尺寸很小，如果采用推入式结构，一般连接器与设备的配合方式很难满足电光调制器在微波光子雷达系统等设备抗振动、冲击的使用要求。而螺纹式结构连接较为牢固，一般用于活动较为频繁的自由端的连接与分离。

连接器的选择匹配较为复杂，从结构、材料、安装方式到使用，需要考虑较多方面因素：连接器是为 50 Ω 线缆设计的，所以特性阻抗按照 50 Ω 进行计算；为了保证安装的简洁性与可靠性，采用芯线与内导体接触配合、屏蔽层焊接的安装方式；绝缘支撑是连接器内的关键零件，绝缘支撑的固定是否良好、厚度是否合适、材质介电常数是否随温度变化而变化等因素直接与产品的传输性能相关，所以产品外壳采用两件式的过盈组装方式保证绝缘支撑固定良好，绝缘支撑厚度小于截止频率波长，两绝缘支撑距离大于两倍外导体内径，绝缘支撑材质选择耐高温材料；为了保证连接器装配体特性阻抗的连续性，应在每个阶梯过渡结构处进行补偿，从而降低回波损耗。最后，还需要选用合适的材料使内外导体具有良好的机械性能，一般使用弹性结构、材料作为母端，刚性结构、材料作为公端，两者配合实现接触连接。

3.6.4 光电探测器的封装

光探测器封装中电的连接包括偏置电压输入和射频信号输出两部分。偏置电路为宽带光探测器芯片提供反向偏置电压，确保光探测器工作在正常状态。当施加在光探测器芯片的偏置电压中存在交流分量时，电压的波动将影响芯片中光生载流子的漂移速度，进而在输出信号中引入噪声。信号输出部分用于将光探测器芯片产生的射频信号向外传输，主要包括器件的传输线结构和高频互连结构，需要分析传输线结构和高频互连结构对高频信号非线性效应的影响，抑制交调信号和谐波信号的产生。

在高速探测器的封装中，高频信号的波长很短，传输的电磁波特性明显表现出来，电磁能量将分布在整个电路中，需用分布参数来描述，即传输中的电感、电容、电阻和电导是沿线分布的。在此基础上计算出传输线的特性阻抗 Z_0，并要求 Z_0 与负载阻抗相匹配，使传输能量完全被负载吸收。封装后光探测器的整体等效电路可分解为本征光探测器、芯片寄生网络和封装寄生网络三部分。其中探测器的芯片部分，即芯片寄生网络和本征光探测器两部分的电路形式基本相同，而封装寄生网络部分根据具体的封装形式可以有不同的形式。图 3-125 中，$I(\omega)$ 代表本征电流源部分，$C_{\rm J}$ 为芯片的结电容，$R_{\rm J}$ 为结电阻，$R_{\rm S}$ 为芯片的串联电阻，包括体电阻和欧姆接触电阻等，$L_{\rm P}$ 为封装的金丝电感，$C_{\rm P}$ 和 $R_{\rm P}$ 分别表示封装寄生电容和电阻。电路具体元件参数的选取可以用与实测 S 参数拟合的方式来确定。只要光探测器的等效电路选取合理，等效电路元件参数值的确定是正确的，器件的一般频率特性都能用该等效电路加以描述。光探测器的等效电路应该根据器件的结构和封装结构选定，然后根据材料参数、芯片和封装结构尺寸，以及静态和高频特性参数的测试结果确定等效电路元件参数值。通过测量光探测器在不同偏压下的响应特性，假设封装寄生网络和芯片寄生网络都不会随偏置电压改变而改变，只有本征光探测器的响应是偏压的函数。因此，通过扣除法从不同偏压下光探测器的响应特性中得到本征光探测器的频率响应特性，同时也可以得到关于封装寄生网络和芯片寄生网络的等效电路元件参数值。这样就得到了描述光探测器在不同偏压下的等效电路模型。由于光探测器在不同偏压下的响应特性是在室温或某一特定温度下测定的，所得到的等效电路模型不能用于描述不同温度下光探测器的响应特性。这就是等效电路的局限性，但等效电路分析比较直观。由于等效电路元件与器件各部分结构参数相对应，因此等效电路分析适合于分析器件各部分结构参数对器件整体性能的影响，从而可用于对光探测器芯片及封装设计进行优化设计。

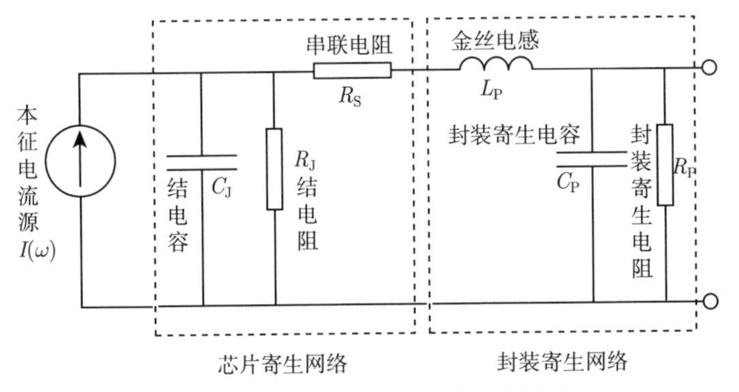

图 3-125 探测器通用等效电路模型

光电探测器偏置电路结构如图 3-126 所示，反偏电压经过电阻 1 后并联在电容上，电阻 1 起到分流的作用，其值的选择与探测器芯片工作的最佳偏置点相关。电阻 1 与电容构成一个低通滤波电路用来滤除反偏电压中的高频信号。从内部看，光电探测器芯片与电阻 2 串联，光电探测器产生的光电流流向电阻 2，在电阻 2 的两端产生一个电压信号，输出电压除以电阻 2 即可得到光生电流。从外部端口看，电阻 2 与光探测器芯片是并联的，由于探测器芯片工作在反偏状态，呈高阻状态，所以将电阻 2 的值设为 50 Ω，辅助实现 50 Ω 阻抗匹配的要求。电路中电容的另一个作用为改变器件的谐振点，使谐振点向高频处移动，以提高器件的带宽。若无此电容，芯片安装中引入的寄生电容和寄生电感将产生谐振，引入串扰，增大系统噪声，严重影响器件的传输性能。并联一个电感或串联一个电容都可使谐振点的频率右移，一般在探测器阴极附近贴一大电容，大电容带有感性，从而实现并联电感的效果。

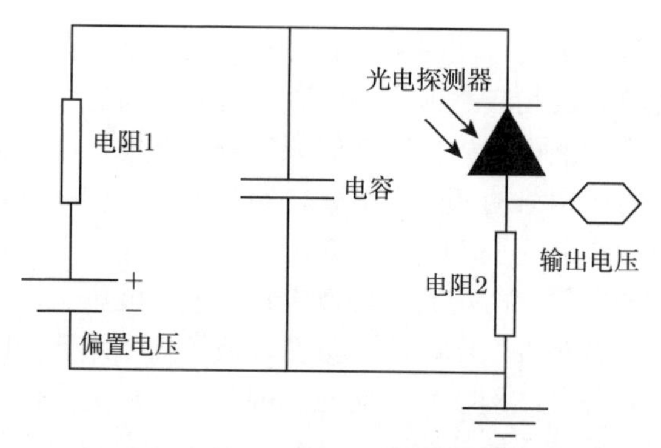

图 3-126　光电探测器偏置电路

参 考 文 献

[1] Keyes R J, Quist T M. Radiation emitted by gallium arsenide diodes [J]. IRE Transactions on Electron Devices, 1962, 9(6): 503.

[2] Hall R N, Fenner G E, Kingsley J D, et al. Coherent light emission from GaAs junctions[J]. Physical Review Letters, 1962, 9(9): 366-368.

[3] Holonyak N. Double injection diodes and related DI phenomena in semiconductors[J]. Proceedings of the IRE, 1962, 50(12): 2421-2428.

[4] Nathan M I, Dumke W P, Burns G, et al. Stimulated emission of radiation from GaAs p-n junctions[J]. Applied Physics Letters, 1962, 1(3): 62-64.

[5] Quist T M, Rediker R H, Keyes R J, et al. Semiconductor maser of GaAs[J]. Applied Physics Letters, 1962, 1(4): 91-92.

[6] Alferov Z, Andreev V, Garbuzov D, et al. Investigation of the influence of the AlAs-GaAs heterostructure parameters on the laser threshold current and the realization of continuous emission at room temperature[J]. Soviet physics. Semiconductors, 1971, 4(9): 1573-1575.

[7] Miller S E. Integrated optics: An introduction[J]. The Bell System Technical Journal, 1969, 48(7): 2059-2069.

[8] Nagarajan R, Joyner C H, Schneider R P, et al. Large-scale photonic integrated circuits[J]. IEEE Journal of Selected Topics in Quantum Electronics, 2005, 11(1): 50-65.

[9] Hillmer H, Klepser B. Low-cost edge-emitting DFB laser arrays for DWDM communication systems implemented by bent and tilted waveguides[J]. IEEE Journal of Quantum Electronics, 2004, 40(10): 1377-1383.

[10] Ryu S W, Kim S B, Sim J S, et al. Monolithic integration of a multiwavelength laser array associated with asymmetric sampled grating lasers[J]. IEEE Journal of Selected Topics in Quantum Electronics, 2002, 8(6): 1358-1365.

[11] Zhang C, Liang S, Zhu H L, et al. A modified SAG technique for the fabrication of DWDM DFB laser arrays with highly uniform wavelength spacings[J]. Optics Express, 2012, 20(28): 29620-29625.

[12] McDonald D R, Hong J, Shepherd F R, et al. WDM laser arrays with 2-nm channel spacing fabricated using a grating phase mask[C]//Fabrication, Testing, and Reliability of Semiconductor Lasers II, San Jose, 1997, 3004: 2-9.

[13] Viheriälä J, Viljanen M R, Kontio J, et al. Soft stamp UV-nanoimprint lithography for fabrication of laser diodes[C]//Alternative Lithographic Technologies, San Jose, 2009, 7271: 472-481.

[14] Chen X F, Luo Y, Fan C C, et al. Analytical expression of sampled Bragg gratings with chirp in the sampling period and its application in dispersion management design in a WDM system[J]. IEEE Photonics Technology Letters, 2000, 12(8): 1013-1015.

[15] Shi Y C, Li S M, Chen X F, et al. High channel count and high precision channel spacing multi-wavelength laser array for future PICs[J]. Scientific Reports, 2014, 4: 7377.

[16] Lee S L, Lu T C, Hung Y J, et al. Photonic integrated multiwavelength laser arrays: Recent progress and perspectives[J]. Applied Physics Letters, 2020, 116(18): 180501.

[17] Wang C, Zhang M, Chen X, et al. Integrated lithium niobate electro-optic modulators operating at CMOS-compatible voltages[J]. Nature, 2018, 562: 101-104.

[18] Honardoost A, Juneghani F A, Safian R, et al. Towards subterahertz bandwidth ultracompact lithium niobate electrooptic modulators[J]. Optics Express, 2019, 27(5): 6495-6501.

[19] Han H P, Xiang B X. Integrated electro-optic modulators in x-cut lithium niobate thin film[J]. Optik, 2020, 212: 164691.

[20] Wang C, Zhang M, Stern B, et al. Nanophotonic lithium niobate electro-optic modulators[J]. Optics Express, 2018, 26(2): 1547-1555.

[21] Desiatov B, Shams-Ansari A, Zhang M, et al. Ultra-low-loss integrated visible photonics using thin-film lithium niobate[J]. Optica, 2019, 6(3): 380-384.

[22] Xu M Y, He M B, Zhang H G, et al. High-performance coherent optical modulators based on thin-film lithium niobate platform[J]. Nature Communications, 2020, 11: 3911.

[23] Liu Y, Li H, Liu J, et al. Low Vπ thin-film lithium niobate modulator fabricated with photolithography[J]. Optics Express, 2021, 29(5): 6320-6329.

[24] Koshiba M, Tsuji Y, Nishio M. Finite-element modeling of broad-band traveling-wave optical modulators[J]. IEEE Transactions on Microwave Theory and Techniques, 1999, 47(9): 1627-1633.

[25] Chen E L, Chou S Y. Characteristics of coplanar transmission lines on multilayer substrates: Modeling and experiments[J]. IEEE Transactions on Microwave Theory and Techniques, 1997, 45(6): 939-945.

[26] Carlsson E, Gevorgian S. Conformal mapping of the field and charge distributions in multilayered substrate CPWs[J]. IEEE Transactions on Microwave Theory and Techniques, 1999, 47(8): 1544-1552.

[27] Yu H, Bogaerts W. An equivalent circuit model of the traveling wave electrode for carrier-depletion-based silicon optical modulators[J]. Journal of Lightwave Technology, 2012, 30(11): 1602-1609.

[28] Heinrich W. Quasi-TEM description of MMIC coplanar lines including conductor-loss effects[J]. IEEE Transactions on Microwave Theory and Techniques, 1993, 41(1): 45-52.
[29] Huang X R, Liu Y, Li Z Z, et al. Advanced electrode design for low-voltage high-speed thin-film lithium niobate modulators[J]. IEEE Photonics Journal, 2021, 13(2): 1-9.
[30] Jian J, Xu M Y, Liu L, et al. High modulation efficiency lithium niobate Michelson interferometer modulator[J]. Optics Express, 2019, 27(13): 18731-18739.
[31] Iglesias M O. Investigation of the chirp properties of DFB-EAM's for high speed baseband and RoF transmission links[D]. Lyngby: Technical University of Denmark, 2012.
[32] Saravanan B K. Frequency chirping properties of electroabsorption modulators integrated with laser diodes[J]. Physics, Engineering, 2006.
[33] Peschke M. Laser diodes integrated with electroabsorption modulators for 40 Gb/s data transmission[J]. Engineering, Physics, 2006.
[34] Cheng Y B, Pan J Q, Wang Y, et al. 40Gb/s low chirp electroabsorption modulator integrated with DFB laser[J]. IEEE Photonics Technology Letters, 2009, 21(6): 356-358.
[35] Johnson J E, Ketelsen L J P, Ackerman D A, et al. Fully stabilized electroabsorption-modulated tunable DBR laser transmitter for long-haul optical communications[J]. IEEE Journal of Selected Topics in Quantum Electronics, 2001, 7(2): 168-177.
[36] Kobayashi W, Arai M, Yamanaka T, et al. Design and fabrication of 10-/40-Gb/s, uncooled electroabsorption modulator integrated DFB laser with butt-joint structure[J]. Journal of Lightwave Technology, 2010, 28(1): 164-171.
[37] Raring J W, Johansson L A, Skogen E J, et al. 40-Gb/s widely tunable low-drive-voltage electroabsorption-modulated transmitters[J]. Journal of Lightwave Technology, 2007, 25(1): 239-248.
[38] Saravanan B K, Wenger T, Hanke C, et al. Wide temperature operation of 40-Gb/s 1550-nm electroabsorption modulated lasers[J]. IEEE Photonics Technology Letters, 2006, 18(7): 862-864.
[39] Yang S H, Sun C Z, Xiong B, et al. Gain-coupled 4×56Gb/s EML array with optimized bonding-wire inductance[J]. IEEE Journal of Selected Topics in Quantum Electronics, 2022, 28(1): 1500507.
[40] Yang S H, Sun C Z, Xiong B, et al. Gain-coupled 4×25Gb/s EML array based on an identical epitaxial layer integration scheme[J]. IEEE Journal of Selected Topics in Quantum Electronics, 2019, 25(6): 1500806.
[41] Chang K. Handbook of Optical Components and Engineering[M]. Hoboken: Wiley, 2003.
[42] Yu J, Rolland C, Yevick D, et al. A novel method for improving the performance of InP/InGaAsP multiple-quantum-well Mach-Zehnder modulators by phase shift engineering[C]//Integrated Photonics Research. Boston, Massachusetts. Washington: OSA, 1996.
[43] Penninckx D, Delansay P. Comparison of the propagation performance over standard dispersive fiber between InP-based π-phase-shifted and symmetrical Mach-Zehnder modulators[J]. IEEE Photonics Technology Letters, 1997, 9(9): 1250-1252.

[44] Walker R G. High-speed Ⅲ-V semiconductor intensity modulators[J]. IEEE Journal of Quantum Electronics, 1991, 27(3): 654-667.

[45] Smit M, Leijtens X, Ambrosius H, et al. An introduction to InP-based generic integration technology[J]. Semiconductor Science and Technology, 2014, 29(8): 083001.

[46] Smit M, Williams K, van der Tol J. Past, present, and future of InP-based photonic integration[J]. APL Photonics, 2019, 4(5): 050901.

[47] Soares F M, Baier M, Gaertner T, et al. InP-based foundry PICs for optical interconnects[J]. Applied Sciences, 2019, 9: 1588.

[48] Ishutkin S, Arykov V, Yunusov I, et al. Technological development of an InP-based Mach-Zehnder modulator[J]. Symmetry, 2020, 12: 2015.

[49] Friedman L, Soref R A. Second-order optical susceptibility of strained GeSi/Si superlattices and Ge/Si layered artificial crystals[C]. Quantum Well and Superlattice Physics, Bay Point, 1987, 792: 222-231.

[50] Soref R A. Silicon-based optoelectronics[J]. Proceedings of the IEEE, 1993, 81(12): 1687-1706.

[51] Liu A S, Jones R, Liao L, et al. A high-speed silicon optical modulator based on a metal-oxide-semiconductor capacitor[J]. Nature, 2004, 427(6975): 615-618.

[52] Xu Q F, Schmidt B, Pradhan S, et al. Micrometre-scale silicon electro-optic modulator[J]. Nature, 2005, 435(7040): 325-327.

[53] Brimont A, Thomson D J, Sanchis P, et al. High speed silicon electro-optical modulators enhanced via slow light propagation[J]. Optics Express, 2011, 19(21): 20876-20885.

[54] Rasigade G, Ziebell M, Marris-Morini D, et al. High extinction ratio 10 Gbit/s silicon optical modulator[J]. Optics Express, 2011, 19(7): 5827-5832.

[55] Ding J F, Chen H T, Yang L, et al. Low-voltage, high-extinction-ratio, Mach-Zehnder silicon optical modulator for CMOS-compatible integration[J]. Optics Express, 2012, 20(3): 3209-3218.

[56] Dong P, Chen L, Chen Y K. High-speed low-voltage single-drive push-pull silicon Mach-Zehnder modulators[J]. Optics Express, 2012, 20(6): 6163-6169.

[57] Thomson D J, Gardes F Y, Fedeli J M, et al. 50-Gb/s silicon optical modulator[J]. IEEE Photonics Technology Letters, 2012, 24(4): 234-236.

[58] Green W M, Rooks M J, Sekaric L, et al. Ultra-compact, low RF power, 10 Gb/s silicon Mach-Zehnder modulator[J]. Optics Express, 2007, 15(25): 17106-17113.

[59] Gan F, Spector S J, Geis M W, et al. Compact, low-power, high-speed silicon electro-optic modulator[C]//2007 Conference on Lasers and Electro-Optics, Baltimore, 2007.

[60] Sobu Y, Simoyama T, Tanaka S, et al. 70 Gbaud operation of all-silicon Mach-Zehnder modulator based on forward-biased PIN diodes and passive equalizer[C]//2019 24th OptoElectronics and Communications Conference(OECC) and 2019 International Conference on Photonics in Switching and Computing (PSC), Fukuoka, 2019: 1-3.

[61] Liu M, Yin X B, Ulin-Avila E, et al. A graphene-based broadband optical modulator[J]. Nature, 2011, 474(7349): 64-67.

[62] Hössbacher C, Josten A, Baeuerle B, et al. Plasmonic modulator with >170 GHz bandwidth demonstrated at 100 GBd NRZ[J]. Optics Express, 2017, 25(3): 1762-1768.
[63] Han C H, Zheng Z, Shu H W, et al. Slow-light silicon modulator with 110-GHz bandwidth[J]. Science Advances, 2023, 9(42): eadi5339.
[64] Reed G T, Knights A P. Silicon Photonics: An Introduction[M]. Hoboken: John Wiley & Sons, 2004.
[65] Png C E, Reed G T, Headley W R, et al. Design and experimental results of small silicon-based optical modulators[C]//Optoelectronic Integrated Circuits VI, San Jose, 2004, 5356: 44-55.
[66] Tarrio C, Schnatterly S E. Optical properties of silicon and its oxides[J]. Journal of the Optical Society of America B, 1993, 10(5): 952-957.
[67] Moss T S, Burrell G J, Ellis B. Semiconductor Opto-Electronics[M]. London: Butterworth, 1973.
[68] Soref R A, Lorenzo J P. All-silicon active and passive guided-wave components for $\lambda=$ 1.3 and 1.6 μm[J]. IEEE Journal of Quantum Electronics, 1986, 22(6): 873-879.
[69] Soref R, Bennett B. Electrooptical effects in silicon[J]. IEEE Journal of Quantum Electronics, 1987, 23(1): 123-129.
[70] Brigham E O. The Fast Fourier Transform[M]. Englewood Cliffs: Prentice-Hall, 1974.
[71] Johnson D E, Johnson J R, McQuarrie D A. Mathematical methods in engineering and physics[J]. Physics Today, 1965, 18(9): 80.
[72] Saff E B, Snider A D. Fundamentals of Complex Analysis for Mathematics, Science and Engineering[M]. 2nd ed. New Jersey: Prentice-Hall, Inc, 1993.
[73] Soref R A, Bennett B R. Kramers-Kronig analysis of electro-optical switching in silicon[C]//Integrated Optical Circuit Engineering IV, Cambridge, 1987.
[74] Clark S A, Culshaw B, Dawnay E J, et al. Thermo-optic phase modulators in SIMOX material[C]//Integrated Optics Devices IV, San Jose, 2000, 3936: 16-24.
[75] Ishibashi T, Shimizu N, Kodama S, et al. Uni-traveling-carrier photodiodes[C]//Ultrafast Electronics and Optoelectronics. Incline Village, Nevada. Washington: OSA, 1997.
[76] Shi J W, Kuo F M, Wu C J, et al. Extremely high saturation current-bandwidth product performance of a near-ballistic uni-traveling-carrier photodiode with a flip-chip bonding structure[J]. IEEE Journal of Quantum Electronics, 2010, 46(1): 80-86.
[77] Shi J W, Kuo F M, Bowers J E. Design and analysis of ultra-high-speed near-ballistic uni-traveling-carrier photodiodes under a 50-Ω load for high-power performance[J]. IEEE Photonics Technology Letters, 2012, 24(7): 533-535.
[78] Li J, Xiong B, Luo Y, et al. Ultrafast dual-drifting layer uni-traveling carrier photodiode with high saturation current[J]. Optics Express, 2016, 24(8): 8420-8428.
[79] Umezawa T, Kanno A, Kashima K, et al. Bias-free operational UTC-PD above 110 GHz and its application to high baud rate fixed-fiber communication and W-band photonic wireless communication[J]. Journal of Lightwave Technology, 2016, 34(13): 3138-3147.
[80] Meng Q Q, Wang H, Liu C Y, et al. High-speed and high-responsivity InP-based uni-

traveling-carrier photodiodes[J]. IEEE Journal of the Electron Devices Society, 2017, 5(1): 40-44.

[81] Nagatsuma T, Kurokawa T, Sonoda M, et al. 600-GHz-band waveguide-output uni-traveling-carrier photodiodes and their applications to wireless communication[C]//2018 IEEE/MTT-S International Microwave Symposium-IMS, Philadelphia, 2018: 1180-1183.

[82] 叶焓, 韩勤, 吕倩倩, 等. 基于选区外延技术的单片集成阵列波导光栅与单载流子探测器的端对接设计 [J]. 物理学报, 2017, 66(15): 158502.

[83] Manolatou C, Haus H A. Passive Components for Dense Optical Integration[M]. Boston: Springer Science & Business Media, 2002.

[84] Eldada L. Advances in telecom and datacom optical components[J]. Optical Engineering, 2001, 40(7): 1165-1178.

[85] Miller D A B. Fundamental limit for optical components[J]. Journal of the Optical Society of America B, 2007, 24(10): A1-A18.

[86] Miller D A B. Device requirements for optical interconnects to silicon chips[J]. Proceedings of the IEEE, 2009, 97(7): 1166-1185.

[87] DelRio F W, Cook R F, Boyce B L. Fracture strength of micro-and nano-scale silicon components[J]. Applied Physics Reviews, 2015, 2(2): 021303.

[88] Okamoto K. Fundamentals of Optical Waveguides[M]. London: Elsevier, 2021.

[89] Marcuse D. Theory of Dielectric Optical Waveguides[M]. 2nd ed. London: Elsevier, 2012.

[90] Ye W N, Xiong Y L. Review of silicon photonics: History and recent advances[J]. Journal of Modern Optics, 2013, 60(16): 1299-1320.

[91] Su Y K, Zhang Y, Qiu C Y, et al. Silicon photonic platform for passive waveguide devices: Materials, fabrication, and applications[J]. Advanced Materials Technologies, 2020, 5(8): 1901153.

[92] Siew S Y, Li B, Gao F, et al. Review of silicon photonics technology and platform development[J]. Journal of Lightwave Technology, 2021, 39(13): 4374-4389.

[93] Almeida V R, Xu Q F, Barrios C A, et al. Guiding and confining light in void nanostructure[J]. Optics Letters, 2004, 29(11): 1209-1211.

[94] Oulton R F, Sorger V J, Genov D A, et al. A hybrid plasmonic waveguide for subwavelength confinement and long-range propagation[J]. Nature Photonics, 2008, 2(8): 496-500.

[95] Dai D X, He S L. A silicon-based hybrid plasmonic waveguide with a metal cap for a nano-scale light confinement[J]. Optics Express, 2009, 17(19): 16646-16653.

[96] Halir R, Ortega-Moñux A, Benedikovic D, et al. Subwavelength-grating metamaterial structures for silicon photonic devices[J]. Proceedings of the IEEE, 2018, 106(12): 2144-2157.

[97] Luque-Gonzalez J M, Sanchez-Postigo A, Hadij-Elhouati A, et al. A review of silicon subwavelength gratings: Building break-through devices with anisotropic metamateri-

als[J]. Nanophotonics, 2021, 10(11): 2765-2797.

[98] Cheben P, Halir R, Schmid J H, et al. Subwavelength integrated photonics[J]. Nature, 2018, 560(7720): 565-572.

[99] Krauss T F. Slow light in photonic crystal waveguides[J]. Journal of Physics D: Applied Physics, 2007, 40(9): 2666-2670.

[100] Kuruma K, Yoshimi H, Ota Y, et al. Topologically-protected single-photon sources with topological slow light photonic crystal waveguides[J]. Laser & Photonics Reviews, 2022, 16(8): 2200077.

[101] Giambra M A, Mišeikis V, Pezzini S, et al. Wafer-scale integration of graphene-based photonic devices[J]. ACS Nano, 2021, 15(2): 3171-3187.

[102] Lu Y F, Gu H X. Flexible and scalable optical interconnects for data centers: Trends and challenges[J]. IEEE Communications Magazine, 2019, 57(10): 27-33.

[103] Giewont K, Nummy K, Anderson F A, et al. 300-mm monolithic silicon photonics foundry technology[J]. IEEE Journal of Selected Topics in Quantum Electronics, 2019, 25(5): 8200611.

[104] Dong B W, Guo X, Ho C P, et al. Silicon-on-insulator waveguide devices for broadband mid-infrared photonics[J]. IEEE Photonics Journal, 2017, 9(3): 4501410.

[105] Gupta R K, Chandran S, Das B K. Wavelength-independent directional couplers for integrated silicon photonics[J]. Journal of Lightwave Technology, 2017, 35(22): 4916-4923.

[106] Dai D X, Wang S P. Asymmetric directional couplers based on silicon nanophotonic waveguides and applications[J]. Frontiers of Optoelectronics, 2016, 9: 450-465.

[107] Soldano L B, Pennings E C M. Optical multi-mode interference devices based on self-imaging: Principles and applications[J]. Journal of Lightwave Technology, 1995, 13(4): 615-627.

[108] Romero-García S, Klos T, Klein E, et al. Photonic integrated circuits for multi-color laser engines[C]//Silicon Photonics XII, San Francisco, 2017, 10108: 178-188.

[109] Horst F, Green W M J, Assefa S, et al. Cascaded Mach-Zehnder wavelength filters in silicon photonics for low loss and flat pass-band WDM (de-) multiplexing[J]. Optics Express, 2013, 21(10): 11652-11658.

[110] Bogaerts W, de Heyn P, Van Vaerenbergh T, et al. Silicon microring resonators[J]. Laser & Photonics Reviews, 2012, 6(1): 47-73.

[111] Dai D X, Bowers J E. Silicon-based on-chip multiplexing technologies and devices for Peta-bit optical interconnects[J]. Nanophotonics, 2014, 3(4-5): 283-311.

[112] Lu Z Q, Celo D, Mehrvar H, et al. High-performance silicon photonic tri-state switch based on balanced nested Mach-Zehnder interferometer[J]. Scientific Reports, 2017, 7(1): 12244.

[113] Silverstone J W, Bonneau D, O'Brien J L, et al. Silicon quantum photonics[J]. IEEE Journal of Selected Topics in Quantum Electronics, 2016, 22(6): 390-402.

[114] Zhuang L M, Roeloffzen C G H, Hoekman M, et al. Programmable photonic signal

processor chip for radiofrequency applications[J]. Optica, 2015, 2(10): 854-859.

[115] Cheng R, Chrostowski L. Spectral design of silicon integrated Bragg gratings: A tutorial[J]. Journal of Lightwave Technology, 2021, 39(3): 712-729.

[116] Rank E A, Sentosa R, Harper D J, et al. Toward optical coherence tomography on a chip: In vivo three-dimensional human retinal imaging using photonic integrated circuit-based arrayed waveguide gratings[J]. Light: Science & Applications, 2021, 10(1): 6.

[117] Krishnamoorthy A V, Ho R, Zheng X Z, et al. Computer systems based on silicon photonic interconnects[J]. Proceedings of the IEEE, 2009, 97(7): 1337-1361.

[118] Soref R. The past, present, and future of silicon photonics[J]. IEEE Journal of Selected Topics in Quantum Electronics, 2006, 12(6): 1678-1687.

[119] Jalali B, Fathpour S. Silicon photonics[J]. Journal of Lightwave Technology, 2006, 24(12): 4600-4615.

[120] Leuthold J, Koos C, Freude W. Nonlinear silicon photonics[J]. Nature Photonics, 2010, 4(8): 535-544.

[121] Roeloffzen C G H, Zhuang L M, Taddei C, et al. Silicon nitride microwave photonic circuits[J]. Optics Express, 2013, 21(19): 22937-22961.

[122] Moss D J, Morandotti R, Gaeta A L, et al. New CMOS-compatible platforms based on silicon nitride and Hydex for nonlinear optics[J]. Nature Photonics, 2013, 7(8): 597-607.

[123] Nagarajan R, Kato M, Lambert D, et al. Terabit/s class InP photonic integrated circuits[J]. Semiconductor Science and Technology, 2012, 27(9): 094003.

[124] Nagarajan R, Kato M, Pleumeekers J, et al. InP photonic integrated circuits[J]. IEEE Journal of Selected Topics in Quantum Electronics, 2010, 16(5): 1113-1125.

[125] Bazzan M, Sada C. Optical waveguides in lithium niobate: Recent developments and applications[J]. Applied Physics Reviews, 2015, 2(4): 040603.

[126] Poberaj G, Hu H, Sohler W, et al. Lithium niobate on insulator (LNOI) for micro-photonic devices[J]. Laser & Photonics Reviews, 2012, 6(4): 488-503.

[127] Little B E, Chu S T. Toward very large-scale integrated photonics[J]. Optics and Photonics News, 2000, 11(11): 24-29.

[128] Yang Y, Fang Q, Yu M B, et al. High-efficiency Si optical modulator using Cu travelling-wave electrode[J]. Optics Express, 2014, 22(24): 29978-29985.

[129] Camacho-Aguilera R, Cai Y, Patel N, et al. Electrically pumped germanium-on-silicon laser[C]//Integrated Photonics Research, Silicon and Nanophotonics. Optica Publishing Group, 2012.

[130] Fang A W, Park H, Cohen O, et al. Electrically pumped hybrid AlGaInAs-silicon evanescent laser[J]. Optics Express, 2006, 14(20): 9203-9210.

[131] Komljenovic T, Davenport M, Hulme J, et al. Heterogeneous silicon photonic integrated circuits[J]. Journal of Lightwave Technology, 2016, 34(1): 20-35.

[132] Heck M J R, Bauters J F, Davenport M L, et al. Hybrid silicon photonic integrated circuit technology[J]. IEEE Journal of Selected Topics in Quantum Electronics, 2013, 19(4): 6100117.

[133] Roelkens G, Abassi A, Cardile P, et al. Ⅲ-V-on-silicon photonic devices for optical communication and sensing[J]. Photonics, 2015, 2(3): 969-1004.

[134] Xu D X, Schmid J H, Reed G T, et al. Silicon photonic integration platform—Have we found the sweet spot?[J]. IEEE Journal of Selected Topics in Quantum Electronics, 2014, 20(4): 8100217.

[135] Duan G H, Olivier S, Malhouitre S, et al. New advances on heterogeneous integration of Ⅲ-V on silicon[J]. Journal of Lightwave Technology, 2015, 33(5): 976-983.

[136] Tran M A, Huang D N, Bowers J E. Tutorial on narrow linewidth tunable semiconductor lasers using Si/Ⅲ-V heterogeneous integration[J]. APL Photonics, 2019, 4(11): 111101.

[137] Koch B R, Norberg E J, Kim B, et al. Integrated silicon photonic laser sources for telecom and datacom[C]//Optical Fiber Communication Conference, Anaheim, 2013.

[138] Liang D, Huang X, Kurczveil G, et al. Integrated finely tunable microring laser on silicon[J]. Nature Photonics, 2016, 10: 719-722.

[139] Witmer J D, Valery J A, Arrangoiz-Arriola P, et al. High-Q photonic resonators and electro-optic coupling using silicon-on-lithium-niobate[J]. Scientific Reports, 2017, 7(1): 46313.

[140] Liang D, Bowers J E. Recent Progress in Heterogeneous III-V-on-Silicon Photonic Integration[J]. Light: Advanced Manufacturing, 2021, 2(1): 59-83.

[141] Liu L, Roelkens G, Van Campenhout J, et al. III-V/silicon-on-insulator nanophotonic cavities for optical network-on-chip[J]. Journal of Nanoscience and Nanotechnology, 2010, 10(3): 1461-1472.

[142] Tao Y S, Shu H W, Wang X J, et al. Hybrid-integrated high-performance microwave photonic filter with switchable response[J]. Photonics Research, 2021, 9(8): 1569-1580.

[143] Lin S Y, Zheng X Z, Jin Y, et al. Efficient, tunable flip-chip-integrated III-V/Si hybrid external-cavity laser array[J]. Optics Express, 2016, 24(19): 21454-21462.

[144] Selvaraja S K, Dumon P, Van Thourhout D, et al. Amorphous silicon: Material for photonic-photonic and electronic-photonic integration[C]//14th Annual Symposium of the IEEE Photonics Benelux Chapter, Brussels, Belgium, 2009: 137-140.

[145] Van Laere F, Roelkens G, Ayre M, et al. Compact and highly efficient grating couplers between optical fiber and nanophotonic waveguides[J]. Journal of Lightwave Technology, 2007, 25(1): 151-156.

[146] Mekis A, Gloeckner S, Masini G, et al. A grating-coupler-enabled CMOS photonics platform[J]. IEEE Journal of Selected Topics in Quantum Electronics, 2011, 17(3): 597-608.

[147] Roelkens G, Vermeulen D, Selvaraja S, et al. Grating-based optical fiber interfaces for silicon-on-insulator photonic integrated circuits[J]. IEEE Journal of Selected Topics in Quantum Electronics, 2011, 17(3): 571-580.

[148] Taillaert D, Van Laere F, Ayre M, et al. Grating couplers for coupling between optical fibers and nanophotonic waveguides[J]. Japanese Journal of Applied Physics, 2006, 45(8A): 6071-6077.

[149] Tang Y B. Highly efficient nonuniform grating coupler for silicon-on-insulator nanophotonic circuits[J]. Optics Letters, 2010, 35(8):1290-1292.

[150] Zaoui W S, Kunze A, Vogel W, et al. Bridging the gap between optical fibers and silicon photonic integrated circuits[J]. Optics Express, 2014, 22(2): 1277-1286.

[151] Halir R, Cheben P, Schmid J H, et al. Continuously apodized fiber-to-chip surface grating coupler with refractive index engineered subwavelength structure[J]. Optics Letters, 2010, 35(19): 3243-3245.

[152] Ding Y H, Peucheret C, Ou H, et al. Fully etched apodized grating coupler on the SOI platform with −0.58 dB coupling efficiency[J]. Optics Letters, 2014, 39(18): 5348-5350.

[153] Roelkens G, Van Thourhout D, Baets R. High efficiency grating coupler between silicon-on-insulator waveguides and perfectly vertical optical fibers[J]. Optics Letters, 2007, 32(11): 1495-1497.

[154] Chen X, Li C, Tsang H K. Fabrication-tolerant waveguide chirped grating coupler for coupling to a perfectly vertical optical fiber[J]. IEEE Photonics Technology Letters, 2008, 20(23): 1914-1916.

[155] Wang B, Jiang J H, Nordin G. Compact slanted grating couplers[J]. Optics Express, 2004, 12(15): 3313-3326.

[156] Yang J B, Zhou Z P, Jia H H, et al. High-performance and compact binary blazed grating coupler based on an asymmetric subgrating structure and vertical coupling[J]. Optics Letters, 2011, 36(14): 2614-2617.

[157] Dietrich P I, Blaicher M, Reuter I, et al. *In situ* 3D nanoprinting of free-form coupling elements for hybrid photonic integration[J]. Nature Photonics, 2018, 12(4): 241-247.

[158] Blaicher M, Billah M R, Kemal J, et al. Hybrid multi-chip assembly of optical communication engines by *in situ* 3D nano-lithography[J]. Light: Science & Applications, 2020, 9(1): 71.

[159] Lindenmann N, Dottermusch S, Goedecke M L, et al. Connecting silicon photonic circuits to multicore fibers by photonic wire bonding[J]. Journal of Lightwave Technology, 2015, 33(4): 755-760.

[160] Billah M R, Blaicher M, Hoose T, et al. Hybrid integration of silicon photonics circuits and InP lasers by photonic wire bonding[J]. Optica, 2018, 5(7): 876-883.

[161] Hatori N, Shimizu T, Okano M, et al. A hybrid integrated light source on a silicon platform using a trident spot-size converter[J]. Journal of Lightwave Technology, 2014, 32(7): 1329-1336.

[162] Shimizu T, Okano M, Takahashi H, et al. Demonstration of over 1000-channel hybrid integrated light source for ultra-high bandwidth interchip optical interconnection[C]//Optical Fiber Communication Conference, San Francisco, 2014.

[163] Lindgren S, Ahlfeldt H, Kerzar B, et al. Packaging of high speed DFB laser diodes[C]// Proceedings of European Conference on Optical Communication, Oslo, Norway, 1996, 1: 97-102.

第 4 章　集成微波光子信号产生芯片

4.1　引　　言

微波光子信号产生技术是微波光子学的核心研究内容之一[1−3]，主要研究利用微波光子学的手段实现高质量微波信号的产生，在雷达、无线通信、医学成像和现代仪器测试等多个领域有着广阔的应用前景。传统的基于电子学的微波信号产生技术性能受到电子器件电子学瓶颈的限制，如有限的采样率等，这使得其产生的微波信号频率难以超过 10 GHz。为了满足未来宽带无线通信、雷达等高频率、大带宽波形的应用需求，基于微波光子学原理的信号产生技术利用光学器件与技术可产生高频率、大带宽的微波信号，并在光域中产生微波、毫米波、太赫兹波甚至是光波的波形，并且具有成本低、体积小、质量轻、抗电磁干扰等优点。

基于微波光子学原理的信号产生技术根据其采用的原理、结构等特性可以分为以下几类，即基于光电振荡器[4−11]、频谱整形与波长–时间映射[12−14]、空–时域脉冲整形 [15,16]、时域脉冲频谱整形[17,18] 和激光器拍频[1,2] 等。基于上述技术手段，研究人员实现了高性能的微波信号产生。然而，目前大部分的技术方案仍是基于分立系统实现的，存在体积大、功耗高等缺点。

集成微波光子信号产生芯片是通过片上集成光学或电学系统产生微波信号，可以产生诸如频率可调谐微波信号、任意波形微波信号、宽带线性调频微波信号等，具有体积小、功耗高等显著优势。本章将详细介绍集成化光电振荡器和基于光谱整形器的集成化任意波形产生芯片这两种集成微波光子信号产生形式。

4.2　集成化光电振荡器

4.2.1　光电振荡器的基本原理

光电振荡器 (OEO) 是闭合的微波光子自激振荡系统，可借助高 Q 值的储能元件，自激振荡产生低相位噪声的微波信号[4−11]。图 4-1 所示为光电振荡器的典型结构图[6]。光电振荡器包含了由激光器、电光调制器、光放大器、光纤和光电探测器等光电子器件组成的光路和由电放大器、电滤波器等电子器件组成的电路。光路和电路通过电光调制器和光电探测器的电光和光电转换构成闭合的振荡系统。光电振荡器的基本工作过程为：从激光器发出的光波经电光调制器被来自电路的噪声信号调制，调制器的输出信号经光放大器放大和光纤传输后被光电探测器探测，光电探测器的输出信号是被恢复的调制信号，该信号经放大和滤波后再次反馈到电光调制器。对某些具有特定频率的在环路中传输的信号，如果其在环路中传输的增益大于损耗，且信号每绕环路一周，其相位的变化为 2π 的整数倍，那么这些信号可以在光电振荡器环路中稳定存在，当光电振荡器建立了自激振荡时便可以输出对应的微波信号。

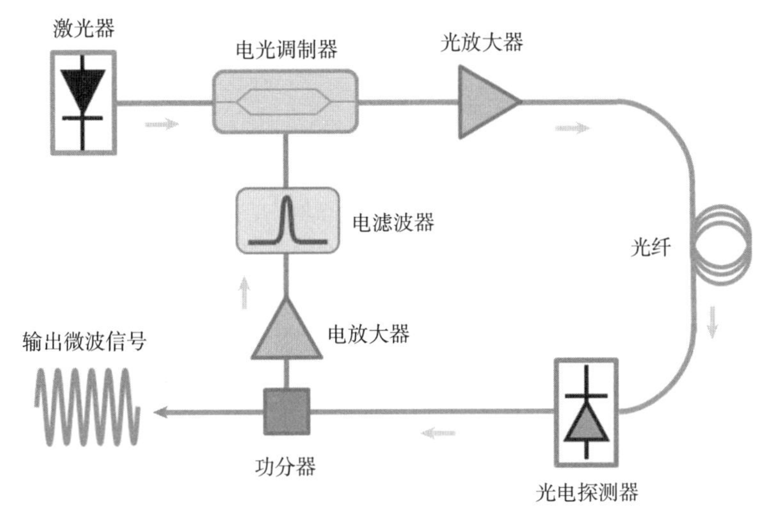

图 4-1 光电振荡器典型结构图[6]

研究人员提出一系列理论来对光电振荡器的行为进行描述。这里主要介绍由 Yao 和 Maleki 提出的 Yao-Maleki 模型[8,9]。在此模型下，电光调制器输出端的光功率 $P(t)$ 与驱动电压 $V_{\text{in}}(t)$ 的关系为

$$P(t) = \left(\frac{\alpha P_0}{2}\right)\left\{1 - \eta \sin \pi \left[\frac{V_{\text{in}}(t)}{V_\pi} + \frac{V_{\text{B}}}{V_\pi}\right]\right\} \tag{4-1}$$

式中，α 是调制器的插入损耗；V_π 是调制器的半波电压；V_{B} 是调制器的偏置电压；P_0 是输入光功率；$(1+\eta)/(1-\eta)$ 确定调制器的消光比。

光信号 $P(t)$ 经单模光纤传输后通过光电探测器，经光电探测器探测后转化为电信号，然后电信号经功率放大器放大，放大后的信号为

$$V_{\text{out}}(t) = \rho P(t) RG = V_{\text{ph}}\left\{1 - \eta \sin \pi \left[\frac{V_{\text{in}}(t)}{V_\pi} + \frac{V_{\text{B}}}{V_\pi}\right]\right\} \tag{4-2}$$

式中，ρ 为光电探测器的响应度；R 是光电探测器的负载阻抗；G 是电放大器的

电压增益；V_{ph} 是光电压，定义为

$$V_{\mathrm{ph}}=\frac{\rho\alpha P_0RG}{2}=I_{\mathrm{ph}}RG \tag{4-3}$$

式中，$I_{\mathrm{ph}}=\rho\alpha P_0/2$，即光电流。在光电振荡器环路内，式 (4-2) 中放大后的信号通过耦合器和滤波器后最终反馈到电光调制器的电学输入端。所以光电振荡器的开环小信号增益 G_{S} 可表达为

$$G_{\mathrm{S}}=\left.\frac{\mathrm{d}V_{\mathrm{out}}}{\mathrm{d}V_{\mathrm{in}}}\right|_{V_{\mathrm{in}}=0}=-\frac{\eta\pi V_{\mathrm{ph}}}{V_{\pi}}\cos\left(\frac{\pi V_{\mathrm{B}}}{V_{\pi}}\right) \tag{4-4}$$

由式 (4-4) 可知，当调制器偏置在正交偏置点，即 $V_{\mathrm{B}}=0$ 或 V_{π} 时，小信号增益 G_{S} 取最大值。同时可以看出，当 $V_{\mathrm{B}}=0$ 时，$G_{\mathrm{S}}<0$，此时调制器处于反偏状态；当 $V_{\mathrm{B}}=V_{\pi}$ 时，$G_{\mathrm{S}}>0$，此时调制器处于正偏状态。

使光电振荡器可以自激振荡的条件之一是开环小信号增益 G_{S} 的幅值大于 1。从式 (4-4) 我们可以得到振荡阈值为

$$V_{\mathrm{ph}}=\frac{V_{\pi}}{\pi\eta\left|\cos\left(\dfrac{\pi V_{\mathrm{B}}}{V_{\pi}}\right)\right|} \tag{4-5}$$

在 $\eta=1$、$V_{\mathrm{B}}=0$ 或 $V_{\mathrm{B}}=V_{\pi}$ 的理想条件下，式 (4-5) 可简化为

$$V_{\mathrm{ph}}=\frac{V_{\pi}}{\pi} \tag{4-6}$$

从式 (4-3) 和式 (4-6) 可以看出环路中的放大器不是必需的。只要满足 $I_{\mathrm{ph}}R\geqslant V_{\pi}/\pi$，就不需要放大器。事实上，光电振荡器振荡所需的能量是由泵浦激光器提供的。因此光电振荡器可通过光纤远距离地泵浦，在没有放大器的光电振荡器环路条件下，可消除放大器带来的噪声，从而得到更稳定的振荡。

假设电光调制器的输入电信号 $V_{\mathrm{in}}(t)$ 是幅度为 V_0、角频率为 ω、初始相位为 β 的正弦波，即

$$V_{\mathrm{in}}(t)=V_0\sin(\omega t+\beta) \tag{4-7}$$

将式 (4-7) 代入式 (4-2)，并将等式左侧利用贝塞尔 (Bessel) 函数[16] 展开，得光电探测器的输出 $V_{\mathrm{out}}(t)$ 为

$$V_{\mathrm{out}}(t)=V_{\mathrm{ph}}\left\{1-\eta\sin\left(\frac{\pi V_0}{V_{\pi}}\right)\left[\mathrm{J}_0\left(\frac{\pi V_0}{V_{\pi}}\right)+2\sum_{m=1}^{\infty}\mathrm{J}_{2m}\left(\frac{\pi V_0}{V_{\pi}}\right)\cos(2m\omega t+2m\beta)\right]\right.$$

$$-2\eta\cos\left(\frac{\pi V_0}{V_\pi}\right)\sum_{m=1}^{\infty}\mathrm{J}_{2m+1}\left(\frac{\pi V_0}{V_\pi}\right)\sin\left[(2m+1)\,\omega t+(2m+1)\,\beta\right]\Bigg\} \tag{4-8}$$

式中，$\mathrm{J}_k\,(\pi V_0/V_\pi)$ 是关于 $\pi V_0/V_\pi$ 的 k 阶 Bessel 函数。假设电滤波器的响应带宽足够窄，那么通过滤波器后的线性化的输出信号为

$$V_{\mathrm{out}}\,(t)=G_{\mathrm{S}}\frac{2V_\pi}{\pi V_0}\mathrm{J}_1\left(\frac{\pi V_0}{V_\pi}\right)V_{\mathrm{in}}\,(t)=G\,(V_0)\,V_{\mathrm{in}}\,(t) \tag{4-9}$$

式中，$G\,(V_0)$ 是电压增益系数，定义为

$$G\,(V_0)=G_{\mathrm{S}}\frac{2V_\pi}{\pi V_0}\mathrm{J}_1\left(\frac{\pi V_0}{V_\pi}\right) \tag{4-10}$$

从式 (4-10) 可以看出，$G\,(V_0)$ 与 V_0 间是非线性关系，且 $G\,(V_0)$ 随 V_0 的增加而单调递减。当输入信号足够小，可利用近似关系 $\mathrm{J}_1\,(\pi V_0/V_\pi)\approx\pi V_0/2V_\pi$，结合式 (4-10) 可得到小信号增益 $G\,(V_0)=G_{\mathrm{S}}$。

将式 (4-2) 利用泰勒级数展开，同样可得增益系数为

$$G\,(V_0)=G_{\mathrm{S}}\left[1-\frac{1}{2}\left(\frac{\pi V_0}{2V_\pi}\right)^2+\frac{1}{12}\left(\frac{\pi V_0}{2V_\pi}\right)^4\right] \tag{4-11}$$

通常 $G\,(V_0)$ 是与输入信号的频率 ω 有关的。为方便计算我们引入一个无单位的滤波器响应函数 $\tilde{F}(\omega)$：

$$\tilde{F}(\omega)=F(\omega)\exp[\mathrm{i}\phi(\omega)] \tag{4-12}$$

式中，$\phi\,(\omega)$ 是环路中色散有关的组件引入的相位变化；$F\,(\omega)$ 是标准化的传输函数。此函数包含环路中所有频率相关的组件的影响，因而可将 $G\,(V_0)$ 看作与频率无关的变量来处理。式 (4-9) 可重写为

$$\tilde{V}_{\mathrm{out}}\,(t)=\tilde{F}(\omega)G\,(V_0)\,\tilde{V}_{\mathrm{in}}\,(\omega,t) \tag{4-13}$$

式中，$\tilde{V}_{\mathrm{in}}\,(\omega,t)$ 和 $\tilde{V}_{\mathrm{out}}\,(t)$ 分别为输入和输出电压的复数表达形式。

与其他类型的振荡器类似，光电振荡器环路的自激振荡过程从瞬变噪声开始，经环路负反馈后建立振荡。瞬变噪声可看作是一系列具有随机相位和幅度的正弦波的集合。我们将式 (4-13) 作为环路响应。由于式 (4-13) 是线性化的，由叠加原

理知，可以通过首先分析噪声谱中的一个单频组分得到光电振荡器的响应。假设单频组分的频率为 ω，那么可将其表示为

$$\tilde{V}_{\text{in}}(\omega,t)=\tilde{V}_{\text{in}}(\omega)\exp(\mathrm{i}\omega t) \tag{4-14}$$

将式 (4-14) 代入式 (4-13)，同时考虑到任意时刻的总光场是所有在环路中的场的叠加，当开环增益小于 1 时，电光调制器电学输入端的信号可表示为

$$\begin{aligned}\tilde{V}(\omega,t)&=G_{\mathrm{A}}\tilde{V}_{\text{in}}(\omega)\sum_{n=0}^{\infty}\tilde{F}(\omega)G(V_0)\exp\left[\mathrm{i}\omega\left(t-n\tau'\right)\right]\\&=\frac{G_{\mathrm{A}}\tilde{V}_{\text{in}}(\omega)\exp(\mathrm{i}\omega t)}{1-\tilde{F}(\omega)G(V_0)\exp\left(-\mathrm{i}\omega\tau'\right)}\end{aligned} \tag{4-15}$$

式中，τ' 是光在环路中传输一周的延迟时间；n 是光在环路中传输的圈数。对应的频率为 ω 的环路噪声功率为

$$\begin{aligned}P(\omega)&=\frac{|\tilde{V}(\omega,t)|^2}{2R}\\&=\frac{G_{\mathrm{A}}^2|\tilde{V}(\omega)|^2/(2R)}{1+\left|F(\omega)G(V_0)\right|^2-2F(\omega)\left|G(V_0)\right|\cos\left[\omega\tau'+\phi(\omega)+\phi_0\right]}\end{aligned} \tag{4-16}$$

由式 (4-16) 易知，当频率满足如下条件时，功率为峰值：

$$\omega\tau'+\phi(\omega)+\phi_0=2k\pi,\quad k=0,1,2,\cdots \tag{4-17}$$

式中，k 为模式数；当 $G(V_0)>0$ 时，$\phi_0=0$；当 $G(V_0)<0$ 时，$\phi_0=\pi$。由于滤波器的存在，由式 (4-17) 决定的振荡峰值中只有一个峰的增益可以大于 1，该振荡峰每通过环路一次就被放大一次。随着振荡幅度的增大会产生高次谐波，而高次谐波会被滤波器滤除。滤波器滤除高次谐波的过程会消耗环路的能量，最终会使环路增益略小于 1，从而建立自激振荡。设振荡频率为 $\omega_{\text{osc}}=2\pi f_{\text{osc}}$，振荡幅度为 V_{osc}，功率为 $P_{\text{osc}}=V_{\text{osc}}^2/2R$。假设电放大器的线性度足够好，那么振荡功率主要由电光调制器的非线性特性限制。自激振荡时式 (4-16) 中的 $|G(V_0)|$ 应为 1，由 $G(V_0)$ 的定义式 (4-10) 得

$$\frac{\pi V_{\text{osc}}}{2\left|G_{\mathrm{S}}\right|V_\pi}=\left|\mathrm{J}_1\left(\frac{\pi V_{\text{osc}}}{V_\pi}\right)\right| \tag{4-18}$$

通过式 (4-18) 可求解出 V_{osc}。

还可由式 (4-11) 求出 V_{osc}：

$$V_{\text{osc}}=\frac{2\sqrt{2}V_{\pi}}{\pi}\sqrt{1-\frac{1}{|G_{\text{S}}|}} \tag{4-19}$$

$$V_{\text{osc}}=\frac{2\sqrt{3}V_{\pi}}{\pi}\sqrt{1-\frac{1}{\sqrt{3}}\sqrt{\frac{4}{|G_{\text{S}}|}-1}} \tag{4-20}$$

式 (4-19) 和式 (4-20) 分别由式 (4-11) 的三阶和五阶的泰勒展开式求得。

由式 (4-17) 可知，光电振荡器的振荡频率与电光强度调制器的偏置状态有关，当 $\phi_0=\pi$，即 $G(V_0)<0$ 时，振荡频率为

$$f_{\text{osc}}=\frac{k+1/2}{\tau} \tag{4-21}$$

当 $\phi_0=0$，即 $G(V_0)>0$ 时，振荡频率为

$$f_{\text{osc}}=\frac{k}{\tau} \tag{4-22}$$

式中，k 为正整数；τ 是信号绕环路一周的总时延，包括环路的长度带来的时延 τ' 和环路中色散部件带来的群时延 $\mathrm{d}\phi(\omega)/\mathrm{d}\omega$：

$$\tau=\tau'+\left.\frac{\mathrm{d}\phi(\omega)}{\mathrm{d}\omega}\right|_{\omega=\omega_{\text{osc}}} \tag{4-23}$$

考虑到光电振荡器的自激振荡过程，可以通过振荡器的噪声的功率谱密度得到其频谱特性。光电振荡器环路中的噪声包括热噪声、散粒噪声以及激光器的强度噪声等。为了分析方便，可将噪声看作是由光电探测器产生后注入放大器中的。假设 $\rho_N(\omega)$ 是频率为 ω 时的输入噪声的功率密度，那么：

$$\rho_N(\omega)\Delta f=\frac{\left|\overline{V_{\text{in}}}(\omega)\right|^2}{2R} \tag{4-24}$$

式中，Δf 是频带宽度。将式 (4-24) 代入式 (4-16) 并假设 $F(\omega_{\text{osc}})=1$，可得

$$\begin{aligned}S_{\text{RF}}(f')&=\frac{P(f')}{\Delta f P_{\text{osc}}}\\&=\frac{\rho_N G_{\text{A}}^2/P_{\text{osc}}}{1+|F(f')G(V_{\text{osc}})|^2-2F(f')|G(V_{\text{osc}})|\cos(2\pi f'\tau)}\end{aligned} \tag{4-25}$$

式中，频偏 $f' = (\omega - \omega_{\mathrm{osc}})/2\pi$。通常情况下，振荡器振荡模式的频谱宽度远小于模式间隔 $1/\tau$，因此归一化条件可写为

$$\int_{-\infty}^{+\infty} S_{\mathrm{RF}}(f')\,\mathrm{d}f' = \int_{-1/2\tau}^{+1/2\tau} S_{\mathrm{RF}}(f')\,\mathrm{d}f' = 1 \tag{4-26}$$

将式 (4-26) 代入式 (4-25)，并取 $|F(f')| \approx 1$，可得

$$1 - |G(V_{\mathrm{osc}})|^2 \approx 2 - 2|G(V_{\mathrm{osc}})| = \frac{\rho_N G_{\mathrm{A}}^2}{\tau P_{\mathrm{osc}}} \tag{4-27}$$

将式 (4-27) 代入式 (4-25)，可得光电振荡器的频谱密度为

$$S_{\mathrm{RF}}(f') = \frac{\delta}{\left(2 - \dfrac{\delta}{\tau}\right) - 2\sqrt{1 - \dfrac{\delta}{\tau}}\cos(2\pi\tau f')} \tag{4-28}$$

式中，δ 为振荡器输入的噪声与信号之比：

$$\delta = \frac{\rho_N G_{\mathrm{A}}^2}{P_{\mathrm{osc}}} \tag{4-29}$$

当 $2\pi\tau f'$ 足够小 ($\ll 1$) 时，可通过泰勒级数将式 (4-28) 化简为

$$S_{\mathrm{RF}}(f') = \frac{\delta}{\left(\dfrac{\delta}{2\tau}\right)^2 + (2\pi\tau f')^2} \tag{4-30}$$

显然，化简后的 $S_{\mathrm{RF}}(f')$ 是洛伦兹函数，因而脉冲宽度即半峰全宽 (FWHM) 为

$$\Delta f_{\mathrm{FWHM}} = \frac{\delta}{2\pi\tau^2} = \frac{\rho_N G_{\mathrm{A}}^2}{2\pi\tau^2 P_{\mathrm{osc}}} \tag{4-31}$$

由式 (4-31) 可知，振荡器振荡模式的半峰全宽与输入噪声和信号的比值 δ 成正比，与信号在环腔内的时延 τ 的平方成反比。而且可以看出，在其他条件相同的情况下，脉冲宽度 Δf_{FWHM} 与振荡信号的功率 P_{osc} 成反比，但实际上，由于 P_{osc} 和 ρ_N 均为光电流的函数，此说法只有在光电流很小时才成立。

由式 (4-31) 可得振荡器的品质因子为

$$Q = \frac{f_{\mathrm{osc}}}{\Delta f_{\mathrm{FWHM}}} = 2\pi f_{\mathrm{osc}}\frac{\tau^2}{\delta} = Q_{\mathrm{D}}\frac{\tau}{\delta} \tag{4-32}$$

式中，Q_{D} 为

$$Q_{\mathrm{D}} = 2\pi f_{\mathrm{osc}}\tau \tag{4-33}$$

由式 (4-30) 可知，光电振荡器的核心优势之一是可借助低损耗的光纤等高 Q 值光电子器件储能，从而拥有极低的相位噪声特性。通过采用 16 km 的长光纤和高性能的光电子器件，光电振荡器所产生的信号的相位噪声低至 −163 dBc/Hz@6 kHz[19]，对应的信号的振荡频率约为 10 GHz。

4.2.2 单材料体系集成化光电振荡器

虽然基于分立器件搭建的光电振荡器系统具有一系列的优势，但尺寸大和功耗高的缺陷仍然限制了其在实际应用中的普及。特别是机载雷达与卫星通信等先进应用场合，对系统的体积和质量有严格的要求。为解决这些问题，美国 OEwaves 公司研制了一款集约型的光电振荡器，通过微组装技术实现光电振荡器的小型化[4]。其封装后的尺寸仅有一枚硬币大小，输出频率在 34~36 GHz 可调，输出功率为 6 dBm，相位噪声为 −108 dBc/Hz@10 kHz。近些年来，随着微波光子集成技术的快速发展，已有一系列尺寸紧凑且功耗低的部分集成甚至完全集成的光电振荡器问世[20−39]。目前，光电振荡器的集成可以在硅、磷化铟、硫族化合物等不同平台上实现。理想情况下，所有光电振荡器环路中的光学和电学器件应集成在一起，以最大限度地减小其尺寸和高功耗；然而，由于集成设备的结构复杂或性能较差，高性能完全集成的光电振荡器仍然具有挑战性。

最直观的部分集成光电振荡器的方案是集成一些光电振荡器内的核心器件，如激光器[28−32]、微环谐振器[33−38] 和非线性介质[39] 等。研究人员提出并实现了一种基于受激布里渊散射效应的部分集成光电振荡器，其中激发受激布里渊散射效应的非线性介质为硫族化合物芯片[39]。在硫族化合物芯片中的受激布里渊散射效应的作用下，该部分集成光电振荡器中用于选模的滤波器的通频带的中心频率可通过改变激光器的发光频率实现宽带调谐，因此光电振荡器的输出频率也可实现宽带可调谐。基于受激布里渊散射效应的部分集成光电振荡器的频率调谐范围在 5~40 GHz，且除少数频偏位置外，部分集成光电振荡器的相位噪声优于高性能的电学微波信号源。

为进一步提高光电振荡器的集成度，中国科学院半导体研究所微波光电子课题组和西班牙瓦伦西亚理工大学的科研人员合作，提出一款磷化铟 (InP) 基全光集成的光电振荡器 [20,21]。从图 4-2 所示的系统结构图中可以看出，该集成化光电振荡器是一个单环路的结构，采用一只高速直调激光器来实现光源和电光调制的功能，调制后的信号送入光延迟线以增加链路的 Q 值，光延迟线输出的信号随后被送入光电探测器进行光电转换，从而得到对应的微波信号。微波信号在电路中首先进行滤波处理，滤波后的信号通过电放大器进行放大，从而补偿链路的损耗。

放大后的信号经功分器分为两路，一路反馈回高速直调激光器形成闭合的光电振荡器回路，另一路输出至光电振荡器腔外。在这项工作中，光电振荡器中所有的光电子器件，包括高速直调激光器、光延迟线和光电探测器等，实现了 InP 单片集成。光电振荡器中的电器件制作到了印制电路板 (printed-circuit board, PCB) 上，并通过引线键合的方式实现了与光芯片的互连。如图 4-3 所示，该全光集成光电振荡器的面积仅为 5 cm×6 cm，比一元的硬币稍大。放大后的光芯片面积仅占该全光集成光电振荡器面积的很小一部分。由于光电振荡器链路中存在色散效应，通过改变激光器的发光波长，可改变光电振荡器的有效腔长，从而改变其振荡频率。如图 4-4 所示为该全光集成光电振荡器分别工作于约 7.30 GHz 和 8.87 GHz 两个状态时的输出频率、调谐特性和相位噪声测试结果。可以看出，该全光集成光电振荡器在两个状态均可实现频率可调谐，频率调谐的范围约 20 MHz，信号的相位噪声约 −92 dBc/Hz@1 MHz。

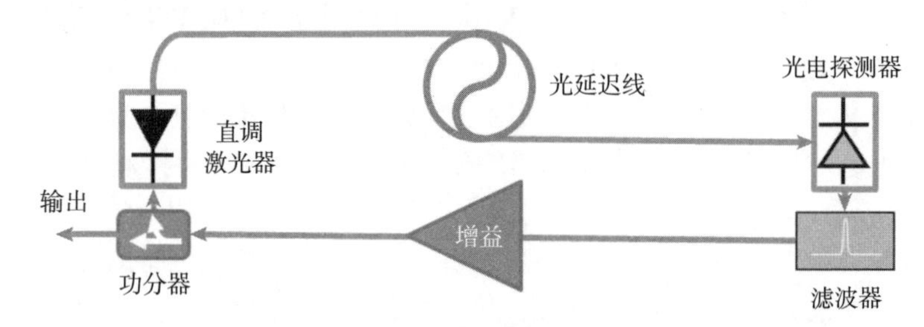

图 4-2　InP 基全光集成光电振荡器结构图

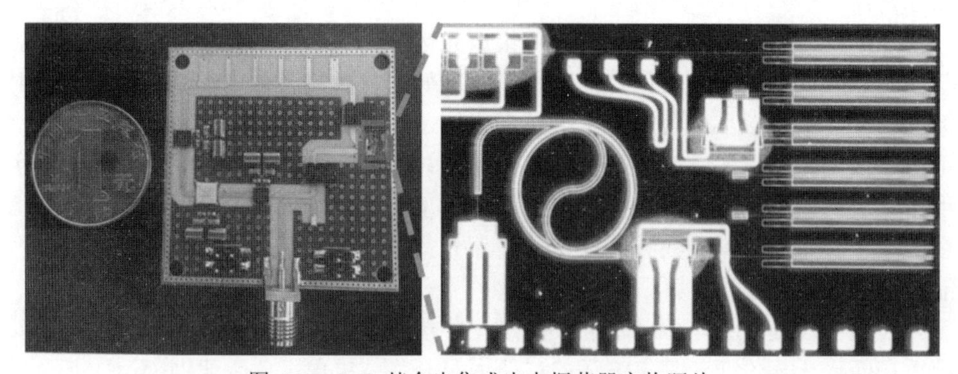

图 4-3　InP 基全光集成光电振荡器实物照片

除 InP 和硫族化合物集成光电振荡器外，硅基集成光电振荡器在近年来也被广泛研究。如前面的章节所述，硅材料由于和传统的 CMOS 工艺兼容，在光电融合集成和大规模制备等方面具有显著的优势。加拿大渥太华大学的研究人员提出了一款硅基集成光电振荡器[22]，其核心的高速相位调制器、可调谐微盘滤波器和

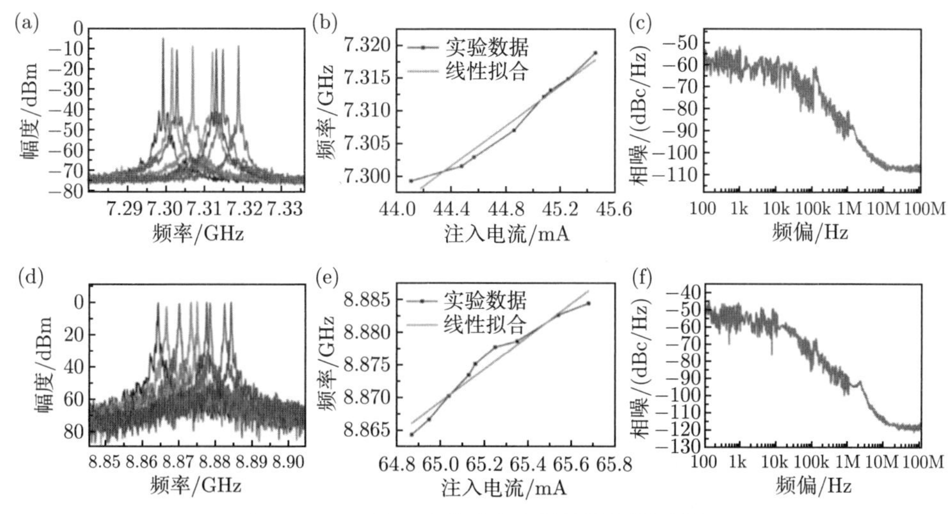

图 4-4 InP 基全光集成光电振荡器的测试结果

两种状态下的频谱 (a、d)、注入电流与频率的关系 (b、e)、相位噪声 (c、f)

高速光电探测器在硅基衬底上实现了集成。可以看到芯片本身的尺寸非常小。结合外置的激光器和电放大器等分立器件，当环路的增益大于损耗时该光电振荡器可产生所需的微波信号。在这个工作中，可调谐微盘滤波器的直通端的输出信号被送到光电探测器中，所以可调谐微盘滤波器在此处用作光陷波滤波器。因此，该硅基集成光电振荡器中的等效微波滤波器为基于相位调制到强度调制转换的可调谐微波光子滤波器。通过改变外置激光器的发光频率或可调谐微盘滤波器的陷波位置，该硅基集成光电振荡器可实现频率的宽带可调谐。其输出信号频率的调谐范围约在 7~8 GHz，信号在 10 kHz 频偏处的相位噪声约为 −80 dBc/Hz。

如前所述，硅材料的一个优势是和传统 CMOS 工艺兼容，因此可在同一材料体系下实现光电融合集成。Luxtera、OEwaves 和 Forza Silicon 三家公司联合报道了一款光电融合集成的光电振荡器[23]。在此项工作中，光电振荡器内所需的电光调制器和光电探测器，以及包含电放大器、电滤波器在内的所有电子器件，一起实现了硅基集成。结合外置的光放大器、光延迟单元，该光电融合集成光电振荡器可形成完整的闭环工作，自激振荡得到约 10.2 GHz 的微波信号，信号在 10 kHz 频偏处的相位噪声约为 −112 dBc/Hz。

4.2.3 混合集成光电振荡器

虽然硅衬底可实现光电子器件和电学器件在同一衬底下的融合集成，但由于硅是间接带隙材料，高性能硅基激光器和放大器的实现仍然是业界亟须解决的一大难题。一个可能的解决思路是采用掺杂的手段，利用掺杂材料实现硅基的放大和发光。此外还可通过混合集成的手段，将基于不同衬底的芯片集成到一起，从而实现高性能的集成光电振荡器。图 4-5 所示为中国科学院半导体研究所设计实现的一款混合集成的光电振荡器[24]，研究人员实现了光电振荡器内的激光器芯片、硅光芯片和电芯片的混合集成。其中激光器芯片为高功率低噪声分布式反馈激光器，硅光芯片上制备了高速电光调制器和光电探测器，电芯片上制备了电放大器、偏置器和可变光衰减器等。结合磁控的钇铁石榴子石滤波器和小型化的保偏光纤环，该混合集成光电振荡器同时实现了频率宽带可调谐和低相位噪声。图 4-6 为该混合集成光电振荡器的输出频率和相位噪声的实测结果。可以看出，其输出频率覆盖微波上常用的 C、X 和 Ku 波段，频率最高达到 18 GHz，且全

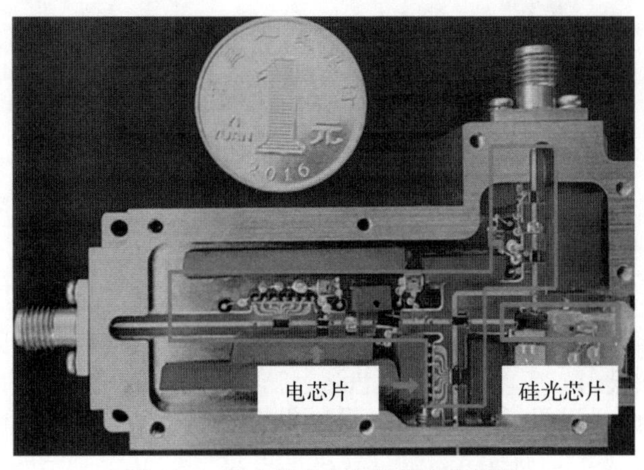

图 4-5　混合集成光电振荡器实物图

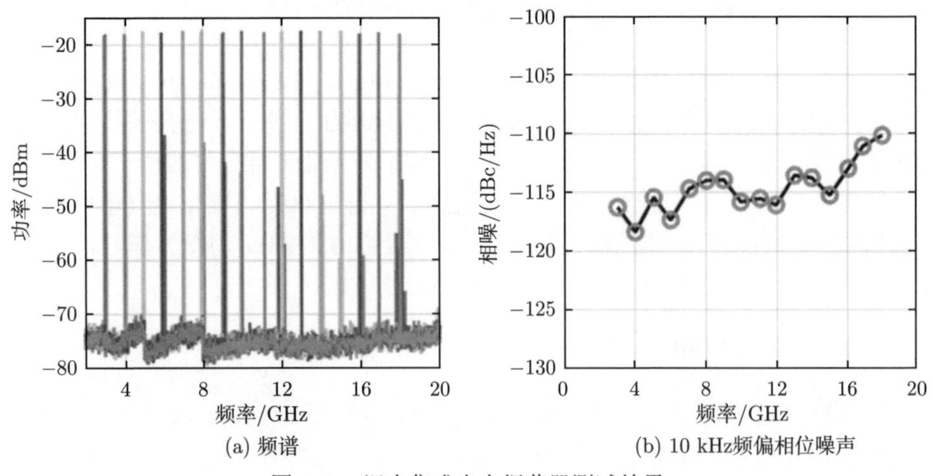

(a) 频谱　　(b) 10 kHz频偏相位噪声

图 4-6　混合集成光电振荡器测试结果

频带内的相位噪声优于 -110 dBc/Hz@10 kHz。

4.3 集成化任意波形产生芯片

4.3.1 任意波形产生的基本原理

除基于集成化光电振荡器的单频微波信号产生芯片外，任意波形产生芯片同样是近年来集成微波光子学研究的重点内容之一[40]。微波任意波形广泛应用于雷达、通信和现代仪器等领域中，然而，传统的基于电学手段的任意波形产生方案受电子学瓶颈的限制，且面临着信噪比随频率的升高而恶化的问题。基于微波光子学的任意波形产生技术可以突破传统电子学技术的瓶颈，产生大带宽和高中心频率的任意波形信号。本节将对近年来利用集成微波光子学的手段产生任意波形的进展进行简要介绍。

基于频谱整形与波长–时间映射是最常用的微波光子任意波形产生方案之一。图 4-7 所示为该方案的典型原理图[40−42]。此方案采用的器件包括激光脉冲源、光谱整形器、色散介质和高速光电探测器等。激光脉冲源发出的超短脉冲信号首先被光谱整形器处理，光谱整形器本质上是一个光滤波器，可对输入信号的光谱做对应的滤波整形。整形后的光脉冲被送入色散介质进行波长–时间映射处理。由于色散介质的线性群延迟特性，其输出信号可表示为[12−14,43−44]

$$
\begin{aligned}
y(t) &= g(t) \times \exp\left(\mathrm{j}\frac{t^2}{2\ddot{\Phi}}\right) = \int_{-\infty}^{\infty} g(\tau) \times \exp\left[\mathrm{j}\frac{(t-\tau)^2}{2\ddot{\Phi}}\right] \mathrm{d}\tau \\
&= \exp\left(\mathrm{j}\frac{t^2}{2\ddot{\Phi}}\right) \times \int_{-\infty}^{\infty} g(\tau) \times \exp\left(\mathrm{j}\frac{\tau^2}{2\ddot{\Phi}}\right) \times \exp\left[-\mathrm{j}\left(\frac{t}{\ddot{\Phi}}\right)\tau\right] \mathrm{d}\tau \\
&\approx \exp\left(\mathrm{j}\frac{t^2}{2\ddot{\Phi}}\right) \times \int_{-\infty}^{\infty} g(\tau) \times \exp\left[-\mathrm{j}\left(\frac{t}{\ddot{\Phi}}\right)\tau\right] \mathrm{d}\tau \\
&= \exp\left(\mathrm{j}\frac{t^2}{2\ddot{\Phi}}\right) \times G(\omega)\Big|_{\omega=\frac{t}{\ddot{\Phi}}}
\end{aligned} \tag{4-34}
$$

式中，$g(t)$ 为输入激光脉冲；$G(\omega)$ 为 $g(t)$ 的傅里叶变换。可以看出，处理后信号的时域包络 $y(t)$ 正比于输入信号的傅里叶变换，即输出信号波形正比于光谱整形器的幅度滤波特性。因此，通过高速光电探测器探测后，可得到波形正比于光谱整形器的幅度滤波特性的微波波形。因此，光谱整形器是该方案的核心组件，其幅度滤波特性决定着所产生的微波信号的波形。

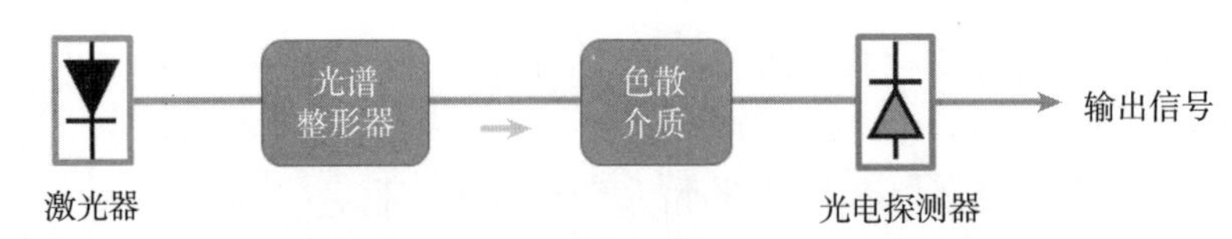

图 4-7　基于频谱整形与波长–时间映射的微波光子任意波形产生技术原理图

4.3.2　线性调频信号产生芯片

近年来，研究人员基于不同类型的集成光谱整形器，提出了一系列产生不同类型的微波波形的集成化方案[45−51]。其中，线性调频微波信号的产生受到了研究人员的广泛关注。线性调频微波信号即信号的频率随时间线性变化的信号，为产生这一类型的信号，光谱整形器的滤波响应需具备逐渐增大或减小的自由光谱范围。加拿大渥太华大学提出了一款基于级联微环谐振器的硅基集成光谱整形器[45]。级联的各个微环谐振器拥有不同的半径，因此其滤波响应各不相同。通过合理地设置各个微环谐振器的半径，级联后的光谱整形器可拥有逐渐增大或减小的自由光谱范围，因此可分别产生对应波形的线性调频微波信号。通过此方案成功产生了瞬时频率高达 15.5 GHz 的线性调频微波信号。与此同时，由于信号的持续时间较短，信号的时间带宽积较低，仅为约 18.7。

为进一步提高所产生的线性调频微波信号的时间带宽积，渥太华大学的同一研究团队提出了一种基于线性啁啾布拉格光栅的改进型方案[46]，此方案采用马赫–曾德尔干涉仪的结构，其中包含两个具有相反啁啾率的线性啁啾布拉格光栅。不同波长的光信号在光栅的不同位置被反射，由于干涉效应，该光谱整形器的滤波特性的自由光谱范围与波长相关。设计时马赫–曾德尔干涉仪下方的一臂上加入了一段可调谐的波导，用以改变上下两臂的长度差，从而实现光谱整形器的滤波特性和所产生的线性调频微波信号的波形的调谐。此方案信号的瞬时带宽约 30 GHz，持续时间约 20.5 ns，对应的时间带宽积约 615。此外，为进一步提高所产生线性调频微波信号的可调谐性，研究人员后续提出了基于电学可调线性啁啾布拉格光栅的方案[50]，通过调谐光栅的滤波特性实现了啁啾率连续可调的线性调频微波信号产生。

除单个线性调频微波信号的产生外，通过光谱整形器的波长复用设计，也可以实现多个线性调频微波信号的同时产生。加拿大麦吉尔大学和凡尼尔学院提出了可同时产生两个线性调频微波信号的光谱整形器芯片。研究人员设计了两款光学芯片，均可实现两个线性调频微波信号的同时产生。第一款芯片采用了基于分布式法布里–珀罗腔的光学复用方案。此方案包含了两个具有相反自由光谱范围变化率的分布式法布里–珀罗腔，因此可同时产生具有相反啁啾率的线性调频微波信号。第二款芯片采用了基于波导阵列萨尼亚克干涉仪的光学复用方案，其中干涉仪由两个线性啁啾布拉格光栅组成。每个芯片的滤波响应包含两个频段，因此可同时产生两个线性调频微波信号。所产生的微波信号的时域波形和光谱整形器的滤波响应具有良好的对应关系。

4.3.3 复杂波形产生芯片

除线性调频信号外，来自美国普渡大学和中国科学院上海微系统与信息技术研究所的研究人员还提出了一款可编程的任意波形产生芯片[52]。研究人员设计了由八组不同半径的微环谐振器组成的八通道光谱整形器，用于对光脉冲信号进行复制、延时和重组。每个通道的波长由对应的微环谐振器的滤波特性决定，由于每个通道延迟线长度的不同，各通道的光脉冲在时域上有不同的延时。每个通道脉冲的幅度也可通过通道前后两个微环谐振器滤波特性的失配来调节。此方案与前述基于波长–时间映射方案的原理不同，可在不依赖色散介质的条件下实现可重构的任意波形产生。图 4-8 所示是实验产生的一些微波波形的瞬时频率图，可以看出，基于该方案成功实现了突发脉冲、切趾突发脉冲、线性调频等不同类型微波信号的产生。

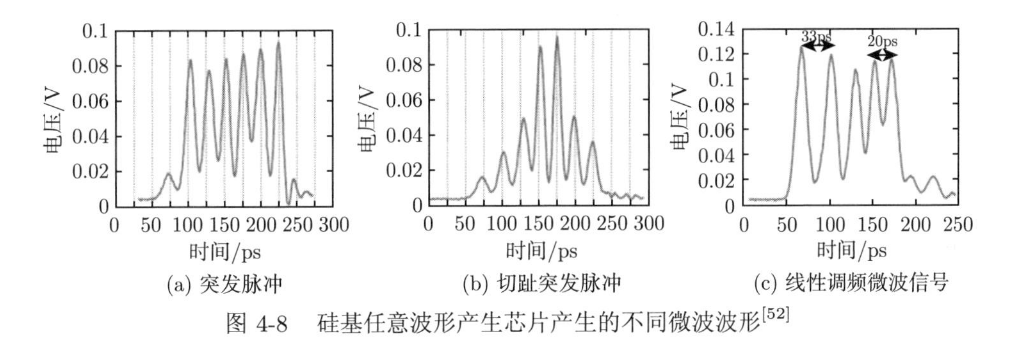

(a) 突发脉冲 (b) 切趾突发脉冲 (c) 线性调频微波信号

图 4-8 硅基任意波形产生芯片产生的不同微波波形[52]

4.4 光外差信号产生芯片

4.4.1 光外差法的基本原理

低相位噪声、高频率稳定性、频率可调的微波信号源在无线通信、雷达、软件定义的无线电、现代仪器等领域有广泛的应用[53−56]。传统的利用电子电路产生微波信号的方法需要经过多次倍频才能得到所需的微波信号频率，且该方法系统复杂，价格昂贵。此外，在一些应用 (如通信网络) 中，产生的微波信号需经过较长的距离传输到远程站点，而同轴电缆等电子传输网络传输损耗较大，不能直接利用电子传输网络完成微波信号的分配。由于光纤的宽带宽和低损耗的特征，如果将微波信号加载在光纤上传输，便可克服上述困难。因此，光生微波技术可完成微波信号从中央工作区到远程站点的传输，简化系统的要求[1]。

光生微波信号的方法包括光外差法和光电振荡器法等[53]。

可简单地将两束具有不同频率的光经过光耦合器相加后送入光电探测器，在光电探测器上差频即可产生微波信号。这种方法称为光外差法，其原理如图 4-9 所示[1]。假设输入两束光信号分别为

$$E_{01}(t) = \cos(\omega_1 t + \varphi_1) \tag{4-35}$$

$$E_{02}(t) = \cos(\omega_2 t + \varphi_2) \tag{4-36}$$

式中，E_{01} 和 E_{02} 分别为两束光的幅度；ω_1 和 ω_2 分别为两束光的角频率；φ_1 和 φ_2 分别为对应的初始相位。两束光经耦合器合束以后经光电探测器探测得到的光电流为

$$\begin{aligned} I_{\text{out}} &= \Re[E_{01}(t) + E_{02}(t)]^2 \\ &= \Re\{P_{01} + P_{02} + 2E_{01}E_{02}\cos[(\omega_1 - \omega_2)t + (\varphi_1 - \varphi_2)]\} \end{aligned} \tag{4-37}$$

式中，$\Re$ 是光电探测器的响应度；P_{01} 和 P_{02} 分别为两光场的平均功率。由于光电探测器带宽的限制，实际探测得到的光电流为

$$I = 2\Re E_{01}E_{02}\cos[(\omega_1 - \omega_2)t + (\varphi_1 - \varphi_2)] \tag{4-38}$$

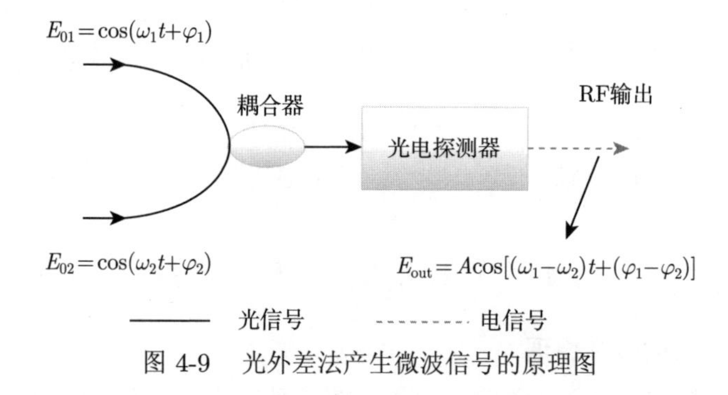

图 4-9 光外差法产生微波信号的原理图

由式 (4-38) 可知，两个不同频率的光信号拍频产生了新的频率为 $|\omega_1 - \omega_2|$ 的信号。该方法可以产生频率高达太赫兹的电信号，可以通过改变从激光器发出的两束光的频率来改变拍频产生的新信号的频率。若激光器的中心波长为 1310 nm，当光波长改变 1 nm 时，对应的频率变化量为

$$\Delta f = (c/\lambda^2)\Delta\lambda \approx 175 \text{ GHz} \tag{4-39}$$

因此，要产生 10 GHz 的微波信号，激光器的波长只需改变 0.057 nm。

在一般情况下，从两个自由运转的激光器发出的两束光是不相干的，它们的相位差是不确定的，因而它们拍出来的微波信号会有较大的相位噪声。为了改善所产生的微波信号的质量，须通过相位锁定技术消除两个光信号的相位波动。近年来各国的研究人员提出了许多新的方法来得到低相位噪声的微波信号。这些方法可分为如下几类[53]：① 光注入锁定 (OIL)；② 光锁相环 (OPLL)；③ 基于外调制的方法；④ 基于双波长单纵模激光器产生微波信号。

4.4.2 基于光注入的光外差信号产生芯片

此处介绍一种利用光注入的将电吸收调制器 (EAM) 和分布反馈式布拉格激光器 (distributed feedback Bragg laser, DFBL) 集成在一起的光外差信号产生芯片 (electro-absorption modulator laser, EML)[57]。

4.4.2.1 基于光注入的微波信号产生

图 4-10 是利用 EML 产生微波信号的实验装置图。图中，EML 产生一束光，窄线宽可调谐激光器产生另一束光，并通过一个光环行器注入 EAM。这两束光在调制器中混合。反偏的 EAM 可以用作高频光电探测器 [58−62]，因此调制器中会产生一个微波信号。信号的频率取决于两束光的波长差，功率为 [59]

$$P_{\text{Microwave}} = \frac{1}{4}(mP_{\text{opt}}R)^2R_{\text{d}} \tag{4-40}$$

式中，m 是调制深度；P_{opt} 是耦合进 EAM 中的光功率；R 是直流响应率；R_{d} 是负载阻抗。

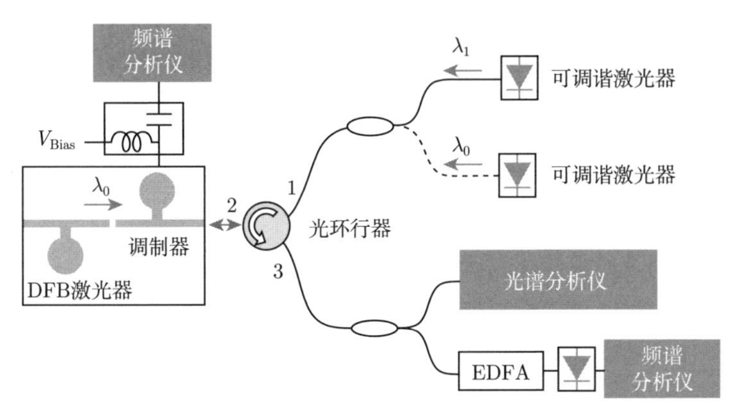

图 4-10　利用 EML 在注入光波长为 λ_1 情况下的微波信号产生实验装置图

EAM 通过一个偏置器偏置，产生的微波信号由电频谱分析仪测量。光环行器端口 3 的输出包括 DFB 激光器的光波和可调谐激光器的光波。混合的光波由一个光纤耦合器分成两束，一束进入光谱仪用于分析光谱，另一束通过一高速 PD

后进入频谱分析仪。通过这样的方式，EAM 中产生的微波信号以及高速 PD 处产生的微波信号可以被同时探测。

实验中用的 EML 是通过两步低压金属有机物气相外延工艺制作的。图 4-11(a) 是 EML 的截面结构图。首先，在基底上做了一对用于选择区域生长 (SAG) 的 SiO_2 面罩图案。其次，在第一次外延生长中生长了多量子阱 (MQW) 结构和分立限制异质层。MQW 结构由 10 个压缩的 InGaAsP 量子阱和 9 个晶格匹配的 InGaAsP 势垒层构成。在 MQW 层的两侧生长了分立限制异质层。SAG 过程使得调制器与 DFB 激光器之间有 50 nm 的间距。均匀光栅只在激光器区域生长。再次，在第二次外延生长中生长了一个薄的 P-InP 包层和一个 InGaAs 盖层。最后是 DFB 激光器和 EAM 部分的传统脊形生长过程。DFB 激光器和 EAM 部分之间的电学绝缘是通过将它们之间的良导电性的 InGaAs 包层刻蚀掉并离子注入 He^+ 来实现的。标准的 P 和 N 接触面最后被制作到顶层和底层。该集成器件被封装进蝶形外壳，未使用光学隔离器。

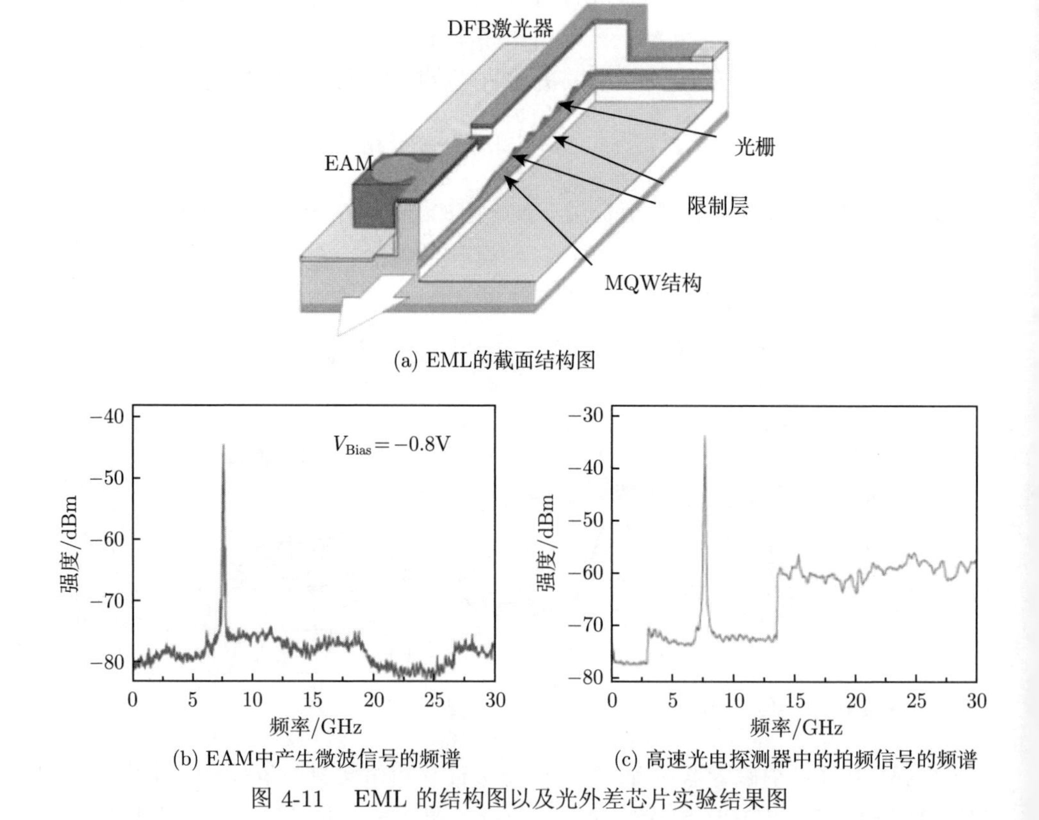

(a) EML的截面结构图

(b) EAM中产生微波信号的频谱

(c) 高速光电探测器中的拍频信号的频谱

图 4-11　EML 的结构图以及光外差芯片实验结果图

在测量中，DFB 激光器被偏置在 60 mA，输出波长为 1541.625 nm。可调谐激光器的波长被调至接近 DFB 激光器的波长，频率差在 30 GHz 以内。EAM 偏置在 −0.8 V。在调制器的衰减后在 EML 的猪尾式光纤处测得的光功率为 39 μW。光环行器的端口 2 处测得的注入光功率为 1.3 mW。

当窄线宽可调谐激光器的波长被调至 1541.686 nm 时，频率差为 7.5 GHz。图 4-11(b) 显示 EAM 中产生微波信号的频谱。图 4-11(c) 显示高速 PD 中产生两个光波之间的拍频信号。

图 4-12 显示了在不同的注入波长下 (步进为 2.5 GHz)EAM 中产生的微波信号以及高速 PD 中产生的微波信号的频谱。在测量中，波长是逐渐增加的。显然，EAM 中产生的微波信号和光电探测器中产生的微波信号频率相同但振幅不同，因为频谱测量是同时完成的。图中的峰值还显示了 EAM 和高速 PD 的频率响应 [63]。

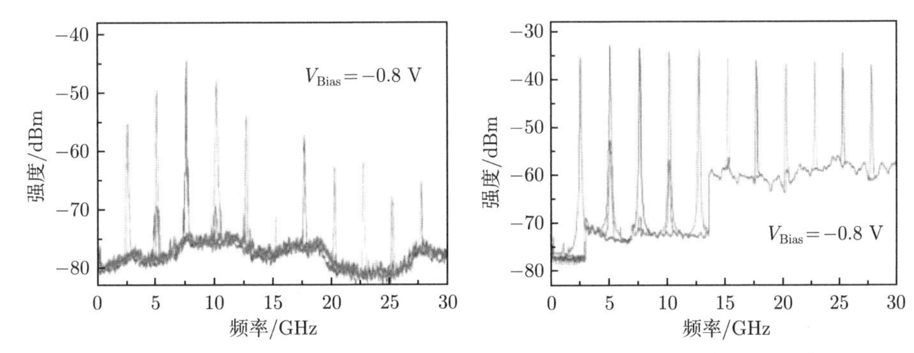

图 4-12 EAM 中产生微波信号的频谱以及高速 PD 中的拍频信号的频谱 (一)

图 4-13 显示了注入光的波长逐渐减小时测得的频谱。对比图 4-12 和图 4-13 可以发现两种情况下得到的微波信号波长几乎是相同的。

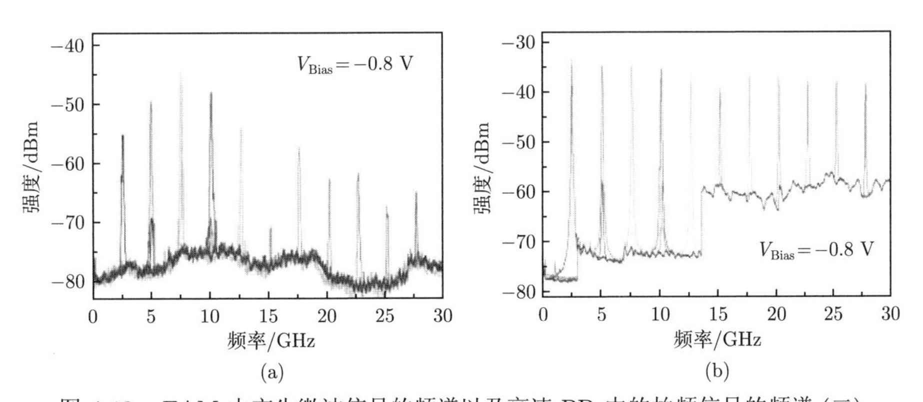

图 4-13 EAM 中产生微波信号的频谱以及高速 PD 中的拍频信号的频谱 (二)

图 4-14 显示了当调制器偏置在 −0.8 V 且注入光波长以 7.5 GHz 的步进逐渐增大时在不同的注入光功率下测得的微波信号峰值的振幅。微波信号功率呈线性正比于注入光功率[64]。

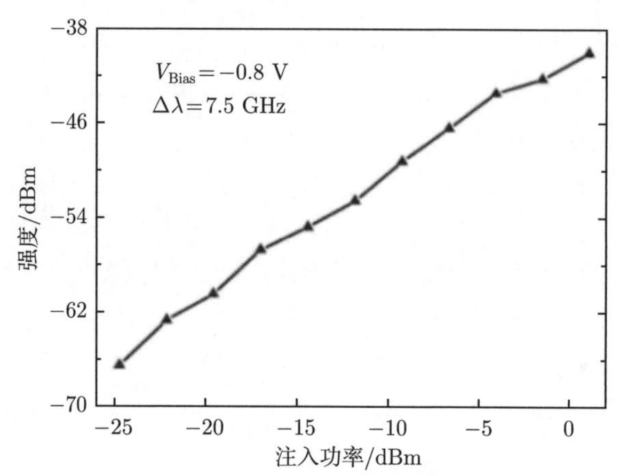

图 4-14 在不同注入光功率下 DFB 激光器的光波和窄线宽可调谐激光器的光波之间的拍频测得的强度

4.4.2.2 DFB 激光器中的四波混频效应

图 4-15 显示了当可调谐激光器的光功率为常数时测得的 EAM 中产生微波信号峰值。在实验中，DFB 激光器的波长是固定的，并且通过调节可调谐激光器的波长使得可调谐激光器与 DFB 激光器的波长差在 30 GHz 的频率范围内变化。拍频信号峰 (黑圈) 的连线显示了 EAM 用作光电探测器时的频率响应[64]。可以看出频率响应并不光滑，尤其在低频处。

为了检查谐振的来源，将 DFB 激光器关闭并替换成另一个外部可调谐激光器，测试结果 (白圈) 画在图 4-15 中。将白圈与黑圈的结果进行对比，可以发现低频处有明显区别。低频处的谐振被认为是源于 DFB 激光器激活层中的四波混频效应。当注入的波长被调至接近 DFB 激光器的波长时，四波混频效应会变强很多，这导致了低频处的频率响应下降，并且 DFB 激光器可能被锁定至注入的波长。

当 EAM 被用作调制器时，用矢量网络分析仪测量其频率响应情况，结果如图 4-15 中实线所示。该种情况下网络分析仪的微波信号被施加到 EAM 上。DFB 激光器产生的光波通过调制器被调制而后被光电探测器探测。显然，当 DFB 激光器被关闭或不存在光注入时，四波混频效应消失了。从图 4-15 的结果中还可以看出，频率响应在大约 15 GHz 和 20 GHz 处有所下降，这是由于 EML 的封装寄生效应。

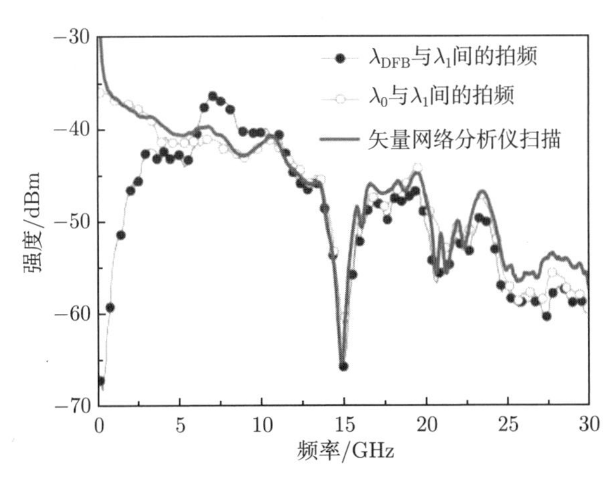

图 4-15 在不同的注入波长下 DFB 激光器和可调谐激光器之间的拍频信号测得的强度（黑圈）白圈显示当 DFB 激光器被换成另一个可调谐激光器时的结果；粗实线显示的是由矢量网络分析仪测得的频率响应

图 4-16 展示了在不同光注入波长下测得的光谱。一系列峰的出现是由于四波混频效应，并且相邻峰的波长间距恰好是入射光波波长和 DFB 激光器本身波长的差值。随着波长差增加，峰的幅度迅速下降。这说明四波混频效应在高频下变弱很多，这一现象也支持低频下的弱响应是由 DFB 激光器激活层中的四波混频效应导致的论点。

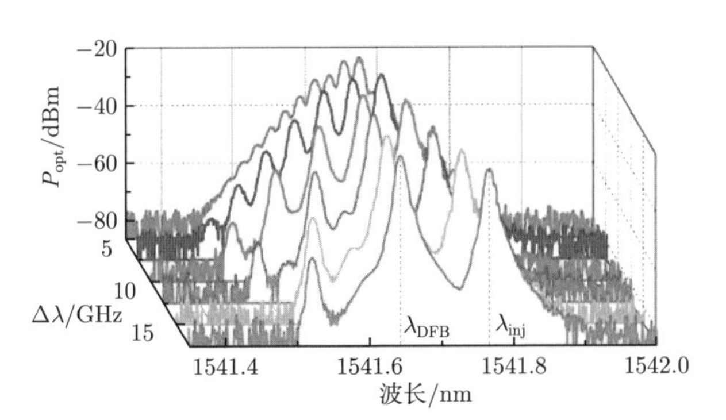

图 4-16 不同注入波长下测得的光谱

4.4.2.3 EAM 的频率响应估测

上文中已经提到，当两束光波入射进 EAM，调制器中会产生微波信号。产生微波的频率取决于两束光的波长差。在这里调制器被用作光电探测器。当调制器被当作调制器时，它的频率响应可以直接用矢量网络分析仪测得。从图 4-15 的测试结果中可以看出，调制器被用作调制器和光电探测器两种情况下的频率响应几乎是相同的。因此，调制器的频率响应可以用图 4-10 中的方案估测。

图 4-17 是 EAM 中以及高速 PD 中产生微波信号的强度随调制器偏压的变化关系，参数是光波长的差值。显然，当调制器被反偏为约 0.6 V 时，产生的微波信号更强。图 4-17 中的结果显示了 EAM 分别作为光电探测器和调制器时在不同的反偏电压下的响应。相似的曲线形状印证了相同的结论，即产生微波信号的强度正比于调制深度[59]。因此，也可以通过改变调制器的偏压来调整产生微波信号的强度。

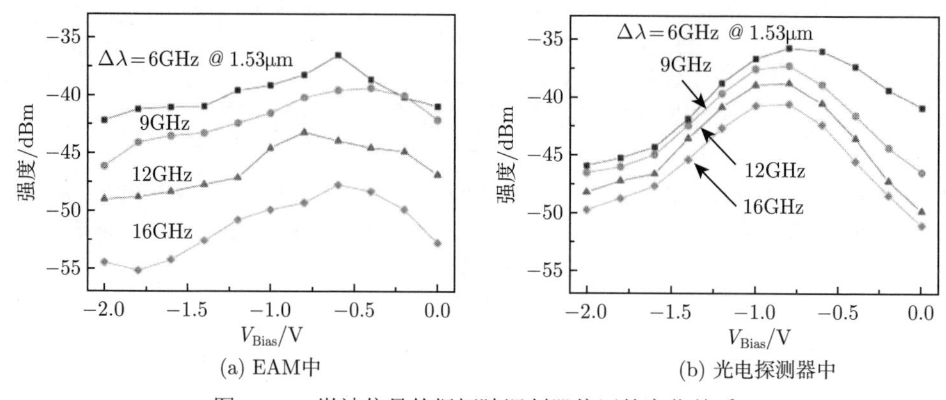

(a) EAM中　　(b) 光电探测器中

图 4-17　微波信号的振幅随调制器偏压的变化关系

4.4.2.4　通过改变偏压来调节频率

基于绝热啁啾，DFB 激光器的波长可以通过调整 EAM 的偏压来改变。当 DFB 激光器和 EAM 之间的绝缘电阻不够大时，激光器的阈值电流会随反偏电压变化而变化。这导致了激光波长的改变，并且可被用于精细调节产生微波信号的频率。图 4-18 显示了当调制器被反偏在不同电压时产生微波信号的频谱 (DFB 激光器的偏置电流和注入光的波长保持不变)。将偏压从 −0.6 V 改变至 −2.0 V 可以产生 20 GHz 的波长改变。

实验结果中,峰的走势显示了相似的非平滑频率响应。当 EAM 偏置为 −2.0 V 时，DFB 激光器的波长接近注入光信号的波长。DFB 激光器的激活层中的四波混频效应导致了低频处的弱响应。由图还可以看出约 15 GHz 和 20 GHz 处的强度下降，这是由 EML 的封装寄生效应导致的。

4.4.2.5　单片集成芯片的微波信号产生

图 4-19 是将 EAM 集成在两个 DFB 激光器之间用于产生微波信号的实验装置图。其中激光器和调制器的结构和图 4-11(a) 中的相似。DFB 激光器的波长可通过改变偏置电流来调节。两个 DFB 激光器产生的光波被注入 EAM 中并混合以产生微波信号。使用频谱分析仪的 “Max Hold” 功能记录的频谱显示了观测时间内最大值，一段透镜光纤被用于监测光波长的改变。

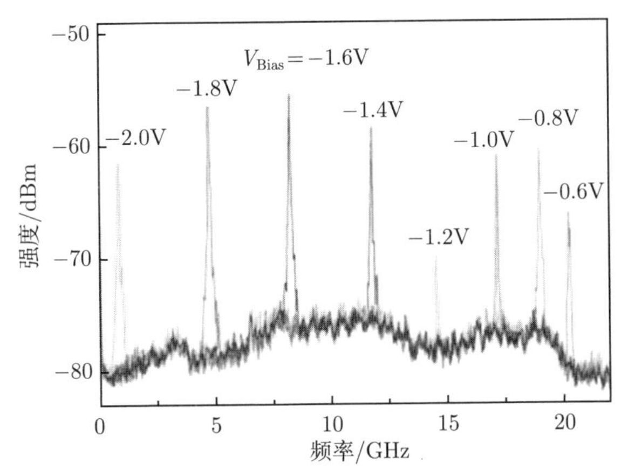

图 4-18 调制器被反偏在不同电压时产生的微波信号的频谱

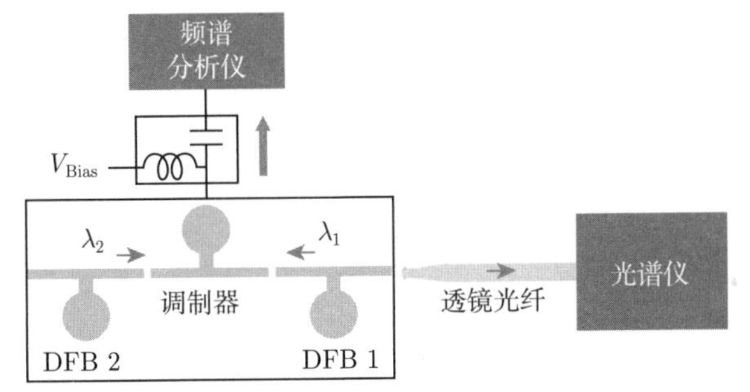

图 4-19 将 EAM 集成在两个 DFB 激光器之间产生微波信号的实验装置图

图 4-20 显示了实验的光谱和电频谱。在图 4-20(a) 中，当光频率差大于 30 GHz 时，仍可以观察到四波混频效应，这是由于两个激光器间的强光学耦合。

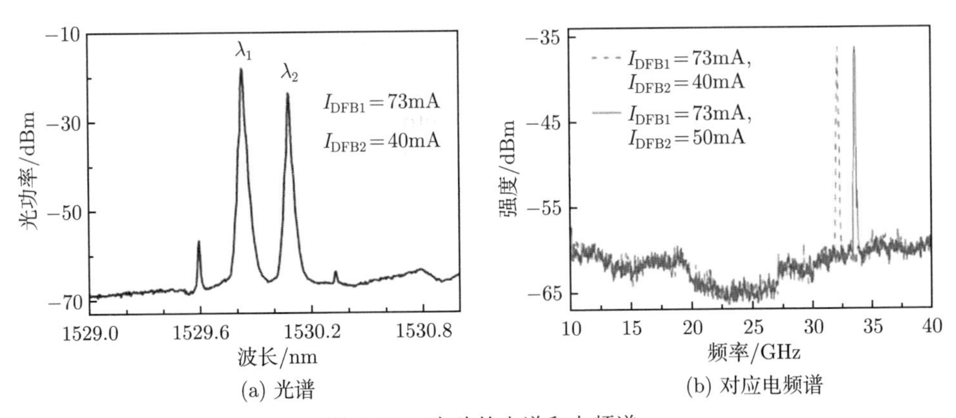

图 4-20 实验的光谱和电频谱

从图 4-20(b) 中可以看出，拍频处的尖峰有 24 dB 的信噪比。通过改变 DFB 激光器的偏置电流可以调整产生微波信号的频率。实验结果表明，将 EAM 集成在两个 DFB 激光器之间，可以制成单片集成的微波源。在本方案中，调制器有三个功能：① 产生微波信号；② 控制产生微波信号的强度；③ 调整产生微波信号的频率。

总结一下将 EAM 用作光电探测器并利用外差法产生微波信号的方案。在第一个实验中，调制器与一个 DFB 激光器集成在一起，一束光由 DFB 激光器发出，另一束光由一窄线宽可调谐激光器注入，实验表明产生微波信号的振幅正比于注入光功率以及调制深度，并且通过改变 EAM 的偏置电压可以精确调谐 DFB 激光器的波长。因此调制器可用于调谐微波信号的振幅和频率。在第二个实验中，EAM 被集成在两个 DFB 激光器之间，且波长接近。实验表明产生的微波信号有 24 dB 的信噪比，且微波信号的频率可以通过改变 DFB 激光器的偏置电流来调谐。该集成芯片可以用作一单片集成的可调微波源。

参 考 文 献

[1] Yao J P. Microwave photonics[J]. Journal of Lightwave Technology, 2009, 27(3): 314-335.

[2] Capmany J, Novak D. Microwave photonics combines two worlds[J]. Nature Photonics, 2007, 1: 319-330.

[3] Zhang F Z, Pan S L. Microwave photonic signal generation for radar applications[C]// 2016 IEEE International Workshop on Electromagnetics: Applications and Student Innovation Competition (iWEM), Nanjing, 2016.

[4] Maleki L. The optoelectronic oscillator[J]. Nature Photonics, 2011, 5: 728-730.

[5] Hao T F, Liu Y Z, Tang J, et al. Recent advances in optoelectronic oscillators[J]. Advanced Photonics, 2020, 2(4): 044001.

[6] Li M, Hao T F, Li W, et al. Tutorial on optoelectronic oscillators[J]. APL Photonics, 2021, 6: 061101.

[7] Chembo Y K, Brunner D, Jacquot M, et al. Optoelectronic oscillators with time-delayed feedback[J]. Reviews of Modern Physics, 2019, 91: 035006.

[8] Yao X S, Maleki L. Optoelectronic oscillator for photonic systems[J]. IEEE Journal of Quantum Electronics, 1996, 32(7): 1141-1149.

[9] Yao X S, Maleki L. Optoelectronic microwave oscillator[J]. Journal of the Optical Society of America B, 1996, 13(8): 1725-1735.

[10] Yao X S, Maleki L. Converting light into spectrally pure microwave oscillation[J]. Optics Letters, 1996, 21(7): 483-485.

[11] Yao X S, Maleki L. High frequency optical subcarrier generator[J]. Electronics Letters, 1994, 30(18): 1525-1526.

[12] Khan M H, Shen H, Xuan Y, et al. Ultrabroad-bandwidth arbitrary radiofrequency waveform generation with a silicon photonic chip-based spectral shaper[J]. Nature Photonics, 2010, 4: 117-122.

[13] Dezfooliyan A, Weiner A M. Photonic synthesis of high fidelity microwave arbitrary waveforms using near field frequency to time mapping[J]. Optics Express, 2013, 21(19): 22974-22987.

[14] Rius M, Bolea M, Mora J, et al. Incoherent photonic processing for chirped microwave pulse generation[J]. IEEE Photonics Technology Letters, 2017, 29(1): 7-10.

[15] Leaird D E, Weiner A M. Femtosecond optical packet generation by a direct space-to-time pulse shaper[J]. Optics Letters, 1999, 24 (12): 853-855.

[16] Ashrafi R, Li M, LaRochelle S, et al. Superluminal space-to-time mapping in grating-assisted co-directional couplers[J]. Optics Express, 2013, 21(5): 6249-6256.

[17] Li M, Han Y C, Pan S L, et al. Experimental demonstration of symmetrical waveform generation based on amplitude-only modulation in a fiber-based temporal pulse shaping system[J]. IEEE Photonics Technology Letters, 2011, 23(11): 715-717.

[18] Jiang Z, Huang C B, Leaird D E, et al. Optical arbitrary waveform processing of more than 100 spectral comb lines[J]. Nature Photonics, 2007, 1: 463-467.

[19] Eliyahu D, Seidel D, Maleki L. Phase noise of a high performance OEO and an ultra low noise floor cross-correlation microwave photonic homodyne system[C]//2008 IEEE International Frequency Control Symposium, Honolulu, HI, 2008: 811-814.

[20] Tang J, Hao T F, Li W, et al. Integrated optoelectronic oscillator[J]. Optics Express, 2018, 26(9): 12257-12265.

[21] Hao T F, Tang J, Domenech D, et al. Toward monolithic integration of OEOs: From systems to chips[J]. Journal of Lightwave Technology, 2018, 36(19): 4565-4582.

[22] Zhang W F, Yao J P. Silicon photonic integrated optoelectronic oscillator for frequency-tunable microwave generation[J]. Journal of Lightwave Technology, 2018, 36(19): 4655-4663.

[23] Gunn C, Guckenberger D, Pinguet T, et al. A low phase noise 10 GHz optoelectronic RF oscillator implemented using CMOS photonics[C]//2007 IEEE International Solid-State Circuits Conference (ISSCC '07), San Francisco, 2007: 570-622.

[24] Zhang G J, Hao T F, Cen Q Z, et al. Hybrid-integrated wideband tunable optoelectronic oscillator[J]. Optics Express, 2023, 31(10): 16929-16938.

[25] Xuan Z, Du L X, Aflatouni F. Frequency locking of semiconductor lasers to RF oscillators using hybrid-integrated opto-electronic oscillators with dispersive delay lines[J]. Optics Express, 2019, 27(8): 10729-10737.

[26] Tang J, Hao T F, Li W, et al. An integrated optoelectronic oscillator[C]//2017 International Topical Meeting on Microwave Photonics (MWP), Beijing, 2017.

[27] Nielsen L, Heck M J R. A computationally efficient integrated coupled opto-electronic oscillator model[J]. Journal of Lightwave Technology, 2020, 38(19): 5430-5439.

[28] HAN J Y, Huang Y T, Hao Y Z, et al. Wideband frequency-tunable optoelectronic

oscillator with a directly modulated AlGaInAs/InP integrated twin-square microlaser[J]. Optics Express, 2018, 26(24): 31784-31793.

[29] Zhang X, Zheng J L, Pu T, et al. Simple frequency-tunable optoelectronic oscillator using integrated multi-section distributed feedback semiconductor laser[J]. Optics Express, 2019, 27(5): 7036-7046.

[30] Chen G C, Lu D, Guo L, et al. An optoelectronic oscillator based on self-injection-locked monolithic integrated dual-mode amplified feedback laser[C]//2017 Asia Communications and Photonics Conference, Guangzhou, 2017.

[31] Primiani P, van Dijk F, Lamponi M, et al. Tunable optoelectronic oscillator based on an integrated heterodyne source[C]//2016 IEEE International Topical Meeting on Microwave Photonics (MWP), Long Beach, 2016: 251-254.

[32] Srinivasan S, Spencer D T, Heck M J R, et al. Microwave generation using an integrated hybrid silicon mode-locked laser in a coupled optoelectronic oscillator configuration[C]//CLEO: 2013, San Jose, CA, 2013.

[33] Do P T, Alonso-Ramos C, Le Roux X, et al. Wideband tunable microwave signal generation in a silicon-micro-ring-based optoelectronic oscillator[J]. Scientific Reports, 2020, 10: 6982.

[34] Wani M, Azeemuddin S. Optoelectronic oscillator (OEO) designs: Wide-range tunable silicon microring resonator design and low-noise high frequency optical mix oscillator design[C]//OSA Advanced Photonics Congress, Washington, 2021.

[35] Matsko A B, Maleki L, Savchenkov A A, et al. Whispering gallery mode based optoelectronic microwave oscillator[J]. Journal of Modern Optics, 2003, 50(15-17): 2523-2542.

[36] Weng W L, He J J, Kaszubowska-Anandarajah A, et al. Microresonator dissipative Kerr solitons synchronized to an optoelectronic oscillator[J]. Physical Review Applied, 2022, 17(2): 024030.

[37] Volyanskiy K, Salzenstein P, Tavernier H, et al. Compact optoelectronic microwave oscillators using ultra-high Q whispering gallery mode disk-resonators and phase modulation[J]. Optics Express, 2010, 18(21): 22358-22363.

[38] Salzenstein P, Tavernier H, Volyanskiy K, et al. Optical mini-disk resonator integrated into a compact optoelectronic oscillator[J]. Acta Physica Polonica, 2009, 116(4): 661-663.

[39] Merklein M, Stiller B, Kabakova I V, et al. Widely tunable, low phase noise microwave source based on a photonic chip[J]. Optics Letters, 2016, 41(20): 4633-4636.

[40] Maram R, Kaushal S, Azaña J, et al. Recent trends and advances of silicon-based integrated microwave photonics[J]. Photonics, 2019, 6(1): 13.

[41] Chi H, Wang C, Yao J P. Photonic generation of wideband chirped microwave waveforms[J]. IEEE Journal of Microwaves, 2021, 1(3): 787-803.

[42] Zhang W F, Yao J P. Silicon-based integrated microwave photonics[J]. IEEE Journal of Quantum Electronics, 2016, 52(1): 0600412.

[43] Leaird D E, Weiner A M. Femtosecond direct space-to-time pulse shaping in an integr-

ated-optic configuration[J]. Optics Letters, 2004, 29(13): 1551-1553.

[44] Weiner A M. Femtosecond pulse shaping using spatial light modulators [J]. Review of Scientific Instruments, 2000, 71(5): 1929-1960.

[45] Zhang W F, Zhang J J, Yao J P. Largely chirped microwave waveform generation using a silicon-based on-chip optical spectral shaper[C]// International Topical Meeting on Microwave Photonics (MWP) and the 2014 9th Asia-Pacific Microwave Photonics Conference (APMP), Hokkaido, 2014.

[46] Zhang W F, Yao J P. Photonic generation of linearly chirped microwave waveform with a large time-bandwidth product using a silicon-based on-chip spectral shaper[C]//2015 International Topical Meeting on Microwave Photonics (MWP), Paphos, Cyprus, 2015.

[47] Ma M, Rochette M, Chen L R. Generating chirped microwave pulses using an integrated distributed Fabry-Pérot cavity in silicon-on-insulator[J]. IEEE Photonics Journal, 2015, 7(2): 5500706.

[48] Wang J J, Ashrafi R, Rochette M, et al. Chirped microwave pulse generation using an integrated SiP Bragg grating in a Sagnac loop[J]. IEEE Photonics Technology Letters, 2015, 27(17): 1876-1879.

[49] Zhang W F, Yao J P. Photonic generation of linearly chirped microwave waveforms using a silicon-based on-chip spectral shaper incorporating two linearly chirped waveguide Bragg gratings[J]. Journal of Lightwave Technology, 2015, 33(24): 5047-5054.

[50] Zhang W F, Yao J P. Silicon-based on-chip electrically-tunable spectral shaper for continuously tunable linearly chirped microwave waveform generation[J]. Journal of Lightwave Technology, 2016, 34(20): 4664-4672.

[51] Chen L R, Moslemi P, Wang Z F, et al. Integrated microwave photonics for spectral analysis waveform generation, and filtering[J]. IEEE Photonics Technology Letters, 2018, 30(21): 1838-1841.

[52] Wang J, Shen H, Fan L, et al. Reconfigurable radio-frequency arbitrary waveforms synthesized in a silicon photonic chip[J]. Nature Communications, 2015, 6: 5957.

[53] Li W Z. Photonic generation of microwave and millimeter wave signals[D]. Ottawa: University of Ottawa, 2013.

[54] Fabbri M, Faccin P. Radio over fiber technologies and systems: New opportunities [C]// 2007 9th International Conference on Transparent Optical Networks, Rome, 2007: 230-233.

[55] Win M Z, Dardari D, Molisch A F, et al. History and applications of UWB[J]. Proceedings of the IEEE, 2009, 97(2): 198-204.

[56] Barton D K. Radar system analysis and modeling[J]. IEEE Aerospace and Electronic Systems Magazine, 2005, 20(4): 23-25.

[57] Zhu N H, Zhang H G, Man J W, et al. Microwave generation in an electro-absorption modulator integrated with a DFB laser subject to optical injection[J]. Optics Express, 2009, 17(24): 22114-22123.

[58] Wood T H. Direct measurement of the electric-field-dependent absorption coefficient

in GaAs/AlGaAs multiple quantum wells[J]. Applied Physics Letters, 1986, 48(21): 1413-1415.

[59] Welstand R B, Pappert S A, Sun C K, et al. Dual-function electroabsorption waveguide modulator/detector for optoelectronic transceiver applications[J]. IEEE Photonics Technology Letters, 1996, 8(11): 1540-1542.

[60] Westbrook L D, Moodie D G. Simultaneous bi-directional analogue fibre-optic transmission using an electroabsorption modulator[J]. Electronics Letters, 1996, 32(19): 1806-1807.

[61] Shin D S, Li G L, Sun C K, et al. Optoelectronic RF signal mixing using an electroabsorption waveguide as an integrated photodetector/mixer[J]. IEEE Photonics Technology Letters, 2000, 12(2): 193-195.

[62] Zhu N H, Hou G H, Huang H P, et al. Electrical and optical coupling in an electroabsorption modulator integrated with a DFB laser[J]. IEEE Journal of Quantum Electronics, 2007, 43(7): 535-544.

[63] Kawanishi S, Saruwatari M. A very wide-band frequency response measurement system using optical heterodyne detection[J]. IEEE Transactions on Instrumentation and Measurement, 1989, 38(2): 569-573.

[64] Zhu N H, Wen J M, San H S, et al. Improved optical heterodyne methods for measuring frequency responses of photodetectors[J]. IEEE Journal of Quantum Electronics, 2006, 42(3): 241-248.

第 5 章　微波光子信号传输

5.1 引　　言

随着低损耗光纤和半导体激光器的问世，微波光子技术得到了空前的发展，尤其是在民用通信和国防军事等领域，利用低损耗光纤实现信号光传输更是得到了广泛的应用。利用光波作为信息的载体，可实现信息的大容量、远距离传输和高速、实时处理，有效地解决了微波通信频谱资源有限的问题，更好地满足了信息社会对高速、大宽带信息传输的需求[1,2]。

在数字通信领域，随着云服务、移动通信和互联网的兴起[3,4]，信息容量呈爆炸性增长，通信系统正面临着巨大挑战，对数字信号传输速率和传输容量提出了更高的要求[5]。为了解决带宽资源匮乏、通信拥堵等问题，多信道光传输数字链路应运而生，大大提高了光纤的传输容量，成为未来提高网络容量的关键技术。

在射电天文、相控阵雷达、雷达天线光纤拉远系统等应用场景中[6−11]，微波光子射频前端技术更是为大带宽、高频率的射频信号传输提供了更好的解决方案。采用光电集成架构实现的高性能微波光子射频前端系统可满足不同应用场景的多种需求，可同时兼容多个频段的天线孔径，具有宽频段通用特性。此外，在光传输过程中，光纤传输设备质量相比传统射频电缆更轻，且不受外界电磁环境的影响。

在过去的几年里，随着 5G/6G、物联网、大数据等技术的兴起以及云时代的来临，人们对数据的需求急剧增加，光通信系统面临网络容量不断增大的压力，数据中心将承担绝大多数的网络流量。在数据中心，光模块被用来实现数据的高速传输和信号的电光转换，因此网络流量的增长对光模块的传输速率和传输容量提出了更高的要求。波分复用 (wavelength division multiplexing, WDM) 技术[12] 可以实现在单根光纤中传输多路光信号，提高通信容量，解决数据中心速率瓶颈问题，缓解大数据流量传输对高速率光发射组件 (transmitter optical subassembly, TOSA) 模块的需求。

从未来业务发展来看，高速光模块在未来几年需求旺盛，目前现有的解决方案有 10×10 Gbit/s[13]、8×19^{-5} Gbit/s[14] 和 4×25 Gbit/s[15−17] 以及更高速率的光发射模块。根据应用场景、数据传输距离的不同，有 1.3 μm 波段[15−20] 和 1.55 μm 波段[21,22] 两类 WDM 光发射模块。根据光发射模块实现方式，有混合集成和单片集成两类。混合集成[15,18,19] 是将离散直接调制激光器 (directly modulated laser, DML) 芯片装配在同一个载体上，在 TOSA 模块中，除了 DML 芯片，还包含阵列透镜、带通滤波透镜、高反射镜等其他单独的光学组件用来聚焦激光器发出的散射光，使不同波长的光波耦合到同一根光纤中。由于大量单独组装的光学组件的存在，混合集成的 TOSA 模块内部结构复杂，输出光功率受透镜的安装精度影响，工作状态易受外界环境的干扰。单片集成[16,17,20] 则是在同一晶片上制备 DML 阵列，这种集成方式可以极大地减小多通道 TOSA 模块的体积，使其内部结构简单，具有更好的稳定性和可靠性。在光发射模块的发展中，虽然混合集成因为成本低、技术开发简单成为目前受欢迎的一种封装方式，但是随着未来应用中对功耗、体积的要求越来越高，单片集成才是最终的解决方案。

前面介绍的各种光发射模块主要应用于通信领域数字信号的传输，随着微波光子技术的发展和光电器件性能的提升，微波光子射频前端技术被用来实现超大带宽信号光传输，使得信号能够在光域上进行长距离的传输和分布，在射电天文、雷达系统和电子战等领域发挥着重要作用。

在早期的雷达和电子战的应用中，传统的电子战接收机多采用铜质电缆作为传输媒质，铜质电缆的体积和质量会严重影响接收机的灵活性。铜质电缆本身受气候变化影响严重，抗干扰能力弱，无法应用于强干扰环境，因此在安全性和可靠性方面很难满足应用的要求。另外，电缆具有损耗高的特点，例如，5 GHz 的微波信号通过同轴电缆传输，损耗高达 190 dB/km。而动态范围与传输损耗成反比，因此信号传输的动态范围受到铜质电缆损耗的极大限制，难以在动态范围等指标上满足日趋苛刻的要求，导致射频信号的传输变得异常困难。

为了突破微波射频前端及大量的射频连接电缆对射频信号传输的限制，大带宽的微波光子射频前端技术一经提出，便受到包括美国、日本、澳大利亚、法国等多个国家的高度重视，成为研究热点。美国国防高级研究计划局很早便开展了微波光子射频前端技术在军事国防领域的研究，设立的子项目超过 20 个，同时加拿大、澳大利亚、法国等其他发达国家也纷纷开展相关研究。美国怀尼米港自卫测试舰安装的 AN/SPQ-9B 高级开发模型雷达便是利用微波光子射频前端系统实现雷达天线与数据处理中心的信号传输[23]。法国模型号地基雷达也是通过微波光子射频前端系统进行雷达本振信号的传输[24]。近十几年来，国内各高校和研究机构也分别就微波光子射频前端技术展开了探索。

噪声系数、线性度和动态范围等是衡量微波光子射频前端系统性能的重要指标，例如在电子战接收机和雷达前端等应用中，需要大动态范围的微波光子射频前端系统[25]，抗干扰的雷达系统更是对微波光子射频前端系统的无杂散动态范围 (SFDR) 有很高要求[26]。射电天文领域同样需要大动态范围、高信噪比的微波光子射频前端系统实现本振信号的分布和阵列天线单元的信号传输[27]。微波光子射频频前端具有通用性好、质量轻、损耗小和抗电磁干扰等一系列优点，因此大带宽、低噪声系数、大动态范围的微波光子射频前端系统是未来研究的热点和重点，利用微波光子技术对射频信号进行接收和传输，给未来雷达系统、射电天文的发展开辟了一条新的思路。

5.2 高速光发射与接收模块

光发射模块主要由两部分构成——光发射芯片和封装组件，下文将以中国科学院半导体研究所研发的一款 1.55 μm 单片集成的 4×25 Gbit/s 光发射模块为例，对光发射芯片设计和模块封装，以及关键特性测试和基于该模块的光传输技术展开详细阐述。

5.2.1 光发射模块的设计和封装

直接调制激光器和阵列波导光栅 (AWG) 是光发射芯片的主要器件，芯片总体结构如图 5-1(a) 所示。基于 InP 基的片上器件分布如图 5-1(b) 所示，芯片仅有 4 mm×6 mm 大小，片上总共有 6 只 DML 和 1 个 AWG，其中 2 只 DML 是测试激光器，其他 4 只阵列激光器输出光经 AWG 合束输出。

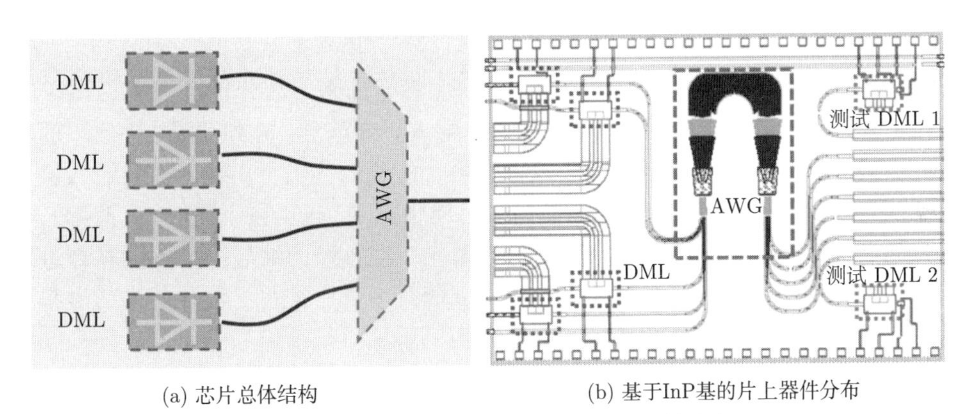

(a) 芯片总体结构　　(b) 基于InP基的片上器件分布

图 5-1　光发射芯片总体设计图与片上器件分布

DML 是 TOSA 模块的重要器件，通过改变外加偏压的大小和频率可以实现对半导体激光器输出光强度的直接调制，调制带宽由激光器的谐振频率决定。外加直接偏压信号时，半导体激光器的调制频率响应在谐振频率处会产生一个谐振峰，谐振峰之后激光器的频率响应迅速下降，这种现象称为频率啁啾，谐振频率称为弛豫振荡频率，DML 的工作速率一般在弛振荡频率以下。

为了实现高速率的光发射模块，获得大调制带宽的 DML，本书所研制的光发射模块中的激光器采用多量子阱 (MQW) 脊波导结构，利用布拉格光栅作为谐振腔，光栅分布在 MQW 之上，并刻蚀到 MQW 结构中，激光器的外延结构如图

5-2 所示。激光器是一个 PN 结型器件，图中 S 代表 P 极，即信号电极，G 代表 N 极，即地电极，通过 GSG 电极对激光器加载正向偏压即注入电流，当注入电流达到激光器的阈值电流时，激光器发光。此外改变激光器的注入电流，激光器波导的有效折射率也会随之改变，从而改变激光器的有效腔长，实现可调谐光波长输出。DC-0 和 DC-1 电极是加热电极，通过热效应实现激光器输出光波长的精细调节，其调谐范围为 4 nm。激光器正常发光时，在 GSG 加载射频信号，射频信号将改变激光器输出光波的强度，实现光波的强度调制。

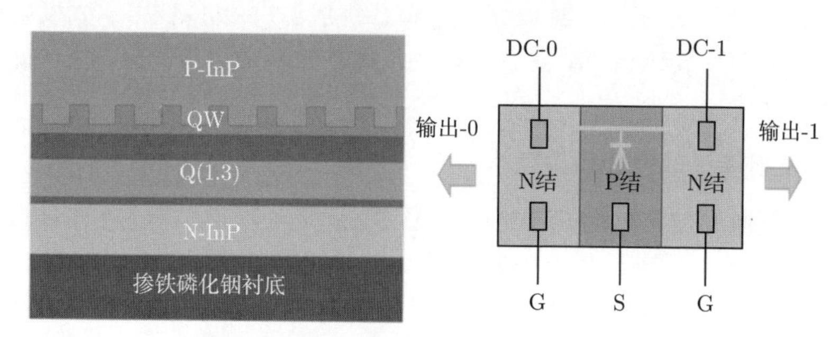

图 5-2 DFB 激光器的外延结构和原理图

AWG 是波分复用传输系统中常用的器件[28]，其具有小波长间隔、大信道数、高分辨率和易集成等优点，常用于超高速、大容量的密集波分复用系统中。AWG 的结构如图 5-3 所示，其主要由输入波导、输入平面波导、阵列波导、输出平面波导、输出波导五个部分组成。当一束含有多个波长的光信号由输入波导进入输入平面波导区时，由于平面波导区在横向没有光学限制，光束在平面波导 (即第一个罗兰圆) 中发生衍射，发散成一束光，这束光在输入平面波导区的末端耦合进入阵列波导中的不同波导进行传输，其中进入阵列波导中的每根波导的光信号都有多个波长。因为相邻阵列波导之间存在固定的长度差，所以当光信号从阵列波导输出端输出时，进入输出平面波导区 (即第二个罗兰圆)，阵列波导的输出端正好在大圆的周上，同一波导输出的光信号中不同波长的光波具有不同的相位，形成不同的波前倾斜，聚焦在输出平面波导的不同位置，最后由输出波导输出，完成解复用的功能。根据光学的可逆性原理，不同波长的信号从不同的波导输入，经过 AWG 之后，将会聚在同一输出波导输出，实现复用的功能。光发射芯片上的 AWG 的功能是将 4 只 DML 输出的不同波长的激光合成一束输出。

均衡考虑芯片的尺寸和光在波导中的弯曲损耗，片上 AWG 的结构如图 5-4 所示，其横截面采用宽度为 1.5 μm、弯曲半径为 250 μm、刻蚀深度为 1700 nm 的阵列波导，1.5 μm 的横截面宽度实现了低双折射并保证了光的单模传输。在自由传播区 (free propagation region, FPR)，采用宽度为 2 μm、芯层厚度为 1 μm、横向刻蚀为 200 μm 的波导来减小 FPR 与输入输出波导界面间的反射。AWG 的中心波长是 155.12 nm，自由光谱范围是 29.4 nm，各通道的 3 dB 带宽是 1.28 nm。

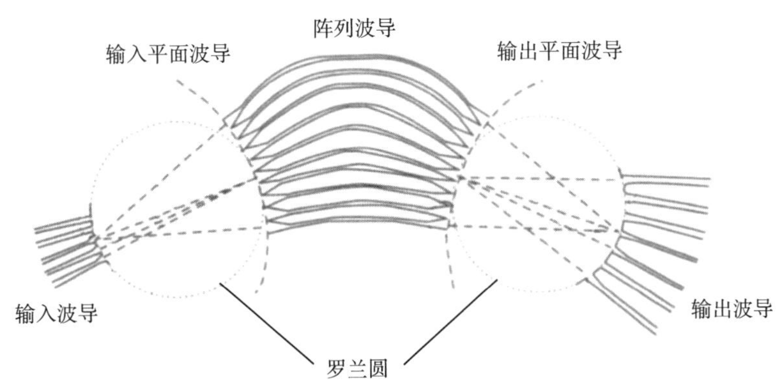

图 5-3 阵列波导光栅型复用/解复用器

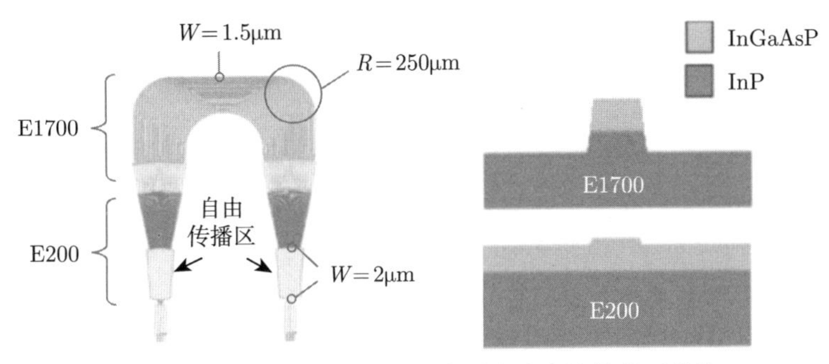

图 5-4 片上 AWG 结构示意图和片上波导外延结构

在实际应用中，良好的封装对于 TOSA 模块的正常稳定工作至关重要。混合集成的 TOSA 模块 [15,18,19] 封装工艺复杂，不仅要考虑各多波长激光器芯片与合束器之间的耦合，还要考虑合束器与光纤之间的耦合，对贴片精度要求较高。而用单片集成的 TOSA 芯片[16,20,29] 可以有效降低封装测试的复杂度，多波长激光器和合束器集成在一个芯片上，因此只需要完成合波器与光纤之间的耦合即可，大大降低了封装难度，提高了封装模块的稳定性。综合看来，基于单片集成的 TOSA 模块才是发展的最终目标。

在模块封装中，微波链路常用来实现高频信号的传输，为了实现良好的抗干扰特性，我们选用共面波导 (CPW) 作为传输射频信号的介质。CPW 传输线是一种信号线和地共面排布的微波传输结构，相邻信号线之间用地电极进行隔离，因此传输线之间的间距可以做得很小，适用于对传输线密集度要求高的场景。为了实现封装模块的阻抗匹配特性，传输线的特性阻抗参数应为 50 Ω。传输线的特性阻抗主要由基板材料、信号线宽度和信号线与地线之间的沟道宽度 3 个参数决定[30]。

图 5-5 是封装模块中 4 通道的阵列微波电路设计的示意图，传输线采用 CPW 结构，可有效实现信号的完整性，降低传输线之间的串扰。考虑到模块的导热性和芯片的材料，我们采用具有良好导热性且与芯片材料热膨胀系数相近的 AlN 陶瓷作为射频信号传输的基板。

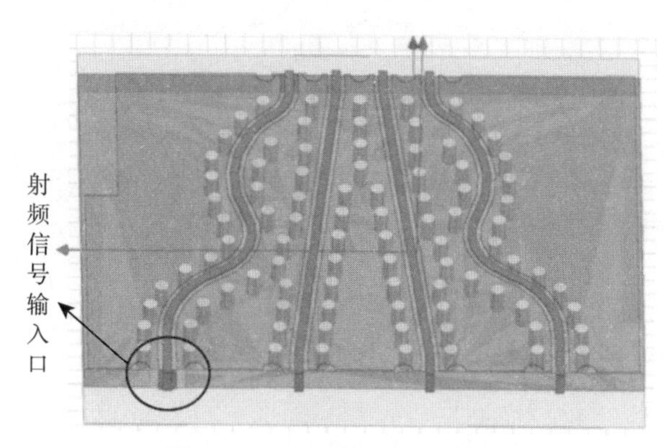

图 5-5　微波电路设计示意图

在模块封装过程中，电子学元件对位置和耦合精度要求没有光学元件那么高，因此，一般先安装电子学元件，再安装光学元件。首先使用导电环氧树脂将芯片安装到温控模块上，保证 TOSA 芯片可以在恒温的环境中稳定工作。再利用锑和金合金的金丝实现芯片上的电极和微波电路板传输线之间的连接，如图 5-6 所示。接着用一个 8 通道阵列光纤实现片上波导与光纤之间的转接，阵列光纤的通道间隔为 250 μm 且在 1.55 μm 处折射率为 1.449。利用 UV 固化环氧树脂连接阵列光纤和片上模斑转换器，实现片上光信号由阵列光纤输出，TOSA 模块封装三维设计如图 5-7(a) 所示。此外，在封装过程中需要注意的是，耦合与焊接工艺都需要

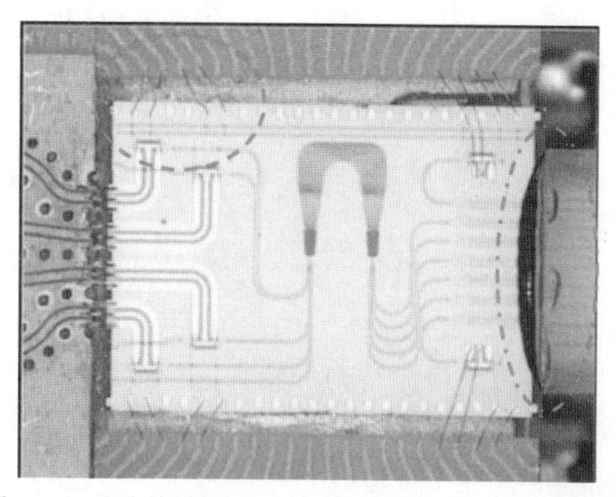

图 5-6　片上激光器电口金丝和光口阵列光纤校准图

在超净及防静电的环境中进行，防止元件受到污染或被静电损伤，影响模块的使用寿命。TOSA 模块实物图如图 5-7(b) 所示，其体积仅为 50 mm×25 mm×9.5 mm，远远小于其他含有温控结构的 C 波段 TOSA 模块。

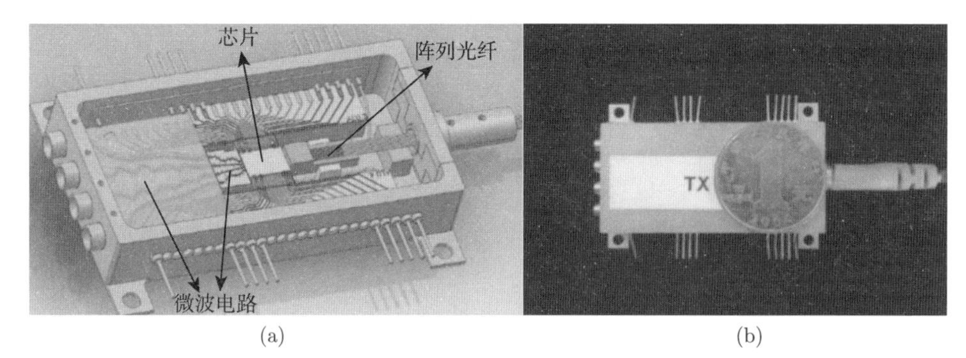

(a) (b)

图 5-7 光发射模块封装示意图 (a) 和实物图 (b)

5.2.2 光发射模块关键特性测试与分析

直接调制激光器是 TOSA 模块的重要组成元件，其中 P-I 特性和光谱特性是衡量激光器性能的两个重要指标。P-I 特性曲线中 P 为激光器的输出功率，I 为驱动激光器工作的偏置电流，因此该曲线表征了激光器的阈值、斜率 (微分电阻)、饱和功率、响应线性度等方面的特性。根据光发射芯片设计与结构部分介绍，TOSA 模块中的 4 只阵列激光器输出端口与 AWG 集成在一起，经 AWG 合束输出的光功率为 4 只激光器功率的总和，因此对于 TOSA 模块来说，无法分别测得单只激光器的 P-I 特性曲线。考虑到同一片上的相同器件具有相同的工艺参数，因此可以通过测试同在光发射芯片上的另外 2 只测试激光器的 P-I 特性，来表征 TOSA 模块的 P-I 光学特性。

测试激光器的输出端通过片上模斑转换器与阵列光纤连接输出，工作温度设置为 25 ℃。图 5-8 给出的是 2 只测试 DML 的 P-I 特性曲线，偏置电流由 5 mA 加载至 80 mA。由测试 P-I 特性曲线可得，2 只测试 DML 的阈值电流均在 15 mA 附近，且加载偏置电流在 60~75 mA 区间，激光器的线性调制斜率分别为 9.32 mW/A 和 9.77 mW/A。这说明 TOSA 模块各激光器加载偏置电流在 60~75 mA 范围时，各激光器均可获得大于 9 mW/A 的线性调制斜率，表明 TOSA 模块具有优异的线性调制特性，可以大大降低信号传输中误码的产生，在数字信号传输应用中具有更大的优势。

激光器的工作波长是光发射模块的重要参数之一，光通信中常用的波段一般为 O 波段 (1260~1360 nm) 和 C 波段 (1530~1565 nm)，在光传输系统中，激光器的光谱特性决定了其具体的应用场景。激光器的输出波长对注入电流和工作温度极为敏感，一般改变工作偏置电流 10 mA 或工作温度 1 ℃，波长移动 0.1 nm。图 5-9 给出 TOSA 模块中各激光器的光谱测试曲线，工作温度保持在 25 ℃，加载在各激光器的偏置电流以 5 mA 为步进，从 15 mA 增大到 95 mA，随着偏置电流的增大，激光器的输出光波长产生红移。由实验结果可以看出，激光器输出波长随着加载的偏置电流的增大呈线性变化。

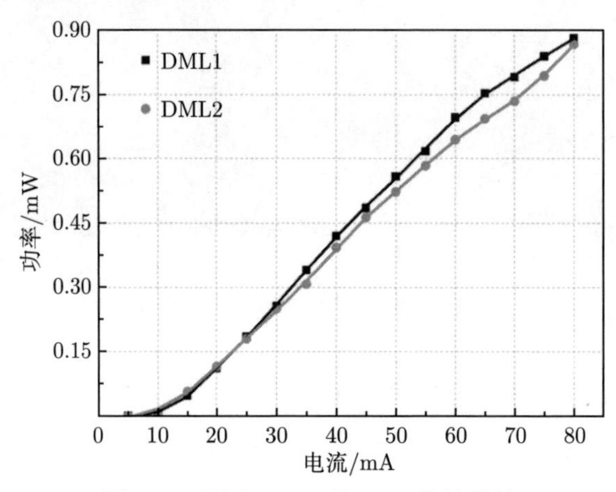

图 5-8　测试 DML 的 P-I 特性曲线

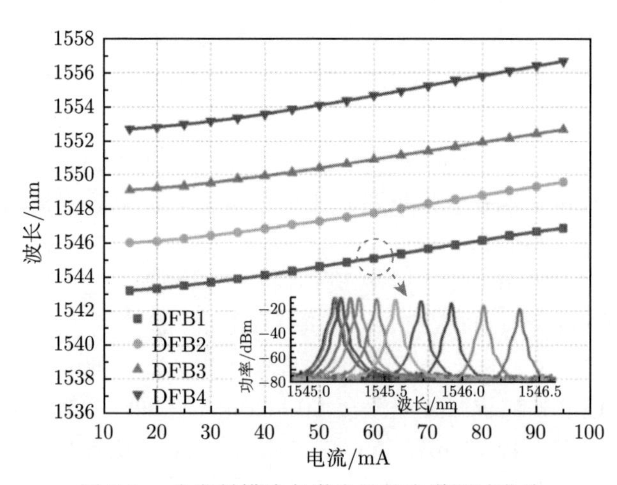

图 5-9　光发射模块各激光器的光谱测试曲线

在片上激光器设计中已经对激光器的结构进行了介绍，DFB 激光器是一个 PN 结型器件，为了保证光发射模块工作的稳定性，不受外界环境影响，在 DFB 激光器的两个 N 极设计了加热电极 DC-0 和 DC-1。通过改变加载在加热电极的直流电流，改变 DFB 激光器的腔长，实现对激光器输出波长的精细调节，使光发射模块可以更好地适应各种复杂的工作环境。以 DFB1 的热调电极对激光器输出波长影响为例，改变直流注入电流，调节激光器的输出波长实验结果如图 5-9 小图所示。DFB1 激光器的工作偏置电流设置为 60 mA，加载在热调电极的直流电流从 0 mA 增大到 50 mA，激光器的输出波长变化 1.5 mA。实验结果表明，随着直流注入电流的增加变大，激光器输出波长变化越来越明显，这说明热效应对激光器的工作波长具有明显的作用，因此，为了保证 TOSA 模块在不同环境中稳定工作，恒温条件尤为重要。

光发射模块的工作温度控制在 25 ℃，4 只阵列激光器加载偏置电流以 5 mA 为步进，从 10 mA 加载至 100 mA，则可得到 TOSA 模块的光谱特性，如图 5-10 所示。其中虚线表示的是 AWG 的光谱响应，由模块光谱响应曲线可得，AWG 的通道间隔为 3.28 nm，3 dB 带宽为 1.5 nm。由于 AWG 是波长选择性器件，因此 TOSA 模块的输出光功率由 DML 的 *P-I* 曲线和 AWG 的损耗共同决定。当 4 只激光器分别工作在偏置电流为 60 mA、75 mA、70 mA 和 65 mA 时，TOSA 模块输出的光波长分别为 1545.10 nm、1548.56 nm、1551.42 nm 和 1554.94 nm，如图中实线所示，模块输出波长间隔满足光模块数字信号传输的国际标准。

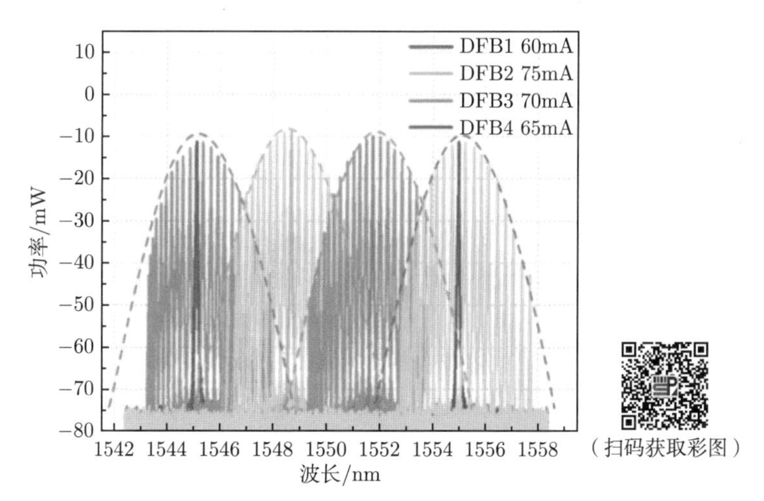

图 5-10 光发射模块在不同注入电流下的光谱响应

调制带宽是表征直接调制激光器性能的一个重要指标，它决定了器件的工作带宽、数字信号传输速率和光发射模块的信号传输容量。以加载在激光器的偏置电流为参考，测试在不同偏置电流注入的情况下 DML 的频率响应，如图 5-11 所示。实验结果表明，在偏置电流低于 50 mA 时，受激光器的弛豫振荡效应的影响，激光器的频率响应曲线在某个频率点达到最大，当输入频率超过这个最大频率点时，频率响应曲线迅速下降。当偏置电流接近 50 mA 时，激光器的弛豫振荡得到抑制，且随着偏置电流的增大，TOSA 模块中各激光器的频率响应曲线趋于平坦。由激光器频率响应曲线可以看到，DML 的偏置电流在 70 mA 附近可以获得更大调制带宽，在此条件下，DML 具有优异的线性调制特性。研究结果表明，直接调制半导体激光器的调制带宽同输出光功率呈倒数关系，因此均衡考虑调制带宽和转换效率等因素，选择 4 只激光器的偏置电流分别 65 mA、75 mA、70 mA 和 65 mA 作为光发射模块的工作条件。

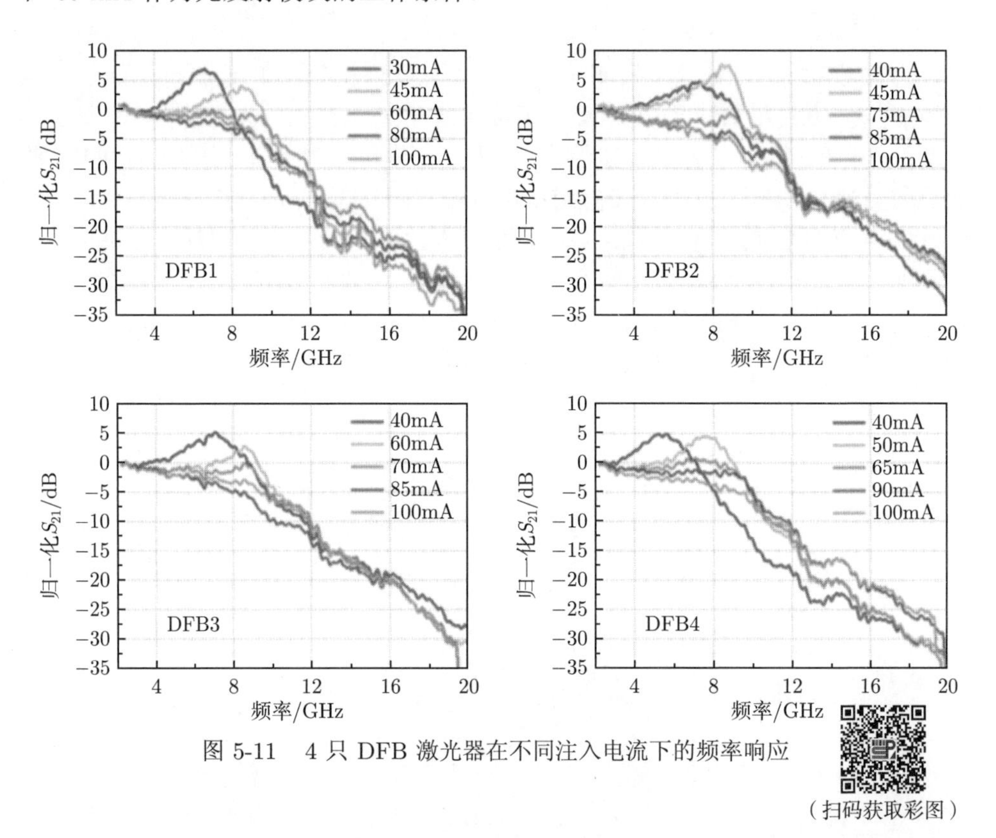

图 5-11　4 只 DFB 激光器在不同注入电流下的频率响应

光发射模块正常工作时频率响应曲线如图 5-12 所示，4 只阵列直接调制激光器的偏置电流分别设置为 60 mA、75 mA、70 mA 和 65 mA，由模块频率响应曲线可得到 4 个通道的工作带宽分别为 11.9 GHz、12.01 GHz、12.05 GHz 和 10.9 GHz。图 5-12 中的小图给出的是相同工作条件下光发射模块的光谱图，各激光器工作波长分别为 1545.10 nm、1548.56 nm、1551.42 nm 和 1554.94 nm，满足通道间隔 400 GHz 的 ITU-T 标准。在实际应用中，综合考虑系统的功耗和复杂性，在非恶劣的工作环境下，不需要利用热效应来调节激光器的输出波长。此外，为了获得光发射模块各通道最优调制特性，4 只 DFB 激光器工作的偏置电流不同，将导致通道间功率不平衡。经实验验证，偏置电流的不同造成的通道间输出光功率差约为 2 dBm，如图 5-12 小图所示，微小的通道间光功率差对光发射模块性能的影响非常小，各通道光信号的边模抑制比大于 70 dB，这表明本书所研制的光发射模块在数字信号传输中将表现出优异的性能。

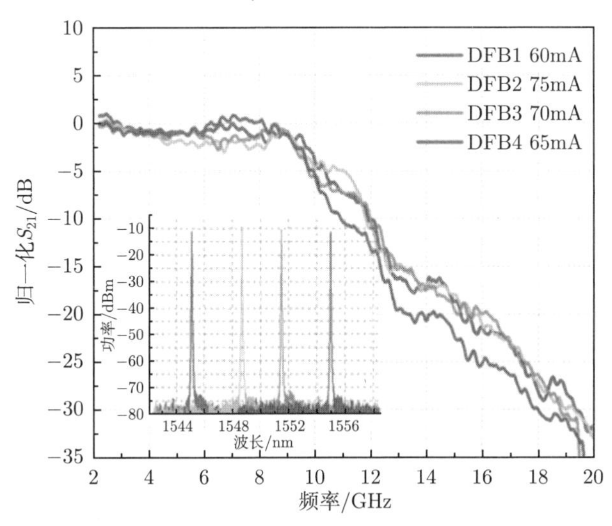

图 5-12 光发射模块工作频率响应曲线和光谱响应

（扫码获取彩图）

对于光发射模块来说，通道间的串扰会增大数字信号传输中误码的产生概率。输入光发射模块的信号在模块前端由于通道间串扰的存在，信号质量变差，劣化的信号通过电光转换经过长距离传输至光接收模块，且其将存在于发射、传输、接收整个信号传输过程，因此通道间串扰这项指标对于光发射模块是否可以应用于数字信号传输中具有决定性作用。一般通道间串扰发生在光发射模块多通道管壳内，在封装过程中，为了减小器件的封装尺寸，相邻通道间距设计得很小，传输的高频信号将不可避免地泄漏到其他的通道中造成串扰。一般的光发射模块通道间串扰测试，仅仅测试管壳的通道间串扰来表征封装模块的串扰特性，但这种测试方案无法排除测试探针、电缆及转接头等外界因素对串扰的影响，因而无法全面地衡量光发射模块整体通道间串扰。

在本节光发射模块通道间的串扰测试中，采用了整个模块通道串扰测试的方案，以通道 2 对各通道的串扰为例，其实验结果如图 5-13 所示。加载偏置电流使 DFB2 激光器处于正常工作状态，同时利用矢量网络分析仪给 DFB2 激光器加载 10 MHz~22 GHz 的扫频信号并对通道 2 进行校准。保持通道 2 扫频信号的注入，测试通道 1、3、4 的频率响应曲线，即得到通道 2 信号对其他通道的串扰。在通道间串扰测试曲线中，灰色线表示的是 −60 dB 的串扰测量背景，对于通道 2 来说，相邻通道 1 和 3 产生的串扰在 22 GHz 的带宽内低于 −25 dB，通道 4 的串扰接近于串扰测量背景。其中通道 1 的串扰相对于通道 3 要大一些，这是因为在微波电路设计中，通道 3 的传输线要相对短一些[31]。此外在 10 GHz 附近，各通道串扰都有一个峰值，这可能是由光发射模块与射频电缆连接过程中产生的寄生电阻造成的。测试结果表明，得益于封装过程中共面波导传输线的设计，所研制的光发射模块具有优异的通道间抗串扰特性，在数字信号传输应用中更具有发展前景。

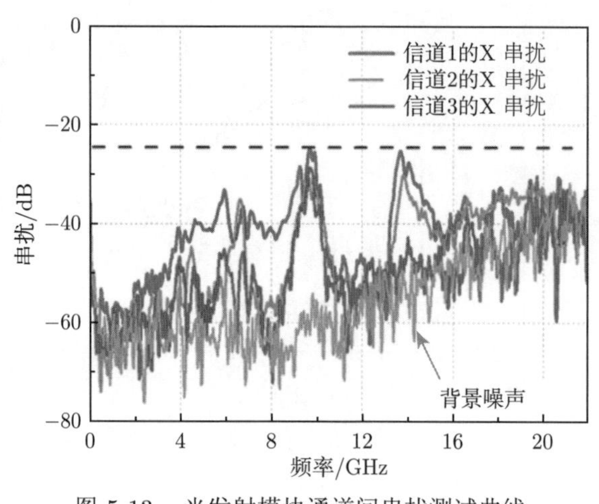

图 5-13　光发射模块通道间串扰测试曲线

（扫码获取彩图）

5.2.3　基于光发射模块的高速光传输

为了验证光发射模块的传输特性，在实验室搭建的测试系统方案如图 5-14 所示。在实际应用中，4 个通道同时工作实现 100 Gbit/s 速率传输，因此在测试中应该保持 4 个通道同时工作进行测试，但由于实验室仪器设备数量的限制，我们采用单通道测试方案对光发射模块进行传输特性测试。同时测试和单独测试的一个重要区别在于同时测试会引入串扰，根据光发射模块通道间串扰的测试结果可知，本书所研制的光发射模块通道间串扰低于 −25 dB，这表明各通道单独测试的结果与同时测试的结果在一定程度上可以认为基本没有差别。

首先，利用高精度的电流源激光二极管控制器 (laser diode controller，LDC) 给直接调制激光器加载偏置电流使其保持正常工作，同时使用电流源自带的温控功能对光发射模块实现 25 ℃ 恒温控制。码型发生器 (bit pattern generator，BPG) 作为数字信号源产生码长为 29-1 PRBS 码信号，由于输出的 150 mV 信号电压不足以驱动直接调制激光器，因此在码型发生器后端接入增益为 26 dB 的电放大器 (electrical amplifier) 对数字信号进行放大后再输入光发射模块中。由于光发射模块中 DML 和 AWG 的集成损耗以及片上模斑转换器和阵列光纤耦合损耗等损耗的存在，光发射模块各通道输出光功率约为 –10 dB，因此采用掺铒光纤放大器 (EDFA) 对调制后的光信号进行放大再进行信号传输。光信号经光纤传输后被高速光电探测器接收并通过光电转换成为电信号，输出的电信号经电放大器放大后进入数字采样示波器 (digital sampling oscilloscope, DSO) 获得数字信号的眼图，同时进入误码分析仪 (error analyzer, EA) 获得信号传输误码率 (bit error ratio, BER)。

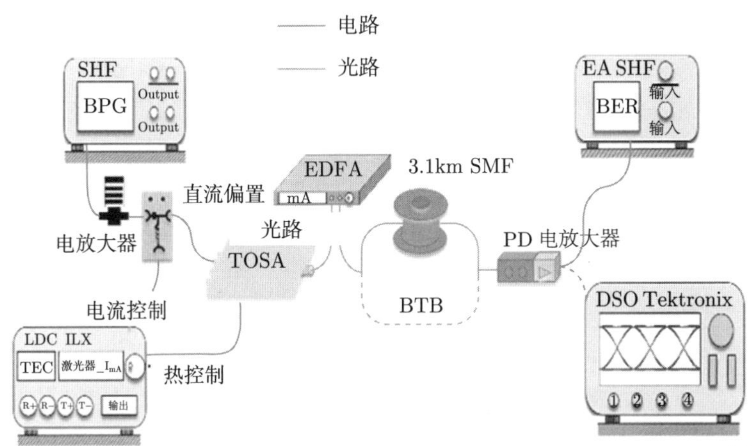

图 5-14 光发射模块传输特性实验验证系统图

（扫码获取彩图）

眼图和误码率是分析光发射模块传输特性的两个重要参数指标，眼图指的是数字信号的每段码元波形一一叠加后形成的图形，由于形状与人的眼睛相似而得名。在不存在码间串扰和噪声的理想情况下，数字信号在传输过程中不存在失真，在接收端，所有码元波形都会重叠在一起，在示波器上就会显示出清晰的波形重叠轨迹，得到的眼图呈“眼睛”睁开到最大的状态。当存在码间串扰和噪声时，数字信号在传输中产生失真，在接收端，码元波形轨迹变分散，不会重合在一起，此时的眼图不再清晰，“眼睛”呈现部分闭合的状态。随着外界干扰因素的增加，信号进一步恶化，码元波形轨迹将变得杂乱无章，眼图的线条模糊不清，“眼睛”将呈现变小甚至闭合的状态。因此可以通过示波器获得的眼图来定性分析数字信号在传输过程中受到码间串扰和外界干扰的畸变程度，评价信号传输系统的性能。误码率是单位时间内数字信号传输中产生的误码与所传输的总码数的比值，是衡量数据传输精确率的指标，常用来描述信号传输系统在一段时间内无差错传输信号的能力。

首先，对光发射模块进行单通道 22 Gbit/s 数字信号传输特性实验，利用采样示波器在接收端接收传输信号，一段时间后得到传输信号的眼图如图 5-15 所示，通过眼图可以定性地衡量码间串扰和噪声对传输信号的影响，从而评估光传输系统的优劣程度。利用光发射模块进行数字信号传输，经 3.1 km 光纤得到的眼图如图 5-15 (e)~(h) 所示，与背靠背 (back-to-back, BTB) 传输测试得到的眼图 (图 5-15 (a)~(d)) 相比，眼图的清晰度基本没有下降，这说明信号经 3.1 km 光纤传输，信噪比只有微小的恶化。光发射模块 4 个通道在不同接收光功率下的误码率如图 5-16 所示，以前向纠错 (forward error correction, FEC) 门限 3.8×10^{-3} 为参考，光发射模块的 4 个通道的接收灵敏度分别为 −6.5 dBm、−6.1 dBm、−6.0 dBm 和 −7.9 dBm。当接收光功率达到 2 dBm 时，误码率下降到 10^{-12} 量级，远远低于前向纠错门限数值，理论上可实现零误码数字信号光传输。

22Gbit/s	DFB1	DFB2	DFB3	DFB4
BTB 100mV/格	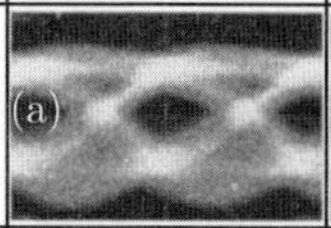 (a)	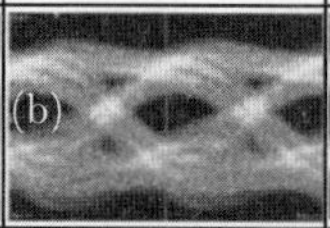 (b)	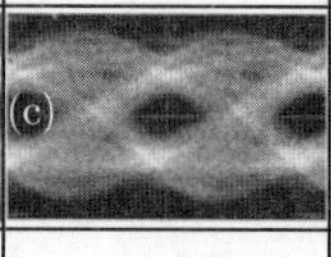 (c)	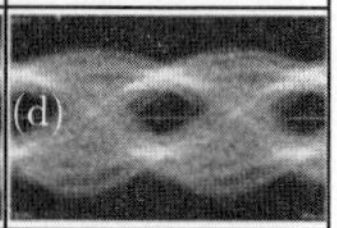 (d)
接收光功率	1.75dBm	2.85dBm	2.67dBm	2.23dBm
3.1km 100mV/格	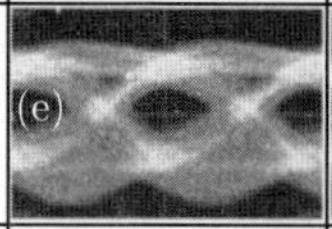 (e)	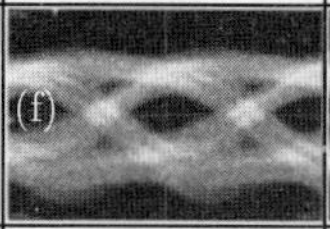 (f)	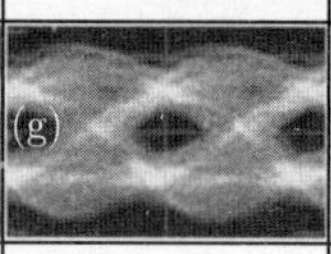 (g)	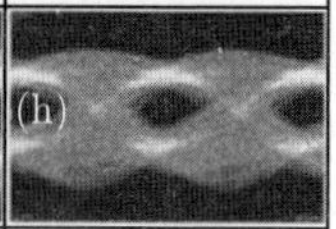 (h)
接收光功率	1.78dBm	2.55dBm	2.72dBm	1.54dBm

图 5-15　22 Gbit/s 数字信号在背靠背和 3.1km 单模光纤传输的眼图

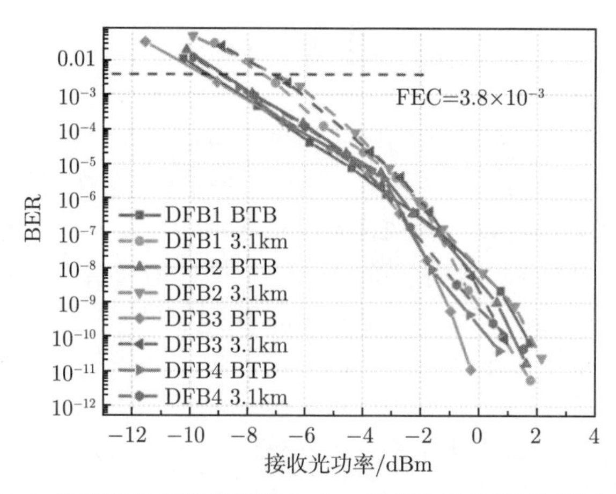

图 5-16　22 Gbit/s 数字信号在背靠背和 3.1km 单模光纤传输不同接收光功率的误码率

接着，对光发射模块进行了单通道 25 Gbit/s 数字信号传输特性实验，

图 5-17 给出背靠背和 3.1 km 光纤传输测试眼图。与单通道 22 Gbit/s 数字信号传输得到的眼图相比，图 5-17 中的眼高和眼宽变差，这是因为随着传输速率的增加，噪声对信号的影响增强，同时直接调制激光器的频率啁啾现象也会随传输信号速率的增加而变得更加明显。背靠背和 3.1 km 光纤传输测试在不同接收光功率下的误码率如图 5-18 所示，由实验结果可以看到，与其他激光器相比，DFB2 激光器在接收光功率 $-2 \sim 6$ dBm 范围内，误码率有明显的升高，这是因为 DML 的光信号消光比会随着偏置电流的增大而劣化 [32]。此外，当接收光功率达到 3 dBm 时，信号的误码率下降到 10^{-9} 量级，远低于前向纠错门限数值，因此理论上可以认为所研制的光发射模块可实现 100 Gbit/s 数字信号零误码传输。

25 Gbit/s	DFB1	DFB2	DFB3	DFB4
BTB 100mV/格	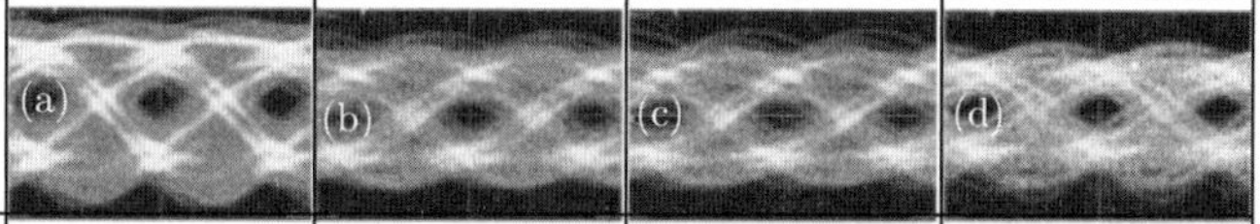 (a)	(b)	(c)	(d)
接收光功率	3.57dBm	3.2dBm	2.64dBm	2.26dBm
3.1km 100mV/格	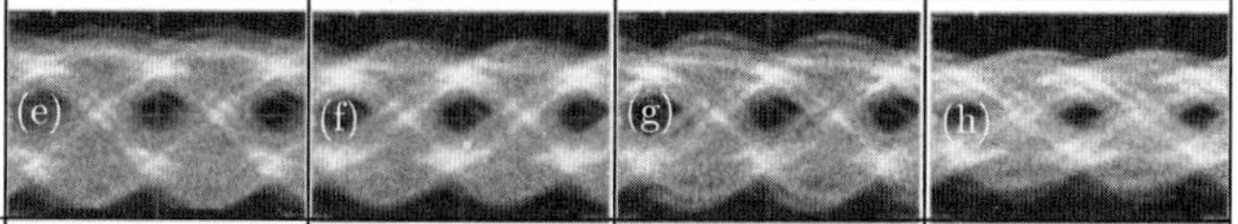 (e)	(f)	(g)	(h)
接收光功率	3.44dBm	2.95dBm	2.72dBm	2.34dBm

图 5-17 25 Gbit/s 数字信号在背靠背和 3.1 km 单模光纤传输的眼图

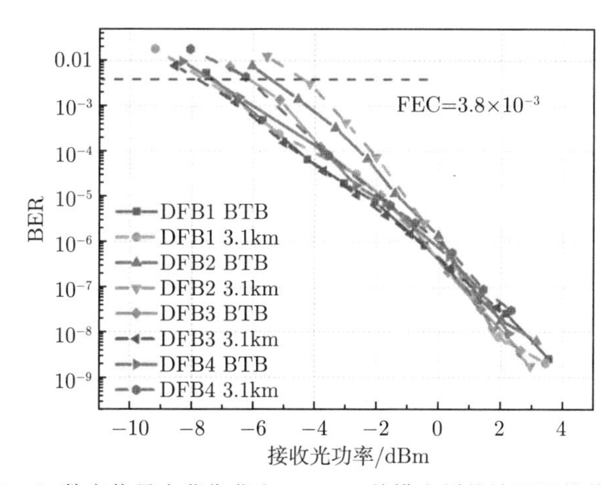

图 5-18 25 Gbit/s 数字信号在背靠背和 3.1 km 单模光纤传输不同接收光功率的误码率

本章提出的光发射模块体积紧凑，体积仅有 50 mm×25 mm×9.5 mm，通过

100 Gbit/s 数字信号光传输实验验证，该光发射模块具有更高传输速率的潜力。此外，利用单片集成技术，扩展光发射模块芯片 DML 的数量，可以将通道数增至 8 通道或 16 通道，实现 200 Gbit/s 和 400 Gbit/s 的传输速率，以满足未来网络容量对光发射模块更高的要求。

5.3 大动态微波光子射频前端

微波光子射频前端主要应用于射电天文、雷达系统等领域，利用微波光子技术实现射频信号到光信号的高性能转换，采用光纤传输技术，实现低噪声、高增益和大动态范围的微波信号的传输及处理。本节首先从微波光子射频前端系统结构出发，对其基本原理和主要性能参数展开介绍，然后以中国科学院半导体研究所研发的大动态微波光子射频前端样机为例，给出典型微波光子射频前端系统的测试结果。

5.3.1 微波光子射频前端基本原理

微波光子射频前端主要由外调制的微波光子链路构成，其中基于 MZM 的微波光子链路是目前常见的微波光子链路，其结构示意图如图 5-19 所示，主要由激光器、MZM、光纤和光电探测器组成。接下来本节将围绕基本原理和主要性能参数对微波光子射频前端展开详细阐述。

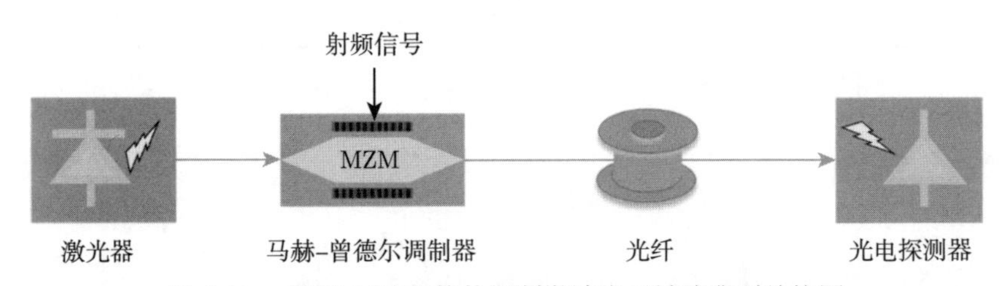

图 5-19 基于 MZM 的外调制微波光子链路典型结构图

对于具有收发一体功能的射频前端系统来说，在接收通道，天线接收的射频信号经过低噪声放大，通过强度调制的方式在 MZM 的作用下进行电光转换，调制到光载波上实现光载射频信号，接着光载射频信号通过光纤进行长距离传输至数据处理中心。在发射通道，光电探测器接收光载射频信号实现光电转换，通过平方律检波得到发射的射频信号。不考虑实际应用中其在数据处理中心信号具体处理的过程，收发一体微波光子射频前端简化系统结构示意图如图 5-20 所示。

微波光子射频前端的核心指标包括微波光子链路的增益、噪声与噪声系数和动态范围等。微波光子链路的增益包括光增益和射频增益，如图 5-21 所示。光增益定义为进入光电探测器的光功率与激光器输出进入链路的光功率之比，而射频增益则定义为光电探测器输出射频信号与经调制器输入链路射频信号的功率比[33]。对于微波光子链路来说，一般用射频增益来表征微波光子链路性能。在图 5-21 中已经给出了射频增益的表达式，因此若得知链路的输入、输出射频信号的功率，便可以计算出链路的射频增益。

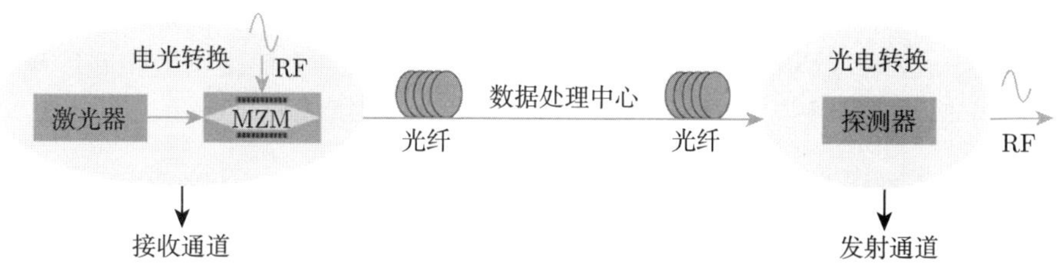

图 5-20 收发一体微波光子射频前端简化系统结构示意图

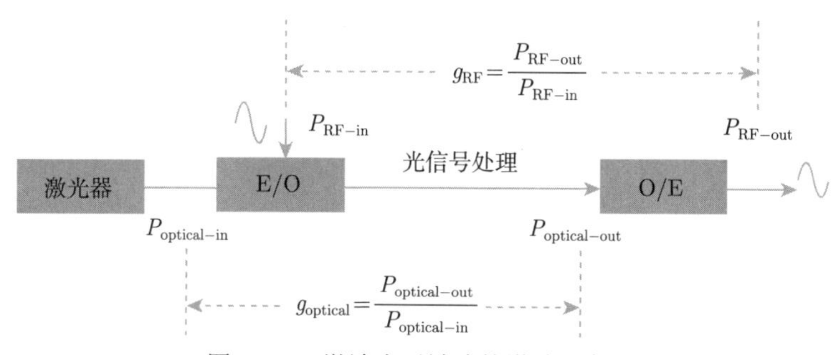

图 5-21 微波光子链路的增益示意图

微波光子链路输出的噪声包括热噪声、散粒噪声和相对强度噪声。其中热噪声包括经链路放大或衰减的输入热噪声和链路负载输出热噪声。微波光子链路的噪声系数定义为链路输入信噪比与输出信噪比的比值的分贝形式。

根据微波光子链路基本原理可知，射频信号输入微波光子链路，通过电光转换和光电转换后再次输出射频信号，除了包含初始输入的基波信号，还伴随着偶次谐波和奇次谐波的输出，这说明射频信号经微波光子链路再次输出会产生非线性失真。当输入链路的射频信号功率较低时，产生的谐波功率淹没在链路噪声中，则可以认为微波光子链路是线性的，输入信号不存在非线性失真。随着输入射频信号功率增大，谐波输出功率也不断增大直至超过噪声功率，此时便需要分析微波光子链路无失真传输射频信号的输入功率，动态范围便描述了微波光子链路无失真传输信号时的功率范围。

无杂散动态范围 (SFDR) 是用来表示微波光子链路动态范围最常用的参数之一，它描述的是输入信号的功率范围，在这个输入功率范围内，链路输出的基波信号功率大于链路噪底，同时保证产生其他谐波功率，即非线性失真功率低于或恰好等于链路噪底。SFDR 定义为非线性失真分量与输出噪声相等时，输出信号与输出噪声之比。根据 SFDR 的定义，设限制 SFDR 非线性失真分量的阶数为 n，则有

$$\mathrm{SFDR}_n = \left(\frac{\mathrm{OIP}_n}{N_{\mathrm{out}}B}\right)^{\frac{n-1}{n}} \tag{5-1}$$

式中，OIP_n 为 n 阶非线性失真分量的输出截点；N_{out} 为链路输出噪底；B 为测试链路带宽。当测试带宽 $B = 1$ Hz 时，将式 (5-1) 写成分贝形式，则有

$$\mathrm{SFDR}_n = \frac{n-1}{n}\left(\mathrm{OIP}_n - N_{\mathrm{out}}\right) \tag{5-2}$$

因此，在实验中如果能够测得微波光子链路的 n 阶非线性失真分量的输出截点和链路输出噪底，即可算出链路的 SFDR。

在实际应用中，常利用双音法来测试微波光子链路的 SFDR。同时输入两个频率接近、功率相等的射频信号，经链路输出的信号包含两个基波信号的同时，也包含一些非线性失真分量，如图 5-22 所示 [34]。对于产生的非线性失真分量，若其频率与基波频率相差较大，可以通过滤波的形式去除失真分量实现链路线性化。由图 5-22 看出，其中 2 个三阶非线性失真分量的频率与基波频率非常接近，无法通过外加滤波去除三阶非线性失真分量，因此在所有交调失真和谐波失真分量中，一般限制微波光子链路的 SFDR 的主要非线性失真分量是链路输出的三阶交调失真 (third-order intermodulation distortion，IMD3)。

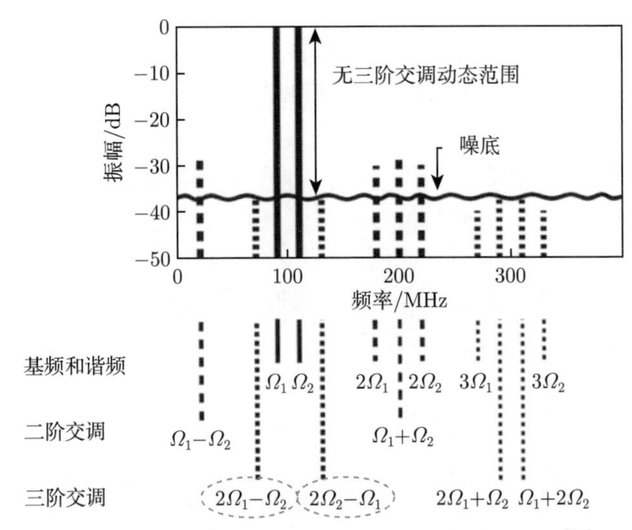

图 5-22　双音法测试 SFDR 信号与失真分量的频谱图[34]

5.3.2 微波光子射频前端的测试结果

微波光子射频前端广泛应用于射电天文和雷达系统等领域，宽带光控阵雷达对高性能、多通道的微波光子射频前端的需求更是迫切，因此研制高性能、长时间稳定工作的多通道微波光子射频前端系统具有重要意义。本节针对动态范围、噪声系数等指标对微波光子射频前端技术展开研究，并以中国科学院半导体研究所研发的大动态微波光子射频前端样机为例，给出典型微波光子射频前端系统的测试结果。

在中国科学院半导体研究所研发的大动态微波光子射频前端样机中，射频信号收发输入输出端口位于左侧面板，光信号输入输出端口位于右侧面板，如图 5-23 所示。

图 5-23 大动态微波光子射频前端样机

实验采用双音法测试单通道微波光子射频前端 SFDR，利用微波合束器输入频率间隔 100 MHz 的 36 GHz 和 36.1 GHz 的两个射频信号，测试链路示意图如图 5-24 所示。

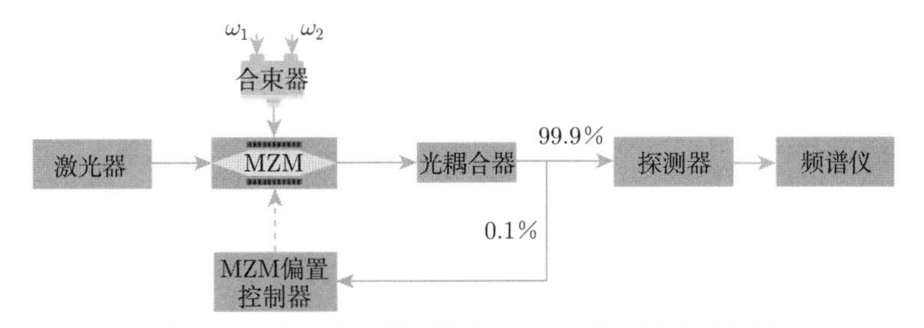

图 5-24 微波光子射频前端 SFDR 测试链路示意图

方案 1：激光器输出光功率 13.09 dB，利用调制器偏置控制器给 MZM 提供直流偏置电压使其工作在正交偏置点，射频信号和光载波在 MZM 进行电光转换，输入光电探测器的光功率为 5.3 dBm。此时，链路的输出噪底为 −151.6 dBm/Hz，链路输出的基波信号功率以斜率为 1 的速度随输入射频信号功率增大，而 IMD3 功率则以斜率为 3 的速度随输入射频信号功率增大。对所测得的实验数据进行线性拟合，如图 5-25 所示，得到链路的三阶非线性失真分量的输出截点为 1.69 dB，在测量带宽为 1 Hz 的条件下，可得链路的无杂散动态范围 $\mathrm{SFDR}_3 = 100.24\ \mathrm{dBm\cdot Hz^{2/3}}$。

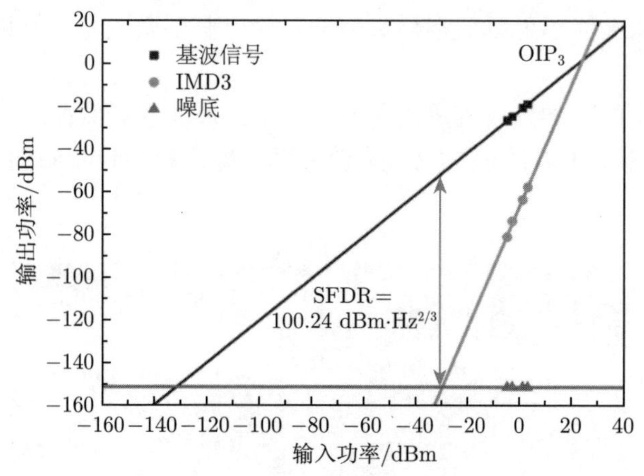

图 5-25　方案 1 微波光子射频前端 36 GHz SFDR 测试结果

方案 2：调节调制器偏置控制器的电位器，改变 MZM 的直流偏置电压使其工作在低传输点，与 MZM 工作于正交偏置点相比，需要对链路补偿光功率，即提高激光器的输出光功率至 19.24 dBm，保持输入光电探测器的光功率为 5.5 dBm。此时对链路进行 SFDR 测试，对实验数据进行线性拟合，如图 5-26 所示，链路的 $\mathrm{SFDR}_3 = 106.35\ \mathrm{dBm\cdot Hz^{2/3}}$，与正交偏置点链路相比，SFDR 提高了 $6\ \mathrm{dB\cdot Hz^{2/3}}$。

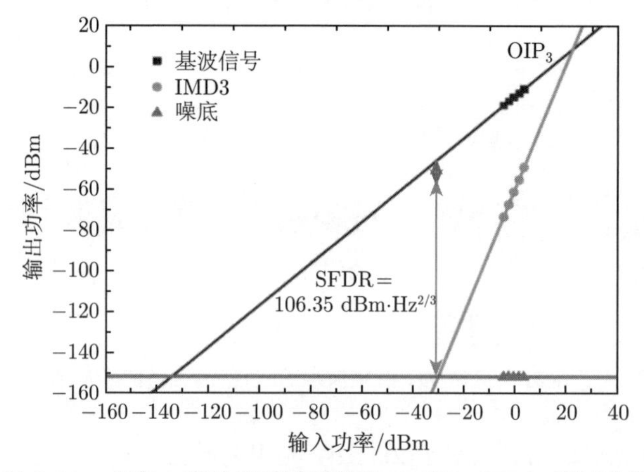

图 5-26　方案 2 微波光子射频前端 36 GHz SFDR 测试结果

通过优化链路结构，精细调节各器件工作参数，使器件工作在最佳工作状态，采用基于所提出的提升链路 SFDR 的方案，实现微波光子射频前端系统各通道传输 40 GHz 射频信号，SFDR 均大于 111 $\mathrm{dBm \cdot Hz^{2/3}}$，实验结果如图 5-27 所示，实现了多通道大动态范围的射频信号的非线性失真传输。

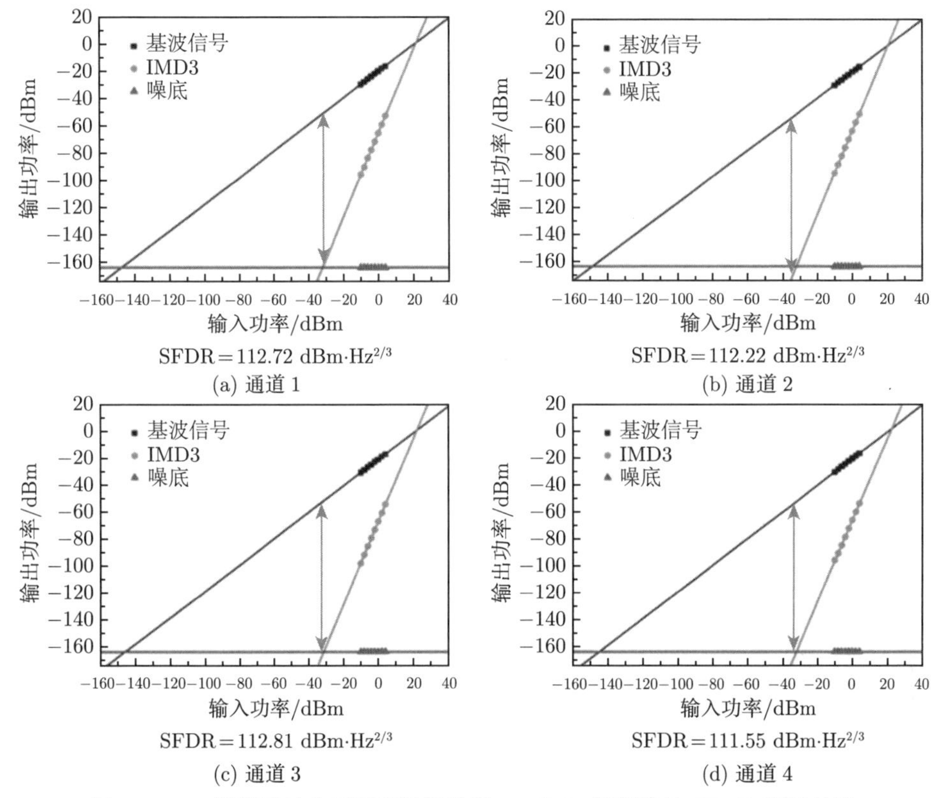

图 5-27 4 通道微波光子射频前端传输 40 GHz 射频信号 SFDR 测试结果

噪声系数是描述系统噪声性能的常用性能参数，由于实验室没有直接测试噪声系数的相关仪器，因此在实验中采用基于频谱分析仪的测试方法测试微波光子射频前端链路的噪声系数。首先利用频谱仪测得各通道微波光子链路的噪底 N_{link}，接着利用矢量网络分析仪 (vector network analyzer, VNA) 测得各通道的增益 G_{link}，再利用公式 $\mathrm{NF_{link}(dB)} = N_{\mathrm{link}} + 174 - G_{\mathrm{link}}$，则可以得到各通道在宽带内的噪声系数。实验中测得频谱分析仪的显示电平噪声、各通道微波光子链路噪底、增益以及噪声系数如图 5-28 所示。图中绿色曲线表示的是 10~40 GHz 带宽内各通道噪声系数变化曲线，可以发现在 10~30 GHz 带宽内各通道的噪声系数均低于 30 dB，但是在 30~40 GHz 带宽内，噪声系数明显变大，这是因为链路器件工作在高频带宽内性能恶化，使得链路的噪底变大、增益减小，导致噪声系数相对低频带宽增大。

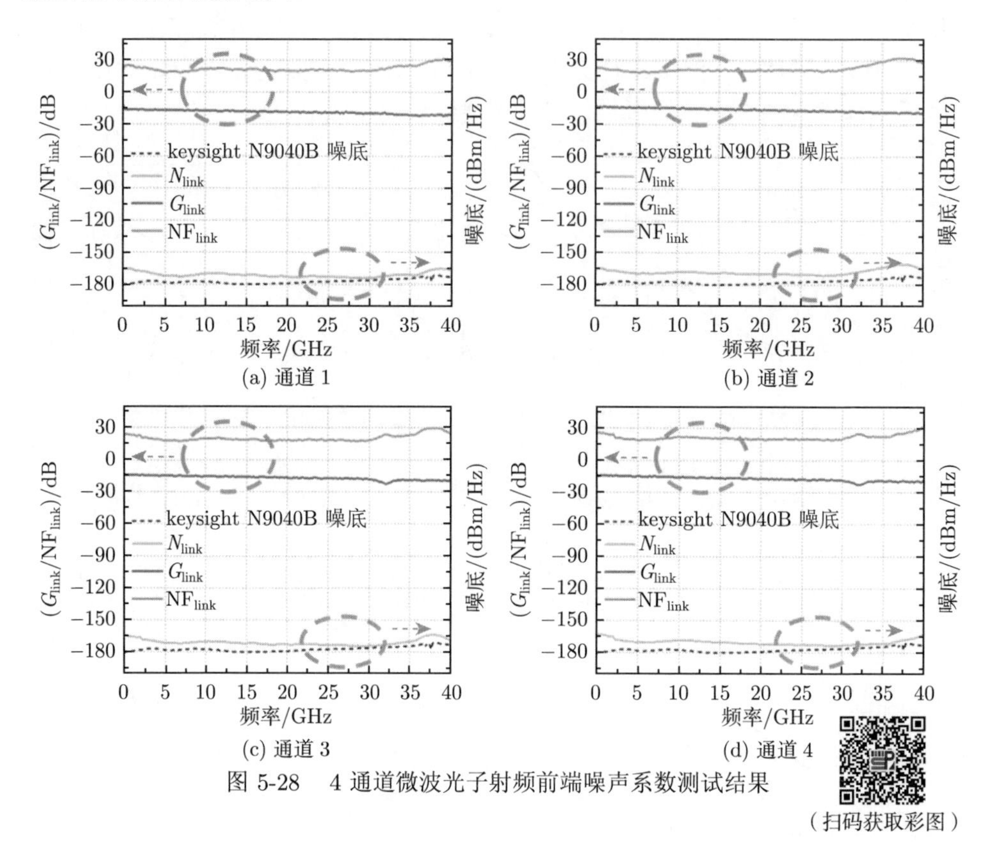

(a) 通道 1　　(b) 通道 2

(c) 通道 3　　(d) 通道 4

图 5-28　4 通道微波光子射频前端噪声系数测试结果

（扫码获取彩图）

为了实现大增益、低噪声系数的微波光子射频前端系统，一般采用在系统前端加前置低噪声放大器的方式来降低链路噪声系数，含有前置放大器的微波光子射频前端系统的噪声系数需要根据级联噪声系数公式计算。假设无前置放大器的微波光子链路的噪声因子为 F_{L}，前置放大器的噪声因子为 F_{amp}、增益为 G_{amp}，则含有前置放大器的微波光子链路的噪声因子 F_{pre} 可表示为 $F_{\text{pre}}=F_{\text{amp}}+\dfrac{F_{\text{L}}-1}{G_{\text{amp}}}$。将噪声因子用分贝的形式表示，则可得到级联噪声系数 $\text{NF}_{\text{pre}}=10\lg\left(F_{\text{amp}}+\dfrac{F_{\text{L}}-1}{G_{\text{amp}}}\right)$。实验中采用低噪声放大器作为前置放大器，根据级联噪声系数计算公式，可以得到 1~40 GHz 带宽内 4 通道含有前置放大器的微波光子射频前端系统的噪声系数如图 5-29 所示，小图中给出了前置放大器在 1~40 GHz 带宽内的噪声系数的变化曲线。由实验结果可以看出前置放大器可以有效降低微波光子射频前端系统的噪声系数，系统噪声系数主要受前置放大器的噪声系数影响。

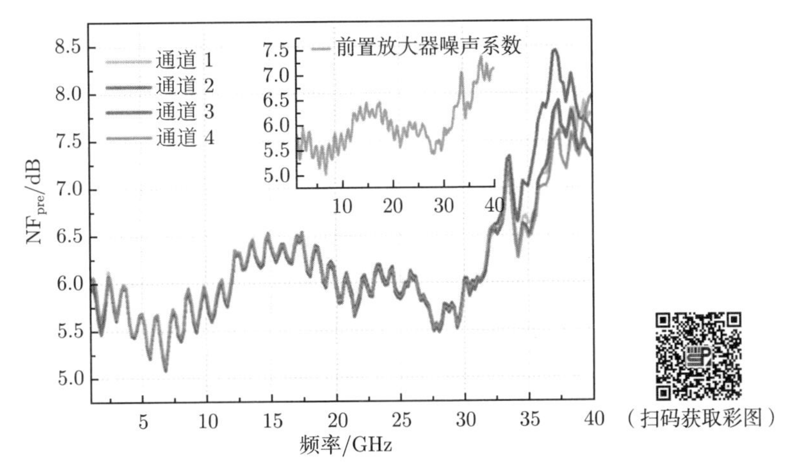

图 5-29 4 通道含有前置放大器的微波光子射频前端噪声系数测试结果

在宽带光控阵雷达等实际应用中，微波光子射频前端通道间信号的幅度和相位不一致，会给后端信号处理造成极大的困难，同时也是困扰光控波束形成实用化的重要原因之一，因此在多通道微波光子射频前端系统的研究中，对通道间幅度和相位的一致性要求尤为严格。链路中光纤自身环境的敏感性、光电器件性能差异及器件之间的连接损耗差异等因素都会对微波光子射频前端系统通道间幅度和相位的一致性造成影响。因此从微波光子射频前端系统内部结构出发，采用功率补偿和光纤延时技术，减小通道间幅度和相位的波动，以获得优异的通道间幅度和相位的一致性。实验中我们主要利用矢量网络分析仪对各通道的幅度和相位进行测试，微波光子射频前端系统通道间幅度和相位测试链路示意图如图 5-30 所示。

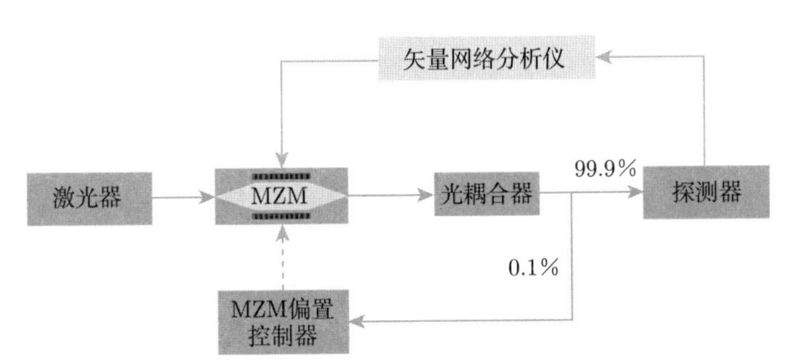

图 5-30 微波光子射频前端系统通道间幅度和相位测试链路

幅度衰减光纤与衰减器是目前用来实现通道间幅度调节与补偿的两种常用技术途径，本系统中采用光衰减器对各光通道的传输损耗进行幅度控制，其精度可达 0.2 dB。在光域进行幅度控制，可有效避免电器件对链路带宽的限制，实现超宽带幅度控制。首先对矢量网络分析仪进行自校准，接着测试各通道的频率响应曲线，获得各通道的增益曲线如图 5-31 所示。由实验结果可以看出，各通道高频带宽增益明显低于低频带宽增益，这是光电器件带宽的限制所导致的，随着输入信号的频率的增加，器件损耗增大。4 个通道的增益曲线变化趋势相同，其中通道 2 的增益最大，而通道 3 的增益最小，由于我们所关注的参数是各通道间幅度的一致性，因此以通道 3 为基准，将通道 3 连入矢量网络分析仪进行幅度校准，再利用功率补偿技术，调节各通道的可变光衰减器对其他 3 个通道进行功率补偿。最终得到校准后 4 通道的幅度不一致性小于 ±0.6 dB，实验结果如图 5-32 所示。

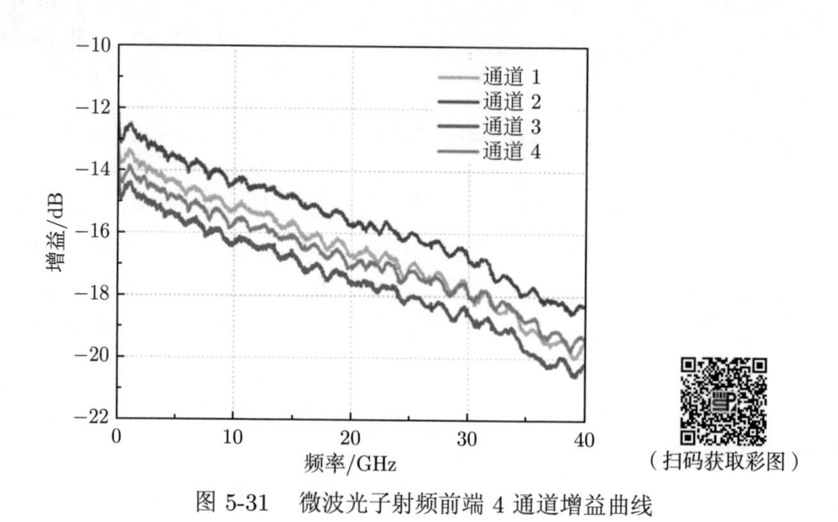

图 5-31 微波光子射频前端 4 通道增益曲线

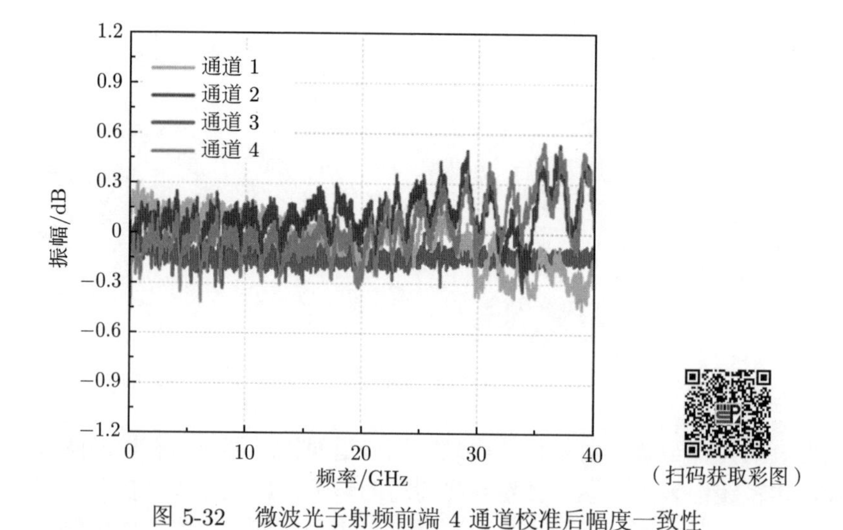

图 5-32 微波光子射频前端 4 通道校准后幅度一致性

对于各通道的相位一致性，采用光纤延时技术对各通道的光纤延时量进行补偿，而光纤的加工精度极高，这对光纤延时的测量提出了较高的要求。但是由于各种累积误差与仪器测试误差，通常很难得到光链路通道间的精确相位误差。双通道平滑孔径通道延时精确测量法可以解决光链路通道间延时测量不精确的问题。对矢量网络分析仪的孔径平滑因子进行设置，可获得相位展开后的相频曲线。与幅度测试方法同理，将通道 3 接入矢量网络分析仪进行相位校准，再依次测试其他 3 个通道的相频曲线，测试结果如图 5-33 所示。由图中 10 MHz ~0.5 GHz 小频段内相频曲线的展开图，可以清楚看到在不同频段内，通道间的相位存在较大的差异。因此以通道 3 为基准，采用光纤延时技术对其他 3 个通道的延时量进行补偿，优化通道间的相位一致性，优化后的 4 通道的相频曲线如图 5-34 所示，4 个通道间相位一致性优于 ±5°。

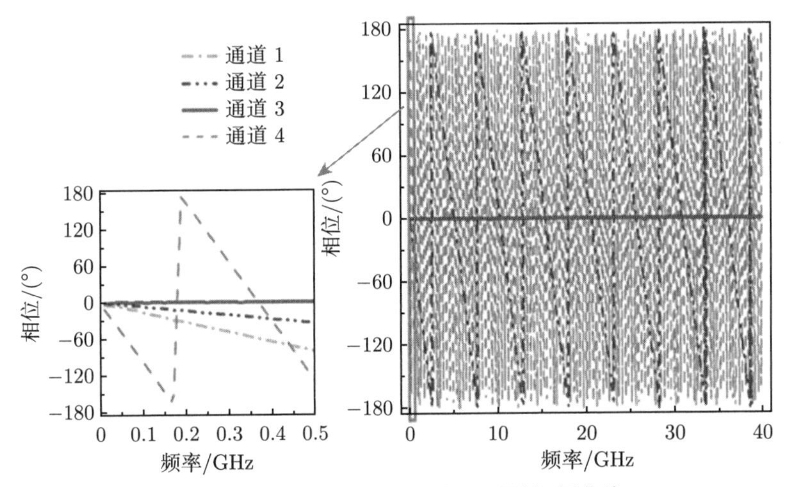

图 5-33 微波光子射频前端 4 通道相频曲线

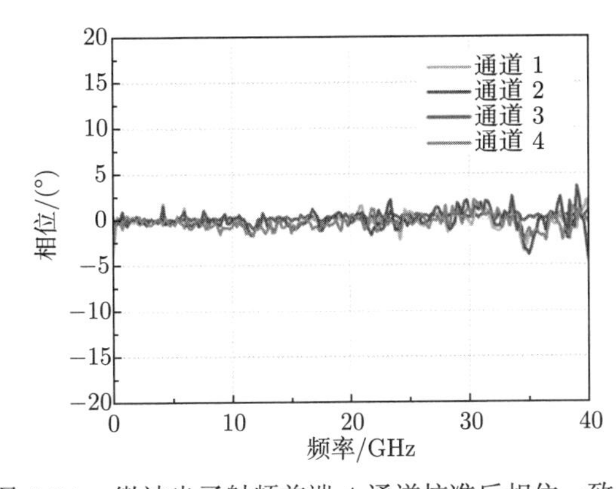

图 5-34 微波光子射频前端 4 通道校准后相位一致性

5.4 稳时稳相传输

近三十年来，随着光电子技术与光通信技术的进一步发展，开发光频段，利用光通信技术实现微波信号的传输和处理成为一种新的发展思路。得益于低损耗光纤的成熟发展，微波光子学在分布式天线阵列、航天测控、分布式相参雷达等领域得到了广泛应用。但是光纤的传输延时容易受到外界压力、温度变化等环境因素的干扰而发生变化，导致传输后的信号相位不稳定、频率稳定度恶化，如何多点对多点地将同一个高精度射频参考信号进行稳定的分配，成为利用光纤进行高稳定频率参考分配面临的主要挑战。本章首先介绍了微波光子稳时稳相传输系统的基本原理和架构，分别介绍基于主动相位补偿和基于被动相位补偿的方案的国内外研究进展，最后以中国科学院半导体研究所研发的被动相位补偿系统为例，给出典型微波光子稳时稳相传输系统的优化结果。

5.4.1 微波光子稳时稳相传输基本原理

微波信号光纤传输系统如图 5-35 所示。在本地端产生待传输微波信号，经过调制器微波信号加载到光信号上，光信号在光纤介质中进行传播，传播过程中，光纤链路受外界环境影响导致链路传输延时发生变化，于是在远端经过光电转换恢复后的微波信号具有随机的相位或延时抖动。

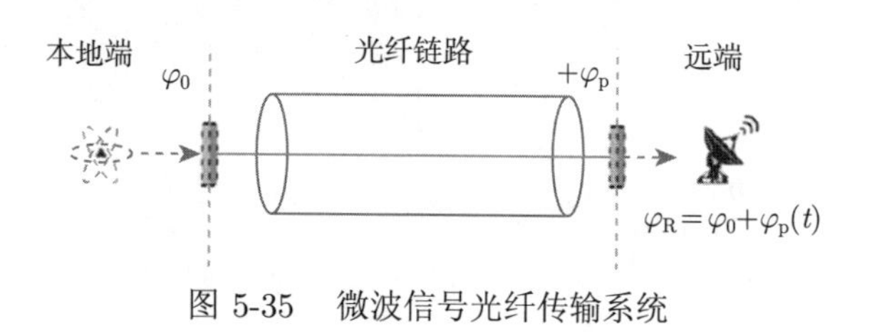

图 5-35 微波信号光纤传输系统

将本地端产生的待传输的微波信号表示为

$$V(t) = A_0 \cos[\omega_{\mathrm{RF}} t + \varphi_{\mathrm{RF}}(t)] \tag{5-3}$$

式中，A_0 是微波信号的幅度；ω_{RF} 是微波信号的角频率，且 $\omega_{\mathrm{RF}} = 2\pi f_{\mathrm{RF}}$，$f_{\mathrm{RF}}$ 为信号的频率；$\varphi_{\mathrm{RF}}(t)$ 为信号的初始相位。利用电光调制器，采用载波抑制的调制形式，生成相位锁定的光载微波信号，表示为

$$E(t) = \mathrm{e}^{\mathrm{j}[\omega_{\mathrm{c}} t + \varphi_{\mathrm{c}}(t) + \omega_{\mathrm{RF}} t + \varphi_{\mathrm{RF}}(t)]} + \mathrm{e}^{\mathrm{j}[\omega_{\mathrm{c}} t + \varphi_{\mathrm{c}}(t) - \omega_{\mathrm{RF}} t - \varphi_{\mathrm{RF}}(t)]} \tag{5-4}$$

式中，ω_{c} 和 $\varphi_{\mathrm{c}}(t)$ 分别表示载波激光信号角频率及相位信息，将该信号输入光纤

进行传输。光纤传输延时为 $\tau(t)$，则传输后远端获得的光载波信号为

$$E(t) = \mathrm{e}^{\mathrm{j}[\omega_{\mathrm{c}}(t+\tau(t))+\varphi_{\mathrm{c}}(t)+\omega_{\mathrm{RF}}(t+\tau(t))+\varphi_{\mathrm{RF}}(t)]} + \mathrm{e}^{\mathrm{j}[\omega_{\mathrm{c}}(t+\tau(t))+\varphi_{\mathrm{c}}(t)-\omega_{\mathrm{RF}}(t+\tau(t))-\varphi_{\mathrm{RF}}(t)]} \tag{5-5}$$

采用接收机对信号进行光电转换，则远端接收到的微波信号为

$$I(t) = E(t)\cdot E(t)^* = \cos 2[\omega_{\mathrm{RF}}t + \varphi_{\mathrm{P}}(t) + \varphi_{\mathrm{RF}}(t)] \tag{5-6}$$

式中，$\varphi_{\mathrm{P}}(t) = \omega_{\mathrm{RF}}\cdot\tau(t)$ 表征传输后远端接收到的微波信号的相位抖动，也可看作其瞬态相位偏差。由于光纤传输延时 $\tau(t)$ 是一个受外界环境影响的随机变化量，因此远端微波信号相位会随光纤延时抖动而变化。图 5-36 为 100 GHz 微波信号在未经延时校正的 160 km 光纤中传输后，经下变频获得的 20 MHz 中频信号在 30 s 测量时间内的时域谱变化情况。我们关注信号的频率和相位抖动，由图 5-36 可见，信号的相位随时间不断推移发生了随机漂移，信号的相位恶化较为明显。

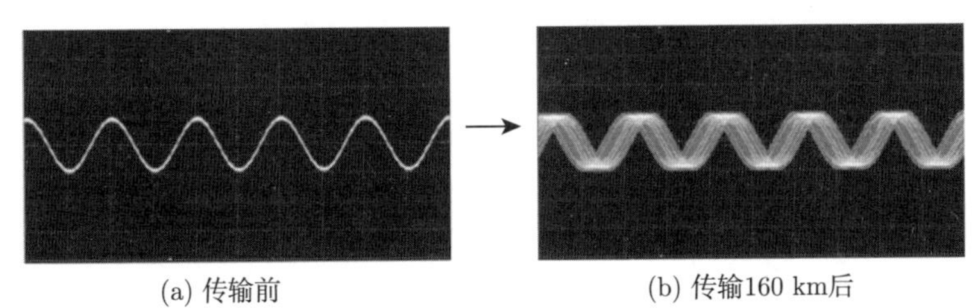

(a) 传输前 (b) 传输160 km后

图 5-36 射频信号传输前和传输 160 km 光纤后 30 s 内的波形时域变化

为此，需要设计研发相位补偿系统，根据环境变化对信号的相位进行补偿，使其保持稳定。近几十年来，科研人员研发了许多方案，目前常见的光载射频稳相传输技术实现方式主要分为两种：一种是主动式稳相传输技术，利用鉴相器将光链路抖动引起的相位误差提取出来，并根据误差信号来进行反馈控制，实现相位漂移的消除；另一种是被动式稳相传输技术，利用混频相消的原理，对光纤链路的抖动进行消除。第二种方案不需要设计复杂的驱动电路，且具有无限的补偿范围。在下面两节我们将对这两种方案进行详细的说明和讨论。

5.4.2 主动相位补偿

对于主动相位补偿方案，系统的核心在于实时检测光纤链路传输延时 $\tau(t)$，并主动补偿一个与之相反的延时 $-\tau(t)$，那么在接收端就可以得到纯净稳定的微波信号。其中最为典型且最常用的是基于往返延迟校正理论的相位补偿方法，该方式最早由 Lutes[35] 提出。经同一光纤，将传输至远端的信号部分回传，在本地端对往返传输后的信号与传输前的信号相位进行比较，从中获得传输链路引入的相

位抖动，利用该相位抖动信息，反馈控制信号相位或链路延时，从而补偿远端信号的相位抖动，使得远端信号的相位保持稳定，如图 5-37 所示。

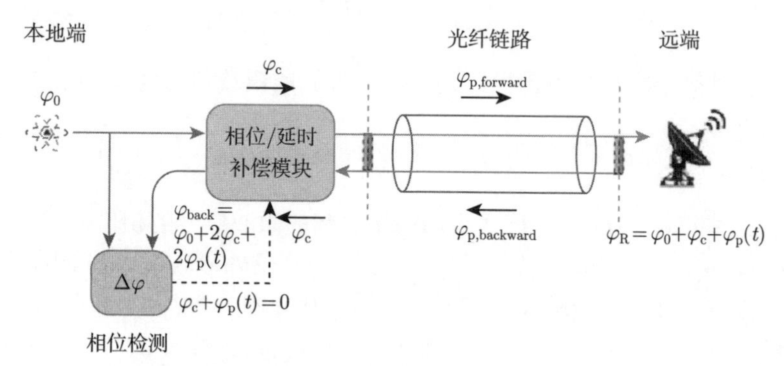

图 5-37　往返延迟校正理论的相位补偿原理

微波信号光纤稳相模块主要由通过光纤连接的本地端及远端两部分组成。假设需要传输的微波本振初始相位为 φ_0，系统中采用可调节的相位/延时补偿模块对其进行预补偿。若对信号的相位进行调控，那么假设载入的相位预补偿量为 φ_c，输入光纤传输。因为光纤存在随机的延时变化，因此若将其引起的信号相位抖动表示为 $\varphi_p(t)$，那么传输后获得的信号相位表示为

$$\varphi_R = \varphi_0 + \varphi_c + \varphi_p(t) \tag{5-7}$$

根据互易定理，回传信号的相位可以表示为

$$\varphi_{back} = \varphi_0 + 2\varphi_c + 2\varphi_p(t) \tag{5-8}$$

在本地端的相位检测单元内，参考信号为传输前的信号，与回传微波信号进行鉴相，得到往返传输后信号的相位误差。根据误差信息反馈调节补偿结构的相位量 φ_c，使得锁相环的稳态误差趋于 0，则远端和本地端的信号相位误差为 0：

$$\varphi_c + \varphi_p(t) = 0 \tag{5-9}$$

此时，远端和本地端信号的相位一致，即 $\varphi_R = \varphi_0$。至此，信号在光纤链路中传输引入的相位抖动被消除，在接收端得到了相位持续稳定的微波信号。

之后很多科研人员基于主动相位补偿理论进行稳时稳相系统的研究，通过不同的补偿手段设计了多种微波光子稳时稳相系统。2007 年，法国巴黎大学激光物理实验室提出了一种基于光延迟线的微波信号传输方法[36]，通过将参考信号与往返探测信号进行比较获得延时信息，并根据延时差调节光路时延；为了同时进行快速及慢速时延补偿，采用了温控光纤和压电陶瓷光纤。该方案中，9.15 GHz

信号经 86 km 光纤链路传输后，秒稳定度为 3×10^{-15}。2011 年，波兰研究机构提出了一种基于电控延时的光纤稳相传输方法[37]。通过探测信号的往返传输后，检测相位变化信息并进行对称的电控延时，从而实现信号的稳相传输，其日阿伦方差在 2×10^{-17}。上述采用压电陶瓷和温控的可调光纤延迟线进行相位抖动补偿的方法具有频率无关的优点，但也存在补偿量不足、响应速度慢等问题，随着光纤传输距离的增加，有必要设计出响应更快、范围更大的光纤延时调节装置。基于压电陶瓷和温控调节光延时的方式逐渐难以满足相应增长的需求，限制了系统可支持的传输距离，为了实现光纤延时抖动的快速和大范围补偿，基于压控振荡器 (voltage-controlled oscillator，VCO) 的电域相位补偿方法被广泛研究。2012 年，清华大学通过检测到的相位扰动信息反馈控制锁相环[38]，进而调节压控振荡器频率，使得远端恢复的微波信号相位稳定，其原理如图 5-38(a) 所示，该系统在实验上实现了秒稳定度为 7×10^{-15}、日稳定度为 4.5×10^{-19} 的信号稳定传输。2013 年，北京邮电大学提出一种基于色散的稳相传输方法[39]，原理如图 5-38(b)

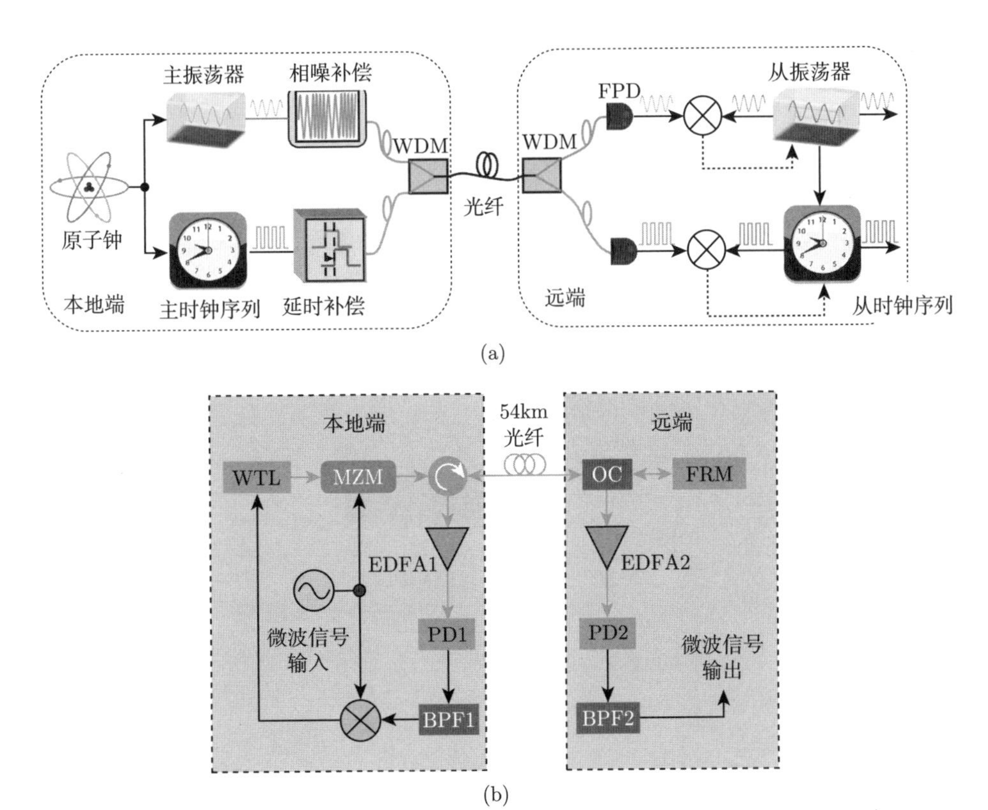

图 5-38 清华大学基于压控振荡器的信号稳相传输系统 (a) 和北京邮电大学基于色散的相位补偿系统 (b)

所示，该系统根据光纤的色散效应，通过采集延时差信息反馈调控激光频率进行远端信号的相位补偿，实验系统实现了 2.42 GHz 信号的 54 km 光纤传输，其时间抖动均方根误差在 10 000 s 积分时间内为 502.3 ps。

5.4.3　被动相位补偿

传统的基于主动补偿的技术来消除射频信号的相位误差的方法存在补偿范围小、速度慢等缺点，而且通常需要将射频信号通过光纤往返传送，依靠相位鉴别器程序动态地跟踪探测射频信号的相位漂移，反馈控制应用于发射器或光纤，以主动补偿任何相位漂移。然而，这些闭环反馈控制方案不仅复杂，而且试错算法非常耗费时间。于是一些科研机构和高校提出了基于被动相位误差补偿的方案来提高补偿速度、增大补偿范围。采用混合频率调制技术，无须闭环控制，利用携带光纤相位变化信息的往返传输信号对信号进行实时的被动补偿，无须计算补偿量，弥补了主动闭环反馈系统结构复杂、耗时的缺陷。

2014 年，中国科学院半导体研究所根据被动相位补偿原理研发了一套不使用任何辅助本征信号源的光纤稳时稳相传输系统[40]。在该系统中，既不需要有源的相位识别，也不需要动态的相位跟踪和补偿。由光纤长度变化引起的射频信号的相位漂移通过混频过程自动消除。

稳相传输系统示意图如图 5-39 所示。微波信号由路由端的天线接收。我们的目标是通过单模光纤 (SMF) 将相位稳定的微波信号传输到本地端。系统需要用到 3 条光链路，微波信号分别加载到由不同的激光器产生不同波长的光载波上，采用一对阵列波导光栅 (AWG) 防止光信号串扰。第一条光链路用于传输待稳定的微波信号，另外两条链路以二分频微波信号传输同一光纤的往返相位信息。当单向链路和双向链路的输出微波信号在电混频器中混合时，微波信号的相位波动被自动消除，可输出稳定的微波信号。

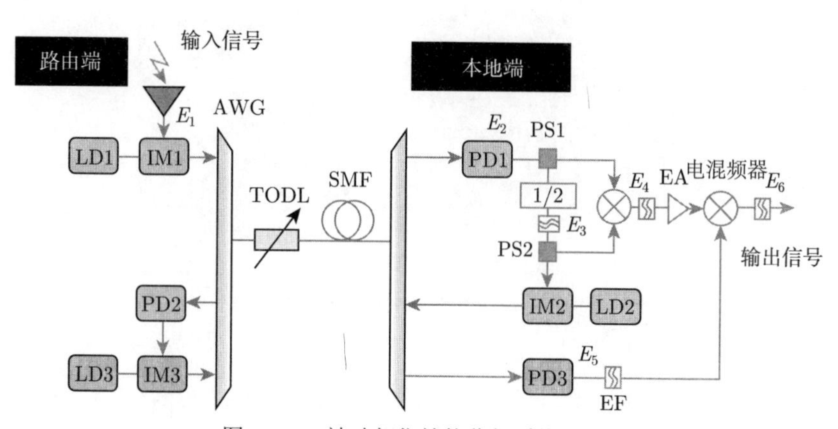

图 5-39　被动相位补偿稳相系统原理

我们将系统中路由端产生的微波信号表示为

$$E_1 = \cos(\omega_\mathrm{s} t + \varphi_\mathrm{s}) \tag{5-10}$$

随后，接收到的微波信号通过强度调制器 IM1 调制到由激光二极管 LD1 产生的光载波上，并通过长距离单模光纤传送到远端信号接收。在远端，光纤传输的信号由光电探测器 PD1 进行光电转换，恢复的微波信号可以表示为

$$E_2 = \cos\{\omega_\mathrm{s}[t - (T_0 + \Delta T_1)] + \varphi_\mathrm{s}\} \tag{5-11}$$

式中，T_0 是固定的光纤延时；ΔT_1 是当光信号从路由端传输到本地端，光纤受环境变化带来的延时抖动。检测到的微波信号被功率分配器 PS1 分成两部分，一部分被发射到 1/2 分频器，产生的微波信号表示为

$$E_3 = \cos\left\{\frac{\omega_\mathrm{s}[t - (T_0 + \Delta T_1)] + \varphi_\mathrm{s}}{2}\right\} \tag{5-12}$$

随后将该微波信号经过另一功率分配器 PS2 分成两部分，其中一部分使用混频器与 PS1 分出的另一部分与 E_2 混频，生成的信号可以表示为

$$E_4 = \cos\left\{\frac{3\omega_\mathrm{s}[t - (T_0 + \Delta T_1)] + 3\varphi_\mathrm{s}}{2}\right\} \tag{5-13}$$

PS2 分出的另一部分通过强度调制器 IM2 调制到来自激光器 LD2 的不同波长的光载波上，并被传送回路由端。在路由端，该微波信号由探测器 PD2 恢复。然后，该微波信号再次经过光纤传输发送回本地站并经过探测器 PD3 恢复为微波信号：

$$E_5 = \cos\left\{\frac{\omega_\mathrm{s}[t - (T_0 + \Delta T_1) - (T_0 + \Delta T_2) - (T_0 + \Delta T_3)] + \varphi_\mathrm{s}}{2}\right\} \tag{5-14}$$

式中，ΔT_2 和 ΔT_3 分别表示分频信号在光纤链路往返过程中的延时抖动，实际情况中，光纤延迟的变化比往返传输时间慢得多。因此，我们可以近似 $\Delta T_1 = \Delta T_2 = \Delta T_3$。于是，最终 E_4 与 E_5 混频后的微波信号可以写为

$$E_6 = \cos\left[\omega_\mathrm{s} t + \varphi_\mathrm{s} + \frac{\omega_\mathrm{s}(\Delta T_2 + \Delta T_3 - 2\Delta T_1)}{2}\right] \tag{5-15}$$

$$E_6 = \cos(\omega_\mathrm{s} t + \varphi_\mathrm{s}) \tag{5-16}$$

从式 (5-16) 可以看出，在本地端接收的微波信号与在路由端发送的微波信号具有相同的频率和相位，所有由光纤抖动引起的相位漂移都被自动消除。在该

系统中既不需要相位识别也不需要有源相位跟踪，在往返光纤传输时间之后，就可以在本地端实现快速的相位漂移自动消除。之后，在实验上对该系统进行验证，图 5-40 表示了在有/无相位补偿情况下，系统传输 9.6 GHz 微波信号，接收端持续接收 15~60 min 的信号波形。可以看到高频微波信号在该被动相位补偿系统持续传输 1h，也可以保证信号相位稳定，相较无相位补偿的系统具有极大改善。

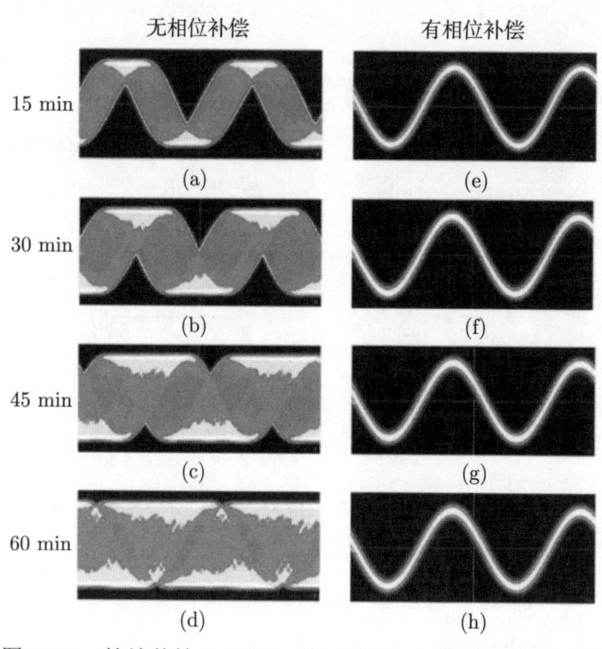

图 5-40　持续传输 9.6 GHz 的微波信号接收端测量波形图

上述系统采用二分频微波信号往返采集光纤链路的相位抖动，并在混频时进行抵消，结构简单，响应快速，但是在混频过程中会导致镜频干扰，即原始信号和二分频信号的差频信号频率与二分频信号相等，于是难以利用滤波器进行滤波，二者混合导致互相干扰。为此我们改进了分频和混频的频率配比，有效消除了这种镜频串扰。改进后的被动相位补偿系统的稳相信号传输系统原理如图 5-41 所示。

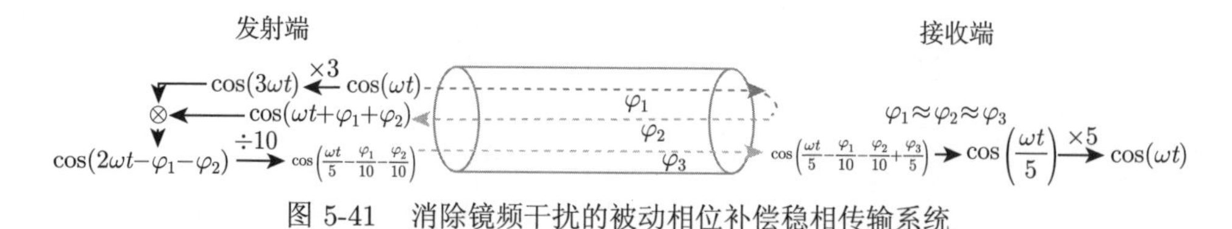

图 5-41　消除镜频干扰的被动相位补偿稳相传输系统

将发射端的待传输信号表示为

$$E_0 = \cos(\omega t) \tag{5-17}$$

式中，ω 为待传输信号的角频率。经往返传输后，所得的携带光纤的相位变化信息的信号为

$$E_1 = \cos(\omega t + \varphi_1 + \varphi_2) \tag{5-18}$$

式中，φ_1 和 φ_2 分别是光纤中往、返传输导致的相位变化。在发射端，将待传输信号分出一束，它的三倍频信号为

$$E_2 = \cos(3\omega t) \tag{5-19}$$

在发射端，E_1 和 E_2 混频、滤波之后得到预补偿信号为

$$E_3 = \cos(2\omega t - \varphi_1 - \varphi_2) \tag{5-20}$$

为了将预补偿信号 E_3 和待传输信号 E_0 调制到单一波长的激光上传输，并降低谐波之间的相互串扰，对 E_3 进行分频，其频率和相位都变成原来的 1/10，得

$$E_4 = \cos\left(\frac{\omega t}{5} - \frac{\varphi_1}{10} - \frac{\varphi_2}{10}\right) \tag{5-21}$$

E_4 传输到接收端，由于频率为待传输信号的 1/5，带来的相位变化为 $\frac{\varphi_3}{5}$，于是得到的微波信号为

$$E_5 = \cos\left(\frac{\omega t}{5} - \frac{\varphi_1}{10} - \frac{\varphi_2}{10} + \frac{\varphi_3}{5}\right) \tag{5-22}$$

由于本方法仅使用一台激光器传输所有信号，光纤引起的相位抖动相对于激光传输速度而言是一个缓变过程，因此 φ_1、φ_2、φ_3 可以看作是相等的，因此有

$$E_5 = \cos\left(\frac{\omega t}{5}\right) \tag{5-23}$$

对其进行 5 倍频之后，可以恢复出原始信号

$$E_6 = \cos(\omega t) \tag{5-24}$$

因此，在接收端，恢复出的信号与发射端的待传输信号频率、相位都是完全一致的，不携带光纤引入的相位抖动，而且，往返信号的频率变化不再简单二分

频，而是五倍分频，于是镜频分量可以通过滤波器滤除，有效避免了互相串扰的问题，从而实现了光纤可靠稳定传输的目的。

但是上述方案是仅仅单点对单点的信号时频同步，对有限的光纤资源和系统资源是一种浪费。在实际应用中迫切需要进行多点对多点信号的稳相分配。于是我们后续进行了一点到多点稳相传输系统的研发，系统原理图如图 5-42 所示，微波信号在该系统传输，从光纤链路中的任何一点都可以接收到精确同步的原始信号。假设光纤总链路引起的相位变化为 φ，不妨设发射端到接入点的光纤引入的相位漂移为 φ_a，接入点到接收端的光纤引入的相位漂移为 φ_b。因此有 $\varphi_a+\varphi_b=\varphi$。在接入点通过光耦合器分别下载正、反向传输信号，二者都携带了光纤的相位波动信息，可以得到

$$E_a=\cos\left(\frac{\omega t-\varphi+\varphi_a}{5}\right) \tag{5-25}$$

$$E_b=\cos\left(\frac{\omega t+\varphi_b}{5}\right) \tag{5-26}$$

将这两个信号混频之后，得到

$$E_c=\cos\left(\frac{2\omega t-\varphi+\varphi_a+\varphi_b}{5}\right) \tag{5-27}$$

应用 $\varphi_a+\varphi_b=\varphi$，再如图 5-42 经过分频之后，得到

$$E_d=\cos\left(\frac{\omega t}{5}\right) \tag{5-28}$$

再经过倍频操作，得到

$$E_{\text{download}}=\cos(\omega t) \tag{5-29}$$

可以看到，在接收端，光纤引入的相位噪声部分已经被抵消，恢复信号是发射端待传输信号的精确复制，从而实现了光纤一点对多点的稳相传输。

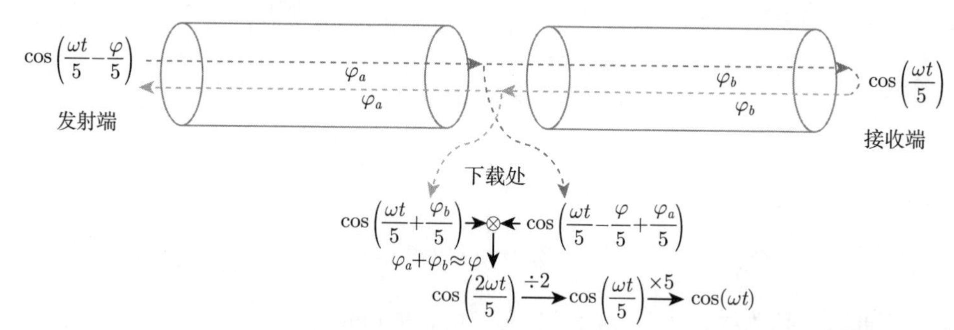

图 5-42　基于被动相位补偿技术的一点对多点射频信号光纤稳相传输系统原理图

为了验证上述方案的可行性，定量分析评估这种稳相技术的优劣，我们搭建了实验链路来验证这一方法。图 5-43 为具体的实验方案。被待传输的 1 GHz 微波信号直接调制的 1550 nm 激光经过 11 km 单模光纤传输到接收端之后被光放大器放大，再经过耦合器和环行器反向传输回发射端。经光电探测器转换为微波信号，并用 1 GHz 的带通滤波器滤出纯净的 1 GHz 信号。这 1 GHz 信号携带了光纤引入的相位信息，它经过放大与待传输信号的三倍频混频之后，滤波器滤出 2 GHz 的预补偿信号。为了避免与频率同样为 1 GHz 的待传输信号发生串扰，先用 1/10 分频器将预补偿信号分频并滤波之后，得到 200 MHz 预补偿信号。其与待传输的 1 GHz 信号合束之后共同调制 1550 nm 的激光。这一预补偿信号传输到接收端，刚好抵消了光纤引起的相位波动，经过光电探测和滤波得到 200 MHz 的稳相信号。为了还原待传输信号的频率，将 200 MHz 稳相信号五倍频之后，精确恢复出待传输的 1 GHz 信号。

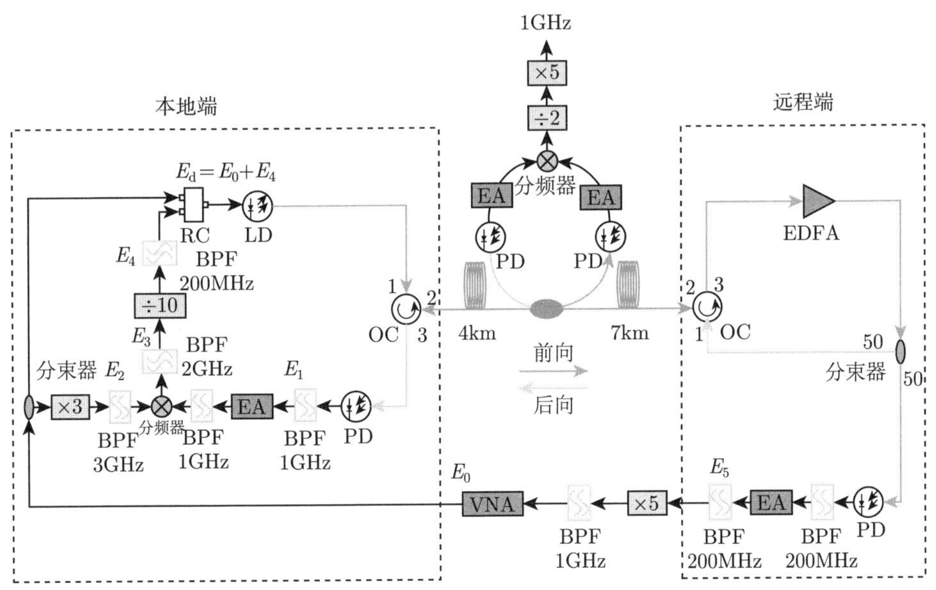

图 5-43 基于被动相位补偿技术的一点对多点射频信号光纤稳相传输系统实验图

为了实现多点传输，在光纤链路中距离发射端 4 km 处接入一个 2×2 的光耦合器，分别下载前向和后向传输的光信号，分别被光电探测器转换成电信号之后，得到两个携带光纤相位信息 200 MHz 的微波信号，将两者放大、混频之后得到 400 MHz 的微波信号，它不携带光纤引入的相位变化信息，经过除频得到 200 MHz 的微波信号，最后经过五倍频恢复 1 GHz 的信号，刚好消除了光纤引入的相位抖动，恢复出待传输信号。

为了对采用相位误差自动消除技术的相位传输稳定度进行评估，我们分别对比了采用稳相技术和未采用稳相技术情形下，系统运行 10 min、15 min、20 min 接收端所恢复微波信号波形的稳定情况。为了定量分析，我们还用矢量网络分析仪测得系统运行 600 s 过程中，两种情形带来的时间抖动。

图 5-44 为未稳相和稳相情形下，接收端测得的信号波形对比图。用采样示波器分别测量两种情形下接收端的波形。在采样示波器的累积模式下可以看到未稳相系统运行 10 min 之后，接收端恢复的微波信号就显示出明显的相位漂移，并且随着运行时间的增加，相位漂移越发明显。而采用相位误差自动消除技术的稳相系统在 20 min 的观测过程中始终保持稳定的相位和较高的信号质量，说明光纤的相位噪声被成功消除。

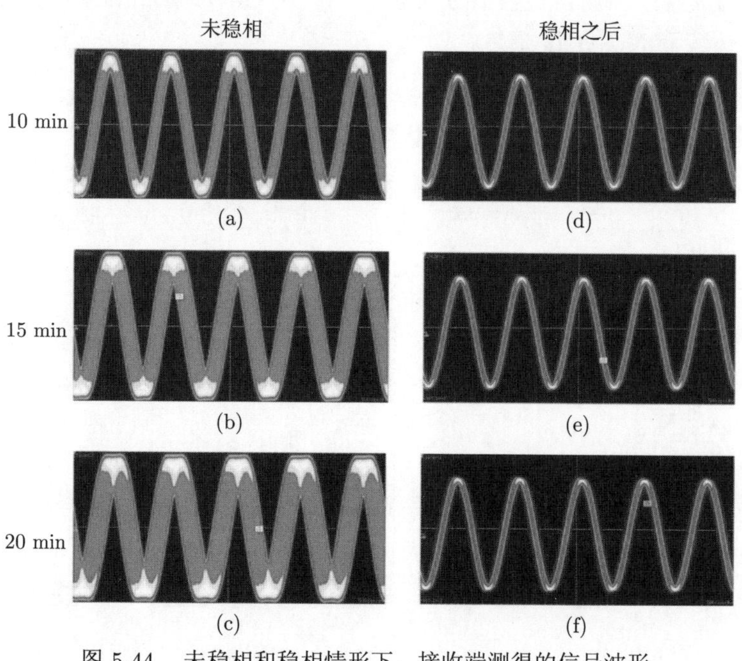

图 5-44　未稳相和稳相情形下，接收端测得的信号波形

用矢量网络分析仪分别测量系统在未稳相和稳相情形下的时间抖动，图 5-45 为接收端测得的信号时间抖动波形对比图。可以看到未稳相系统运行 600 s 过程中显示出明显的时间漂移。而采用相位误差自动消除技术的稳相系统在连续测量 600 s 之后的时间抖动均方根误差 (root mean square error, RMSE) 仅为 0.509 ps。

用采样示波器分别测量在未稳相和稳相情形下下载点的波形，图 5-46 为信号波形对比图。在累积模式下可以看到，未稳相时，下载点恢复的信号在运行 10 min 之后就显示出明显的相位漂移，随着运行时间的增加，相位漂移越发明显。而采用相位误差自动消除技术时，下载点恢复信号在 20 min 的观测过程中始终保持稳定的相位。

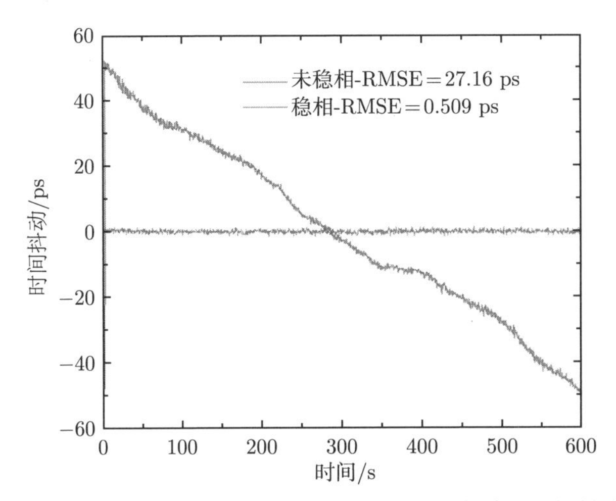

图 5-45 未稳相和稳相情形下，接收端测得的信号时间抖动

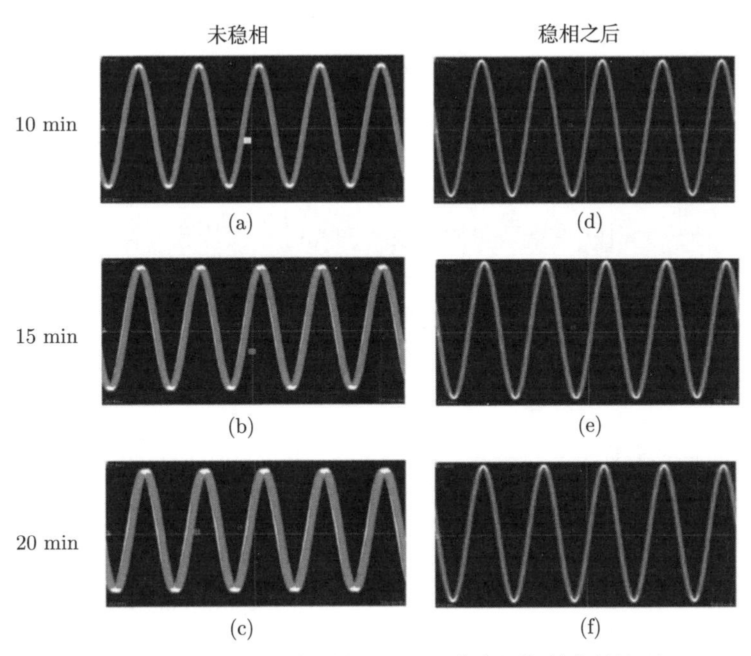

图 5-46 未稳相和稳相情形下，下载点测得的信号波形

图 5-47 为未稳相和稳相情形下，下载点恢复的信号时间抖动波形对比图，用矢量网络分析仪分别测量下载点恢复信号在未稳相和稳相情形下的时间抖动。可

以看到未稳相时，系统运行过程中，下载点恢复的信号显示出明显的时间漂移；而采用相位误差自动消除技术的稳相系统在运行 600 s 之后的时间抖动均方根误差仅为 0.786 ps。

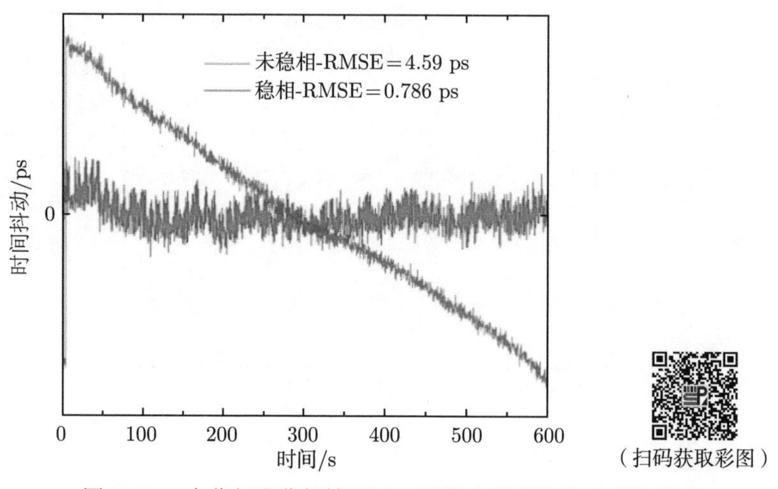

图 5-47　未稳相和稳相情形下，下载点测得的信号时间抖动

本节介绍了基于相位误差自动消除技术的一点对多点光纤稳相传输方案，实验验证了 1 GHz 微波信号 11 km 的一点对多点稳相传输。20 min 的测试时间内，接收端和下载点恢复 1 GHz 信号波形稳定，无明显的相位漂移。600 s 的测试时间内，接收端和下载点的均方根时间抖动分别仅为 0.509 ps 和 0.786 ps。实验结果表明，这种基于相位误差自动消除技术的光纤稳相传输方案对于长距离传输是可行的，并且在光纤链路中任何一点都可以精确下载恢复出原始信号，基于此可以在主光纤链路上拓展出一个庞大的分支网络。

参 考 文 献

[1] Capmany J, Novak D. Microwave photonics combines two worlds[J]. Nature Photonics, 2007, 1(6): 319-330.

[2] Yao J P. Microwave photonics[J]. Journal of Lightwave Technology, 2009, 27(3): 314-335.

[3] Yahyaoui H, Maamar Z, Lim E, et al. Towards a community-based, social network-driven framework for Web services management[J]. Future Generation Computer Systems, 2013, 29(6): 1363-1377.

[4] Cai J, Wang Y, Liu Y, et al. Enhancing network capacity by weakening community structure in scale-free network[J]. Future Generation Computer Systems, 2018, 87: 765-771.

[5] Li M, Zhu N H. Recent advances in microwave photonics[J]. Frontiers of Optoelectronics, 2016, 9(2): 160-185.

[6] Bolli P, Perini F, Montebugnoli S, et al. Basic element for square kilometer array training (BEST): Evaluation of the antenna noise temperature[J]. IEEE Antennas and Propagation Magazine, 2008, 50(2): 58-65.

[7] Ackerman E, Cox C, Dreher J, et al. Fiber-optic antenna remoting for radioastronomy applications[C]// URSI 27th General Assembly, Maastricht, 2002.

[8] Montebugnoli S, Boschi M, Perini F, et al. Large antenna array remoting using radio-over-fiber techniques for radio astronomical application[J]. Microwave and Optical Technology Letters, 2005, 46(1): 48-54.

[9] Spencer R, Hu L, Smith B, et al. The use of optical fibres in radio astronomy[J]. Journal of Modern Optics, 2000, 47(11): 2015-2020.

[10] D'Addario L R, Shillue W P. Applications of microwave photonics in radio astronomy and space communication[C]//IEEE International Microwave Symposium, San Francisco, 2006.

[11] Beresford R. ASKAP photonic requirements[C]//2008 International Topical Meeting on Microwave Photonics jointly held with the 2008 Asia-Pacific Microwave Photonics Conference, Gold Coast, 2008: 62-65.

[12] Elmirghani J M H, Mouftah H T. Technologies and architectures for scalable dynamic dense WDM networks[J]. IEEE Communications Magazine, 2000, 38(2): 58-66.

[13] Kwon O K, Leem Y A, Han Y T, et al. A 10×10 Gb/s DFB laser diode array fabricated using a SAG technique[J]. Optics Express, 2014, 22(8): 9073-9080.

[14] Zhao Z P, Liu Y, Zhang Z K, et al. 1.5 μm, 8×12.5 Gb/s of hybrid-integrated TOSA with isolators and ROSA for 100 GbE application[J]. Chinese Optics Letters, 2016, 14(12): 120603.

[15] Ohyama T, Ohki A, Takahata K, et al. Transmitter optical subassembly using a polarization beam combiner for 100 Gbit/s Ethernet over 40-km transmission[J]. Journal of Lightwave Technology, 2015, 33(10): 1985-1992.

[16] Kobayashi W, Kanazawa S, Ueda Y, et al. 4× 25.8 Gbit/s (100 Gbit/s) simultaneous operation of InGaAlAs based DML array monolithically integrated with MMI coupler[J]. Electronics Letters, 2015, 51(19): 1516-1517.

[17] Li G L, Lambert D, Zyskind J, et al. 100Gb/s CWDM transmitter and receiver chips on a monolithic Si-photonics platform[C]//2016 IEEE 13th International Conference on Group IV Photonics, Shanghai, 2016.

[18] Zhang Z K, Liu Y, An J M, et al. 112 Gbit/s transmitter optical subassembly based on hybrid integrated directly modulated lasers[J]. Chinese Optics Letters, 2018, 16(6): 062501.

[19] Kao H Y, Su Z X, Shih H S, et al. CWDM DFBLD transmitter module for 10-km interdata center with single-channel 50-Gbit/s PAM-4 and 62-Gbit/s QAM-OFDM[J]. Journal of Lightwave Technology, 2018, 36(3): 703-711.

[20] Kanazawa S, Kobayashi W, Ueda Y, et al. Low-crosstalk operation of directly modulated DFB laser array TOSA for 112-Gbit/s application[J]. Optics Express, 2016, 24(12): 13555-13562.

[21] Andriolli N, Velha P, Chiesa M, et al. A directly modulated multiwavelength transmitter monolithically integrated on InP[J] . IEEE Journal of Selected Topics in Quantum Electronics, 2018, 24(1): 1-6.

[22] Oh S H, Kwon O K, Kim K S, et al. A multi-channel etched-mesa PBH DFB laser array using an SAG technique[J]. IEEE Photonics Technology Letters, 2015, 27(24): 2567-2570.

[23] Roman J E, Nichols L T, Wiliams K J, et al. Fiber-optic remoting of an ultrahigh dynamic range radar[J]. IEEE Transactions on Microwave Theory and Techniques, 1998, 46(12): 2317-2323.

[24] Garenaux K, Merlet T, Alouini M, et al. Recent breakthroughs in RF photonics for radar systems[J]. IEEE Aerospace and Electronic Systems Magazine, 2007, 22(2): 3-8.

[25] Li Y F, Herczfeld P. Coherent PM optical link employing ACP-PPLL[J]. Journal of Lightwave Technology, 2009, 27(9): 1086-1094.

[26] Merlet T, Formont S, Dolfi D, et al. Photonics for RF signal processing in radar systems[C]// 2004 IEEE International Topical Meeting on Microwave Photonics, Ogunquit, 2004.

[27] Shieh W, Lutes G, Yao S, et al. Performance of a 12-kilometer photonic link for X-band antenna remoting in NASA's deep space network[R]. The Telecommunications and Mission Operations Progress Report 42-138, 1999: 1-8.

[28] Takada K, Abe M, Shibata T, et al. 1-GHz-spaced 16-channel arrayed-waveguide grating for a wavelength reference standard in DWDM network systems[J]. Journal of Lightwave Technology, 2002, 20(5): 850-853.

[29] Nagarajan R, Doerr C, Kish F, et al. Semiconductor photonic integrated circuit transmitters and receivers[M]// Kaminow I P, Li T Y, Willner A E. Optical Fiber Telecommunications. Amsterdam: Elsevier, 2013: 25-98.

[30] Zhang Z K, Liu Y, Wang J S, et al. Three-dimensional package design for electro-absorption modulation laser array[J]. IEEE Photonics Journal, 2016, 8(2): 1-12.

[31] Rainal A J. Impedance and crosstalk of stripline and microstrip transmission lines[J]. IEEE Transactions on Components, Packaging, and Manufacturing Technology: Part B, 1997, 20(3): 217-224.

[32] Kikuchi N, Hirai R, Fukui T. Non-linearity compensation of high-speed PAM4 signals from directly-modulated laser at high extinction ratio[C]//42nd European Conference on Optical Communication, Dusseldorf, 2016.

[33] Capmany J, Ortega B, Pastor D. A tutorial on microwave photonic filters[J]. Journal of Lightwave Technology, 2006, 24(1): 201-229.

[34] Cox C H. Analog Optical Links: Theory and Practice[M]. Cambridge: Cambridge University Press, 2006.

[35] Lutes G. Reference frequency distribution over optical fibers: A progress report[C]//41st Annual Symposium on Frequency Control, Philadelphia, 1987: 161-166.

[36] Lopez O, Daussy C, Chardonnet C, et al. Frequency dissemination with a 86-km optical fibre for fundamental tests of physics[J]. Annales De Physique, 2007, 32(2-3): 187-189.

[37] Śliwczynski Ł, Krehlik P, Buczek Ł, et al. Active propagation delay stabilization for fiber-optic frequency distribution using controlled electronic delay lines[J]. IEEE Transactions on Instrumentation and Measurement, 2011, 60(4): 1480-1488.

[38] Wang B, Gao C, Chen W L, et al. Precise and continuous time and frequency synchronisation at the 5×10^{-19} accuracy level[J]. Scientific Reports, 2012, 2(556): 1-5.

[39] Zhang A X, Dai Y T, Yin F F, et al. Stable radio-frequency delivery by λ dispersion-induced optical tunable delay[J]. Optics Letters, 2013, 38(14): 2419-2421.

[40] Li W, Wang W T, Sun W H, et al. Stable radio-frequency phase distribution over optical fiber by phase-drift auto-cancellation[J].Optics Letters, 2014, 39(15): 4294-4296.

第 6 章　微波光子信号处理芯片

6.1　引　　言

微波光子 (MWP) 信号处理系统采用光子学技术来执行与射频 (radio frequency, RF) 系统或链路中常见微波器件相同的任务。与传统的 RF 信号处理相比，微波光子信号处理系统具有很多独特的优势，如低损耗、高带宽、抗电磁干扰、快速可调性和可重构性等[1−3]。这些优势使得微波光子信号处理系统在通信、雷达等领域有着广阔的应用前景。特别是随着光子集成技术的不断进步，可编程微波光子信号处理芯片的研究也逐渐成为热点，这使得微波光子信号处理系统的应用更加广泛和灵活。

微波光子信号处理系统包括电光转换、光学处理和光电转换三个过程。通过电光调制器将待处理的 RF 信号转换为光信号，再通过光学系统对信号进行处理，最后通过光电转换器将光信号转换为 RF 信号输出。如图 6-1 所示，中心频率为 f_{RF} 的待处理 RF 信号通过电光调制器输入微波光子信号处理系统。该 RF 信号可以由 RF 发生器产生，也可以是单个天线或者天线阵列探测到的微波信号，其信号的频谱分布如图 6-1 中①所示。经过电光调制后的光谱分布如图 6-1 中②所示，信号被搬移到中心频率为 ν 的光载波上，相应的边带的中心频率变为 $\nu \pm f_{\mathrm{RF}}$。然后，加载有待处理微波信号的光信号输入由多个光学器件组成的光学系统进行处理，该系统作为一个整体可以用传递函数 $H(\nu)$ 表示。光学系统对光信号的幅度、相位、偏振等进行修改，从而在其输出端得到根据特定处理要求进行修改后的光信号，经过光系统之后的光信号边带分布如图 6-1 中③所示。最后，使用光探测器对处理后的光信号下变频得到处理后的光边带与光载波之间的拍频信号，从而得到经过处理之后的 RF 信号 (图 6-1 中④)。整个电光转换、光学处理以及光电转换的过程可以使用一个整体的传递函数 $H(f_{\mathrm{RF}})$ 来表示。

随着光子集成技术的迅速发展，集成微波光子信号处理成为研究的热点。第一种方法是传统的微波光子信号处理功能的片上集成，构成专用的光子集成电路，例如微波光子滤波器等，能以最佳方式执行特定的微波光子信号处理功能[4]。第二种方法是基于传统干涉和光子波导结构，通过结构设计实现关键参数可编程的微波光子信号处理芯片。例如，研究人员在波形产生[5−7]、可重构延迟线[8] 和频率测量[9,10] 等应用中探索使用可单独激活的马赫–曾德尔干涉仪 (MZI) 和微环谐振器

(micro-ring resonator, MRR) 单元，这些结构可以实现灵活的信号处理，从而实现对多种信号处理应用的支持。第三种是专用于光学矩阵运算的光计算芯片。传统的基于冯•诺依曼架构的微电子芯片在带宽和功耗等方面逐渐面临瓶颈，基于微波光子信号处理的计算范式具有“传输即计算，结构即功能”的特点，从而将微波光子信号处理大带宽、低延时、低功耗的优势引入到计算领域，有效解决算力提升面临的带宽和功耗问题。最后一种则致力于构建通用的光子信号处理器。这个概念的灵感来源于电子领域的现场可编程门阵列 (field programmable gate array, FPGA) 和电信领域的软件定义网络，通过构建一个可编程的通用可调网络模块，实现对多种功能的支持[11−15]。这种方法可以极大地提高系统的通用性和可重构性，使得设备可以灵活地支持不同的应用需求。总之，随着光子集成技术的不断发展和研究人员对可编程光子学的不断探索，微波光子信号处理领域正在经历着一场变革。微波光子信号处理设备的通用性、灵活性也将随着光子集成技术的进步快速发展，为未来的光通信、光计算和无线通信等领域带来更多可能性。

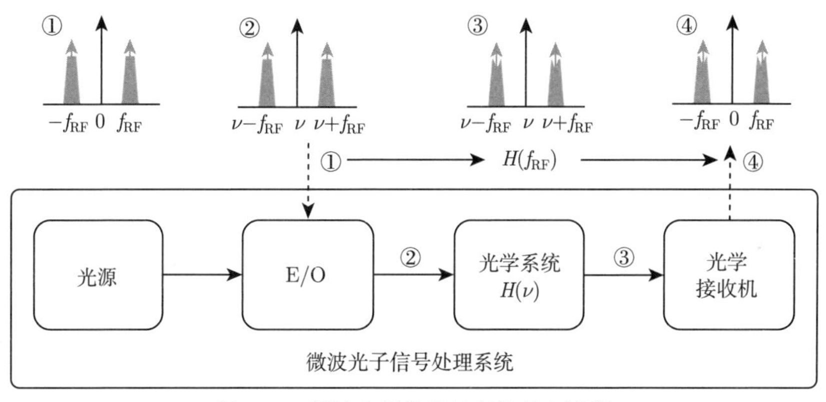

图 6-1 微波光子信号处理的基本流程

6.2 集成微波光子滤波器

微波光子滤波器 (MPF) 是微波光子信号处理的重要器件之一，可以在光频域内对宽带微波信号进行滤波处理，实现宽频率可调节范围的高频微波信号处理[1,3,16]。微波光子滤波器分为非相干微波光子滤波器和相干微波光子滤波器。其中，前者是具有有限冲激响应 (finite impulse response, FIR) 或无限冲激响应 (infinite impulse response, IIR) 的延迟线结构，微波信号在一个或多个光载波上进行调制，在光域上产生时间延迟和抽头系数，并在光电探测器上检测延时和加权光信号。为了避免环境改变带来的光干扰问题，使用非相干光源，通过光电探测器对非相干组合的延时光信号进行检测。一般情况下，依据非相干原理只能设计出权重或抽头系数为正的微波光子滤波器，实现低通响应，而采用特殊设计可产生负[17] 或复[18] 的抽头系数，或使用非等间隔的抽头产生具有等效负或复系数的延迟线滤波器[19]。而相干微波光子滤波器则常由超窄带滤光片实现，将其在光频域的频率响应转换到微波域，该频率响应决定于光滤波器的光谱响应[20,21]。与非相干微波光子滤波器不同，相干微波光子滤波器采用单频光源，无延迟线结构，不存在光干扰影响系统稳定的问题。

集成微波光子滤波器 (integrated microwave photonic filter, IMPF) 是一种利用集成光学处理手段实现的微波滤波器[22]。在先进光子集成电路 (PIC) 技术的支持下，IMPF 是将微波光子滤波器的关键光学器件集成到芯片规模的平台上实现，与使用体积庞大的分立器件搭建的微波光子滤波器系统相比，厘米级甚至毫米级的微波光子滤波器功耗显著降低，稳定性显著提高，可极大地满足现代无线通信和航空电子应用需求 [23]。

图 6-2(a) 显示了射频接收天线经 IMPF 和射频信号后处理的系统原理框图。IMPF 通过电光 (E-O) 调制器、集成光子信号处理、光电 (O-E) 探测器等核心器件实现对高频微波信号的滤波，而无需射频上的多级混频器，降低了系统的复杂度。如图 6-2(b) 所示，天线接收到的信号包括有用信号和无用信号，较强的无用信号会对系统产生干扰，降低系统性能，通过 IMPF 的 RF 滤波响应，可抑制甚

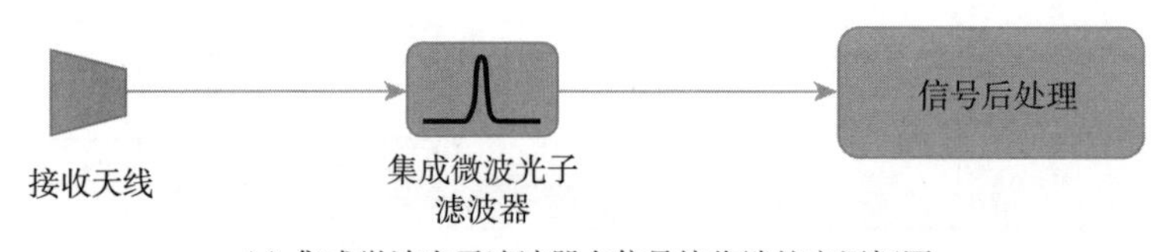

(a) 集成微波光子滤波器在信号接收端的应用框图

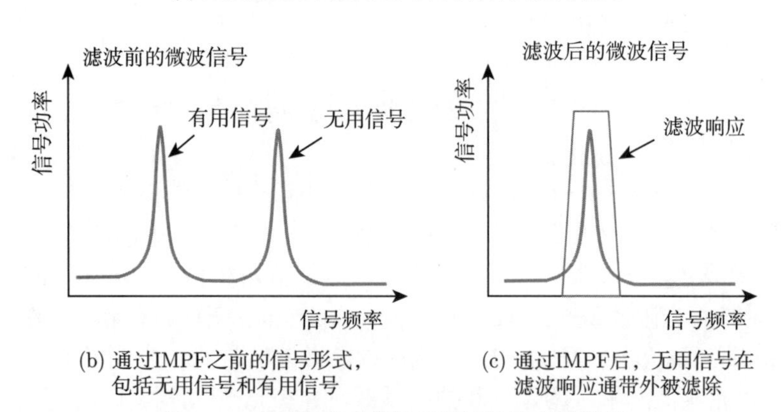

(b) 通过IMPF之前的信号形式，包括无用信号和有用信号

(c) 通过IMPF后，无用信号在滤波响应通带外被滤除

图 6-2　典型的集成微波光子滤波器应用举例

至滤除无用信号 (图 6-2 (c))，IMPF 滤波响应能尽量满足系统要求，减小对有用信号的影响。目前，IMPF 的大部分工作是基于光子集成器件实现的，滤波功能增强，系统占用空间减小。制造 IMPF 的最终目标是实现滤波系统的全集成，将光源、调制器、光子滤波电路和光电探测器集成在一个光子芯片中，显著提升系统的紧凑性和稳定性。

6.2.1 集成非相干微波光子滤波器

IMPF 已有多种实现方案，如基于多抽头延迟线的非相干滤波器、基于光滤波响应频谱映射的相干滤波器等。这些不同的滤波器方案是使用不同的滤波器架构实现的，表现出独特的滤波响应和性能特征。这里介绍具有代表性的 IMPF 方案。

典型的非相干滤波器为多抽头延迟线滤波器或横向滤波器，是实现 MPF 的最传统的方案。其广泛应用于数字信号处理中，主要功能是滤除不感兴趣的信号，留下有用信号。这种滤波器是全零点结构，系统永远稳定；并具有线性相位的特征，在有效频率范围内所有信号相位不失真。在一个多抽头延迟线滤波器中，每输入一个数据。则对应输出一个数据。该滤波器是由 3 个基本单元组成：单位延迟单元、乘法器和加法器。这个过程构造的传递函数为

$$H(\omega)=\sum_{n=0}^{N-1}a_n\mathrm{e}^{(-\mathrm{j}\theta_n)}\mathrm{e}^{(-\mathrm{j}n\omega\Delta T)} \tag{6-1}$$

式中，a_n 是采样信号在第 n 个抽头的权值；θ_n 为第 n 个抽头的载波相移；ΔT 为抽头间的信号时延。根据数字滤波器理论，该延迟是单位延迟的整数倍 (延迟单元的个数通常是滤波器的阶数)，即 $n\Delta T$。由式 (6-1) 可知，该传递函数的关键特征是谱的周期性，其自由谱范围 (FSR) 是由 $1/\Delta T$ 决定的。

如图 6-3 所示，在 MWP 链路中构造出多抽头延迟线微波光子滤波器，可提供理想的冲激响应。由图 6-3(b) 和 (d) 的计算结果可以看出，通过改变 a_n，θ_n 和 ΔT 的值，可以改变横向滤波器的传递函数，实现灵活可调谐响应。有限抽头数量的 MPF 为有限冲激响应 (FIR) 滤波器，而抽头数量接近无穷大 ($+\infty$) 的 MPF 为无限冲激响应 (IIR) 滤波器，具有更窄的滤波器带宽和更高的消光性能[20]。

在具体的非相干微波光子滤波器实现方案中，非相干微波光子滤波器大多为多抽头延迟线结构，主要包含 3 个关键器件：多波长光源、改变抽头幅度和相位的光谱整形器、抽头间基本单元延时的色散延迟线，从而确定滤波器的自由谱范围。MWPF 通常可在非相干状态下实现，这样能避免在采用宽谱光源、激光阵列[24,25] 下抽头信号间的相互干扰和相位波动。然而，这些滤波器的光源体积庞大，只能提供有限数量的抽头，限制了滤波器的光谱分辨率的提高。而片上光学频率梳技术 [24] 提供一种新的方法来实现紧凑、低成本和宽谱的光源阵列，可提

供更多数量的抽头，提高滤波器的光谱分辨率。其中，多波长光源可通过微环谐振器实现，典型结构如图 6-4 所示。文献 [24] 基于此结构提出基于氮化硅微环克尔光频梳的可编程单边带微波光子滤波器。该方案利用高克尔非线性的微环谐振器产生高重复率和高相干性的光频梳。通过克尔光频梳的大频率间隔 (数百千兆赫兹) 抑制不需要的射频边带，实现单通带微波光子滤波器。图 6-4(a) 为该实验的

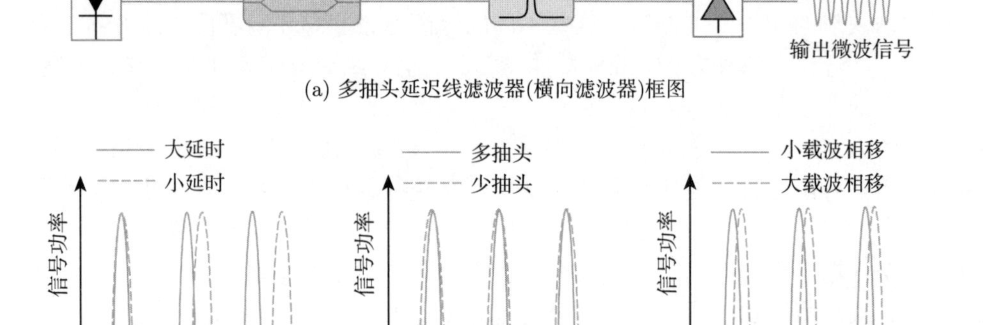

图 6-3　多抽头延迟线 (横向) 微波光子滤波器系统原理框图及其响应

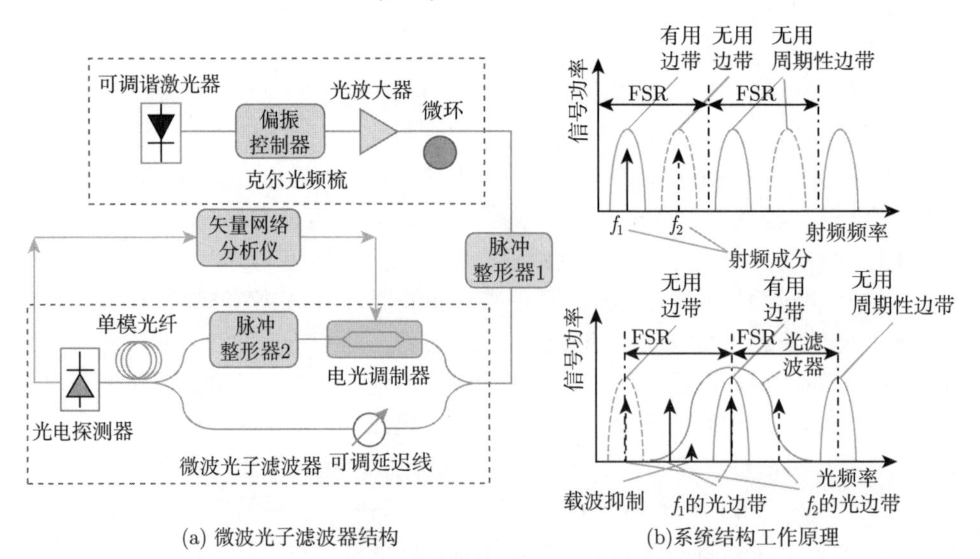

图 6-4　基于微环克尔光频梳的单边带微波光子滤波器

系统结构图，通过脉冲整形器 1 将克尔光频梳整形成更平坦的形状，降低脉冲整形器 2 对消光比的要求；脉冲整形器 2 可以控制调制边带的幅度和相位，还能够选择性地抑制不想要的边带成分。脉冲整形器 2 在 MZM 之后，与光延迟线不在同一分支，即通过脉冲整形器 2 的振幅滤波函数实现载波抑制单边带 (carrier suppressed-single sideband，CS-SSB) 调制。如图 6-4(b) 所示，每个载波频率 (梳齿) 对应一个射频频率，也对应一个光频域的 FSR，通过光学滤光片可有效地滤除不需要的边带，而且不会残留其他射频频率成分，从而实现真正的单通带滤波器。通过可调延迟线 (VDL) 改变 2 个支路间的时间延迟，改变脉冲整形器 2 的线性抽头权重的相位斜率，实现射频频率的宽带调谐，脉冲整形器 2 上的周期性光滤波器中心频率每调整 1 GHz，对应的单通带射频传递函数可从 2.5 GHz 调整到 17.5 GHz，每次调整 5 GHz。

基于微环克尔光频梳的非相干 MPF 需体积庞大的脉冲整形器实现复杂的光谱整形，限制了集成非相干 MPF 体积进一步缩小，因此，研究集成的多通道脉冲整形器就很有必要，如图 6-5 所示。文献 [26] 提出一种 32 通道的磷化铟 (InP) 集成脉冲整形器，每个通道配有半导体光放大器，可实现逐行的光增益控制，利用其快速的电光响应在简单的波形间快速切换，实现微波光子滤波器的可编程。该微波光子滤波器为 FIR 梳状滤波结构，除光频梳源、脉冲整形器和延迟线外，该方案还引入平衡光电探测器 (BPD)，对滤波器的通带进行简单的调整，同时降低射频损耗和噪声抑制。与可编程多抽头滤波架构相同，在旁瓣抑制和阻带衰减方面，射频滤波器响应的质量与频谱整形的准确性直接相关[27]。例如，为了实现具有大于 40 dB 旁瓣抑制的高斯射频滤波器，频谱包络线与目标偏差不得超过 0.1 dB。射频响应测试结果表明，间隔为 25 GHz 的梳状谱与色散光纤的色散一致，该光纤在相邻的抽头 (梳线) 之间提供 250 ps 的差分延迟。射频滤波器响应是周期性的，其自由谱范围 (FSR) 为 4 GHz，其大小由抽头间距的倒数决定。在双边带调制方案中，每个 FSR 内有两个通带，一个对应于上边带，另一个对应于下边带。如果采用单边带调制，则抑制其中一个通带。通带频率的调谐范围与 VDL 和 MZM 组成的干涉仪的两臂延迟差除以色散的值 (用 ps^2 表示) 成比例[26]，其中一个通带调谐到较高的射频频率，另一个通带调谐到较低的射频频率。实验中提供三个光谱滤波器模式：平顶 (flat top) 滤波、汉明 (Hamming) 滤波和高斯 (Gauss) 滤波，验证了利用集成脉冲整形器能够精确灵活控制滤波器形状，通过调整干涉仪上臂的 VDL 可独立调整滤波器通带位置，实现滤波的频率调谐。

与传统的光纤实现可延迟网络方案不同[28,29]，实现延迟结构的集成光学器件包括亚波长阵列波导光栅 (AWG)[30] 和光子晶体波导[31]。如图 6-6(a) 为亚波长光栅 (SWG) 波导阵列构建的可调光延迟线网络 [30]，为了证明光信号间产生延迟，以及表征多抽头可调光延迟线不同的延迟时间，构建 4 个长度相等、占空比以 10%逐步增加的横向亚波长光栅阵列波导，每个波导的间距为 127.5 μm，该 SWG 的输入和输出分开，调制到光载波的微波信号通过不同的 SWG 波导传播时，经历不同的相移或延时，图 6-6(b) 展示了在不同 SWG 波导频率条件下射频相移随时频频率的变化曲线。每个波导的延迟时间可以通过测量相移相对于频率响应的平均斜率来估计。通过概率分布函数计算得到的波导间的相对延迟时间如图 6-6(c) 所示，$D_1 = 60\%$，$D_2= 50\%$，$D_3 = 40\%$和 $D_4 = 30\%$的 SWG 波导之间的增量延迟时间分别为 8.9 ps、10.7 ps 和 7.9 ps。

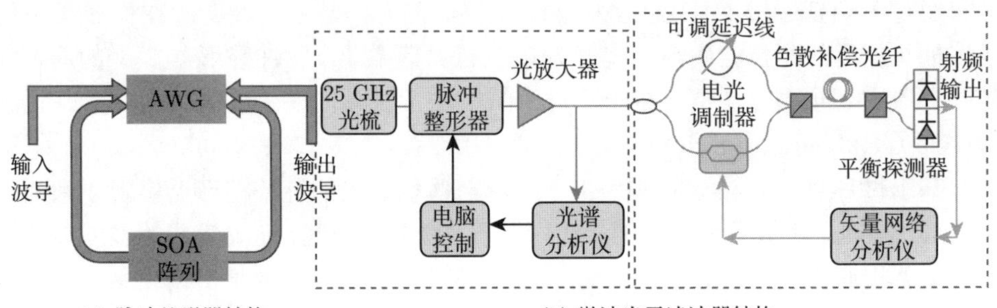

(a) 脉冲整形器结构　　　(b) 微波光子滤波器结构

图 6-5　基于集成光脉冲整形器的快速可重构微波光子滤波器

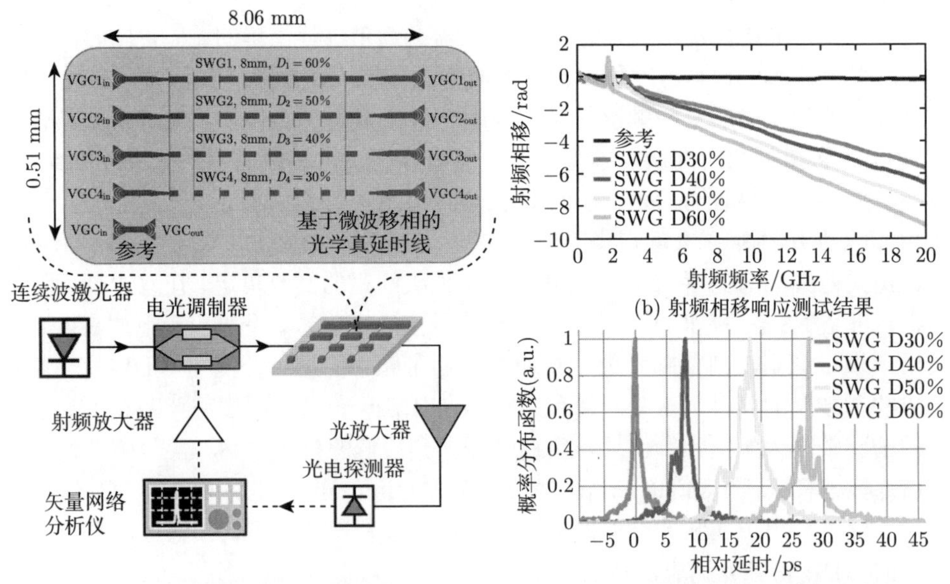

(a) 微波光子滤波器射频响应测试结构　　(b) 射频相移响应测试结果　　(c) 计算得到的相对延时概率分布

图 6-6　基于亚波长光栅 (SWG) 波导阵列构建的可调光延迟线网络结构的微波光子滤波器[30]

另一种结构实现集成延迟网络结构为多波长光源与光子晶体波导，该架构中通过不同光波长信号提供不同群延时[32]，而不是使用不同波导长度的空间延迟线。通过调制阵列光源使其携带相同的 RF 信号。在通过色散介质后，信号处于适当的中心频率，不同波长的光信号通过色散介质后获得不同的延时量。如图 6-7(a) 所示，文献 [31] 利用片上 1.5mm 长的光子晶体波导实现一种超紧凑的 MPF，提供可调的大群延时 (图 6-7(b))，与基于光纤方法相比，减少了占用空间，环境敏感性也有所下降。图 6-7(c) 为由该结构构成的带通微波光子滤波器的频谱响应，其具有可控的延迟，通过调节延迟实现具有可调谐的滤波响应。将光子晶体波导结构与基于微环克尔光频梳多波长光源相结合，实现高集成度、强可编程的微波光子滤波器。

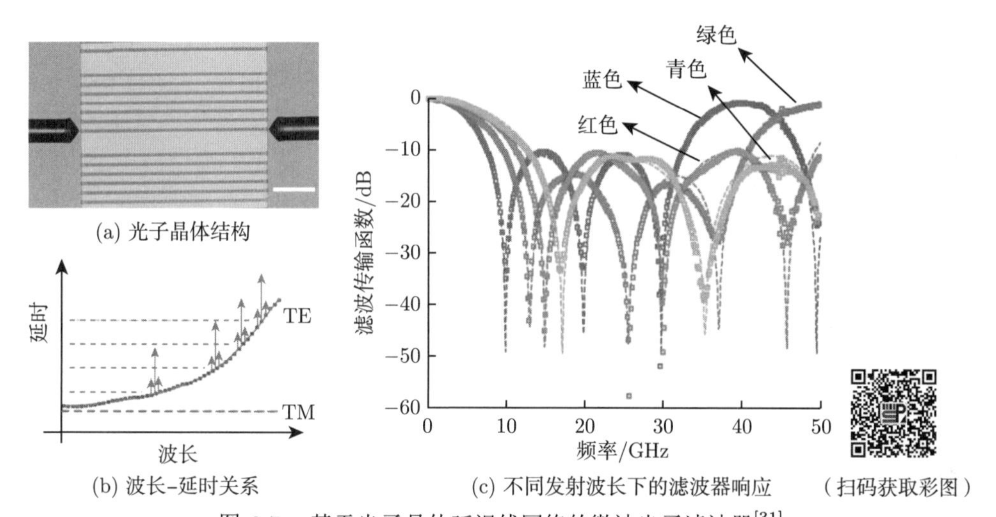

(a) 光子晶体结构

(b) 波长-延时关系

(c) 不同发射波长下的滤波器响应 （扫码获取彩图）

图 6-7 基于光子晶体延迟线网络的微波光子滤波器[31]

图 (c) 中虚线为计算结果，方块线为实验结果，实验波长：1530,1546.4,1550.4,1552.6 nm(蓝色)，1541.5,1548.9,1551,1552.7 nm(绿色)，1545.2,1549.9,1551,2,1552.6 nm(红色) 和 1546.8,1550.4,1551.5,1552.6 nm(青色)

非相干微波光子滤波器架构可灵活构造高级和复杂的信号处理函数，这与离散信号处理算法的通用可编程类似，如微分器[33]，其本质是具有独特振幅和相位响应的复杂滤波器，通过配置每个延迟抽头的权重、相位和时间延迟来实现，如式 (6-1) 所示。

6.2.2 集成相干微波光子滤波器

相干微波光子滤波器的主要原理是基于光滤波响应频谱映射，包括利用如单个微环结构[34−42]、多个微环级联结构[43−50]、微环辅助 MZI 级联结构 (ring assisted MZI，RAMZI)[51−54] 等的线性光学效应，或利用受激布里渊散射 (stimulated Brillouin scattering，SBS)[55−62] 非线性效应实现滤波响应。

6.2.2.1 基于线性光学效应的集成相干微波光子滤波器

微环谐振器 (MRR) 具有独特的幅相响应和可调特性，是实现集成微波光子滤波器最重要的片上光子器件之一。典型的环形谐振腔的强度传输在频率上表现出周期性的陷波响应。通过改变耦合系数和有效循环相位可调谐环的光学响应，从而形成中心频率可调谐的滤波器响应。在不同的耦合条件下，相位响应表现完全不同的特征。

目前已证明通过片上微环谐振器[34−38] 和微磁盘谐振器[39] 实现集成相干微波光子滤波器是可行的。早期的硅微环因波导的传输损耗相对较高，基于其构建的微波光子滤波器只有几千兆赫兹或几十千兆赫兹的光谱分辨率[39−41]。为了提高光谱分辨率，采用波导宽度 >2 μm 的多模硅波导，将光传输损耗降低到 0.1 dB/cm[63]。华中科技大学的研究人员使用 2 μm 宽的多模硅波导，传播损耗为 0.25 dB/cm，设计了跑道型高 Q 的微环谐振器，并利用该单个微环构建了微波光子滤波器结构[42]，图 6-8(a) 为设计的微环谐振器的俯视图，微环的优化设计主要包括三个步骤：

(1) 确定微环的整体周长，将 FSR 优化为 40∼60 GHz 以保证较宽的微波光子滤波器的中心频率调谐范围。

(2) 将微环设计为跑道形结构，跑道直波导为脊形结构且为多模态，以最大限度地减少侧壁粗糙度引起的散射损耗，而波导弯曲为单模态，减小弯曲半径，确保单光模式工作，同时弯曲波导和跑道直波导通过较长的锥度结构连接，减小耦合损耗和抑制高阶模的激发。

(3) 优化微环与直波导间的距离，确保弱耦合工作状态，尽可能增大 Q 值，减小滤波器响应带宽。

图 6-8(b) 和 (c) 为构建的微波光子滤波器的实验结果。通过这些优化设计，实现 3 dB 带宽为 170 MHz 的集成相干微波光子带通滤波器，其频率可调谐范围为 2∼18.4 GHz。从图 6-8(c) 看出，不同中心频率下微波光子滤波器的实测抑制比大于 20 dB，3 dB 带宽在 200 MHz 左右。新兴的超低损耗材料 (如 SiN 微环) 也能达到亚吉赫兹级的滤波器分辨率[64,65]。

单个微环的滤波响应较为单一，利用多个片上环形谐振器的级联实现更复杂的滤波响应。其中一种多环结构是多个微环并联[43−45]，该结构将多个环的光学响应级联成更宽的响应，也可以利用不同位置的微环处理不同的信号分量[63]。如图 6-9(a) 所示，由两个不同半径微环组成的并联结构实现具有可重构响应的集成相干微波光子滤波器[45]，不同半径的微环组合利用游标效应，增加光子滤波器的 FSR，避免在工作波长范围内出现多个有效通频带。通过优化两个微环与直波导的耦合系数，提高不需要的通频带的抑制，图 6-9(b) 为两个相同半径的微环组合的光滤波器，多个微环级联可获得更宽的响应，通过改变微环的级联个数和微环与直波导的耦合系数获得不同带宽的滤波器响应。

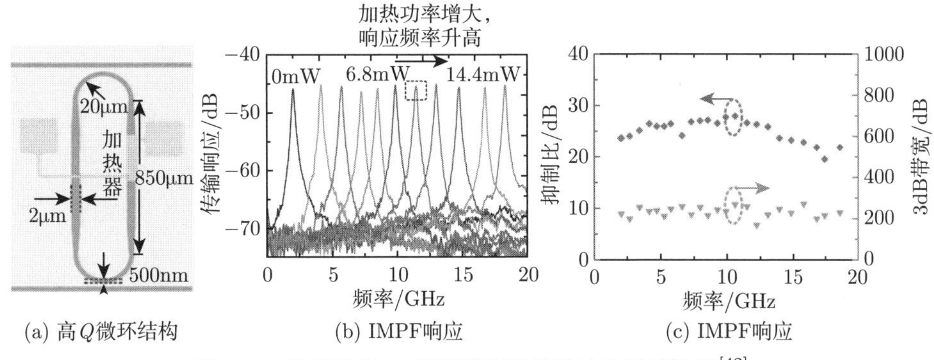

(a) 高Q微环结构 (b) IMPF响应 (c) IMPF响应

图 6-8 基于硅高 Q 微环谐振器的微波光子滤波器[42]

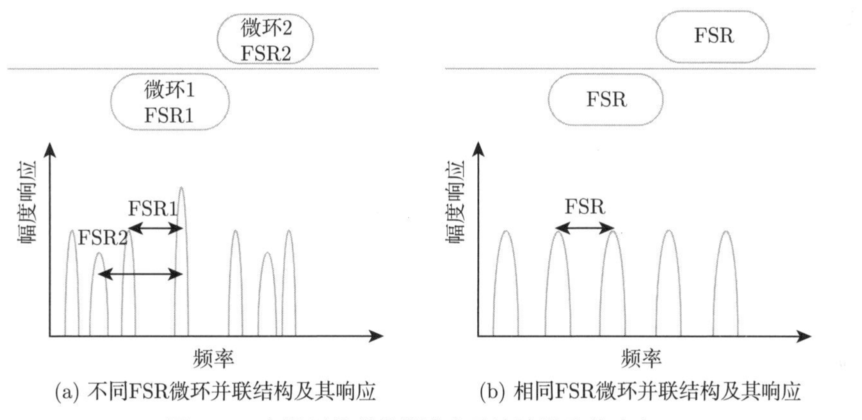

(a) 不同FSR微环并联结构及其响应 (b) 相同FSR微环并联结构及其响应

图 6-9 多微环并联的微波光子滤波器及其响应

耦合级联谐振腔是另外一种增强滤波功能的结构，文献 [46, 47] 中已有证明。理论分析表明，耦合级联谐振腔能够实现具有平顶和高带外消光比的高阶滤波器响应，提高滤波器的矩形系数[47]。图 6-10(a) 是具有代表性的耦合级联型谐振器，其由几个相互耦合的硅基谐振器组成[48]。如图 6-10(b) 所示，与单个微环谐振器响应相比，耦合谐振腔数量的增加将增大滤波器响应的滚降系数，文献 [47] 中二阶微环获得 51 dB 的消光比和 1 GHz 的光谱分辨率，适用于微波滤波应用；五阶微环能够获得 53 dB 的消光比和 1.9 GHz 的光谱分辨率。对比不同级联微环个数的实验结果可以看出，阶数越高，微环的光谱响应越平坦，同时越接近矩形。

受微环谐振腔周期性光响应的限制，微环 IMPF 的中心频率调节范围有限。解决这一问题的可行方案是并联耦合的微环谐振器[49,50]。与单个微环相比，使用游标效应可改善滤波器的滚降系数和通带平坦性，FSR 可提高 3~4 倍[50]。另一种方案是采用双注入光子电路实现微环滤波响应的整形[66]，通过调节直波导和微环谐振器之间的耦合系数，灵活地将滤波器响应的 FSR 增大 1 倍。值得注意的是，这种双注入光子电路是构建片上光子全通滤波器验证的基础，该滤波器在 MWP 应用中具有巨大潜力，其典型结构如图 6-11(a) 所示。这种结构用单个微环谐振器获得两个不同 FSR 值，在直通输出端是两个相同上下路 (add-drop) 型微环谐振器的组合，第一环与输入光 E_{i1} 相关联，E_{i1} 随后从该环的直通输出端口发射 (图 6-11(a) 中的直通输出端口)；第二环与输入光 E_{i2} 相关联，E_{i2} 随后从该环的下载端口 (图 6-11(a) 中的下载输出端口) 发射。因此，第二环的左半部分可视为长度为 $L_{\mathrm{Ring}}/2$ 的延迟线。

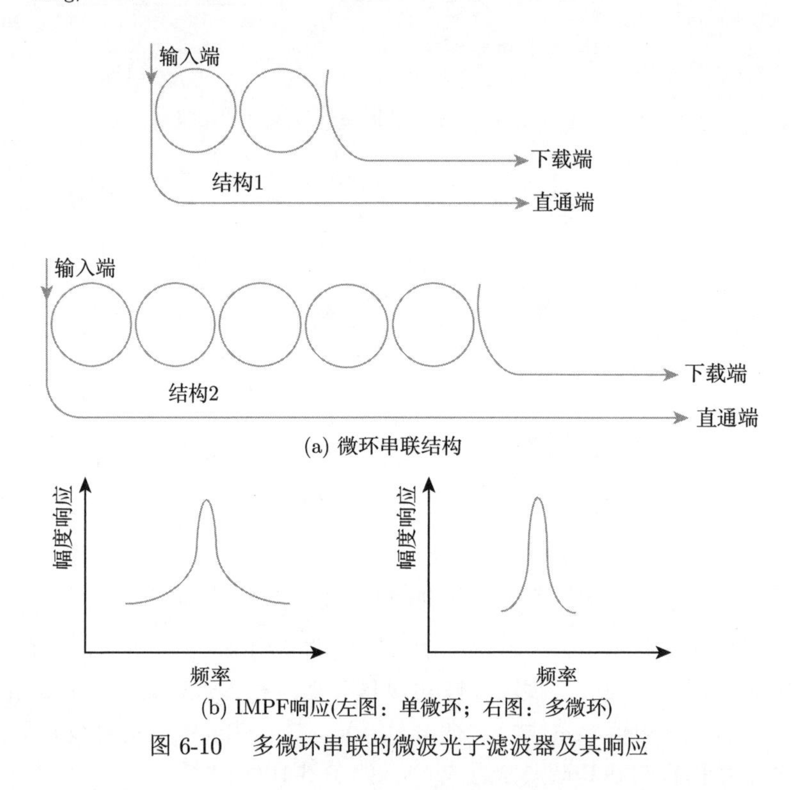

(a) 微环串联结构

(b) IMPF响应(左图：单微环；右图：多微环)

图 6-10　多微环串联的微波光子滤波器及其响应

需要注意的是，当 E_{i1} 或 E_{i2} 非常小或者第一个环趋于临界耦合时，即 $\alpha \approx \tau_1/\tau_2$ 时，双注入谐振器的输出传输和 FSR 与传统环类似。在其他情况下，延迟线的群延时将确定 FSR，传输是两个虚拟环的贡献结果。第二个虚拟环，其下载端口是双注入谐振器的相关输出，不具有临界耦合条件。从上述讨论可得，基于双注入设计的器件具有独特的性质，即能够在无须修改谐振腔长度的前提下工作于两种 FSR 状态中。这两个 FSR 始终保持 2∶1 的关系，如图 6-11(b) 和 (c) 所示。

更复杂的片上光子滤波器方案是微环辅助马赫–曾德尔干涉仪 (RAMZI) 结构[51–53]，它将微环谐振器嵌入非平衡的 MZI 结构中，这种结构可实现矩形频谱响应，用于通信应用的信号频谱分割。

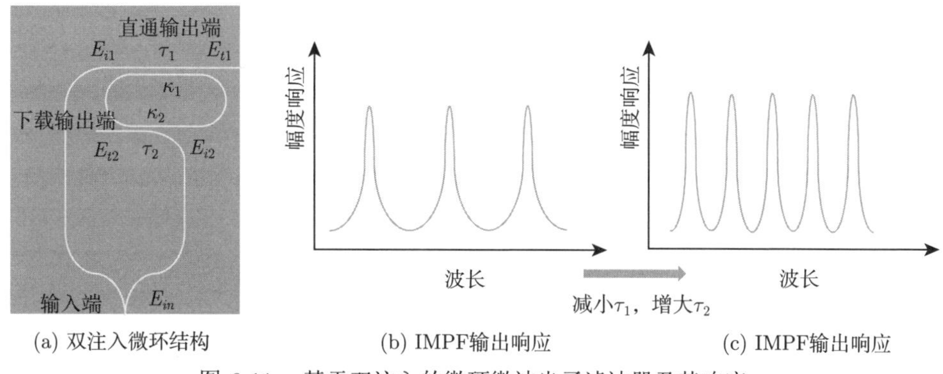

(a) 双注入微环结构 (b) IMPF输出响应 (c) IMPF输出响应

图 6-11 基于双注入的微环微波光子滤波器及其响应

RAMZI 结构的基本思想是利用微环谐振器更陡的相位和振幅响应增强传统 MZI 响应的滚降系数。图 6-12 为典型的 RAMZI 结构，微环的 FSR 为非平衡 MZI 的一半，利用多个微环谐振器将 RAMZI 结构的频谱响应设计成近似矩形响应[51]，这种矩形的滤波器响应对于单个微环谐振器很难实现。采用低损耗 SiN 波导，RAMZI 滤波器能够提供具有千兆赫兹级光谱分辨率和亚千兆赫兹滚降系数的带阻和带通滤波器响应。通过片上热调谐器，可以对 RAMZI 的响应进行重构和调谐以实现更复杂的滤波器形状。

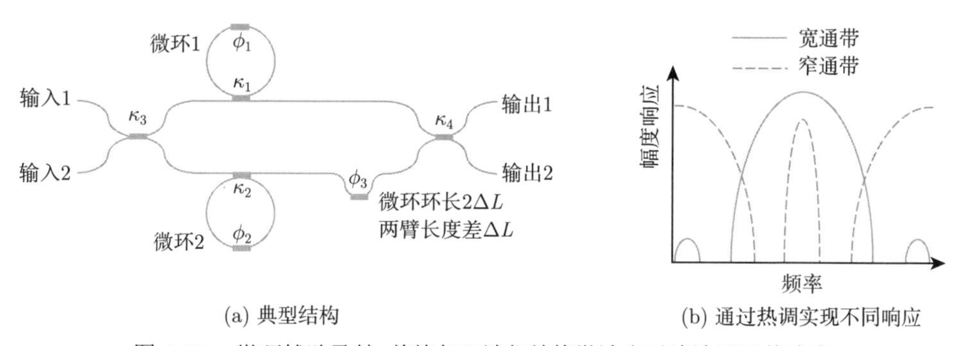

(a) 典型结构 (b) 通过热调实现不同响应

图 6-12 微环辅助马赫–曾德尔干涉仪结构微波光子滤波器及其响应

RAMZI 结构能够提供灵活复杂的滤波响应[52,53]。单个 RAMZI 单元变化不会影响其他 RAMZI 单元，因此多级 RAMZI 单元对环境扰动的敏感性大大降低。文献 [53] 提及的结构中级联两个 RAMZI，可得到亚千兆赫兹高光谱分辨率的梳状滤波器响应[53]，而单个 RAMZI 滤波器的光谱分辨率只有千兆赫兹级。改变微环谐振器耦合系数可调节滤波器带宽，调节环形谐振器中的相移或光源的中心波长可调节滤波器的中心频率。

上述基于微环和 MZI 结构的集成相干微波光子滤波是在硅或者氮化硅等材料上实现的，这两种材料都较难实现有源器件的设计和制备，因此，限制了微波光子滤波器单片集成的可能。InP/InGaAsP 等 Ⅲ-V 材料具有直接带隙，可以进行带隙工程、电泵浦光发射，因而可用于有源器件的设计，如可调谐激光器、半导体光放大器 (semiconductor optical amplifier, SOA)、电光调制器、高响应度光电探测器。文献 [54] 提出单片集成在 InP/InGaAsP 光子芯片上的基于 RAMZI 结构的相干微波光子滤波方案，基于这种紧凑的光子电路，可实现具有千兆赫兹带宽和可调谐性的 RF 带通滤波器。这一集成的 MPF 具有开创意义，为单片全集成的 MPF 奠定了坚实基础。未来，基于 Ⅲ-V 材料的高性能单个器件的设计能提高 MPF 的整体性能，包括设计大功率的低相对强度噪声的激光器、低半波电压的强度调制器、高响应度的光电探测器等。

6.2.2.2　基于非线性光学效应的集成相干 MPF

片上非线性光学过程也是实现集成 MPF 的有效手段。通过片上非线性光学过程，如受激布里渊散射 (SBS)[55−62] 和 6.2.1 节中克尔光频梳的生成[67]，显著提高集成 MPF 的性能，分别实现前所未有的高光谱分辨率和空间超紧凑的多光延迟抽头。PIC 技术的发展使来自相同或多种材料的线性和非线性光子器件集成在同一光子电路中，实现更紧凑和功能更强的 IMPF，基于 SBS 的集成相干 MWPF 则是典型代表。

典型 SBS 描述了光子与声子的相互作用，具体为强入射泵浦光场在某种介质中感应出强声波场[55]，图 6-13 为 SBS 产生过程。频率为 ω_1 的强光泵浦波被注入波导中，与频率较低的光波 ω_2(斯托克斯频率) 对向传输。这两个光波之间的相互作用形成密度变化，即通过光弹性效应将泵浦光波散射到斯托克斯频率的声波。散射的光反过来又进一步增强声波，形成一个相互增强的过程，产生指数放大的斯托克斯光。类似地，反斯托克斯过程使泵浦光在更高的频率 $\omega_1 + \Omega_{\mathrm{B}}$ 处获得损耗，成为反斯托克斯光。

SBS 过程最显著的特征是在斯托克斯 (反斯托克斯) 频率产生超窄增益 (损耗) 谐振，固有线宽在几十兆赫兹量级，由声波寿命[57] 确定。这么窄的线宽与质量因子 (Q) 为 10^7 数量级的超高光学谐振腔相似。此外，SBS 响应可以在很宽的频率范围内灵活调节，这不同于干涉仪和环形谐振器等传统光学器件的调节能力会受到周期光谱响应的限制。研究表明，在 As_2S_3 材料平台上诱导和利用 SBS 成为可能，As_2S_3 材料展现了前所未有的高光子–声子相互作用[56]。片上 SBS 不仅具有分立的光纤中 SBS 实现的微波光子滤波功能[58]，而且器件尺寸显著减小，性能的稳定性[55,59] 大大增强。

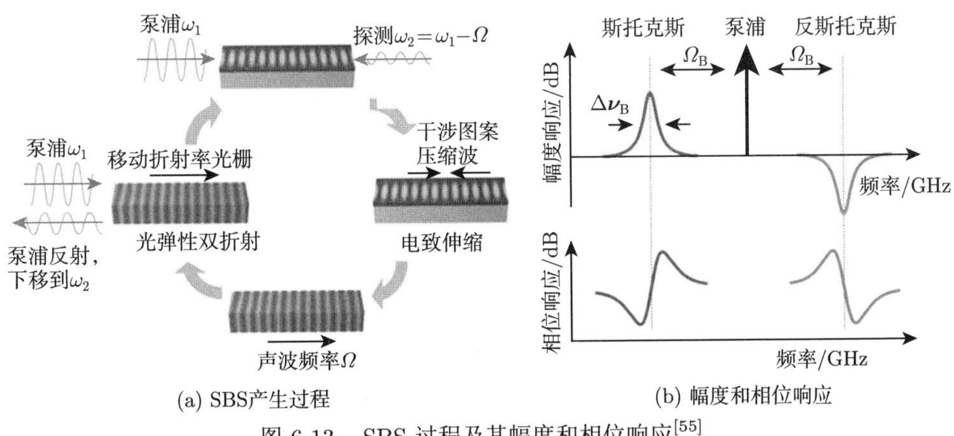

(a) SBS产生过程 (b) 幅度和相位响应

图 6-13 SBS 过程及其幅度和相位响应[55]

基于受激布里渊散射[61] 的 IMPF 的结构如图 6-14 所示，SBS 增益放大较弱的边带，使其在增益共振峰值处获得与较强边带相同的幅度，通过光电探测器拍频获得频谱响应。调节泵浦光和探测光间的频率差改变滤波器的中心频率，通过控制泵浦光的强度改变 SBS 的增益，进而改变滤波响应的 3 dB 带宽。

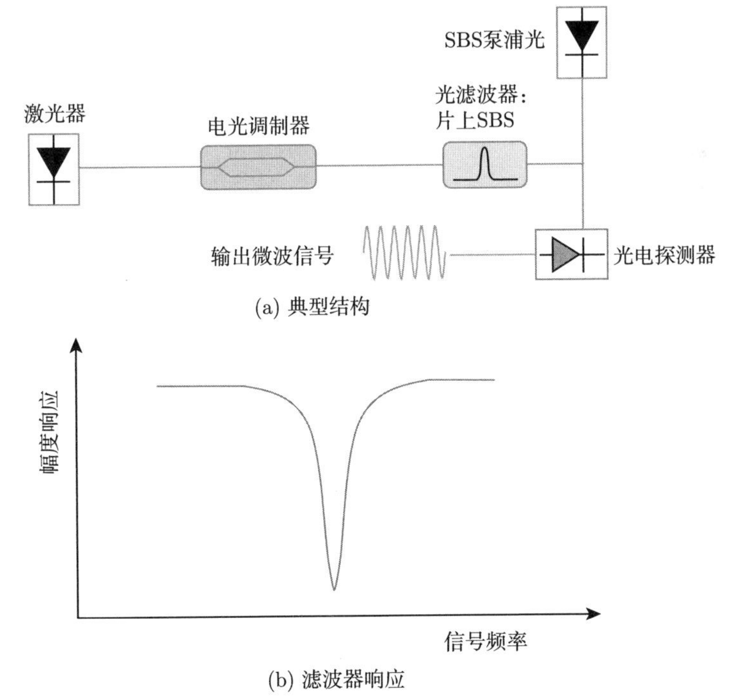

(a) 典型结构

(b) 滤波器响应

图 6-14 基于受激布里渊散射的集成微波光子滤波器及其响应

在非线性光损耗忽略不计的情况下，As_2S_3 材料可提供超过 50dB[60] 的高布里渊增益。与硅材料的小 SBS 增益 (< 1 dB) 相比，As_2S_3 材料具有巨大优势。As_2S_3 材料的光波导的插入损耗较大，光泵浦对光电探测器的反射限制了基于片上 SBS 的 IMPF 的性能。为了实现复杂和先进的集成相干微波光子滤波功能，研究人员提出一种方案：结合不同材料的优点，采用混合集成技术[54]，集成带有布里渊散射的超低损耗 Si 或 SiN 的微环谐振器。

6.2.3 先进集成微波光子滤波器

IMPF 的未来发展和研究方向包括优化射频性能、新型的光子处理方法、先进的集成技术，通过减小器件间的耦合损耗、减小单元器件的噪声系数或结合光学非线性效应等方法来优化射频性能。目前很难在同一材料上实现全集成的 MPF，可行的解决方案是在多材料体系上实现各自具有优势的功能器件，包括光源、调制器、光电探测器等有源器件，可编程光学线性器件、光学复用器件、非线性光子处理器件等无源器件，通过不同材料间的异构/混合光子集成，实现更高集成度的 IMPF，通过减小互连光学损耗，提高链路的射频性能，最终实现具有先进滤波功能和高射频性能的超紧凑型的 IMPF。

片上单元器件性能优化和信号处理单元的方案是实现高性能 IMPF 的基础。低噪声和高功率的激光器、低半波电压和大的无杂散动态范围的大带宽电光调制器、低暗电流和高响应度的大带宽的光电探测器，高耦合效率的不同结构的定向耦合器和超低损耗无源波导，高性能非线性光子器件等仍是研究的关键，先进的集成光子电路和新型材料平台是实现高性能 IMPF 的重要保障。

6.3 可编程微波光子信号处理芯片

2016 年，Liu 等提出一种基于磷化铟的完全可重构光子集成信号处理器[68]，图 6-15 展示了它的基本处理单元，由 3 个有源环形谐振器和一个旁路波导组成。为了实现片上可重构，在处理单元中集成了 9 个半导体光放大器 (SOA) 和 12 个电流注入的相位调制器 (phase modulator, PM)。图 6-15(a) 和 (b) 显示了可重构光子集成信号处理器的结构示意图，相邻的环形谐振器之间以及环和旁路波导之间的可调耦合通过 4 个可调耦合器 (tunable coupler, TC) 实现。每个 TC 由两个多模干涉耦合器 (multi-mode interferometer, MMI) 和两个 PM 构成，通过调整 PM 的注入电流来调整耦合系数。图 6-15(c) 给出了芯片的显微镜照片。在有源环形谐振器中，SOA 用于补偿波导的传输损耗、MMI 分光产生的损耗以及插入损耗等。此外，通过控制 SOA 的正反偏使其在增益和吸收两个状态之间切换，也是实现处理器可重构性的关键。例如，将每个有源环形谐振器中其中一个 SOA

工作在反偏状态，那么每个谐振器都可等效成一个光波导，与旁路波导结合就构成了 MZI。工作波长的调节通过环形谐振器和旁路波导中的 PM 实现，通过调整耦合系数来调整信号处理器的阶数。利用该电路，可以执行可重构信号处理功能，包括滤波、时间积分、时间微分和希尔伯特变换等。

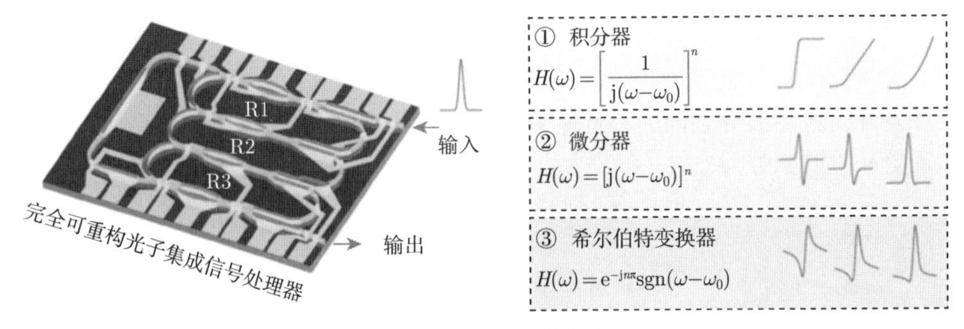

(a) 处理器三维结构图

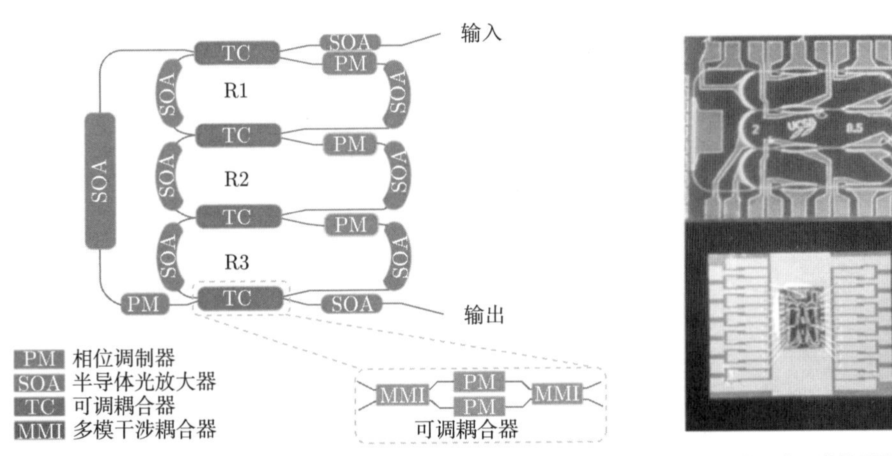

(b) 处理器结构示意图

(c) 处理器显微镜照片

图 6-15 可重构磷化铟光子集成信号处理器[68]

6.3.1 时间积分器

n 阶时间积分器作为一个线性时不变系统，其传输函数可以表示为

$$H_n(\omega)=\left[\frac{1}{\mathrm{j}(\omega-\omega_0)}\right]^n \tag{6-2}$$

式中，$\mathrm{j}=\sqrt{-1}$；ω 和 ω_0 分别是待处理光信号和光载波的角频率。一阶的光子时间积分器可以由光学谐振器来实现，例如上下路型环形谐振器[69]。当使用环形

谐振器的上传端和下载端时，环形谐振器的响应与式 (6-2) 在 $n=1$ 时相似，因此一个环形谐振器可以被用作一阶时间积分器。通过级联或耦合多个一阶积分器，可以实现高阶时间积分器。使用图 6-15 所示的结构可实现一、二、三阶光子积分器的配置，如图 6-16(b) 所示。通过对三个环形谐振器中 SOA 偏置状态的控制，将可编程芯片结构配置成一个环形谐振器、两个级联的环形谐振器以及三个级联的环形谐振器，分别对应一、二、三阶光子积分器。在每个环形谐振器中，使用 PM 来调整环形谐振器的谐振频率，从而实现波长调谐。通过 TC 调节环与环之间以及环与旁路波导之间的耦合系数，实现对环形谐振器光谱响应的调节，从而实现更高阶的积分器。

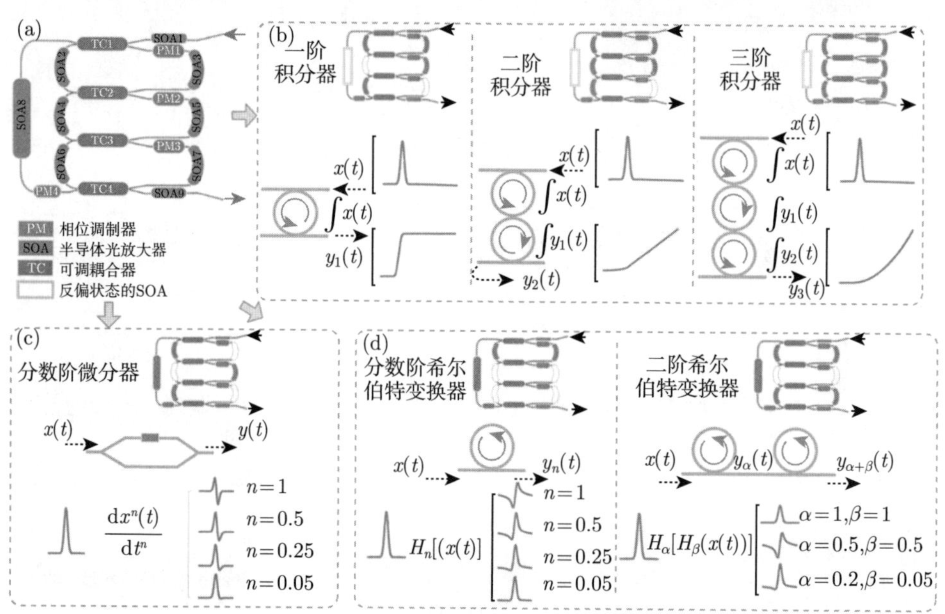

图 6-16　基于磷化铟可重构光子集成信号处理器的积分器、微分器以及希尔伯特变换器的具体实现[68]

6.3.2 时间微分器

n 阶时间微分器可以对光信号的包络进行 n 阶时间微分。同样作为一个线性时不变系统，n 阶时间微分器的传输函数可以表示为

$$H_n(\omega)=[\mathrm{j}(\omega-\omega_0)]^n=\begin{cases}\mathrm{e}^{\mathrm{j}n(\pi/2)}|\omega-\omega_0|^n, & \omega>\omega_0\\ \mathrm{e}^{-\mathrm{j}n(\pi/2)}|\omega-\omega_0|^n, & \omega<\omega_0\end{cases}\tag{6-3}$$

式 (6-3) 表明，一个 n 阶时间微分器可实现 $|\omega-\omega_0|^n$ 的幅度响应和在 ω_0 处 $n\pi$ 的相位跳变。式 (6-3) 所示的频率响应可以使用 MZI 结构实现[70]，通过控

制 MZI 结构中输入和输出耦合器的耦合系数可以实现 0 到 2π 的可调相移，从而可以实现可调阶数的时间微分。如图 6-16(c) 所示，将每个环形谐振器中的一个 SOA 配置为反偏状态，阻止环形谐振器的谐振。三个未谐振的环形谐振器串联在一起，构成 MZI 的一个臂，旁路波导作为 MZI 的另一个臂，从而将光子信号处理器配置成一个完整的 MZI 结构。通过调整输入输出耦合的耦合系数，可以实现光子时间微分器阶数的调整。同样，通过调整 PM 的注入电流，可以调节工作波长。

6.3.3　希尔伯特变换器

除了光子时间积分器和光子时间微分器，该光子信号处理器还可以被重构为光子希尔伯特变换器。n 阶希尔伯特变换器的传递函数可以表示为

$$H_n(\omega)=\begin{cases}\mathrm{e}^{-\mathrm{j}n(\pi/2)}, & \omega>0\\ \mathrm{e}^{\mathrm{j}n(\pi/2)}, & \omega<0\end{cases} \tag{6-4}$$

根据式 (6-4)，n 阶希尔伯特变换器在 ω_0 处幅度响应为 1 并且具有 $n\pi$ 的相位跳变。当 $n=1$ 时，分数阶希尔伯特变换器等同于常规的希尔伯特变换器；当 $n=0$ 时，希尔伯特变换器等同于一个全通滤波器；当 $0<n<1$ 时，输出是输入信号和常规希尔伯特变换器的加权求和[71]。此外，阶数为 n 的希尔伯特变换器等同于两个阶数分别为 α 和 β 的分数阶希尔伯特变换器的级联，其中 $n=\alpha+\beta$。一个高 Q 环形谐振器的光谱响应除一个极窄的陷波以外，十分接近全通滤波器，当 Q 值足够高时陷波对希尔伯特变换的影响可以忽略不计，从而可以将该光子信号处理器作为一个光子希尔伯特变换器。图 6-16(d) 给出了光子希尔伯特变换器的实现方式。将光子信号处理器配置为单个环形谐振器或者两个级联的环形谐振器，可以分别实现一个分数阶希尔伯特变换和两个级联的分数阶希尔伯特变换。

6.4　光计算芯片

随着信息社会的快速发展，每年产生的数据迅速增长，海量数据处理对计算硬件提出了更高的性能要求，特别是对算力有迫切需求的人工智能领域。过去几十年来，计算硬件的性能提升始终遵循摩尔定律[72,73]。然而，近年来，随着芯片制造工艺逐渐接近其物理极限，硬件性能的提升也逐渐放缓[74,75]。此外，基于冯•诺依曼计算架构的传统计算硬件处理器和存储器之间是分立的，这种结构存在带宽、延迟和功耗之间的折中，从而限制了计算机性能的提升。不断增长的高性能处理需求与增长放缓的硬件算力之间面临尖锐的矛盾。

光波得益于其超大带宽和超多的自由度，被认为是“后摩尔”时代最具竞争力的候选者之一。当光学器件参与计算时，需要计算的数据由编码的光波参数表

示，避免了冯•诺依曼架构中数据潮汐传输带来的严重功耗问题。再者，光传输的过程也是计算的过程，从而将光的超大带宽引入光学计算过程中，带来超快的计算速度。据估算，光计算相对于电计算速度预计提升三个数量级以上，功耗预计降低两个数量级以上[76]。目前，光计算的研究主要聚焦于线性矩阵运算，它本质上是数据的光学物理参数表示和自适应光学系统的计算。这种“传输即计算，结构即功能”的计算架构特别适合对传统的电学神经网络进行加速，光计算芯片在前馈神经网络中的应用也因此受到了广泛的关注。

前馈神经网络是包含多层“神经元”的单向传输网络[77]，如图 6-17(a) 所示，由一个输入层、多个隐藏层和一个输出层组成，旨在实现输入和输出的非线性映射。每个隐藏层包含多个神经元，相邻隐藏层的神经元之间通过权重相互连接。每个神经元的结构如图 6-17(b) 所示，在每个神经元中完成的计算过程可以表示为

$$y = f\left(\sum_i x_i w_i + b\right) \tag{6-5}$$

式中，x 和 y 分别是神经元的输入和输出；w 是权重；b 是偏置；f 是非线性激活函数。通常，权重和偏置用反向传播算法通过将输入数据馈送到前馈神经网络，并最小化前馈神经网络的实际输出与预期输出之间的误差进行训练。

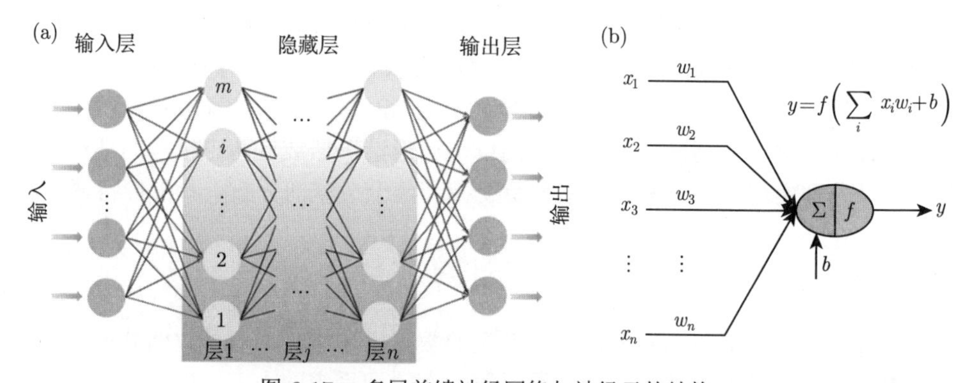

图 6-17　多层前馈神经网络与神经元的结构

从图 6-17 和式 (6-5) 可以看出，前馈神经网络中的主要运算是矢量–矩阵乘法运算，它可以很容易地用光学方法加速。特别的是，一旦前馈神经网络的训练完成，参数也就固定，这使得利用低功耗高速度的无源光学系统来进行计算成为可能。根据计算使用的原理，光计算芯片主要可以分为三类：基于光的衍射的光计算芯片、基于光的干涉的光计算芯片和基于波分复用 (wavelength division multiplexing, WDM) 的光计算芯片。

6.4.1 基于光的衍射的光计算芯片

典型的基于衍射的光计算方案如图 6-18 所示。首先，数据通过输入层进行输入，然后通过衍射传输到一个像素化的衍射表面。在每个隐藏层中，光束通过衍射表面进行振幅 (和/或相位) 调制，然后通过衍射传输到下一层。神经元由衍射表面上的像素表示，神经元的权重由给定隐藏层上每个像素引入的额外振幅 (和/或相位) 信息表示。衍射表面引入的振幅 (和/或相位) 变化可以通过传输矩阵 $\boldsymbol{M}_i(i=1,2,\cdots,N)$ 来表示，其中 i 表示层数。根据惠更斯–菲涅耳原理，每个层中的每个神经元都充当次级波源，并传输到下一层，衍射传输过程通过传输矩阵 $\boldsymbol{D}_i(i=1,2,\cdots,N,N+1)$ 表示。经过多个隐藏层的衍射传输后，基于衍射的光计算系统的整体传输矩阵 $\boldsymbol{T}$ 可以写成

$$\boldsymbol{T}=\boldsymbol{D}_{N+1}\boldsymbol{M}_N\cdots\boldsymbol{D}_2\boldsymbol{M}_1\boldsymbol{D}_1 \tag{6-6}$$

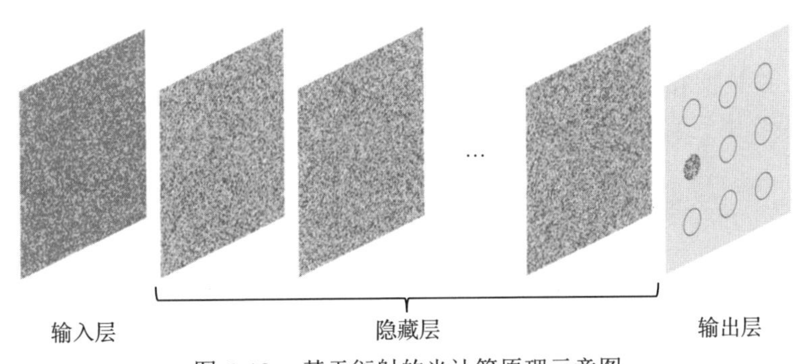

图 6-18 基于衍射的光计算原理示意图

在基于衍射的光计算系统中，最终的分类结果由输出平面中最大光强出现的位置表示。衍射表面之间的距离和每个衍射表面引入的额外振幅 (和/或相位) 信息是可训练的值，用于实现设计的基于衍射的光计算的特定任务。在训练基于衍射的光学神经网络时，将训练数据馈送到基于衍射的光计算网络的输入层，并传输以获取输出层中的实际输出。然后，使用误差反向传播和随机梯度下降算法更新可训练的值，从而最小化实际输出与期望输出之间的误差。基于上述基本原理，当使用一维数据进行输入时，可以构建片上的衍射光计算芯片，并使用片上相位调控装置，例如金属线、移相器等来等效相位掩模版的作用[78,79]。

6.4.2 基于光的干涉的光计算芯片

光学干涉是实现光计算芯片的另一个重要分支，特别是随着光子集成技术的快速发展，基于光学干涉的矩阵乘法也受到广泛的关注。作为实现光学干涉的基本单元，MZI 的结构如图 6-19(a) 所示，由两个光耦合器和两个移相器构成，其

中两个光耦合器的分光比固定为 50∶50，内部移相器提供一个额外的相位来控制 MZI 的分光比，外部移相器向两个输出臂添加一个相对相位。忽略光传播损耗，单个 MZI 单元的传输矩阵可以写成

$$
\begin{aligned}
\boldsymbol{T}(\theta,\varphi) &= \boldsymbol{P}_{\varphi}\boldsymbol{C}\boldsymbol{P}_{\theta}\boldsymbol{C} \\
&= \frac{1}{2}\begin{bmatrix} \mathrm{e}^{\mathrm{i}\varphi} & 0 \\ 0 & 1 \end{bmatrix}\begin{bmatrix} 1 & \mathrm{i} \\ \mathrm{i} & 1 \end{bmatrix}\begin{bmatrix} \mathrm{e}^{\mathrm{i}\theta} & 0 \\ 0 & 1 \end{bmatrix}\begin{bmatrix} 1 & \mathrm{i} \\ \mathrm{i} & 1 \end{bmatrix} \\
&= \frac{1}{2}\begin{bmatrix} \mathrm{e}^{\mathrm{i}\varphi}(\mathrm{e}^{\mathrm{i}\theta}-1) & \mathrm{i}\mathrm{e}^{\mathrm{i}\varphi}(\mathrm{e}^{\mathrm{i}\theta}+1) \\ \mathrm{i}(\mathrm{e}^{\mathrm{i}\theta}+1) & 1-\mathrm{e}^{\mathrm{i}\theta} \end{bmatrix} \\
&= \begin{bmatrix} t_{11} & t_{12} \\ t_{21} & t_{22} \end{bmatrix}
\end{aligned} \tag{6-7}
$$

式中，$\boldsymbol{P}_{\varphi}$ 是外部移相器的传输矩阵；$\boldsymbol{C}$ 是光耦合器的分光比；$\boldsymbol{P}_{\theta}$ 代表内部移相器；t 是矩阵中元素的简化表示。

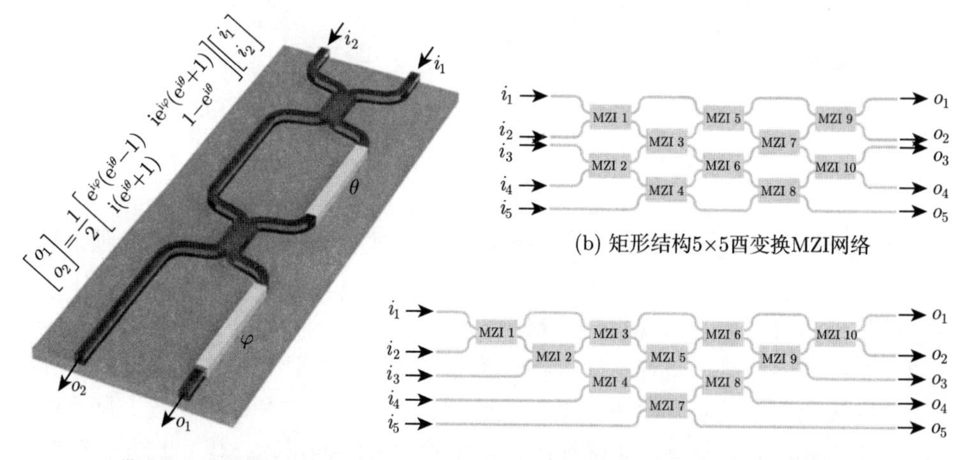

(a) 带有两个移相器的MZI结构图

(b) 矩形结构5×5酉变换MZI网络

(c) 三角形结构5×5酉变换MZI网络

图 6-19　单个 MZI 单元的结构和两种经典的酉变换 MZI 网络架构

通过构造特殊的 MZI 网络可以实现任意酉矩阵，其中，两种主流的实现酉矩阵的 MZI 网络 (一种是矩形结构[80]，另一种是三角形结构[81]) 如图 6-19(b) 和 (c) 所示，网络中连接 m 和 $n(m=n-1)$ 通道的 MZI 单元的传输矩阵可以写成

$$\boldsymbol{T}_{m,n}^{(k)}(\theta^{(k)},\varphi^{(k)})=\begin{bmatrix}1 & & & & & & & \\ & 1 & & & & & & \\ & & \ddots & & & & & \\ & & & t_{11} & t_{12} & & & \\ & & & t_{21} & t_{22} & & & \\ & & & & & \ddots & & \\ & & & & & & 1 & \\ & & & & & & & 1\end{bmatrix} \tag{6-8}$$

式中，k 是 MZI 的编号。整个网络的传输矩阵 $\boldsymbol{T}$ 可以表示为

$$\boldsymbol{T}=\prod_{(m,n)\in S}\boldsymbol{T}_{m,n}^{(k)}(\theta^{(k)},\varphi^{(k)}) \tag{6-9}$$

其中，S 定义了 MZI 的连接结构。对于图 6-19(c) 所示的三角形 MZI 网络，根据式 (6-8)，四行 MZI 的传输矩阵可以写成

$$\boldsymbol{T}_{2,1}^{k=1,3,6,10}=\begin{bmatrix}t_{11} & t_{12} & & & \\ t_{21} & t_{22} & & & \\ & & 1 & & \\ & & & 1 & \\ & & & & 1\end{bmatrix},\quad \boldsymbol{T}_{3,2}^{k=2,5,9}=\begin{bmatrix}1 & & & & \\ & t_{11} & t_{12} & & \\ & t_{21} & t_{22} & & \\ & & & 1 & \\ & & & & 1\end{bmatrix}$$
$$\boldsymbol{T}_{4,3}^{k=4,8}=\begin{bmatrix}1 & & & & \\ & 1 & & & \\ & & t_{11} & t_{12} & \\ & & t_{21} & t_{22} & \\ & & & & 1\end{bmatrix},\quad \boldsymbol{T}_{5,4}^{k=7}=\begin{bmatrix}1 & & & & \\ & 1 & & & \\ & & 1 & & \\ & & & t_{11} & t_{12} \\ & & & t_{21} & t_{22}\end{bmatrix} \tag{6-10}$$

依次地，根据式 (6-9)，整个 MZI 网络的传输矩阵可以表示为

$$\boldsymbol{T}=\boldsymbol{T}_{2,1}^{10}\boldsymbol{T}_{3,2}^{9}\boldsymbol{T}_{4,3}^{8}\boldsymbol{T}_{5,4}^{7}\boldsymbol{T}_{2,1}^{6}\boldsymbol{T}_{3,2}^{5}\boldsymbol{T}_{4,3}^{4}\boldsymbol{T}_{2,1}^{3}\boldsymbol{T}_{3,2}^{2}\boldsymbol{T}_{2,1}^{1} \tag{6-11}$$

由于 MZI 网络可以表示任意酉矩阵，因此通过奇异值分解可以进一步表示任意实值矩阵[82]。任何维数为 $p\times q$ 的实值矩阵 $\boldsymbol{M}$ 都可以奇异值分解为

$$\boldsymbol{M}=\boldsymbol{U}\boldsymbol{\Sigma}\boldsymbol{V}^{\dagger} \tag{6-12}$$

式中，$\boldsymbol{U}$ 是一个 $p\times p$ 的酉矩阵；$\boldsymbol{\Sigma}$ 是对角线上为非负实数的 $p\times q$ 矩形对角矩阵；$\boldsymbol{V}^{\dagger}$ 是 $q\times q$ 酉矩阵 $\boldsymbol{V}$ 的复共轭矩阵。通过方程 (6-9)，酉矩阵 $\boldsymbol{U}$ 和 $\boldsymbol{V}^{\dagger}$ 可

以用 MZI 网络来实现，矩形对角矩阵 $\boldsymbol{\Sigma}$ 同样可以使用 MZI 实现。因此，任何实值矩阵都可以用维度匹配的 MZI 网络来实现。由于实现了任意实值矩阵 $\boldsymbol{M}$，因此，可以使用 MZI 网络实现任意维度的矩阵运算。

6.4.3 基于波分复用的光计算芯片

基于 WDM 的光计算芯片综合利用了光波在波长、幅度、空间、时间、偏振等方面的多维物理信息，提供了一种新的解决方案。如图 6-20 所示，通过引入波长维度，矢量–矢量乘法运算可以分为乘法过程和加法过程，其中乘法过程通过电光调制完成，加法过程通过光电探测器处的波分复用和光电转换来实现。根据是否使用波长敏感的强度调制器，基于 WDM 的光计算芯片可以分为两类：一类是波长无关的权重加载架构 (图 6-20(a))，另一类是波长敏感的权重加载架构 (图 6-20(b))。在基于 WDM 的光计算芯片架构中，强度调制器可以使用 MZI[83]、MRR[84−91]、相变材料 (phase change material, PCM)[92,93] 和波形整形器[94−99] 等来实现。

首先，对于图 6-20(a) 所示的波长无关的权重加载架构，加载输入数据矢量的波长分量被并行输入计算硬件中，其中每个光波携带数据矢量的一个元素。然后，每个波长分量分别经过不同的强度调制器加载权重矢量，从而完成两个矢量中元素的乘法过程。加法过程通过波长分量在光电探测器处的平方律探测和不同波长的光信号的强度求和实现。为了获得不同波长分量的求和信号，应有效避免相邻波长分量之间的光边带拍频。因此，在基于 WDM 的光计算系统中，馈送到光电探测器的波长间隔以及调制器和光电探测器的带宽需要满足以下条件：

$$f_{\mathrm{w}} - 2f_{\mathrm{m}} > f_{\mathrm{p}} \tag{6-13}$$

式中，f_{w} 是相邻波长分量的波长间隔；f_{m} 是调制带宽；f_{p} 是光电探测器的带宽。

图 6-20(b) 显示了波长敏感的权重加载光计算芯片架构，其中乘法过程用波长敏感的光强度调制器[85−90] 实现。加载数据矢量 $\boldsymbol{X}$ 的波长分量利用波分复用通过一个物理通道传输。然后，n 个波长敏感的光强度调制器串行加载权重矢量 $\boldsymbol{W}$ 的 n 个元素并完成乘法过程。最后，加权光波被馈送到光电探测器以完成加法过程。

基于 MRR 的实值矢量–矩阵乘法架构如图 6-20(c) 所示。数据矢量 $\boldsymbol{X}$ 并行输入，n 个波长分量分别加载数据矢量 $\boldsymbol{X}$ 中的 n 个元素。n 个波长分量通过波分复用器合束后使用光耦合器分成 k 个通道，其中每个通道都包含 n 个波长分量。在每个通道中，n 个上传下载型 MRR 用于将带有 n 个波长的光波耦合到 MRR 的下载端口。每个微环耦合到下载端口的光比例 h_{ij} 取决于权重 w_{ij}。然后，MRR

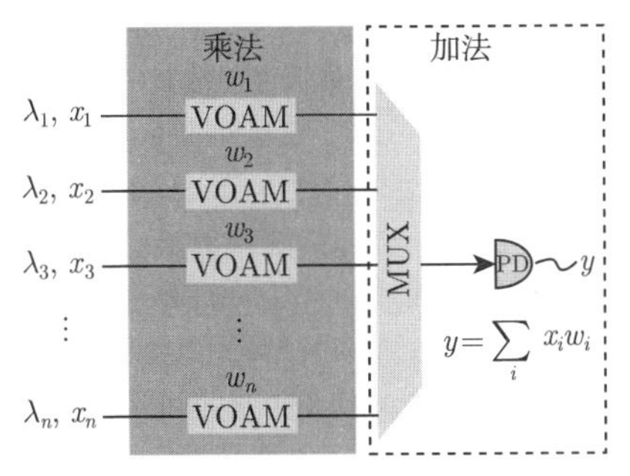

(a) 波长无关的权重加载光计算架构

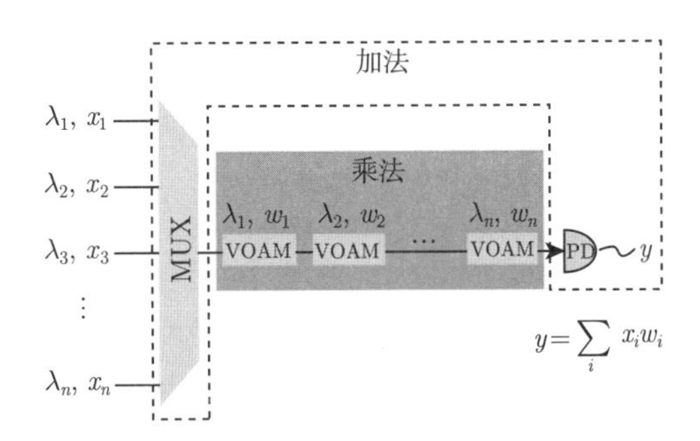

(b) 波长敏感的权重加载光计算架构

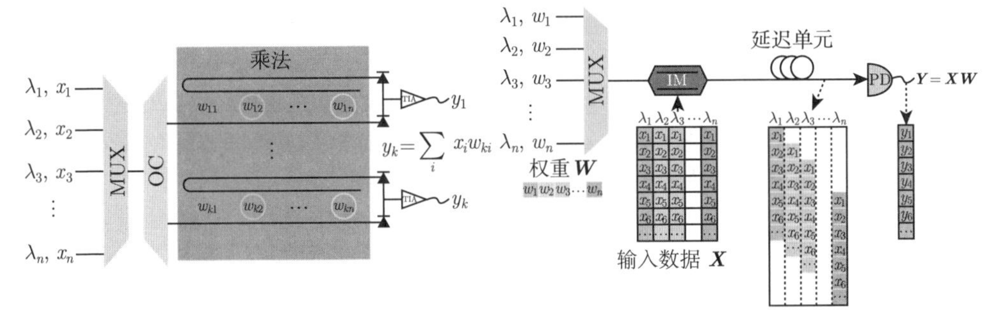

(c) 经典的基于MRR的实值矢量-矩阵乘法架构

(d) 通过引入光延迟串行输入数据的基于WDM的矢量-矩阵乘法

图 6-20 基于 WDM 技术的光学矩阵运算原理

VOAM：可变光强度调制器，MUX：多路复用 (multiplexing)，PD：光电探测器，OC：光耦合器 (optical couple)，TIA：跨阻放大器 (transimpedance amplifier)，IM：强度调制器 (intensity modulator)

的下载端口和直通端口的传输矩阵分别可以写为

$$\boldsymbol{H}_{\text{drop}} = \begin{bmatrix} h_{11} & h_{12} & \cdots & h_{1n} \\ \vdots & \vdots & & \vdots \\ h_{k1} & h_{k2} & \cdots & h_{kn} \end{bmatrix} \tag{6-14}$$

$$\boldsymbol{H}_{\text{through}} = \begin{bmatrix} 1-h_{11} & 1-h_{12} & \cdots & 1-h_{1n} \\ \vdots & \vdots & & \vdots \\ 1-h_{k1} & 1-h_{k2} & \cdots & 1-h_{kn} \end{bmatrix} \tag{6-15}$$

下载端口输出的光 $\boldsymbol{H}_{\text{drop}}$ 和直通端口输出的光 $\boldsymbol{H}_{\text{through}}$ 被送入平衡光电探测器进行光电转换和作差。MRR 阵列与平衡光电探测阵列共同构成的系统可以用传输矩阵 $\boldsymbol{H}$ 表示：

$$\boldsymbol{H} = \boldsymbol{H}_{\text{through}} - \boldsymbol{H}_{\text{drop}}$$

$$= \begin{bmatrix} 1-2h_{11} & 1-2h_{12} & \cdots & 1-2h_{1n} \\ \vdots & \vdots & & \vdots \\ 1-2h_{k1} & 1-2h_{k2} & \cdots & 1-2h_{kn} \end{bmatrix} \tag{6-16}$$

因此，通过调整每个 MRR 的耦合系数可以实现任意的实值矩阵，从而完成任意矢量–矩阵乘法。

除此之外，在基于 WDM 的光计算架构中，还可以使用串行的数据矢量输入方式。如图 6-20(d) 所示，权重矢量 $\boldsymbol{W}$ 仍然加载到各波长分量的强度上，一维数据矢量 $\boldsymbol{X}$ 中的 n 个元素通过一个强度调制器串行的同时加载到各个波长分量的时域强度上，通过延迟单元 (单模光纤、色散补偿光纤、光可调延迟线等) 在不同波长之间引入延时，从而使相邻波长分量之间产生与数据输入周期相匹配的时间延迟，进而使数据矢量 $\boldsymbol{X}$ 中的 n 个元素同时输入光电探测器，完成矢量–矢量乘法的过程。串行的数据输入方式由于使用单个调制器加载数据矢量，避免了并行输入方式中对时钟同步的需求。

6.5 通用光子信号处理器

随着光子集成技术的发展，在片上制作复杂的包含编程、稳定及控制功能的干涉系统成为可能[100]。一些系统中甚至可以进行自我配置，使光子芯片实时适应正在解决的光学问题，而无须进行高级计算[101–103]。在可编程光子集成电路中，光的流动通过使用 2×2 的基本结构单元连接成的网络来进行控制。基本结构单元主要由波导、2×2 光耦合器以及光移相器构成。波导是光线传输的媒介，它可以是直线的，也可以是弯曲的，是可编程光子电路的重要组成部分。光耦合器可以将光线从一个波导耦合到另一个波导，实现光的路由。光移相器可以改变光线的相位，从而实现干涉效应。这三种单元的组合和排列可以实现复杂的光学功能，如光干涉、光调制、光滤波等，通常，该基本单元采用 MZI 结构来实现。

在通用可编程光子信号处理器中，网络的连接结构决定了可编程光子电路可以实现的功能以及配置的方式。根据光在网络中流动的方向可以将网络分成两类：前向网络和循环网络。在前向网络中，光只能从网络的一端流向另一端[80,81,101,103–105]；在循环网络中，光可以被路由为循环流动的状态，甚至可以返回输入端[11,106,107]。

6.5.1 前向网络

前向网络是一种通用的光子信号处理器结构，其中光只沿一个方向流动，经过每个 2×2 的基本结构单元进行线性组合和干涉。由于光只向一个方向流动，因此这种网络结构的逻辑相对简单。例如，可以通过调整每个 MZI 单元中移相器的相对相位，最大化或最小化用于检测的光电探测器探测到的光功率。在某些情况下，前向网络甚至可以针对特定问题进行自我配置，并自动稳定运行[101,103,105,108−111]。

当前，前向网络结构通常采用三角形和矩形两种形式[80,81]，如图 6-21 所示，其展示了一个简单的五输入五输出三角形网络结构示意图，通过控制对角线上 MZI 的工作状态，可以实现自对准光耦合器[109]。当相干光输入 MZI 时，通过调节两个移相器 P1 和 P2，使得从每个 MZI 上方输出臂输出的光强最小，对应图 6-21 中输入探测器 D11~D14 中的光强最小，就可以实现将来自五个输入端口的光合束并通过第五个输出端口输出。这种自配置的算法适用于对输入光的幅度和相位的任意组合，并且可以实现实时的任意重构，从而适应不同的输入[101,103,109,110]。基于上述结构，在对角线位置级联额外的 MZI 可以实现更加复杂的功能，并且可以实现输入和输出之间的任意线性变换矩阵[81,101,109]。需要注意的是，光路中的探测器需要做到尽量透明，使通过探测器的大部分光功率传递到光路的下一层，从而降低光路的传输损耗和实现更深层的网络。

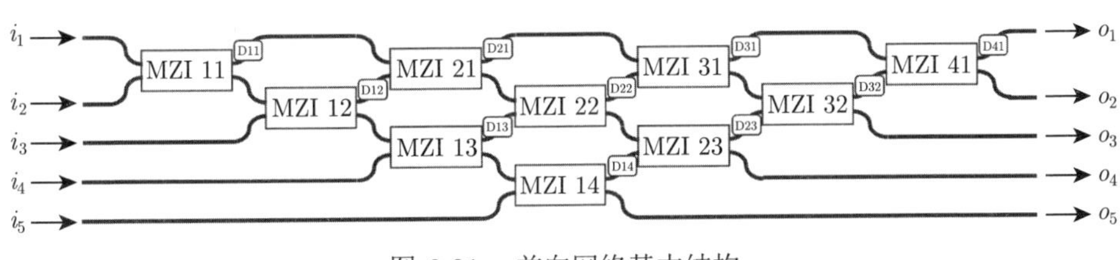

图 6-21 前向网络基本结构

6.5.2 循环网络

循环网络一般是由 2×2 MZI 构成的波导环耦合形成规则的二维 (2D) 网络。环路可以对光进行路由使输入环路的光可以沿任意方向通过网络，从而可以实现对环路所表示的散射矩阵的任意编程。相比于前向网络，循环网络的另一个优势是可以片上引入延时，从而可以实现干涉和滤波等功能[11,15]。循环网络的结构和性质使得它在光学通信和光学信号处理等领域具有良好的应用前景。例如，在光通信中，循环网络可以用于实现动态路由和光学交换；在光学信号处理中，循环网络可以用于滤波、干涉和相位控制等应用。

为了满足不同应用的需求，循环网络的拓扑结构也在不断地研究和发展。如图 6-22 所示，目前已经提出了多种不同的拓扑结构，包括矩形 (图 6-22(a))[11]、三角形 (图 6-22(b))[15]、六边形 (图 6-22(c))[112] 以及一些其他几何形状[107]。从集成度方面看，在实现相同功能的前提下，六边形结构在单位面积内需要集成的单元数量更少，因而其在电极沉积、引线键合以及功耗等方面具有优势；从功能性及重构性方面来看，六边形结构空间调谐分辨率更高，具有更高的可重构性以及更宽的光谱周期，而且所有的端口既可以作为输入又可以作为输出，使其更加具有吸引力；此外，在六边形结构的网络中，光波导的弯曲半径更小，从而降低了传播损耗[14]。

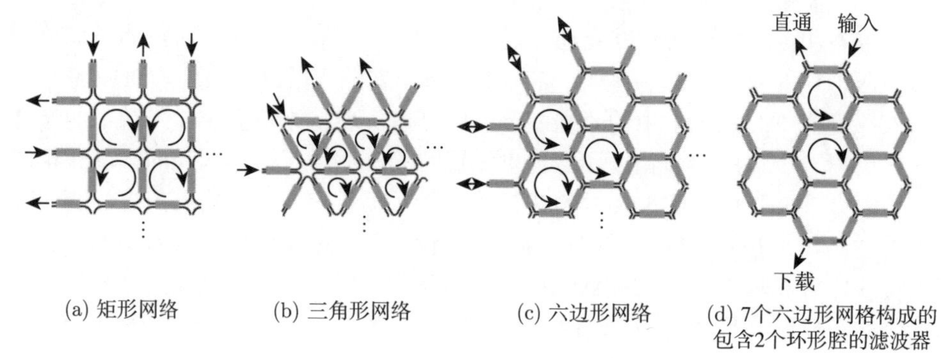

图 6-22 循环网络基本结构[100]

得益于可编程循环网络高度灵活重构的特性，循环网络既可以被配置为前向网络，也可以重构为有限冲激响应和无限冲激响应滤波器[15]。网络中可调控单元的数量决定了可实现的功能以及编程的灵活性，网络越大，可实现的功能更丰富，编程的自由度也更高，但是也会相应地引入更高的光学损耗。图 6-22(d) 显示了由 7 个六边形网格构成的包含 2 个环形腔的滤波器。滤波器的自由谱范围 (FSR) 与光学路径的长度成反比，因此 2 个环形腔的光学路径应被配置得尽量小。例如，当网格中每个边的光程长度约为 1 mm 时，六边形网格中可实现的最大 FSR 约为 50 GHz。

除了将上述网络直接作为功能模块，循环网络的另一个重要应用是将其配置为光路由芯片与专用光学信号处理芯片组合使用，从而实现类似于电学中 FPGA 的架构。从循环网络芯片的不同方向分别接入待处理信号、不同专用光学信号处理功能模块、光源以及信号输出模块等，循环网络作为信号处理的中央处理器对光路进行配置，从而实现任意可编程的复杂光学信号处理功能。

6.5.3 应用

近年来，随着光子集成技术的不断成熟，集成度更高、损耗更低、功能更丰富的光子信号处理芯片不断涌现。这些通用集成光子信号处理芯片已经广泛应用于光纤通信、传统的微波光子学、光学测量、光波束成形和线性矢量–矩阵乘法等领域。

6.5.3.1 光纤通信

通用光子信号处理芯片可用于光纤通信系统中的多种应用，包括数字信号处理、光频率合成、时钟恢复和光波形分析等。例如，通用光子信号处理芯片可以将数字信号转换为光信号进行传输，再通过光解调器将光信号转换为数字信号，从而实现数字信号的传输和处理；也可以将多个光信号合成为一个复合光信号，从而实现高速、高精度的光频率合成；还可以通过光信号的相位同步实现时钟恢复。此外，通用光子信号处理芯片可以用于对光信号的波形进行采样、分析和处理，从而实现对光信号的精细分析和调整。

6.5.3.2 传统微波光子学

在微波光子学中，高频电信号调制到光上然后在光域内进行处理。具体来说，通用光子信号处理芯片可以应用于微波光子学中的多种应用，包括光学滤波、微波频率合成、微波调制、微波光混频等。通用光子信号处理芯片可以用于实现高精度、高速的微波滤波器，从而对微波信号进行精细的频率选择和调整；也可以将多个微波信号合成为一个复合微波信号，从而实现高速、高精度的微波频率合成；还可以实现对微波信号的幅度、相位、频率等多种参数的调制。在微波光混频中，通用光子信号处理芯片可以将光信号和微波信号进行混频，从而产生新的微波信号。

6.5.3.3 光学测量

通用光子信号处理芯片可以用于激光干涉仪、光谱仪、光学传感器等领域，通过光的强度、相位或波长响应的变化来感测各种现象。光子集成电路构建了一个有效的传感测量平台，可用于传感器、片上光谱仪、激光多普勒测振仪、光学相干断层扫描和调频连续波激光雷达接收器等[113−115]。其中大多数功能可以通过通用可编程光子集成电路实现，而对于传感等功能，由于需要专门的几何形状、化学成分等，因此使用通用芯片实现的可能性较小，可以使用专用电路来实现。

6.5.3.4 光波束成形

近年来激光雷达 (light detection and ranging, LiDAR)[116] 技术的发展和应用大力推动了光波束成形技术的发展。通过对每个天线中相位和幅度的精细调控，使用小型光学天线阵列可以实现光学波束成形 [117]。对上述的波导网络进行配置，可以实现一些简单的光学波束成形网络。此外，光波束成形也可以反向使用，将扭曲的入射场耦合到单个波导中[118]。自对准光束耦合器 [109] 可以在两个方向上使用，以便在光源和目标之间自动自适应地对准[119]。

参 考 文 献

[1] Minasian R A. Photonic signal processing of microwave signals[J]. IEEE Transactions on Microwave Theory and Techniques, 2006, 54(2): 832-846.

[2] Capmany J, Ortega B, Pastor D, et al. Discrete-time optical processing of microwave signals[J]. Journal of Lightwave Technology, 2005, 23(2): 702-723.

[3] Capmany J, Ortega B, Pastor D. A tutorial on microwave photonic filters[J]. Journal of Lightwave Technology, 2006, 24(1): 201-229.

[4] Marpaung D, Roeloffzen C, Heideman R, et al. Integrated microwave photonics[J]. Laser & Photonics Reviews, 2013, 7(4): 506-538.

[5] Khan M H, Shen H, Xuan Y, et al. Ultrabroad-bandwidth arbitrary radiofrequency waveform generation with a silicon photonic chip-based spectral shaper[J]. Nature Photonics, 2010, 4: 117-122.

[6] Marpaung D, Chevalier L, Burla M, et al. Impulse radio ultrawideband pulse shaper based on a programmable photonic chip frequency discriminator[J]. Optics Express, 2011, 19(25): 24838-24848.

[7] Wang J, Shen H, Fan L, et al. Reconfigurable radio-frequency arbitrary waveforms synthesized in a silicon photonic chip[J]. Nature Communications, 2015, 6: 5957.

[8] Burla M, Marpaung D, Zhuang L M, et al. On-chip CMOS compatible reconfigurable optical delay line with separate carrier tuning for microwave photonic signal processing[J]. Optics Express, 2011, 19(22): 21475-21484.

[9] Marpaung D. On-chip photonic-assisted instantaneous microwave frequency measurement system[J]. IEEE Photonics Technology Letters, 2013, 25(9): 837-840.

[10] Fandiño J S, Muñoz P. Photonics-based microwave frequency measurement using a double-sideband suppressed-carrier modulation and an InP integrated ring-assisted Mach-Zehnder interferometer filter[J]. Optics Letters, 2013, 38(21): 4316-4319.

[11] Zhuang L M, Roeloffzen C G H, Hoekman M, et al. Programmable photonic signal processor chip for radiofrequency applications[J]. Optica, 2015, 2(10): 854-859.

[12] Pérez D, Gasulla I, Capmany J. Software-defined reconfigurable microwave photonics processor[J]. Optics Express, 2015, 23(11): 14640-14654.

[13] Capmany J, Gasulla I, Pérez D. The programmable processor[J]. Nature Photonics, 2016, 10(1): 6-8.

[14] Pérez D, Gasulla I, Capmany J, et al. Reconfigurable lattice mesh designs for programmable photonic processors[J]. Optics Express, 2016, 24(11): 12093-12106.

[15] Pérez D, Gasulla I, Crudgington L, et al. Multipurpose silicon photonics signal processor core[J]. Nature Communications, 2017, 8: 636.

[16] Yao J P. Microwave photonics[J]. Journal of Lightwave Technology, 2009, 27(3): 314-335.

[17] Capmany J, Pastor D, Martinez A, et al. Microwave photonic filters with negative coefficients based on phase inversion in an electro-optic modulator[J]. Optics Letters, 2003, 28(16): 1415-1417.

[18] Yan Y, Yao J P. A tunable photonic microwave filter with a complex coefficient using an optical RF phase shifter[J]. IEEE Photonics Technology Letters, 2007, 19(19): 1472-1474.

[19] Dai Y T, Yao J P. Nonuniformly spaced photonic microwave delay-line filters and applications[J]. IEEE Transactions on Microwave Theory and Techniques, 2010, 58(11): 3279-3289.

[20] Yi X, Minasian R A. Microwave photonic filter with single bandpass response[J]. Electronics Letters, 2009, 45(7): 362-363.

[21] Palaci J, Villanueva G E, Galán J V, et al. Single bandpass photonic microwave filter based on a notch ring resonator[J]. IEEE Photonics Technology Letters, 2010, 22(17): 1276-1278.

[22] Liu Y, Choudhary A, Marpaung D, et al. Integrated microwave photonic filters[J]. Advances in Optics and Photonics, 2020, 12(2): 485-555.

[23] Marpaung D, Yao J P, Capmany J. Integrated microwave photonics[J]. Nature Photonics, 2019, 13(2): 80-90.

[24] Xue X X, Xuan Y, Kim H J, et al. Programmable single-bandpass photonic RF filter based on Kerr comb from a microring[J]. Journal of Lightwave Technology, 2014, 32(20): 3557-3565.

[25] Wu J Y, Xu X Y, Nguyen T G, et al. RF photonics: An optical microcombs' perspective[J]. IEEE Journal of Selected Topics in Quantum Electronics, 2018, 24(4): 1-20.

[26] Metcalf A J, Kim H J, Leaird D E, et al. Integrated line-by-line optical pulse shaper for high-fidelity and rapidly reconfigurable RF-filtering[J]. Optics Express, 2016, 24(21): 23925-23940.

[27] Binetti P R A, Lu M Z, Norberg E J, et al. Indium phosphide photonic integrated circuits for coherent optical links[J]. IEEE Journal of Quantum Electronics, 2012, 48(2): 279-291.

[28] Capmany J, Cascon J, Martin J L, et al. Synthesis of fiber-optic delay line filters[J]. Journal of Lightwave Technology, 1995, 13(10): 2003-2012.

[29] Mora J, Ortega B, Capmany J, et al. Automatic tunable and reconfigurable fiber-optic microwave filters based on a broadband optical source sliced by uniform fiber Bragg gratings[J]. Optics Express, 2002, 10(22): 1291-1298.

[30] Wang J, Ashrafi R, Adams R, et al. Subwavelength grating enabled on-chip ultra-compact optical true time delay line[J]. Scientific Reports, 2016, 6(1): 1-10.

[31] Sancho J, Bourderionnet J, Lloret J, et al. Integrable microwave filter based on a photonic crystal delay line[J]. Nature Communications, 2012, 3(1): 1-9.

[32] Gwandu B A L, Zhang W, Williams J A R, et al. Microwave photonic filtering using Gaussian-profiled superstructured fibre Bragg grating and dispersive fibre[J]. Electronics Letters, 2002, 38(22): 1-2.

[33] Liao S S, Ding Y H, Dong J J, et al. Arbitrary waveform generator and differentiator employing an integrated optical pulse shaper[J]. Optics Express, 2015, 23(9): 12161-

12173.

[34] Marpaung D, Morrison B, Pant R, et al. Frequency agile microwave photonic notch filter with anomalously high stopband rejection[J]. Optics Letters, 2013, 38(21): 4300-4303.

[35] Marpaung D, Morrison B, Pant R, et al. Si_3N_4 ring resonator-based microwave photonic notch filter with an ultrahigh peak rejection[J]. Optics Express, 2013, 21(20): 23286-23294.

[36] Liu Y, Marpaung D, Choudhary A, et al. Link performance optimization of chip-based Si_3N_4 microwave photonic filters[J]. Journal of Lightwave Technology, 2018, 36(19): 4361-4370.

[37] Liu Y, Marpaung D, Choudhary A, et al. Lossless and high-resolution RF photonic notch filter[J]. Optics Letters, 2016, 41(22): 5306-5309.

[38] Rasras M S, Tu K Y, Gill D M, et al. Demonstration of a tunable microwave-photonic notch filter using low-loss silicon ring resonators[J]. Journal of Lightwave Technology, 2009, 27(12): 2105-2110.

[39] Liu L, Jiang F, Yan S Q, et al. Photonic measurement of microwave frequency using a silicon microdisk resonator[J]. Optics Communications, 2015, 335: 266-270.

[40] Dong J J, Liu L, Gao D S, et al. Compact notch microwave photonic filters using on-chip integrated microring resonators[J]. IEEE Photonics Journal, 2013, 5(2): 5500307.

[41] Song S J, Chew S X, Yi X K, et al. Tunable single-passband microwave photonic filter based on integrated optical double notch filter[J]. Journal of Lightwave Technology, 2018, 36(19): 4557-4564.

[42] Qiu H Q, Zhou F, Qie J R, et al. A continuously tunable sub-gigahertz microwave photonic bandpass filter based on an ultra-high-Q silicon microring resonator[J]. Journal of Lightwave Technology, 2018, 36(19): 4312-4318.

[43] Khurgin J B, Morton P A. Tunable wideband optical delay line based on balanced coupled resonator structures[J]. Optics Letters, 2009, 34(17): 2655-2657.

[44] Cardenas J, Foster M A, Sherwood-Droz N, et al. Wide-bandwidth continuously tunable optical delay line using silicon microring resonators[J]. Optics Express, 2010, 18(25): 26525-26534.

[45] Zhuang L M. Flexible RF filter using a nonuniform SCISSOR[J]. Optics Letters, 2016, 41(6): 1118-1121.

[46] Xia F N, Rooks M, Sekaric L, et al. Ultra-compact high order ring resonator filters using submicron silicon photonic wires for on-chip optical interconnects[J]. Optics Express, 2007, 15(19): 11934-11941.

[47] Melloni A, Canciamilla A, Ferrari C, et al. Tunable delay lines in silicon photonics: Coupled resonators and photonic crystals, a comparison[J]. IEEE Photonics Journal, 2010, 2(2): 181-194.

[48] Dong P, Feng N N, Feng D Z, et al. GHz-bandwidth optical filters based on high-order silicon ring resonators[J]. Optics Express, 2010, 18(23): 23784-23789.

[49] Melloni A. Synthesis of a parallel-coupled ring-resonator filter[J]. Optics Letters, 2001,

26(12): 917-919.

[50] Grover R, Van V, Ibrahim T A, et al. Parallel-cascaded semiconductor microring resonators for high-order and wide-FSR filters[J]. Journal of Lightwave Technology, 2002, 20(5): 900-905.

[51] Zhuang L M, Hoekman M, Oldenbeuving R M, et al. CRIT-alternative narrow-passband waveguide filter for microwave photonic signal processors[J]. IEEE Photonics Technology Letters, 2014, 26(10): 1034-1037.

[52] Norberg E J, Guzzon R S, Parker J S, et al. Programmable photonic microwave filters monolithically integrated in InP-InGaAsP[J]. Journal of Lightwave Technology, 2011, 29(11): 1611-1619.

[53] Sun Q K, Zhou L J, Lu L J, et al. Reconfigurable high-resolution microwave photonic filter based on dual-ring-assisted MZIs on the Si_3N_4 platform[J]. IEEE Photonics Journal, 2018, 10(6): 1-12.

[54] Fandiño J S, Muñoz P, Doménech D, et al. A monolithic integrated photonic microwave filter[J]. Nature Photonics, 2017, 11(2): 124-129.

[55] Eggleton B J, Poulton C G, Pant R. Inducing and harnessing stimulated Brillouin scattering in photonic integrated circuits[J]. Advances in Optics and Photonics, 2013, 5(4): 536-587.

[56] Pant R, Poulton C G, Choi D Y, et al. On-chip stimulated Brillouin scattering[J]. Optics Express, 2011, 19(9): 8285-8290.

[57] Wolff C, Steel M J, Eggleton B J, et al. Stimulated Brillouin scattering in integrated photonic waveguides: Forces, scattering mechanisms, and coupled-mode analysis[J]. Physical Review A, 2015, 92(1): 1-13.

[58] Zhang W W, Minasian R A. Widely tunable single-passband microwave photonic filter based on stimulated Brillouin scattering[J]. IEEE Photonics Technology Letters, 2011, 23(23): 1775-1777.

[59] Marpaung D, Pagani M, Morrison B, et al. Nonlinear integrated microwave photonics[J]. Journal of Lightwave Technology, 2014, 32(20): 3421-3427.

[60] Choudhary A, Morrison B, Aryanfar I, et al. Advanced integrated microwave signal processing with giant on-chip Brillouin gain[J]. Journal of Lightwave Technology, 2017, 35(4): 846-854.

[61] Marpaung D, Morrison B, Pagani M, et al. Low-power, chip-based stimulated Brillouin scattering microwave photonic filter with ultrahigh selectivity[J]. Optica, 2015, 2(2): 76-83.

[62] Morrison B, Casas-Bedoya A, Ren G H, et al. Compact Brillouin devices through hybrid integration on silicon[J]. Optica, 2017, 4(8): 847-854.

[63] Li G L, Yao J, Luo Y, et al. Ultralow-loss, high-density SOI optical waveguide routing for macrochip interconnects[J]. Optics Express, 2012, 20(11): 12035-12039.

[64] Zhuang L M, Marpaung D, Burla M, et al. Low-loss, high-index-contrast Si_3N_4/SiO_2 optical waveguides for optical delay lines in microwave photonics signal processing[J].

Optics Express, 2011, 19(23): 23162-23170.

[65] Roeloffzen C G H, Zhuang L M, Taddei C, et al. Silicon nitride microwave photonic circuits[J]. Optics Express, 2013, 21(19): 22937-22961.

[66] Cohen R A, Amrani O, Ruschin S. Response shaping with a silicon ring resonator via double injection[J]. Nature Photonics, 2018, 12(11): 706-712.

[67] Pasquazi A, Peccianti M, Razzari L, et al. Micro-combs: A novel generation of optical sources[J]. Physics Reports, 2018, 729: 1-81.

[68] Liu W L, Li M, Guzzon R S, et al. A fully reconfigurable photonic integrated signal processor[J]. Nature Photonics, 2016, 10(3): 190-195.

[69] Ferrera M, Park Y, Razzari L, et al. All-optical 1st and 2nd order integration on a chip[J]. Optics Express, 2011, 19(23): 23153-23161.

[70] Park Y, Azaña J, Slavík R. Ultrafast all-optical first- and higher-order differentiators based on interferometers[J]. Optics Letters, 2007, 32(6): 710-712.

[71] Tseng C C, Pei S C. Design and application of discrete-time fractional Hilbert transformer[J]. IEEE Transactions on Circuits and Systems II: Analog and Digital Signal Processing, 2000, 47(12): 1529-1533.

[72] Schaller R R. Moore's law: Past, present and future[J]. IEEE Spectrum, 1997, 34(6): 52-59.

[73] Moore G E. Cramming more components onto integrated circuits[J]. Electronics, 1965, 38(8): 114-117.

[74] Theis T N, Wong H S P. The end of Moore's law: A new beginning for information technology[J]. Computing in Science & Engineering, 2017, 19(2): 41-50.

[75] Leiserson C E, Thompson N C, Emer J S, et al. There's plenty of room at the top: What will drive computer performance after Moore's law?[J]. Science, 2020, 368(6495): 1-9.

[76] Nahmias M A, de Lima T F, Tait A N, et al. Photonic multiply-accumulate operations for neural networks[J]. IEEE Journal of Selected Topics in Quantum Electronics, 2020, 26(1): 7701518.

[77] Sazli M H. A brief review of feed-forward neural networks[J]. Communications Faculty of Sciences University of Ankara Series A2-A3: Physical Sciences and Engineering, 2006, 50(1): 11-17.

[78] Fu T Z, Zang Y B, Huang Y Y, et al. Photonic machine learning with on-chip diffractive optics[J]. Nature Communications, 2023, 14(1): 1-10.

[79] Yan T, Yang R, Zheng Z Y, et al. All-optical graph representation learning using integrated diffractive photonic computing units[J]. Science Advances, 2022, 8(24): 1-12.

[80] Clements W R, Humphreys P C, Metcalf B J, et al. Optimal design for universal multiport interferometers[J]. Optica, 2016, 3(12): 1460-1465.

[81] Reck M, Zeilinger A, Bernstein H J, et al. Experimental realization of any discrete unitary operator[J]. Physical Review Letters, 1994, 73(1): 58-61.

[82] Lawson C L, Hanson R J. Solving Least Squares Problems[M]. Philadelphia: Society for Industrial and Applied Mathematics, 1995.

[83] Totovic A, Giamougiannis G, Tsakyridis A, et al. Programmable photonic neural networks combining WDM with coherent linear optics[J]. Scientific Reports, 2022, 12(1): 1-13.

[84] Jiang Y, Zhang W J, Yang F, et al. Photonic convolution neural network based on interleaved time-wavelength modulation[J]. Journal of Lightwave Technology, 2021, 39(14): 4592-4600.

[85] Bangari V, Marquez B A, Miller H B, et al. Digital electronics and analog photonics for convolutional neural networks (DEAP-CNNs)[J]. IEEE Journal of Selected Topics in Quantum Electronics, 2020, 26(1): 1-13.

[86] Cheng J W, Zhao Y H, Zhang W K, et al. A small microring array that performs large complex-valued matrix-vector multiplication[J]. Frontiers of Optoelectronics, 2022, 15(1): 1-15.

[87] Mehrabian A, Al-Kabani Y, Sorger V J, et al. PCNNA: A photonic convolutional neural network accelerator[C]//2018 31st IEEE International System-on-Chip Conference (SOCC), Arlington, 2018: 169-173.

[88] Mehrabian A, Miscuglio M, Alkabani Y, et al. A winograd-based integrated photonics accelerator for convolutional neural networks[J]. IEEE Journal of Selected Topics in Quantum Electronics, 2020, 26(1): 1-12.

[89] Xu S F, Wang J, Yi S C, et al. High-order tensor flow processing using integrated photonic circuits[J]. Nature Communications, 2022, 13(1): 1-10.

[90] Xu S F, Wang J, Zou W W. Optical convolutional neural network with WDM-based optical patching and microring weighting banks[J]. IEEE Photonics Technology Letters, 2021, 33(2): 89-92.

[91] Xu S F, Wang J, Zou W W. Optical patching scheme for optical convolutional neural networks based on wavelength-division multiplexing and optical delay lines[J]. Optics Letters, 2020, 45(13): 3689-3692.

[92] Feldmann J, Youngblood N, Karpov M, et al. Parallel convolutional processing using an integrated photonic tensor core[J]. Nature, 2021, 589(7840): 52-58.

[93] Wu C M, Yu H S, Lee S, et al. Programmable phase-change metasurfaces on waveguides for multimode photonic convolutional neural network[J]. Nature Communications, 2021, 12(1): 1-8.

[94] Huang Y Y, Zhang W J, Yang F, et al. Programmable matrix operation with reconfigurable time-wavelength plane manipulation and dispersed time delay[J]. Optics Express, 2019, 27(15): 20456-20467.

[95] Meng X Y, Shi N N, Li G Y, et al. On-demand reconfigurable incoherent optical matrix operator for real-time video image display[J]. Journal of Lightwave Technology, 2023, 41(6): 1637-1648.

[96] Meng X Y, Shi N N, Shi D F, et al. Photonics-enabled spiking timing-dependent

convolutional neural network for real-time image classification[J]. Optics Express, 2022, 30(10): 16217-16228.

[97] Xu X Y, Tan M X, Corcoran B, et al. 11 TOPS photonic convolutional accelerator for optical neural networks[J]. Nature, 2021, 589(7840): 44-51.

[98] Xu Z Z, Tang K F, Ji X, et al. Experimental demonstration of a photonic convolutional accelerator based on a monolithically integrated multi-wavelength distributed feedback laser[J]. Optics Letters, 2022, 47(22): 5977-5980.

[99] Zang Y B, Chen M H, Yang S G, et al. Optoelectronic convolutional neural networks based on time-stretch method[J]. Science China Information Sciences, 2021, 64(2): 1-12.

[100] Bogaerts W, Pérez D, Capmany J, et al. Programmable photonic circuits[J]. Nature, 2020, 586(7828): 207-216.

[101] Miller D A B. Self-configuring universal linear optical component[J]. Photonics Research, 2013, 1(1): 1-15.

[102] López D P. Programmable integrated silicon photonics waveguide meshes: Optimized designs and control algorithms[J]. IEEE Journal of Selected Topics in Quantum Electronics, 2020, 26(2): 1-12.

[103] Ribeiro A, Ruocco A, Vanacker L, et al. Demonstration of a 4×4-port universal linear circuit[J]. Optica, 2016, 3(12): 1348-1357.

[104] Harris N C, Carolan J, Bunandar D, et al. Linear programmable nanophotonic processors[J]. Optica, 2018, 5(12): 1623-1631.

[105] Pai S, Williamson I A D, Hughes T W, et al. Parallel programming of an arbitrary feedforward photonic network[J]. IEEE Journal of Selected Topics in Quantum Electronics, 2020, 26(5): 1-13.

[106] Perez D, Gasulla I, Fraile F J, et al. Silicon photonics rectangular universal interferometer[J]. Laser & Photonics Reviews, 2017, 11(6): 1-13.

[107] Lu L J, Zhou L J, Chen J P. Programmable SCOW mesh silicon photonic processor for linear unitary operator[J]. Micromachines (Basel), 2019, 10(10): 646.

[108] Miller D A B. Perfect optics with imperfect components[J]. Optica, 2015, 2(8): 747-750.

[109] Miller D A B. Self-aligning universal beam coupler[J]. Optics Express, 2013, 21(5): 6360-6370.

[110] Annoni A, Guglielmi E, Carminati M, et al. Unscrambling light-automatically undoing strong mixing between modes[J]. Light: Science & Applications, 2017, 6(12): e17110.

[111] Choutagunta K, Roberts I, Miller D A B, et al. Adapting Mach-Zehnder mesh equalizers in direct-detection mode-division-multiplexed links[J]. Journal of Lightwave Technology, 2020, 38(4): 723-735.

[112] Pérez-López D, Gutierrez A M, Sánchez E, et al. Integrated photonic tunable basic units using dual-drive directional couplers[J]. Optics Express, 2019, 27(26): 38071-38086.

[113] Luan E X, Shoman H, Ratner D M, et al. Silicon photonic biosensors using label-free detection[J]. Sensors (Basel), 2018, 18(10): 1-42.

[114] Subramanian A Z, Ryckeboer E, Dhakal A, et al. Silicon and silicon nitride photonic

circuits for spectroscopic sensing on-a-chip[Invited][J]. Photonics Research, 2015, 3(5): B47-B59.

[115] Li Y L, Zhu J H, Duperron M, et al. Six-beam homodyne laser Doppler vibrometry based on silicon photonics technology[J]. Optics Express, 2018, 26(3): 3638-3645.

[116] Behroozpour B, Sandborn P A M, Wu M C, et al. Lidar system architectures and circuits[J]. IEEE Communications Magazine, 2017, 55(10): 135-142.

[117] Heck M J R. Highly integrated optical phased arrays: Photonic integrated circuits for optical beam shaping and beam steering[J]. Nanophotonics, 2017, 6(1): 93-107.

[118] Van Acoleyen K, Ryckeboer E, Bogaerts W, et al. Efficient light collection and direction-of-arrival estimation using a photonic integrated circuit[J]. IEEE Photonics Technology Letters, 2012, 24(11): 933-935.

[119] Miller D A B. Establishing optimal wave communication channels automatically[J]. Journal of Lightwave Technology, 2013, 31(24): 3987-3994.

第 7 章　集成光延迟线与波束成形

7.1　引　　言

光延迟线 (optical delay line, ODL) 及对应的真时延波束成形 (true time delay beamforming) 技术都是微波光子和光学相控阵雷达系统中的重要组成部分。在传统的波束成形技术中，波前角度控制是由电域中的移相器来完成的。尽管移相器有着十分稳定和成熟的技术，但由于不同波长的信号带来的波束倾斜[1](beam squint) 问题，传统的移相器的瞬时带宽很窄。为改进这一缺点，基于光真延迟线的波束成形技术因拥有抗电磁干扰能力强、瞬时带宽大等优点，被研究人员提出并进行了广泛尝试。

与用分立的光纤等光学元件构成的光延迟线相比，集成光延迟线具有低成本、小尺寸、轻质量、低功耗以及能与成熟的微电子加工工艺相兼容等优势，因此在相控阵雷达系统中有着极大的应用潜力。片上集成光延迟线的设计方法根据器件原理不同主要可分为共振式光延迟线和多波导切换式光延迟线两类。本章重点介绍不同类型的集成光延迟线的原理、性能与研究进展，以及真时延波束成形的原理和优势。

7.2　共振式光延迟线

共振式光延迟线主要分为微环谐振器光延迟线以及光栅光延迟线，利用其色散特性，可在较小尺寸下实现光延时可调，易于集成。

7.2.1　微环谐振器光延迟线

当微环谐振腔与波导耦合时，其基本结构单元如图 7-1 所示。其中左侧直波导耦合处、微环左侧耦合处、右侧直波导耦合处、微环右侧耦合处的前向传播系数分别为 t_1、t_1'、t_2 和 t_2'，对应的交叉耦合系数分别为 κ_1、κ_1'、κ_2、κ_2'。根据能量守恒与时间反转对称性的基本原理可知，其在耦合处的传播矩阵 $\boldsymbol{M}_{\mathrm{Mc}}$ 可表示为

$$\boldsymbol{M}_{\mathrm{Mc}} = \begin{bmatrix} t & \kappa^* \\ \kappa & -t^* \end{bmatrix} \tag{7-1}$$

式中，t^* 和 κ^* 分别是 t 和 κ 的共轭复数，且 t 和 κ 满足关系：

$$|t|^2+|\kappa|^2=1 \tag{7-2}$$

环腔内前向透射系数可表示为

$$\frac{A_{\mathrm{s}}}{A_{\mathrm{i}}}=t_1+\kappa_1\kappa_1' t_2' \mathrm{e}^{-\mathrm{j}\delta+\alpha d}\sum_{m\geqslant 0}\left(t_1' t_2' \mathrm{e}^{-\mathrm{j}\delta+\alpha d}\right)^m \tag{7-3}$$

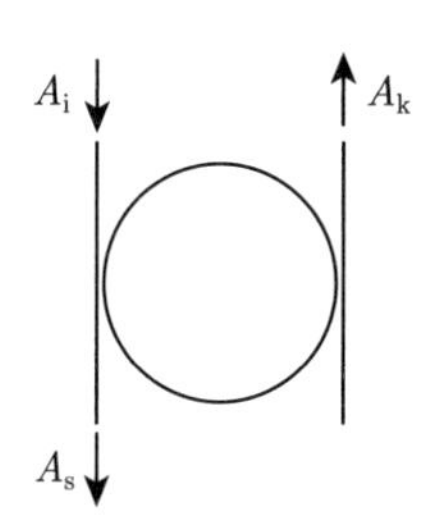

图 7-1 微环谐振腔的基本结构单元

其中

$$\delta=\frac{2\pi n_{\mathrm{eff}} d}{\lambda}+\varphi \tag{7-4}$$

式中，d 表示微环谐振器周长；φ 表示环腔额外相移；α 表示环腔的衰减系数；m 表示环腔的光在环腔中传播的总周数，光在环腔内传播了 m 周后再耦合进直波导。结合式 (7-2)，式 (7-3) 可简化为

$$\sigma\equiv\frac{A_{\mathrm{s}}}{A_{\mathrm{i}}}=\frac{t_1+t_2' \mathrm{e}^{-\mathrm{j}\delta+\alpha d}}{1-t_1' t_2' \mathrm{e}^{-\mathrm{j}\delta+\alpha d}} \tag{7-5}$$

对于只有一个全通型微环的特殊情形来说，$\kappa_2=\kappa_2'=0$，同时 $t_2=-t_2'=1$，则式 (7-5) 可简化为

$$\sigma\equiv\frac{A_{\mathrm{s}}}{A_{\mathrm{i}}}=\frac{t-\mathrm{e}^{-\mathrm{j}\delta+\alpha d}}{1-t\mathrm{e}^{-\mathrm{j}\delta+\alpha d}} \tag{7-6}$$

为不失一般性，t 取作实数。进而可得到相位响应函数 $\varPhi(\delta)$ 的表达形式：

$$\varPhi(\delta)=\arctan\left(\frac{\mathrm{Im}(\sigma)}{\mathrm{Re}(\sigma)}\right) \tag{7-7}$$

由于 $\delta=\dfrac{2\pi nd}{\lambda}=\dfrac{\omega nd}{c}$，微环谐振腔的延时响应函数 $\tau(\omega)$ 可表示为

$$\tau(\omega)=-\frac{n_{\mathrm{eff}} d}{c}\frac{\mathrm{d}\varPhi(\delta)}{\mathrm{d}\delta} \tag{7-8}$$

式中，$\Phi(\delta)$ 可表示为

$$\Phi(\delta)=\arctan\left(\frac{\mathrm{e}^{\alpha d}\sin\delta}{t-\mathrm{e}^{\alpha d}\cos\delta}\right)-\arctan\left(\frac{t\mathrm{e}^{\alpha d}\sin\delta}{1-t\mathrm{e}^{\alpha d}\cos\delta}\right) \tag{7-9}$$

因此，其中 $\tau(\omega)$ 可表示为

$$\tau(\omega)=-\frac{n_{\mathrm{eff}}d}{c}\left\{\frac{\mathrm{e}^{\alpha d}\left(t\cos\delta-\mathrm{e}^{\alpha d}\right)}{\left[1+\left(\arg A_{\mathrm{s}}\right)^{2}\right]\left(t-\mathrm{e}^{\alpha d}\cos\delta\right)^{2}}-\frac{t\mathrm{e}^{\alpha d}\left(\cos\delta-t\mathrm{e}^{\alpha d}\right)}{\left[1+\left(\arg A_{\mathrm{i}}\right)^{2}\right]\left(1-t\mathrm{e}^{\alpha d}\cos\delta\right)^{2}}\right\} \tag{7-10}$$

当环形谐振腔工作在共振频率，即 $\delta=2m\pi$，m 是整数时，延时响应函数 $\tau(\omega)$ 可简化为

$$\tau(\omega)=\frac{n_{\mathrm{eff}}d\mathrm{e}^{\alpha d}\left(1-t^{2}\right)}{c\left(\mathrm{e}^{\alpha d}-t\right)\left(1-t\mathrm{e}^{\alpha d}\right)} \tag{7-11}$$

当器件处于过耦合状态，即 $\mathrm{e}^{\alpha d}>t$ 时，环腔延时大于 0，可以用作光延时器件，通过调整微环耦合器的波导损耗与耦合系数可实现对延时的调整；当器件处于欠耦合状态，即 $\mathrm{e}^{\alpha d}<t$ 时，环腔延时小于 0，不能用作光延时器件[2]。

除了延时响应函数，透射响应函数同样是值得考察的。在设计光延迟线结构时，需要兼顾信号的延时与信号的强度。在全通型单环中，光透射率 T 可以表示为

$$T\equiv|\sigma|^{2}=\frac{a^{2}+t^{2}-2at\cos\delta}{1+a^{2}t^{2}-2at\cos\delta} \tag{7-12}$$

当环形谐振腔工作在谐振频率时，该式可简化为

$$T=\frac{(a-t)^{2}}{(1-at)^{2}} \tag{7-13}$$

对于单个微环谐振器来说，延时和带宽是恒定的，对于全通型微环，其乘积为 $\dfrac{2}{\pi}$；对于上传–下载型微环，其乘积为 $\dfrac{1}{\pi}$。Etten 课题组[3] 在 2005 年最先提出将微环谐振器应用于光延迟线中，其设计的结构如图 7-2(a) 所示，3 个周长均为 1.96 cm 的微环谐振器分别与直波导耦合，通过环形加热器调控各环的附加相移，进而实现对各环延时中心频率的调控。

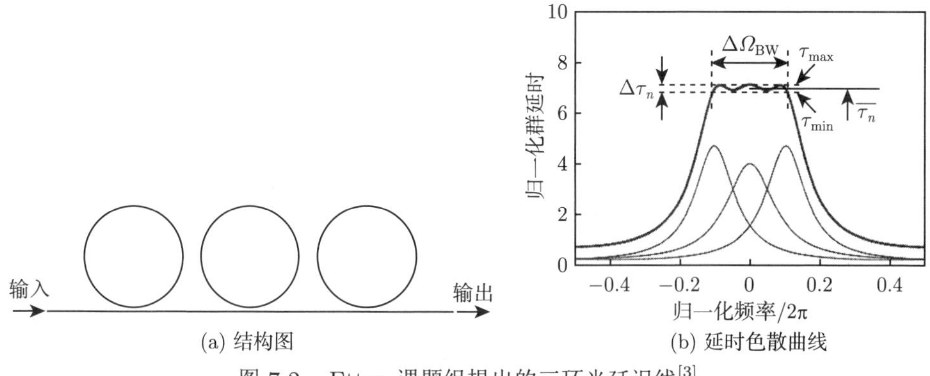

图 7-2 Etten 课题组提出的三环光延迟线[3]

该器件在硅基上集成，应用了与 CMOS 工艺兼容的低压化学气相沉积技术。相较于单环，三环的延时带宽乘积有了很大的提高，其延时色散曲线如图 7-2(b) 所示。粗实线表示器件总延时，三条细实线分别表示三个环腔各自的延时。其最大延时可达到 1.2 ns，此时带宽为 500 MHz，且相位抖动仅有 1 ps。

为了进一步提高延时带宽乘积，侧向耦合集成间隔序列环形谐振器 (side-coupled integrated spaced sequence of resonator，SCISSOR) 结构被研究人员提出。其结构图如图 7-3 所示。值得注意的是，在该结构中，微环谐振器被分为同等数量的两组，分布在直波导两侧，且耦合光传播方向相反。这样的结构能确保工作波长处群延时色散相互抵消，最大限度地减小延时色散。

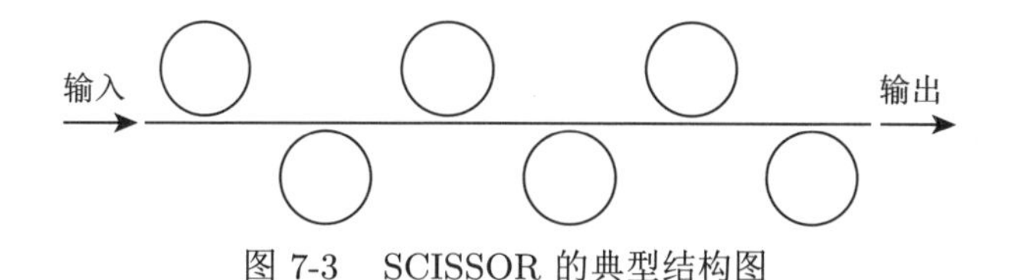

图 7-3 SCISSOR 的典型结构图

Lipson 课题组[4] 在 2010 年提出一种典型的 SCISSOR 结构器件，其器件结构如图 7-4(a) 所示，该器件的环腔尺寸在微米量级，圆弧直径为 14 μm，直波导部分长度为 7.5 μm，较 Etten 课题组提出的三环结构的环腔尺寸有了数量级的减小。

该器件的 8 个相同的环形谐振腔均匀分布于直波导两侧，每个环在中心频率 ω_r 处均能提供 25 ps 的延时，但其带宽是极窄的。为了增大带宽，必须牺牲部分最大延时量的性能。为此，Lipson 课题组利用热光调谐的方式调整附加相位，使中心频率发生偏移，图 7-2(a) 中直波导上方微环的中心频率偏移至 $\omega_r-\Delta\omega$，直波导下方的中心频率偏移至 $\omega_r+\Delta\omega$。在不同的频率偏移量下，延时色散曲线如图 7-4(b) 所示。随着频率偏移量的增大，中心频率的延时量减小。除了带宽外，延时抖动也是衡量器件性能的重要参数。Lipson 课题组证明，当频率偏移量为 7.56 GHz 时，中心频率的群延时色散对频率的微分 $\dfrac{\mathrm{d}^2\tau}{\mathrm{d}\omega^2}$ 为零，延时抖动达到最小。在这种情况下，器件延时可达到 135 ps，带宽可达到 10 GHz。

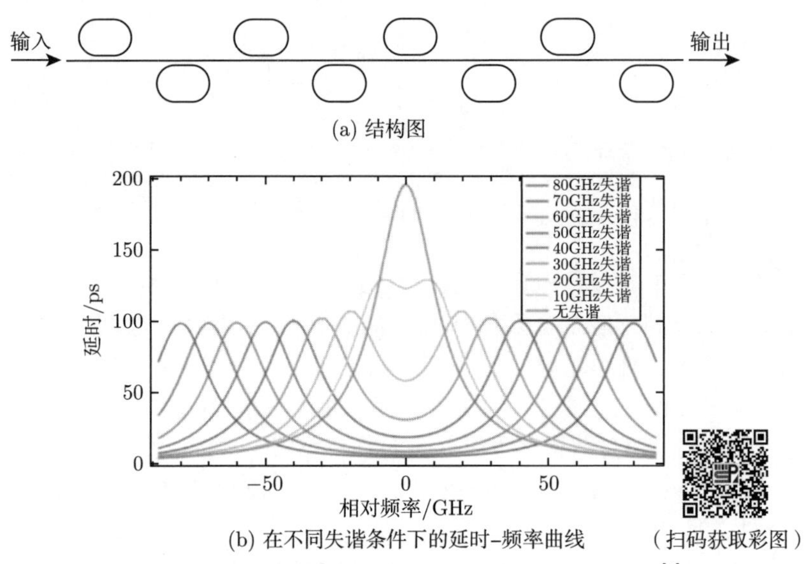

(a) 结构图

(b) 在不同失谐条件下的延时–频率曲线 （扫码获取彩图）

图 7-4 Lipson 课题组设计的 SCISSOR 结构器件[4]

为进一步提升性能，Lipson 课题组[5] 在 2012 年提出一种基于快热光效应的二十环 SCISSOR 结构的光延迟线。该器件在 SOI 衬底上集成，整体尺寸大小为 250 μm × 500 μm，信号带宽为 10.5 GHz，延时量提高至 345 ps。

SCISSORS 结构是由多个全通型微环耦合进直波导构成的。此外，耦合谐振器光波导 (coupled resonator optical waveguide，CROW) 结构也是一种可行的结构，其由多个微环相互耦合组成，基本结构单元亦可用图 7-1 表示。记直波导的输入信号和输出信号分别为 A_0 和 B_0，第 i 个环腔在第 i 个耦合器处的输入信号和输出信号分别为 B_i 和 A_i，第 i 个环腔在第 $i+1$ 个耦合器处的输入信号和输出信号分别为 A_i' 和 B_i'。根据式 (7-1) 可知，在第 i 个耦合器处的传输矩阵方程为

$$\begin{bmatrix} B_{i-1}' \\ A_i \end{bmatrix} = \begin{bmatrix} t_{i-1} & \kappa_{(i-1)i}^* \\ \kappa_{(i-1)i} & -t_{i-1}^* \end{bmatrix} \begin{bmatrix} A_{i-1}' \\ B_i \end{bmatrix} \tag{7-14}$$

为方便分析连续多个耦合环腔，结合式 (7-2) 与式 (7-14)，可得

$$\begin{bmatrix} A_{i-1}' \\ B_{i-1}' \end{bmatrix} = \frac{1}{\kappa_{(i-1)i}} \begin{bmatrix} 1 & t_{i-1}^* \\ t_{i-1} & 1 \end{bmatrix} \begin{bmatrix} A_i \\ B_i \end{bmatrix} \equiv \boldsymbol{S}_i \begin{bmatrix} A_i \\ B_i \end{bmatrix} \tag{7-15}$$

定义 $\boldsymbol{S}_i$ 是第 i 个耦合器的散射矩阵。对于第 i 个环腔内光线的传输情况，可用矩阵方程的形式表达：

$$\begin{bmatrix} A_i \\ B_i \end{bmatrix} = \begin{bmatrix} \mathrm{e}^{-\frac{1}{2}(\alpha d - \mathrm{j}\delta)} & 0 \\ 0 & \mathrm{e}^{\frac{1}{2}(\alpha d - \mathrm{j}\delta)} \end{bmatrix} \begin{bmatrix} A_i' \\ B_i' \end{bmatrix} \equiv P_i \begin{bmatrix} A_i' \\ B_i' \end{bmatrix} \tag{7-16}$$

定义 $\boldsymbol{P}_i$ 为环形耦合器的传输矩阵。其中 δ，d 和 α 的含义与式 (7-3) 中相同。结合式 (7-15) 和式 (7-16)，可得

$$\begin{bmatrix} A_0 \\ B_0 \end{bmatrix} = \prod_{i=1}^{N} (\boldsymbol{S}_i \boldsymbol{P}_i) \begin{bmatrix} A_N' \\ B_N' \end{bmatrix} \tag{7-17}$$

在 CROW 结构中存在两种模式：传输模式和反射模式。其具体结构如图 7-5 所示。在全部 N 个微环完全相同、各耦合系数完全相等的情况下，对于传输模式的 CROW 结构，其光传输矩阵方程可表示为

$$\begin{bmatrix} A_0 \\ B_0 \end{bmatrix} = (\boldsymbol{SP})^N \boldsymbol{S} \begin{bmatrix} A_{N+1} \\ B_{N+1} \end{bmatrix} \equiv \boldsymbol{M}_t \begin{bmatrix} A_{N+1} \\ B_{N+1} \end{bmatrix} \tag{7-18}$$

其中输入信号 B_{N+1} 为零，记 $\phi = \alpha d - \mathrm{j}\delta$，根据切比雪夫矩阵定律，有[6]

$$\frac{A_{N+1}}{A_0} = \frac{\kappa^{-N-1} \sin\left(\frac{1}{2}\phi\right)}{\sin\left[\frac{1}{2}(N+1)\phi\right] - \mathrm{e}^{\frac{\phi}{2}} \sin\left(\frac{1}{2}N\phi\right)} \tag{7-19}$$

前向传输功率函数可表示为

$$T_t = \left|\frac{1}{M_{t,11}}\right|^2 = \frac{1}{1 + \mathrm{e}^{-2\delta} \dfrac{|t|^2 \sin^2(N+1)\theta}{|\kappa|^2 \sin^2\theta}} \tag{7-20}$$

其中，θ 可表示为

$$\cos\theta = \frac{1}{|\kappa|} \cos\frac{\phi}{2} \tag{7-21}$$

延时响应函数可表示为

$$\tau_t(\omega) = \frac{\mathrm{d}}{\mathrm{d}\omega} \arg\left[\left(\frac{A_{N+1}}{A_0}\right)_{B_{N+1}=0}\right] = \frac{\mathrm{d}}{\mathrm{d}\omega} \arg\left(\frac{1}{M_{t,11}}\right) \tag{7-22}$$

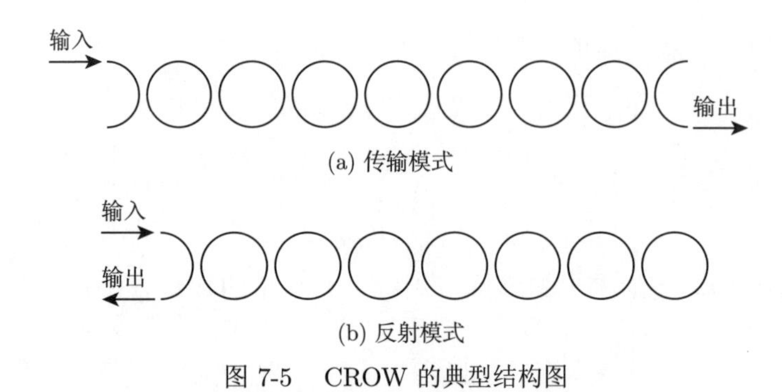

图 7-5　CROW 的典型结构图

Yariv 课题组在 2005 年首先将 CROW 结构应用于光延迟线。该器件由聚合物制成，由 12 个弱耦合微环构成。其延时调谐范围为 110~143 ps，工作带宽可达 17 GHz。为进一步提高延时性能，反射模式 CROW 结构的延迟线被研究人员提出。在同等微环谐振器结构和数量的前提下，反射模式 CROW 结构的延时量是传输模式的两倍，插入损耗更小。

对于反射模式 CROW 结构，其光传输矩阵方程可表示为

$$\begin{bmatrix} A_0 \\ B_0 \end{bmatrix} = (\boldsymbol{SP})^N \begin{bmatrix} A_{N+1} \\ B_{N+1} \end{bmatrix} \equiv \boldsymbol{M}_{\mathrm{r}} \begin{bmatrix} A_{N+1} \\ B_{N+1} \end{bmatrix} \tag{7-23}$$

其中输入输出信号 $A_{N+1} = B_{N+1}$，类似地：

$$\tau_t(\omega) = \frac{\mathrm{d}}{\mathrm{d}\omega}\arg\left[\left(\frac{B_0}{A_0}\right)_{A_{N+1}=B_{N+1}}\right] = \frac{\mathrm{d}}{\mathrm{d}\omega}\arg\left(\frac{M_{t,12}+M_{t,22}}{M_{t,11}+M_{t,22}}\right) \tag{7-24}$$

根据切比雪夫定律，有

$$\frac{B_0}{A_0} = \frac{\left(t\mathrm{e}^{-\frac{1}{2}\phi} + \mathrm{e}^{\frac{1}{2}\phi}\right)\sin\left(\frac{1}{2}N\phi\right) - \sin\left[\frac{1}{2}(N-1)\phi\right]}{\left(t\mathrm{e}^{\frac{1}{2}\phi} + \mathrm{e}^{-\frac{1}{2}\phi}\right)\sin\left(\frac{1}{2}N\phi\right) - \sin\left[\frac{1}{2}(N-1)\phi\right]} \tag{7-25}$$

当器件工作在谐振状态，即 $\delta = 2m\pi$，m 是整数时，可作出相应的物理图像。

2007 年 Vlasov 课题组[7] 在 SOI 衬底上 0.09 mm^2 的区域内集成了至多 100 个环形谐振腔，每个环腔之间的耦合距离为 200 nm。该器件实现了 10 bit 和超 500 ps 的延时。其电镜照片如图 7-6 所示。

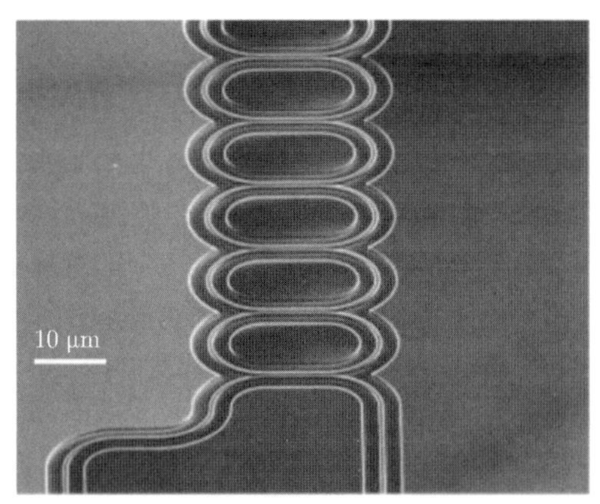

图 7-6 Vlasov 课题组提出的反射模式 CROW 结构光延迟线的电镜照片[7]

除开器件性能的优势，反射模式 CROW 还有一个极大的优势在于可通过控制参与谐振的环腔数量直接进行分立的调谐。Martinelli 课题组[8] 在 2007 年提出了一种分立可调的 CROW 型光延迟线，其结构如图 7-7 所示。

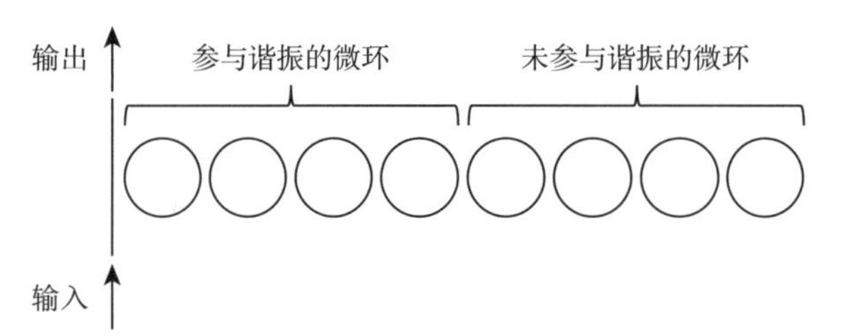

图 7-7 Martinelli 课题组提出的分立可调的 CROW 型光延迟线的结构图[8]

该器件将 8 个微环集成在 2.2 μm×2.2 μm 区域内的 SiON 波导上，每个微环能提供 100 ps 的延时。通过热光效应调谐环腔的谐振频率，将该频率移出信号延时带宽的范围外，进而实现微环的锁定。通过各个微环相互独立的加热器分别控制各环腔的耦合状态，控制耦合进直波导的环腔个数，进而实现对延时的调谐。其调谐分辨率为 100 ps。

为进一步实现大范围的延时连续可调，Martinelli 课题组[9] 在上述结构的基础上，引入了一个小范围可连续调谐的单环结构，兼具了数字和模拟的调谐。其结构如图 7-8 所示。

7.2.2 光栅光延迟线

光栅光延迟线主要分为均匀光栅光延迟线与啁啾光栅光延迟线。均匀光栅延时精度较高，但延时带宽较窄；啁啾光栅延时带宽较宽，但延时精度不高。

均匀光栅是折射率在空间上一维周期性分布的结构，其基本结构如图 7-9 所示。将电子的薛定谔方程与光在波导中的亥姆霍兹方程对比，可得

$$\left[-\frac{\hbar^2}{2m}+V(x)\right]\Psi=E\Psi \tag{7-26}$$

$$\left[-\Delta+\omega^2\mu\varepsilon(x)\right]E=\beta^2E \tag{7-27}$$

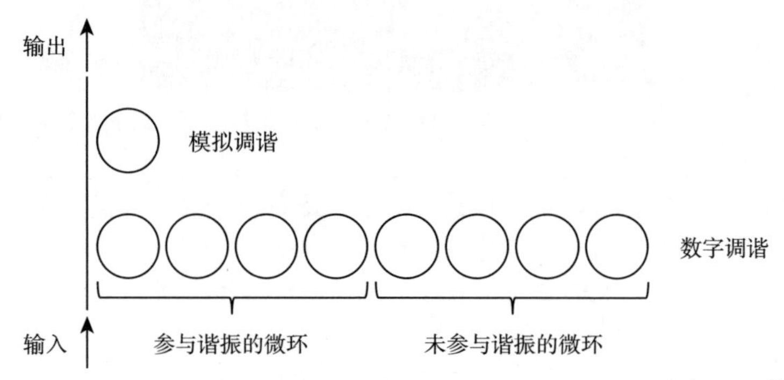

图 7-8　Martinelli 课题组提出的大范围连续可调的光延迟线的结构图[9]

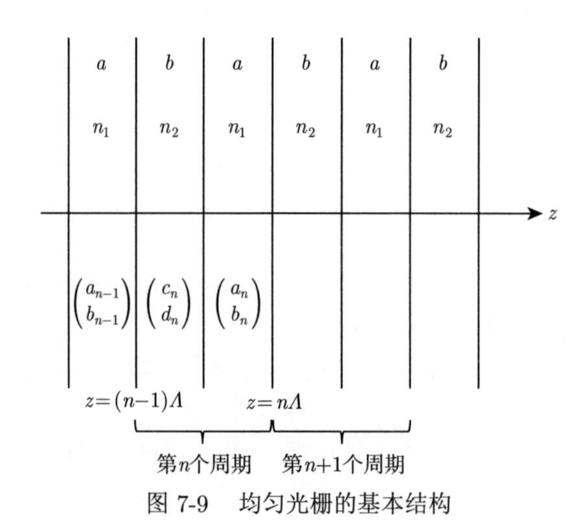

图 7-9　均匀光栅的基本结构

从方程的角度可以看到，在周期性电介质中光的传播和电子在晶体中的运动是十分相似的。通过进一步考察 TE 模式和 TM 模式的边界条件可知，TE 模式在数学上与晶体中电子的波函数是完全等价的。因此，可以借用固体物理的方法研究光在光栅中的种种现象。

如图 7-9 所示，介质折射率在 a 区域的折射率是 n_1，在 b 区域的折射率是 n_2。通过求解在周期介质中的方程 (7-27)，可得[6]

$$E=\begin{cases} a_n\mathrm{e}^{-\mathrm{j}\beta_1(z-n\Lambda)}+b_n\mathrm{e}^{\mathrm{j}(z-n\Lambda)}, & n\Lambda-a<z<n\Lambda \\ c_n\mathrm{e}^{-\mathrm{j}\beta_2(z-n\Lambda+a)}+d_n\mathrm{e}^{\mathrm{j}\beta_2(z-n\Lambda+a)}, & (n-1)\Lambda<z<n\Lambda-a \end{cases} \tag{7-28}$$

式中，β_1 和 β_2 分别为光在 a 区域和 b 区域的传播常数，具体值可表示为

$$\begin{cases} \beta_1=\sqrt{\left(\dfrac{n_1\omega}{c}\right)^2-k_y^2} \\ \beta_2=\sqrt{\left(\dfrac{n_2\omega}{c}\right)^2-k_y^2} \end{cases} \tag{7-29}$$

以 TE 模式为例，TE 模式在边界上 E_x 和 $\dfrac{\partial E_x}{\partial z}\,(\propto \mu H_y)$ 连续，可得

$$\begin{cases} \begin{bmatrix} 1 & 1 \\ \mathrm{j}\beta_1 & -\mathrm{j}\beta_1 \end{bmatrix}\begin{bmatrix} a_{n-1} \\ b_{n-1} \end{bmatrix}=\begin{bmatrix} \mathrm{e}^{\mathrm{j}\beta_2 b} & \mathrm{e}^{-\mathrm{j}\beta_2 b} \\ \mathrm{j}\beta_2\mathrm{e}^{\mathrm{j}\beta_2 b} & -\mathrm{j}\beta_2\mathrm{e}^{-\mathrm{j}\beta_2 b} \end{bmatrix}\begin{bmatrix} c_n \\ d_n \end{bmatrix} \\ \begin{bmatrix} 1 & 1 \\ \mathrm{j}\beta_2 & -\mathrm{j}\beta_2 \end{bmatrix}\begin{bmatrix} c_n \\ d_n \end{bmatrix}=\begin{bmatrix} \mathrm{e}^{\mathrm{j}\beta_1 b} & \mathrm{e}^{-\mathrm{j}\beta_1 b} \\ \mathrm{j}\beta_1\mathrm{e}^{\mathrm{j}\beta_1 b} & -\mathrm{j}\beta_1\mathrm{e}^{-\mathrm{j}\beta_1 b} \end{bmatrix}\begin{bmatrix} a_n \\ b_n \end{bmatrix} \end{cases} \tag{7-30}$$

消去参量 c_n 和 d_n，得到一个周期内振幅的矩阵方程为

$$\begin{bmatrix} a_{n-1} \\ b_{n-1} \end{bmatrix}=\begin{bmatrix} A & B \\ C & D \end{bmatrix}\begin{bmatrix} a_n \\ b_n \end{bmatrix}\equiv \boldsymbol{M}_n\begin{bmatrix} a_n \\ b_n \end{bmatrix} \tag{7-31}$$

其中，矩阵 $\boldsymbol{M}_n$ 的各矩阵元素可被表示为

$$\begin{cases} A=\mathrm{e}^{\mathrm{j}\beta_1 a}\left[\cos\beta_2 b+\dfrac{\mathrm{j}}{2}\left(\dfrac{\beta_2}{\beta_1}+\dfrac{\beta_1}{\beta_2}\right)\sin(\beta_2 b)\right] \\ B=\mathrm{e}^{-\mathrm{j}\beta_1 a}\left[\dfrac{\mathrm{j}}{2}\left(\dfrac{\beta_2}{\beta_1}-\dfrac{\beta_1}{\beta_2}\right)\sin(\beta_2 b)\right] \\ C=\mathrm{e}^{\mathrm{j}\beta_1 a}\left[-\dfrac{\mathrm{j}}{2}\left(\dfrac{\beta_2}{\beta_1}-\dfrac{\beta_1}{\beta_2}\right)\sin(\beta_2 b)\right] \\ D=\mathrm{e}^{-\mathrm{j}\beta_1 a}\left[\cos(\beta_2 b)-\dfrac{\mathrm{j}}{2}\left(\dfrac{\beta_2}{\beta_1}+\dfrac{\beta_1}{\beta_2}\right)\sin(\beta_2 b)\right] \end{cases} \tag{7-32}$$

TM 模式与 TE 模式唯一的区别在于边界条件上，TM 模式在边界上 $\dfrac{\partial H_x}{\partial z}$ $(\propto \varepsilon E_y)$ 不连续，而 $\dfrac{\partial H_x}{\varepsilon\partial z}$ 连续。推导过程是完全相同的，因此不再赘述，感兴趣的读者可自行推导。

根据布洛赫定理与玻恩・冯卡门边界条件，光栅内光的振幅可用如下方程表示：

$$\begin{bmatrix} a_n \\ b_n \end{bmatrix} = \mathrm{e}^{-\mathrm{j}K\varLambda} \begin{bmatrix} a_{n-1} \\ b_{n-1} \end{bmatrix} \tag{7-33}$$

式中，K 是布洛赫波的波数；$\mathrm{e}^{\mathrm{j}K\varLambda}$ 是矩阵 $\boldsymbol{M}_n$ 的特征值。根据特征值方程，可以得到光子布洛赫波的色散方程[6]：

$$\cos(K\varLambda) = \frac{1}{2}(A+D) = \cos(\beta_1 a)\cos(\beta_2 b) - \frac{1}{2}\left(\frac{\beta_2}{\beta_1} + \frac{\beta_1}{\beta_2}\right)\sin(\beta_1 a)\sin(\beta_2 b) \tag{7-34}$$

由于布洛赫波数是实数，式 (7-34) 由方程 $|\cos(K\varLambda)| \leqslant 1$ 约束，进而能构成光子能带。当入射光的频率和角度满足 $|\cos(K\varLambda)| > 1$ 时，该光束在光栅中形成倏逝波，反射率非常接近 1。

考察均匀光栅的反射延时响应函数和透射延时响应函数，可以得到

$$\begin{cases} \tau_{\mathrm{r}}(\omega) = \dfrac{\mathrm{d}}{\mathrm{d}\omega}\arg\left[\left(\dfrac{b_0}{a_0}\right)_{b_N=0}\right] \\ \tau_{\mathrm{t}}(\omega) = \dfrac{\mathrm{d}}{\mathrm{d}\omega}\arg\left[\left(\dfrac{a_N}{a_0}\right)_{b_N=0}\right] \end{cases} \tag{7-35}$$

通过对式 (7-31) 进行迭代，可得

$$\begin{bmatrix} a_0 \\ b_0 \end{bmatrix} = \begin{bmatrix} A & B \\ C & D \end{bmatrix}^N \begin{bmatrix} a_N \\ b_N \end{bmatrix} \tag{7-36}$$

根据切比雪夫矩阵定律：

$$\begin{bmatrix} A & B \\ C & D \end{bmatrix}^N = \begin{bmatrix} AU_{N-1} - U_{N-2} & BU_{N-1} \\ CU_{N-1} & DU_{N-1} - U_{N-2} \end{bmatrix} \tag{7-37}$$

其中

$$U_N = \frac{\sin\left[(N+1)K\varLambda\right]}{\sin(K\varLambda)} \tag{7-38}$$

结合式 (7-35)~式 (7-37)，有

$$\begin{cases} r = \left(\dfrac{b_0}{a_0}\right)_{b_N=0} = \dfrac{CU_{N-1}}{AU_{N-1} - U_{N-2}} \\ t = \left(\dfrac{a_N}{a_0}\right)_{b_N=0} = \dfrac{1}{AU_{N-1} - U_{N-2}} \end{cases} \tag{7-39}$$

其反射率表示为

$$R=\frac{|C|^2}{|C|^2+\left[\frac{\sin(K\Lambda)}{\sin(NK\Lambda)}\right]^2} \tag{7-40}$$

若考虑光束垂直于光栅入射的情形，可作出相应的反射谱和反射延时色散曲线，如图 7-10 所示。而对于折射的情况，折射率 $T\equiv 1-R$，折射延时在波长上的分布与反射延时一致。

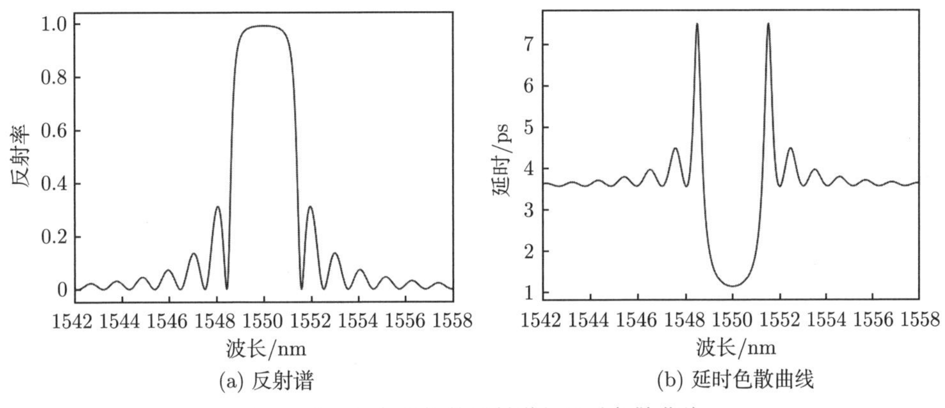

(a) 反射谱 (b) 延时色散曲线

图 7-10 均匀光栅的反射谱与延时色散曲线

从图 7-10 中可以看出，延时在中心波长附近达到最小值，向两侧迅速增大，在反射谱峰值旁瓣区密集振荡，振荡幅度以指数形式衰减，并在远离中心波长的区域趋于平稳。同时反射率在中心波长附近达到最大值，接近于 1，该波长对应着光栅中光子的能量禁带。而当光子能量逐渐偏离禁带中心，离开禁带，反射率密集振荡并迅速以指数形式减小，直至趋近于 0。由于均匀光栅在中心波长位置反射率最高，但延时量最小，当波长偏离光子禁带，延时量较大时，反射率却趋近于 0，故均匀光栅无法在反射模式中工作。相反地，当光栅工作在透射模式，波长偏移光子禁带时，透射率趋近于 1，可用作光延迟线。但只有在工作波长远离光子禁带时，时延才会变得十分平稳，不随波长变化而变化。

对于任一已制成的光栅，其空间分布无法更改，因此若要实现对延时的调谐，只能通过改变光栅折射率实现，调制深度与交叉耦合系数成正比。图 7-11 展示了在不同交叉耦合系数情况下透射延时色散曲线。从图中可以看到，延时量随折射率调制深度增大而增大，但远离光子禁带的稳定区延时却不随折射率变化而变化。因此，若要构建可调谐均匀光栅光延迟线，工作波段一定不能进入偏离光子禁带的稳定区。

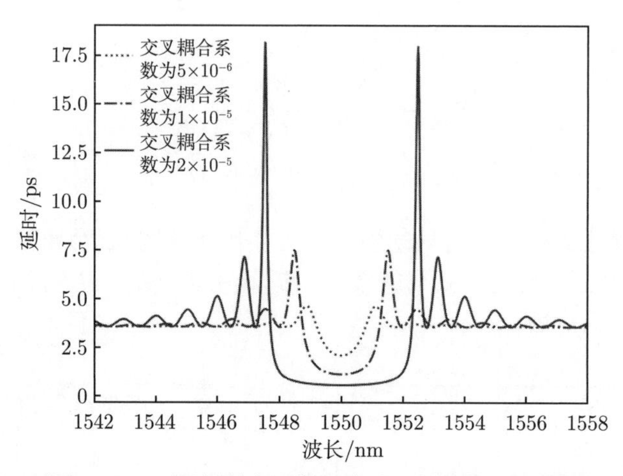

图 7-11　不同折射率调制深度时透射延时色散曲线

为平衡这两种需求的矛盾，Fathpour 课题组[10] 提出了级联互补切趾均匀光栅的解决方案，如图 7-12 所示。该课题组使用了超高斯函数作为切趾函数对光栅

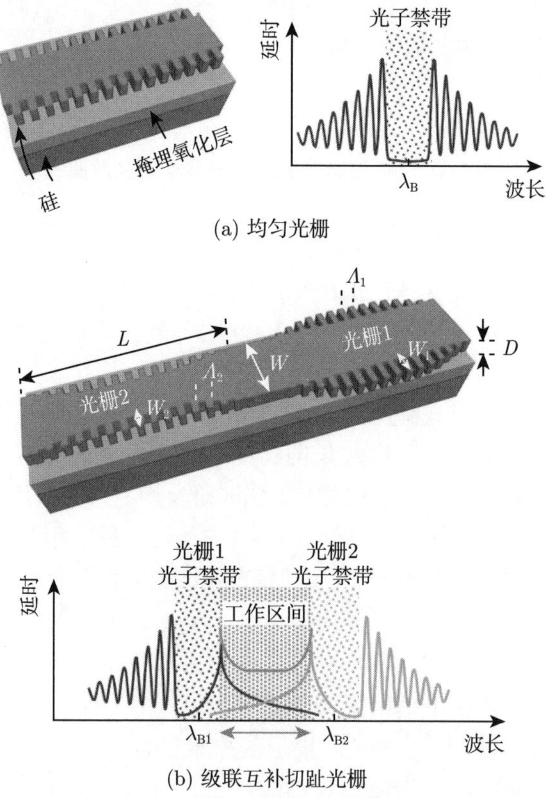

图 7-12　不同光栅的结构图和延时色散曲线[10]

进行切趾，尽可能地使禁带边的延时振荡平滑化，同时引入一对具有相反延时色散特征的光栅级联，使得群延时色散接近零。同时，该器件通过一个集成化的加热器分别控制两个光栅的温度，调谐折射率变化深度，进而实现延时的连续调谐。图 7-13 显示了其透射谱和延时色散曲线与两个互补光栅温差的关系。

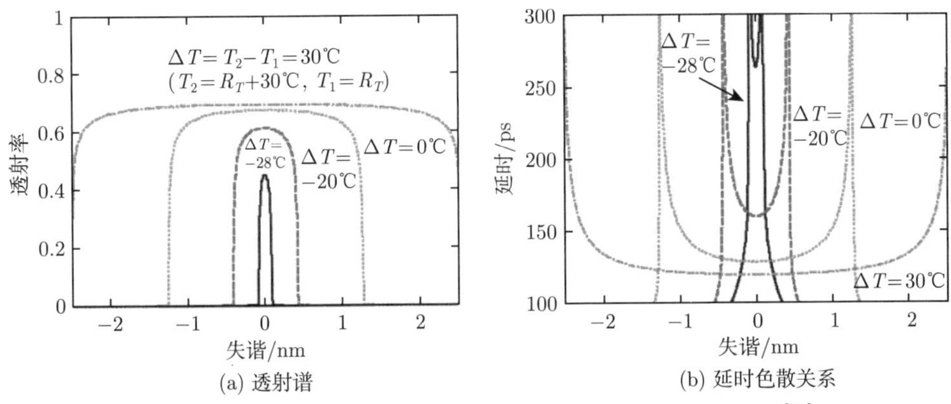

图 7-13 级联互补切趾光栅的性能与两个互补光栅温差的关系[11]

该器件集成在 SOI 衬底上，器件的特征尺寸为 $L = 2.5$ mm，$W = 580$ nm，光栅 1 的间距是 285 nm，$W_1 = 210$ nm，光栅 2 的间距是 320 nm，$W_2 = 65$ nm。该器件提供了 82 ps 的最大延时量与 32 ps 的连续调谐范围。

与热光调谐相比较，基于等离子色散效应的电光调谐有着更快的调制速度，但也引入了更多的插入损耗。2011 年 Fathpour 课题组[12] 提出了 PIN 光栅结构可用于光延迟线，如图 7-14 所示。该器件集成在 SOI 衬底上，通过外加在 PIN 结构上的电压调控 I 型区自由载流子浓度，进而调控光栅区的折射率。该器件实现了接近 40 ps 的可调谐光延时与小于 10 dB 的损耗。

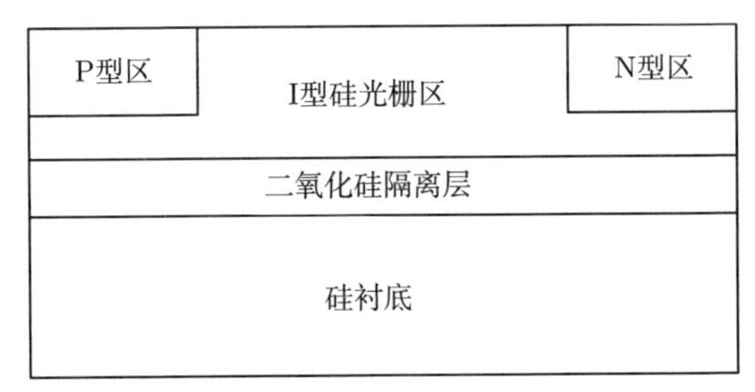

图 7-14 Fathpour 课题组提出的反射型均匀光栅光延迟线[12]

除了均匀光栅，啁啾光栅同样广泛应用于光延迟线中。由于啁啾光栅的折射率改变周期沿着光传播方向发生改变，不同波长的电磁波在光栅的不同位置均可发生布拉格衍射，故而啁啾光栅的反射谱宽度大于均匀光栅。啁啾光栅的工作模式也多为反射模式。对于光栅距离随位置坐标线性增大的线性啁啾光栅而言，电磁波发生衍射增强的位置坐标随波长的增加而线性增大，因此反射延时会随波长增大而逐渐增大。根据耦合模理论的数值计算，以中心波长为 1550 nm、折射率调制深度为 0.0004、栅区长度为 1 cm、折射率为 1.4682、啁啾系数为 4 nm/cm 的线性啁啾光栅为例，其反射谱与延时色散曲线如图 7-15 所示。

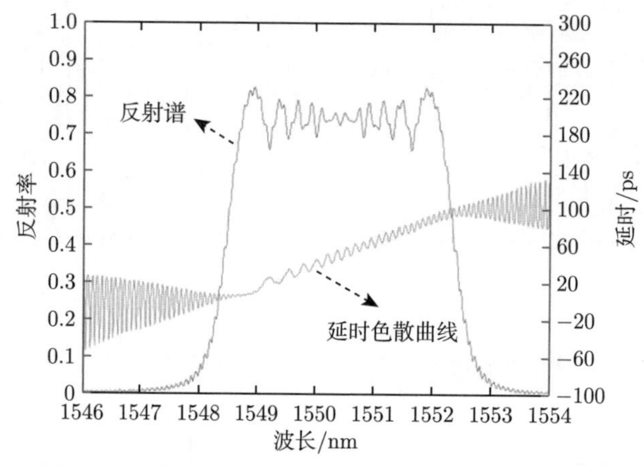

图 7-15　线性光纤光栅的反射谱与延时-波长曲线[13]

由于啁啾光栅工作在反射模式下，因此高效地分离输入信号与输出信号是十分有必要的。2014 年，Plant 课题组[14] 提出了一种光栅辅助反向耦合器的解决方案。其结构如图 7-16 所示。该器件分别构建了分立的入射光波导与反射光波导，并通过一个啁啾光栅将入射光波导和反射光波导耦合，实现入射光与反射光的分离。该器件集成在 0.015 mm^2 的 SOI 材料上，并通过热光效应调谐实现了至多 96 ps 的可调谐延时，其延时色散约为 -11 ps/nm。

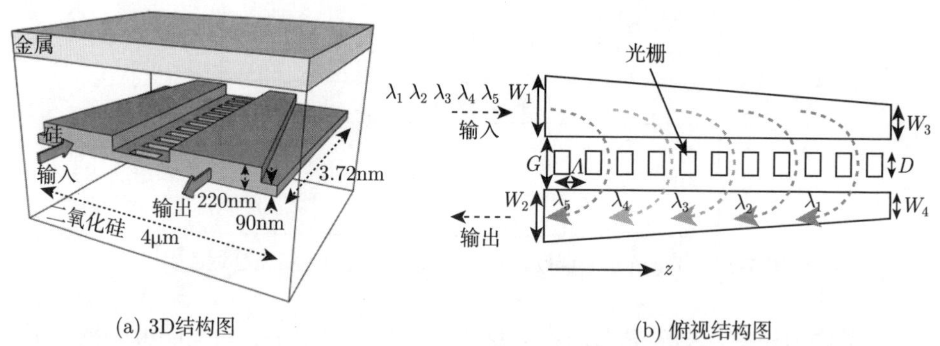

图 7-16　Plant 课题组提出的基于光栅辅助反向耦合器的啁啾光栅光延迟线[14]

受到 Fathpour 课题组[10] 提出的级联互补切趾均匀光栅的启发，本书认为级联互补切趾光栅的方法同样可以用在啁啾光栅上。根据理论计算，sinc 函数与 tanh 函数均可作为理想的线性啁啾光栅的切趾函数，在保证反射带宽的情况下尽可能地抑制延时抖动。引入一对经过 sinc 函数或 tanh 函数切趾的具有相反延时色散特征的啁啾光栅，并通过迈克耳孙干涉仪级联，实现延时在工作波段内的“零色散”。由于线性啁啾光栅的反射延时曲线线性度比均匀光栅好，因此理论上级联互补切趾啁啾光栅可以具备更大的工作带宽。

光栅可与微环相结合，共同构建光延迟线。Fathpour 课题组[15] 在 2016 年提出了互补级联切趾光栅与 SCISSOR 结构和 CROW 结构相结合的方案，如图 7-17 所示。研究结果表明，光栅辅助的 SCISSOR 结构光延迟线在延时可调谐性、单位面积延时和单位延时损耗等性能方面均获得很大的提高。

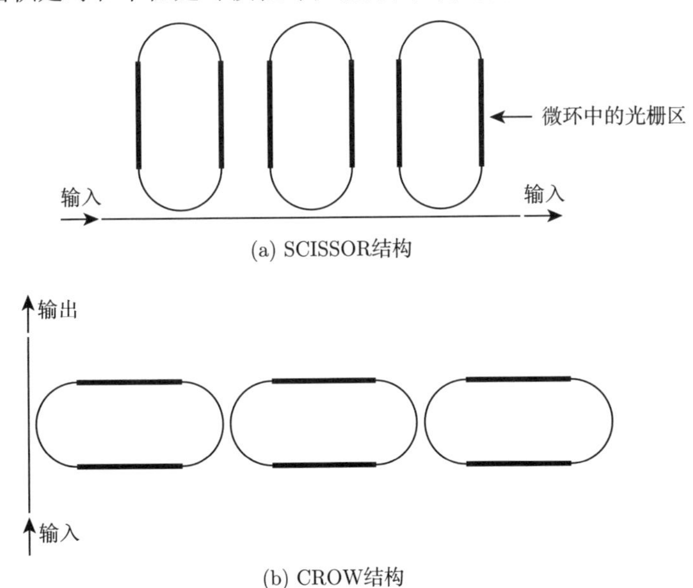

图 7-17 Fathpour 课题组在 2016 年提出的光栅辅助微环光延迟线结构图[15]

7.3 多波导切换式光延迟线

一般来说，片上集成硅基多波导切换式光延迟线有两种基本结构：多位可重构型光真延迟线和环路存储型光延迟线。

7.3.1 多位可重构型光真延迟线

在各类光延迟线结构中，应用最为广泛的是多位可重构型光真延迟线。这种结构由多条不同长度的波导与一系列 2×2 光开关级联构成，通过对光开关的调整实现对不同长度的光路的控制，从而实现可调谐的光延时。其可调谐分辨率即为这一系列波导中最短一条的长度。

2×2 光开关大多采用的是马赫–曾德尔干涉 (MZI) 结构，如图 7-18 所示。该结构由两个 3 dB 定向耦合器和两条干涉臂组成。其中 3 dB 定向耦合器可由多模干涉耦合器 (MMI) 构成，也可由波导定向耦合器 (directional coupler, DC) 构成。对于一般的 MMI 来说，其传输矩阵 $\boldsymbol{M}_{\text{MMI}}$ 可以表示为

$$\boldsymbol{M}_{\text{MMI}} = \begin{pmatrix} \cos\varphi & -\text{j}\sin\varphi \\ -\text{j}\sin\varphi & \cos\varphi \end{pmatrix} \tag{7-41}$$

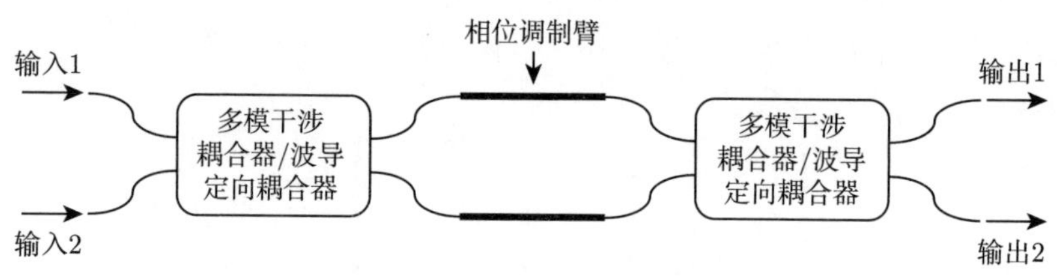

图 7-18　MZI 型光开关的典型结构

对于 3 dB 定向耦合器来说，其传输矩阵可简化为

$$\boldsymbol{M}_{\text{MMI}} = \frac{\sqrt{2}}{2}\begin{pmatrix} 1 & -\text{j} \\ -\text{j} & 1 \end{pmatrix} \tag{7-42}$$

对于两条干涉臂来说，其传输矩阵可表示为

$$\boldsymbol{M}_{\text{PS}} = \text{e}^{\text{j}\varphi_1}\begin{pmatrix} \text{e}^{\text{j}\varphi_2} & 0 \\ 0 & \text{e}^{-\text{j}\varphi_2} \end{pmatrix} \tag{7-43}$$

式中，$\varphi_1 + \varphi_2$ 是上干涉臂的相位变化；$\varphi_1 - \varphi_2$ 是下干涉臂的相位变化。整个 MZI 型光开关的传输矩阵可表示为

$$\boldsymbol{M} = \boldsymbol{M}_{\text{MMI}}\boldsymbol{M}_{\text{PS}}\boldsymbol{M}_{\text{MMI}} \tag{7-44}$$

若两条干涉臂相位相等，$\varphi_2 = 0$，则该开关单元处于交叉状态，光路径为 $I_1 \rightarrow O_2$ 和 $I_2 \rightarrow O_1$。若两条干涉臂相位差相差 π，$\varphi_2 = \pm\dfrac{\pi}{2}$，则该开关单元处于直通状态，光路径为 $I_1 \rightarrow O_1$ 和 $I_2 \rightarrow O_2$。在硅基集成波导中，调整干涉臂相位差一般是应用硅的等离子色散效应，也存在基于硅的热光效应的相位调制臂。在调制速度上，基于等离子色散效应的光开关大约在纳秒量级，而基于热光效应的光开关在 6~8 ms。

除多模干涉耦合器 (MMI) 外，波导定向耦合器 (DC) 也是 3 dB 定向耦合器的选择之一。根据耦合模理论，只有当两条耦合波导的物理尺寸、形状和折射率分布完全相同时，其相位适配因子趋近于 0，才能发生耦合模之间能量的完全转移，此时其传输矩阵亦可用式 (7-41) 表示，其中 $\varphi = KL$，K 表示交叉耦合系数，L 表示耦合区长度。但与 DC 相比，MMI 具有更高带宽、更大的工艺容差，因此被更广泛地采用[16]。

为实现光延时的均匀可调，相邻两个光开关之间的延时应是上一级光开关之间延时的两倍。其延时分别为 τ，2τ，4τ，$2^{n-1}\tau$，这样一来通过调整光开关的状态控制光路径，可实现 $(2^n-1)\tau$ 的最大延时和 τ 的延时调谐间隔。

这种类型的方案最初是由 Chen 课题组分别在 2005 年[17] 和 2007 年[18] 提出的 2 bit 和 4 bit 可重构光真延迟线。其基本结构如图 7-19 所示，最大功率消耗为 143 mW，开关时间低于 3 ms。该器件由聚合物波导、基于热光效应的聚合物光开关构成，因此对于片上集成光延迟线来说，该器件只具备参考借鉴作用。

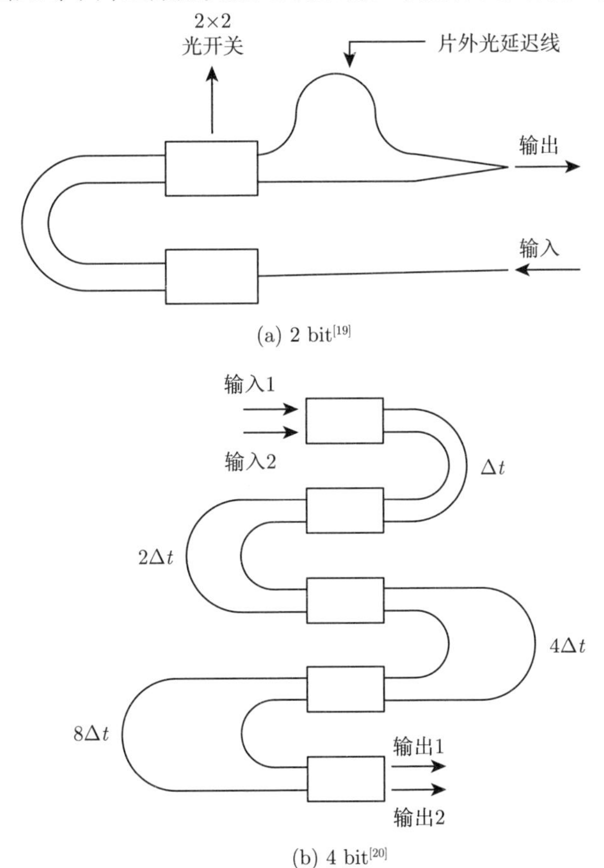

(a) 2 bit[19]

(b) 4 bit[20]

图 7-19 Chen 课题组提出的基于聚合物材料的多位可重构光真延迟线的结构图

与聚合物相比，在硅基片上集成多位可重构光延迟线有诸多优势，例如，与单模光纤耦合技术成熟；硅基光开关和 PIN 型光调制器速度快；硅波导与二氧化硅包层折射率比非常大；与 CMOS 工艺兼容；等等。因此，Chen 课题组[21] 在 2014 年提出了 7 bit 可重构光真延迟线，具体结构如图 7-20 所示。其中相位调制臂、PIN 型移相器及光衰减器均是基于硅的等离子色散效应，通过调整外加偏压，控制耗尽区载流子浓度和宽度，进而实现对折射率、光程及吸收系数的控制。值得注意的是，图中的可变光衰减器 (VOA) 能有效地抑制串扰。

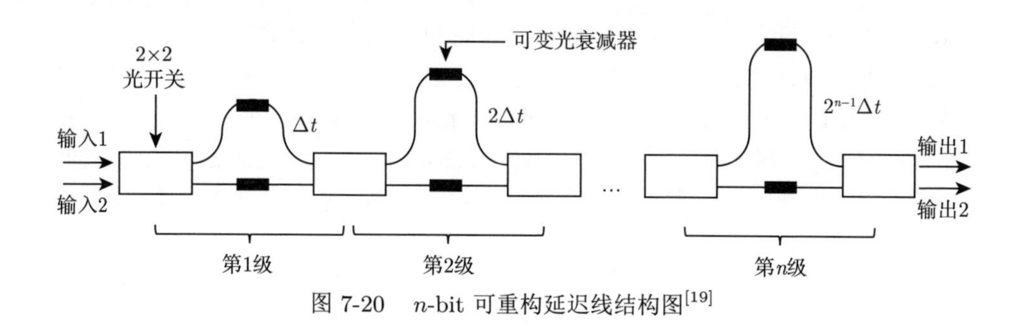

图 7-20 n-bit 可重构延迟线结构图[19]

该器件实现了以 10 ps 为步长、从 10 ps 到 1.27 ns 的大范围均匀调谐延时，图 7-21 展示了光信号在不同延时下的波形图。其最大功率消耗为 105 mW，最大插入损耗为 16 dB。对于真延迟线，在不考虑波导色散的情形下，对于不同频率的光，其延时量应当是恒定的，其最小延时和最大延时情况下的相移色散曲线如图 7-22 所示，在 30 GHz 频率范围内，相移与频率保持着良好的线性关系，延时量基本保持恒定。

为降低插入损耗，Blumenthal 课题组[20] 在 2013 年提出了一种微环耦合的多位可重构光延迟线。其结构如图 7-23(a) 所示，4 个微环从左至右周长分别为 1.284 m、0.642 m、0.321 m、0.161 m。该器件基于氮化硅波导构建，其中 MZI 调制器通过镍铬合金进行热光效应调谐。该器件最大可调延时约为 1.2 ns，最大功耗为 260 mW，波长在 1550 nm 处插入损耗为 1 dBm，且在 1593 nm 处达到插入损耗最低，约为 0.6 dBm，其损耗色散曲线如图 7-23(b) 所示。

以上这些多位可重构光真延迟线的延时量都是分立的，为实现延时量的连续可调，Chen 课题组[21] 提出了通过微环连续调谐辅助 MZI 可重构调谐的方案。该器件的光波导集成在 SOI 衬底上，MZI 光开关的相位调制和微环调谐均是基于氮化钛的热光效应构建的。该器件通过 MZI 调控可重构光波导实现了步长为 10 ps、最大延时超过 1 ns 的均匀调谐，并由微环谐振腔提供超过 10 ps 的连续调谐，从而实现超过 1 ns 的大范围连续调谐。

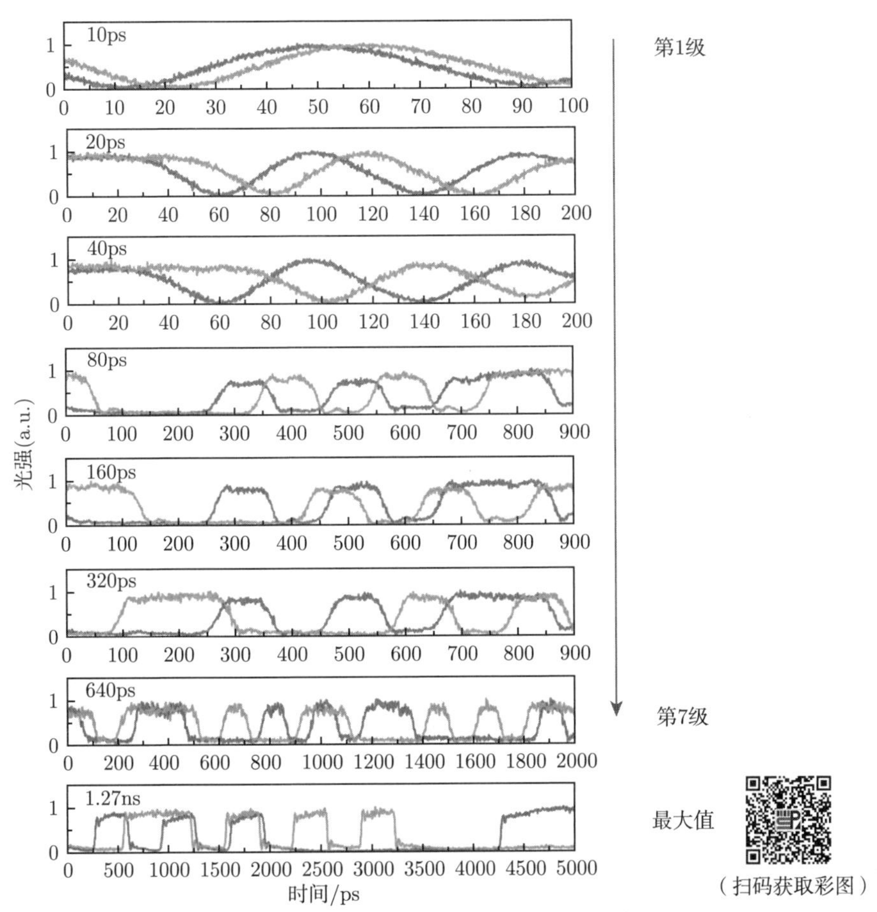

图 7-21 不同延时量下的波形图[19]

蓝色图线表示无延时时的参考波形，红色图线表示经过不同延时后的波形

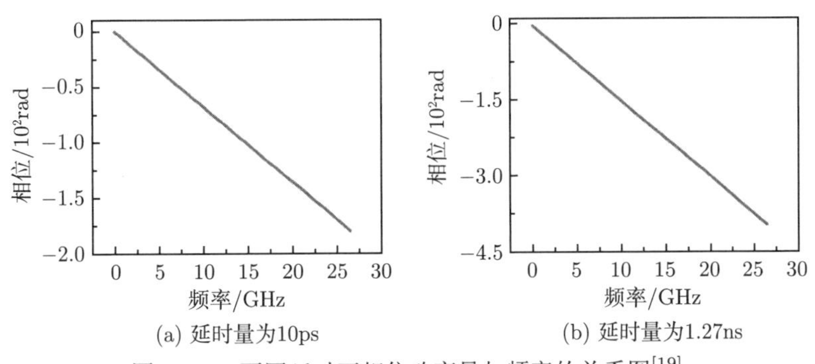

图 7-22 不同延时下相位改变量与频率的关系图[19]

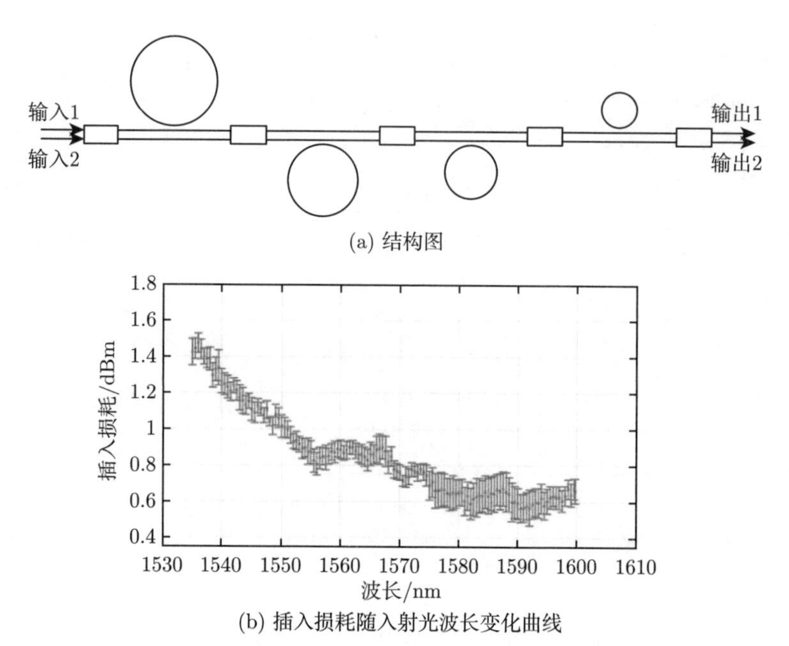

(a) 结构图

(b) 插入损耗随入射光波长变化曲线

图 7-23　Blumenthal 课题组提出的 4 bit 微环耦合多位可重构光延迟线[20]

尽管 2×2 光开关级联多位可重构真光延迟线的结构十分简单、可靠，但其结构并不紧凑。为进一步提高集成度，Capmany 小组[22] 在 2018 年提出一种六边形网状波导延迟线结构，该结构逻辑如图 7-24 所示。在该结构中，六边形的每一条边都由一个 MZI 型 2×2 光开关构成，加粗的部分表示被占用的光波导，未加粗的部分表示未被占用的光波导。调整各光开关的状态使输入端口和输出端口之间形成光通路，并通过调整光通路的长短实现对延时的分立调谐。在该结构中，六边形的每一条边对应着 13.5 ps 的延时。

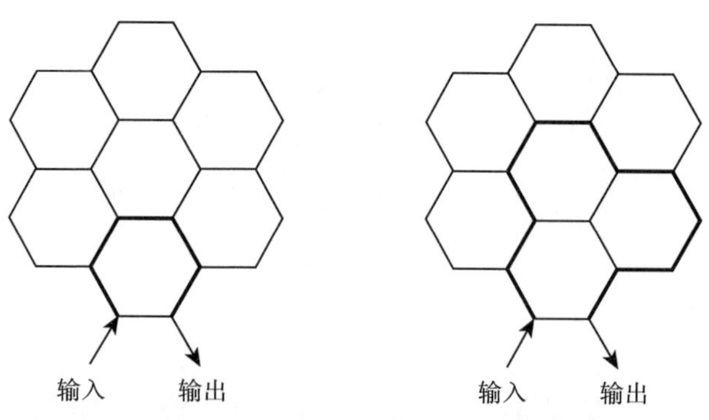

图 7-24　六边形网状波导延迟线的逻辑图[22]

为了使器件在满足高集成度的条件下同时保有连续调谐的特性，Capmany 小组结合了微环谐振型光延迟线中的 SCISSOR 结构，构建了如图 7-25 所示的器件。在图 7-25 中，实际的光通路并非输入端和输出端之间的最短路径，而是在最短路径中的水平波导处“展开”，实现光延时。同时通过热光效应或等离子色散效应对最短路径中水平波导的耦合系数进行调谐，在降低串扰的同时实现连续调谐。

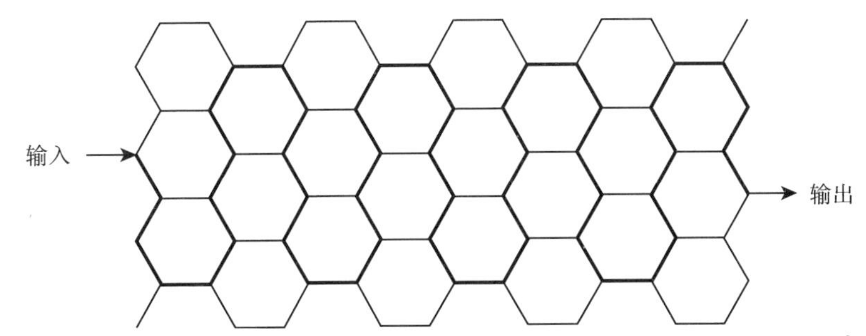

图 7-25 Capmany 小组设计的六边形网状波导连续可调光延迟线的结构图[22]

7.3.2 环路存储型光延迟线

环路存储型光延迟线可以理解为通过光开关调控光路，当光开关进入交叉耦合状态时，输入信号进入环形延迟线中；当光开关进入直通状态时，光信号在闭合的环形延迟线中传播；当光开关再次进入交叉耦合状态时，环形延迟线中的光信号进入输出波导，实现光延时。其延时可调，但最高分辨率为 $\dfrac{n_{\text{eff}}d}{c}$，其中 d 表示环形延迟线长度。Bowers 课题组[23] 在 2008 年提出了一种集成化的环形光缓冲器。其结构如图 7-26 所示。

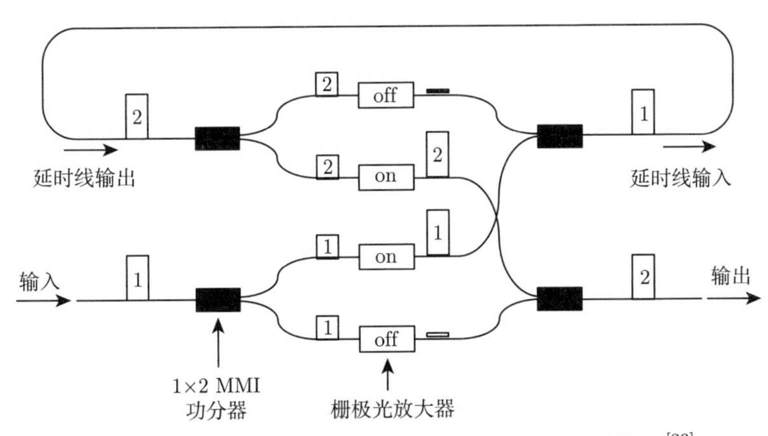

图 7-26 Bowers 课题组提出的集成化光缓冲器的结构图[23]

该器件能实现 40 Gbit/s 的缓冲，信号延时时间为 1.1 ns。值得注意的是，在该类型的光延迟线中，输入信号的长度应小于延迟线长度，以保证信号不失真。

7.4　波束成形

波束成形是控制电磁波信号发射方向和功率的重要手段，最实用的波束成形方案使用的是相控阵天线阵列。其工作原理是通过调整天线阵列信号的相位，在目标方向上干涉增强，在其他非目标方向干涉相消，使信号能量尽可能地集中在目标方向上。波束成形的基本原理是控制阵列中各天线的信号发出时间间隔，进而控制各球面波波前组成的干涉增强的等相位面与相控阵平面的夹角，最终实现对波束传播方向的控制。可以看到，在波束成形的过程中，光延时技术是决定波束成形质量的核心技术。

在传统工业中，光延时通过移相器完成，如图 7-27(a) 所示，图中 $\Delta\varphi$ 表示相位改变量，d 表示相邻天线距离。其波束的偏移角 θ 可表示为

$$\theta = \arcsin\left(\frac{\Delta\varphi\lambda}{2\pi d}\right) \tag{7-45}$$

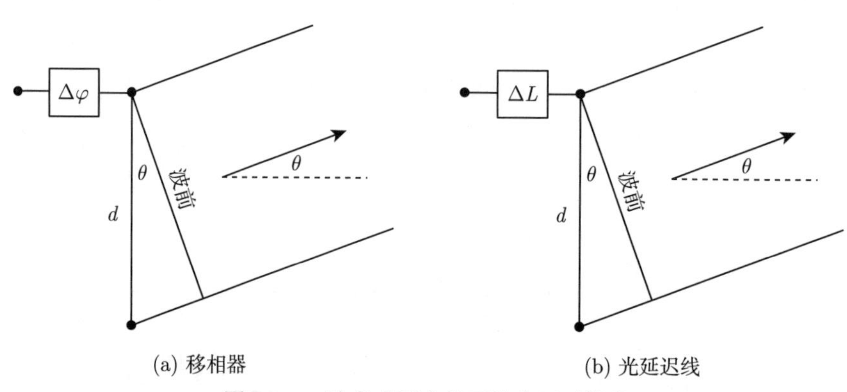

(a) 移相器　　(b) 光延迟线

图 7-27　波束成形中的两种光延时技术

当信号的频谱宽度较窄时，移相器能很好地工作，但当信号带宽很大时，偏移角 θ 会不可避免地随波长的变化而发生变化，即产生波束倾斜。

为解决这一问题，研究人员将移相器替换为光延迟线，如图 7-27(b) 所示，其中 ΔL 是光延时的等效长度，其波束偏移角 θ 可表示为

$$\theta = \arcsin\left(\frac{\Delta R}{d}\right) = \arcsin\left(\frac{\Delta\tau c}{d}\right) \tag{7-46}$$

由此可见，若选择延时量 τ 在工作波段不随波长变化的光延迟线，则可使偏移角 θ 与波长 λ 独立，进而大幅度改善波束倾斜问题。

根据相控阵天线阵列的规模、天线间距、工作波段与对波束偏移角大小的要求，可以推算出所需的光延迟线的基本性能。以数量为 N、间隔为 d 的一维天线阵列为例：

若要实现波束在偏移角 $\theta_1 \sim \theta_2$ 之间定向传播，则要求光延迟线的最大延时量至少为

$$\tau_{\max} = \frac{(N-1)\, d\max\{|\sin\theta_1|, |\sin\theta_2|\}}{c} \tag{7-47}$$

若要实现波束沿某些特定的偏移角 θ_x 方向定向传播，则要求光延迟线的最大分辨率至多为

$$\delta\tau_{\max} = \frac{d\sin\theta_x}{c} \tag{7-48}$$

为了尽可能地消除波束倾斜问题，应设计延时带宽 B 完全覆盖工作带宽的光延迟线，且延时抖动 $\Delta\tau$ 应尽可能小。

参 考 文 献

[1] Yao J P. Microwave photonics[J]. Journal of Lightwave Technology, 2009, 27(3): 314-335.

[2] 韩秀友, 宋红妍, 张佳宁, 等. 微环谐振腔集成波导光延时线研究 [J]. 光学学报, 2010, 30(3): 782-786.

[3] Roeloffzen C G H, Zhuang L, Heideman R G, et al. Ring resonator-based tunable optical delay line in LPCVD waveguide technology[C]//Proceedings of the 10th Annual Symposium IEEE/LEOS Benelux Chapter, Mons, 2005: 79-82.

[4] Cardenas J, Foster M A, Sherwood-Droz N, et al. Wide-bandwidth continuously tunable optical delay line using silicon microring resonators[J]. Optics Express, 2010, 18(25): 26525-26534.

[5] Morton P A, Cardenas J, Khurgin J B, et al. Fast thermal switching of wideband optical delay line with no long-term transient[J]. IEEE Photonics Technology Letters, 2012, 24(6): 512-514.

[6] Yariv A, Yeh P. Photonics: Optical Electronics in Modern Communications[M]. 6th ed. Oxford: Oxford University Press, 2007.

[7] Xia F N, Sekaric L, Vlasov Y. Ultracompact optical buffers on a silicon chip[J]. Nature Photonics, 2007, 1(1): 65-71.

[8] Morichetti F, Melloni A, Breda A, et al. A reconfigurable architecture for continuously variable optical slow-wave delay lines[J]. Optics Express, 2007, 15(25): 17273-17282.

[9] Morichetti F, Melloni A, Ferrari C, et al. Error-free continuously-tunable delay at 10 Gbit/s in a reconfigurable on-chip delay-line[J]. Optics Express, 2008, 16(12): 8395-8405.

[10] Khan S, Fathpour S. Demonstration of complementary apodized cascaded grating waveguides for tunable optical delay lines[J]. Optics Letters, 2013, 38(19): 3914-3917.

[11] Khan S, Fathpour S. Complementary apodized grating waveguides for tunable optical delay lines[J]. Optics Express, 2012, 20(18): 19859-19867.

[12] Khan S, Baghban M A, Fathpour S. Electronically tunable silicon photonic delay lines[J]. Optics Express, 2011, 19(12): 11780-11785.

[13] 任书源. 基于光纤光栅的光纤延迟线研究 [D]. 成都: 电子科技大学, 2016.

[14] Shi W, Veerasubramanian V, Patel D, et al. Tunable nanophotonic delay lines using linearly chirped contradirectional couplers with uniform Bragg gratings[J]. Optics Letters, 2014, 39(3): 701-703.

[15] Toroghi S, Fisher C, Khan S, et al. Performance comparison of grating-assisted integrated photonic delay lines[J]. Journal of Lightwave Technology, 2016, 34(23): 5431-5436.

[16] 周林杰, 陆梁军, 郭展志, 等. 集成光开关发展现状及关键技术 (特邀)[J]. 光通信研究, 2019(1): 9-26.

[17] Howley B, Chen Y H, Wang X L, et al. 2-bit reconfigurable true time delay lines using 2×2 polymer waveguide switches[J]. IEEE Photonics Technology Letters, 2005, 17(9): 1944-1946.

[18] Wang X L, Howley B, Chen M Y, et al. Phase error corrected 4-bit true time delay module using a cascaded 2×2 polymer waveguide switch array[J]. Applied Optics, 2007, 46(3): 379-383.

[19] Xie J Y, Zhou L J, Li Z X, et al. Seven-bit reconfigurable optical true time delay line based on silicon integration[J]. Optics Express, 2014, 22(19): 22707-22715.

[20] Moreira R L, Garcia J, Li W Z, et al. Integrated ultra-low-loss 4-bit tunable delay for broadband phased array antenna applications[J]. IEEE Photonics Technology Letters, 2013, 25(12): 1165-1168.

[21] Wang X Y, Zhou L J, Li R F, et al. Continuously tunable ultra-thin silicon waveguide optical delay line[J]. Optica, 2017, 4(5): 507-515.

[22] Pérez-López D, Sánchez E, Capmany J. Programmable true time delay lines using integrated waveguide meshes[J]. Journal of Lightwave Technology, 2018, 36(19): 4591-4601.

[23] Park H, Mack J P, Blumenthal D J, et al. An integrated recirculating optical buffer[J]. Optics Express, 2008, 16(15): 11124-11131.

第 8 章　频谱感知芯片

8.1　引　　言

频谱感知即通过信号侦测和处理手段来获取频谱信息。微波信号的频谱感知在雷达、电子对抗、通信导航识别等军民应用中具有重大需求，例如军事信息的截获和处理、雷达干扰、反干扰等。在复杂的电磁环境下，能够实时地从敌方雷达发射的微波信号中提取到所需的信息，就可以在第一时间对敌方雷达采取干扰和打击等措施。要想截获敌方雷达信号的信息，首先需要得到微波信号的频谱参数。频谱感知系统在电子对抗中能够快速地分析敌方微波信号的频率值，从而可以使我方针对敌方的威胁及时地采取相应的措施，在电子对抗中处于主导地位。高性能频谱感知技术是掌握战场上主动权的杀手锏，是确保“先敌发现、先敌发射、先敌命中”的必要条件。

雷达和电子战装备未来将朝着一体化、小型化和通用化的方向发展，各种作战平台也将由大型的平台转向小型的无人机、卫星和机动性更好的分布式地面站，频谱感知系统也势必朝着小型化和通用化的方向发展。传统的基于电子技术的频谱感知技术信道数巨大，导致信号协同处理挑战巨大，且系统庞大，体积和功耗高。微波光子技术将微波与光子技术在概念、器件和系统层面结合，可充分发挥光子技术的超宽带、低损耗、可复用的优势，提升器件和系统的性能。微波光子频谱感知芯片在保持微波光子技术上述优势的同时，还具有体积小、功耗低等特点，有望应用于现代雷达和电子战装备中。本章将对微波光子频谱感知的基本原理进行分析，并详细介绍微波光子频谱感知芯片的研究进展。

无论是现代战争中广泛使用的雷达、电子对抗，还是普通民用的无线电频谱监测、通信导航识别等，都可归结为基于宽带微波信号传输、处理和接收的信息感知问题。宽带信息感知将成为众多应用需求的核心使能技术。随着微波信号带宽的不断增长，电子技术难以实现上述应用所需求的超宽带微波信号感知，且高速电子器件高昂的成本和庞大的体积及质量也限制了电子系统的实际应用。

基于频谱切割的电子信道化技术常用来提高频谱感知系统的带宽，方法是利用滤波器、混频器等将宽带的频谱分割为一系列的片段，然后将其混频为低频信号，再利用数字采样技术来处理。该方法对于每一个从宽带信号中切割出来的信号段进行处理时需要多个平行的系统，例如若需要测量的微波频率范围为 40 GHz，就需要使用 400 个 100 MHz 带宽的中频系统。如此庞大的信道数将导致信号协同处理挑战巨大。且系统结构复杂，需使用大量的电缆，将会产生成本高、体积大、质量沉的缺点。

得益于微波光子技术的大带宽等优势，近年来，国内外研究人员提出一系列基于微波光子学手段的频谱感知方法，实现了宽带的微波信号频谱感知。从原理上讲，微波光子频谱感知是通过将待感知的微波频谱信息映射到其他易于测量的参量上，比如功率、时间等，从中获取微波信号的频谱信息。

具体地，基于功率映射的方案即将待感知的微波频谱信息映射到信号功率上，一般是通过两路功率的比值来构建幅度比较函数，从而建立频率–功率映射关系。如图 8-1 所示为加拿大渥太华大学研究团队提出的一种基于光频梳 (optical frequency comb, OFC) 滤波器的功率映射频谱侦测方案[1]。此方案中，待测微波信号通过马赫–曾德尔调制器 (MZM) 调制到 f_1 和 f_2 两个载波 (carrier wave, CW) 上。调制器偏置在最小传输点，因此可实现载波抑制双边带调制。调制后的光信号被送入光频梳滤波器中，两个载波的波长分别与光频梳滤波器传输的最大值和最小值相匹配。分别通过两个光电探测器探测后，通过两路信号功率的比值即可测量出待测信号的频率。使用该方法对 1~20 GHz 频带内的信号进行了测量，测量误差小于 200 MHz。然而，基于功率映射的方案只能对单频微波信号进行感知，无法对包含多个频率的复杂频谱进行侦测。

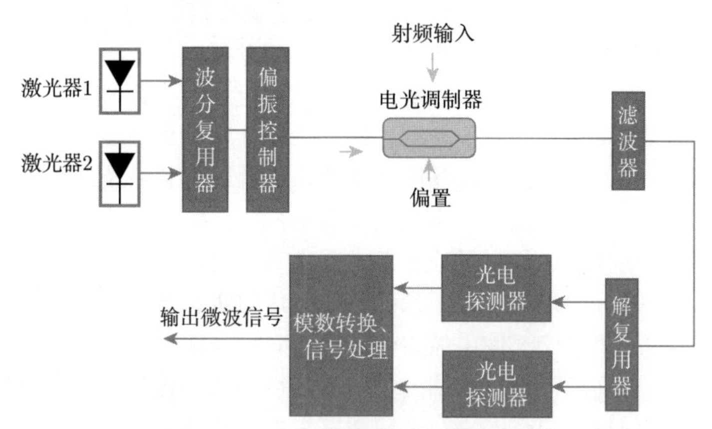

图 8-1 基于功率映射的频谱感知方案

基于时间映射的方案即将待感知的微波频谱信息映射到时域上，因此可通过时域信息实现对微波信号频率的感知。如图 8-2(a) 所示为中国科学院半导体研究所科研团队提出并实现的基于频率–时间映射的高性能微波光子频谱感知与侦测方案[2]。在该频谱侦测系统中，光子辅助快速扫频微波源产生高速扫频的微波本振信号，待侦测信号被送入光子辅助快速扫频微波源内，借助光电探测器 (PD)

的平方律特性，和高速扫频微波本振信号混频，产生拍频 (beat frequency, BF) 信号。如图 8-2 所示，一个中心频率为 f_{filter} 的带通滤波器对混频后的信号进行中频滤波处理。当有两个频率分别为 f_1 和 f_2 的待测信号与高速扫频微波本振信号混频时，虽然混频过程产生了一系列的差拍信号，但只有待测信号 f_1 和 f_2 分别与频率为 $f_1 + f_{\text{filter}}$ 和 $f_2 + f_{\text{filter}}$ 的本振信号的差拍信号可以通过带通滤波器 (BPF)。由于高速扫频微波本振信号是双向扫频的，单个扫频周期内将得到两对具有不同时间间隔的脉冲。显然，脉冲时间间隔 ΔT 和待测信号的频率 f 存在一一对应关系。因此，基于光子辅助快速扫频微波源 (作为频率尺) 以及光电混频和中频滤波技术，超宽带微波信号的频谱信息从频域映射到了时域，可在时域实现高速超宽带频谱侦测。

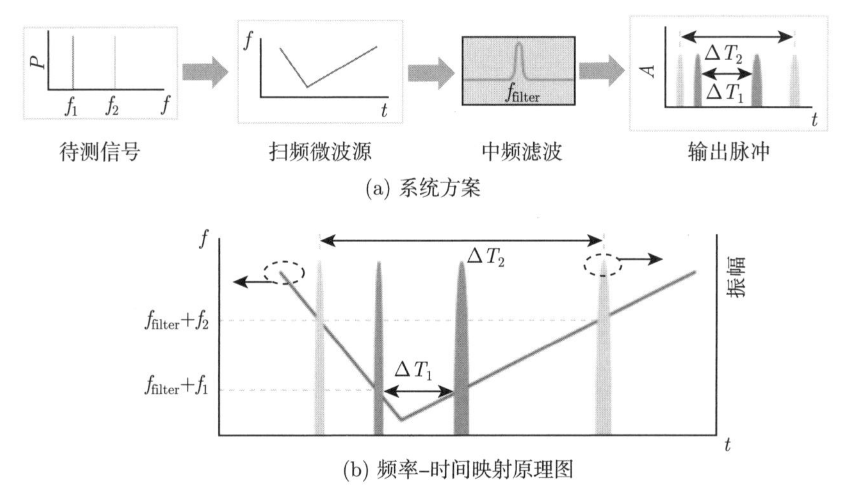

图 8-2 基于频率–时间映射的微波光子频谱感知与侦测方案

8.2 硅基频谱感知芯片

目前大部分的集成微波光子频谱感知芯片的基本原理与基于分立系统的微波光子频谱感知技术类似，即将待感知的频谱信息映射到其他易于测量的参量上，比如信号功率等。近些年来，研究人员提出了一些基于硅、磷化铟等单一材料甚至不同材料混合集成的微波光子频谱感知芯片，展现出了小尺寸、宽带和低功耗等优势。

8.2.1 基于硅基微环谐振器的频谱感知芯片

硅基集成频谱感知芯片是近些年来被广泛关注的前沿研究领域之一。研究人员提出了基于不同原理的硅基集成方案，实现了微波信号的频谱感知。如图 8-3 所示为华中科技大学的研究人员提出的基于硅基微环谐振器 (MRR) 的微波光子频率测量方案[3]。硅基微环谐振器 (MRR) 在此方案中作为光陷波滤波器使用，由于可调激光源 (tunable laser source, TLS) 发出的光信号在调制器处被待侦测的微波信号进行单边带调制 (single-sideband modulation, SSM)，因此可将硅基微环谐振器的陷波响应通过光电探测器 (PD) 转换到微波域上，形成对应的微波光子滤波器。如图 8-3(b) 所示，通过改变光源的发光波长，可形成具有不同中心频率的微波光子滤波器；借助两个微波光子滤波器的响应，可构建对应的幅度比较函数 (amplitude comparison function, ACF)，如图 8-3(c) 所示。可以看出，在一定的频率范围内待侦测信号的频率和微波光子滤波器幅度响应的比值间满足单一映射的关系，因此可在此频率范围内实现微波信号频率的测量。

在此方案中，频率测量范围越大，对应的测量精度就越低，而在实际应用场合通常需要同时满足大测量范围和高精度。为了解决测量范围和精度互相矛盾的问题，研究人员利用三个不同的光波长，测试了三组微波光子滤波器的响应，从而分别构建了 9~12 GHz 和 12~19 GHz 两个不同测量范围的幅度比较函数，如图 8-4(a)~(c) 所示。在单个测量范围内，可实现高精度的频率测量；将两个测量范围拼接到一起便可同时兼顾大测量范围和高精度。实验上的测量结果如图 8-4(d) 和 (e) 所示，测量范围为 9~19 GHz，测量误差约 ±0.1 GHz。

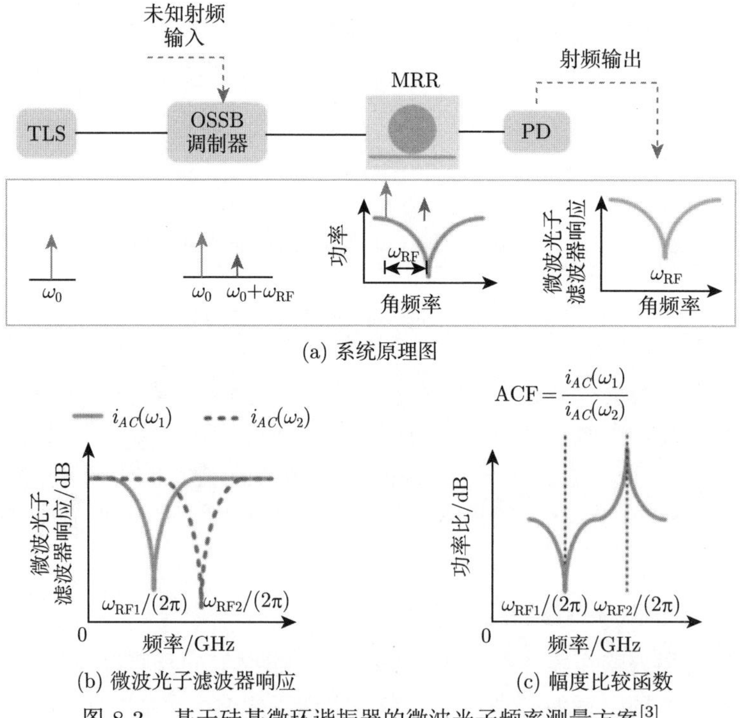

(a) 系统原理图

(b) 微波光子滤波器响应　　(c) 幅度比较函数

图 8-3　基于硅基微环谐振器的微波光子频率测量方案[3]

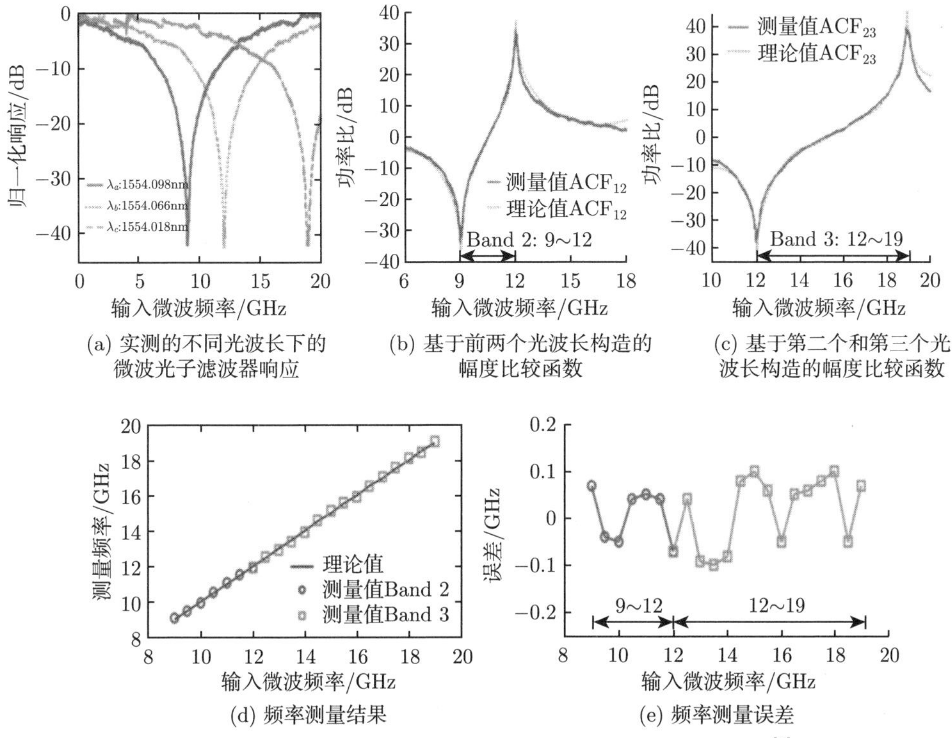

(a) 实测的不同光波长下的微波光子滤波器响应

(b) 基于前两个光波长构造的幅度比较函数

(c) 基于第二个和第三个光波长构造的幅度比较函数

(d) 频率测量结果

(e) 频率测量误差

图 8-4 基于硅基微环谐振器的微波光子频率测量实验结果[3]

8.2.2 基于硅基相移波导布拉格光栅的频谱感知芯片

2015 年加拿大国家科学院、不列颠哥伦比亚大学和中国科学院半导体研究所的研究人员提出了一种基于硅基相移波导布拉格光栅 (Bragg grating, BG) 的微波光子频率测量方案，如图 8-5 所示[4]。在此方案中，相移波导布拉格光栅同样作为一个滤波器来使用，其采用 Y 分支的结构，可以同时测试光栅的传输和反射响应。基于传输和反射响应，可构建频率到功率映射的幅度比较函数，从而实现微波频率的测量。实测的相移波导布拉格光栅的传输谱、反射谱和由此构建的幅度比较函数如图 8-6 所示。实验上实现了最高约 32 GHz 的高频微波信号的频率测量，平均测量误差约 773 MHz。此外，研究人员还根据该光栅实现了调频微波信号的频率侦测，展现了该方案的优秀侦测能力[4]。

8.2.3 基于片上四波混频的频谱感知芯片

2015 年悉尼大学提出了基于片上四波混频 (four-wave mixing, FWM) 的瞬时频率测量系统，如图 8-7 所示[5]。该系统将未知频率大小的射频信号通过电光调制器调制在两个频率不同的光波上，从而在两个不同频道上产生两组光信号。然后，

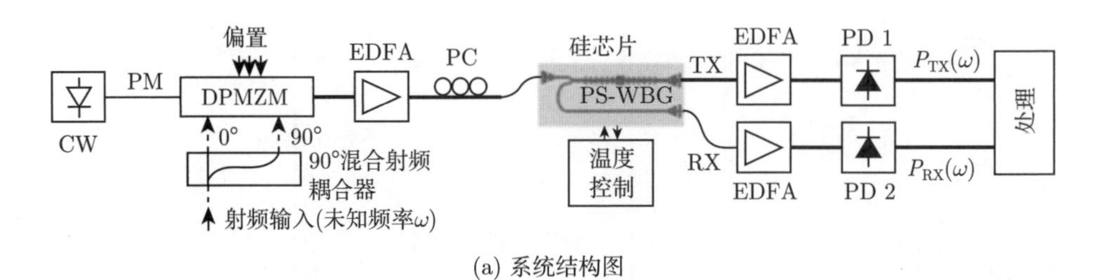

(a) 系统结构图

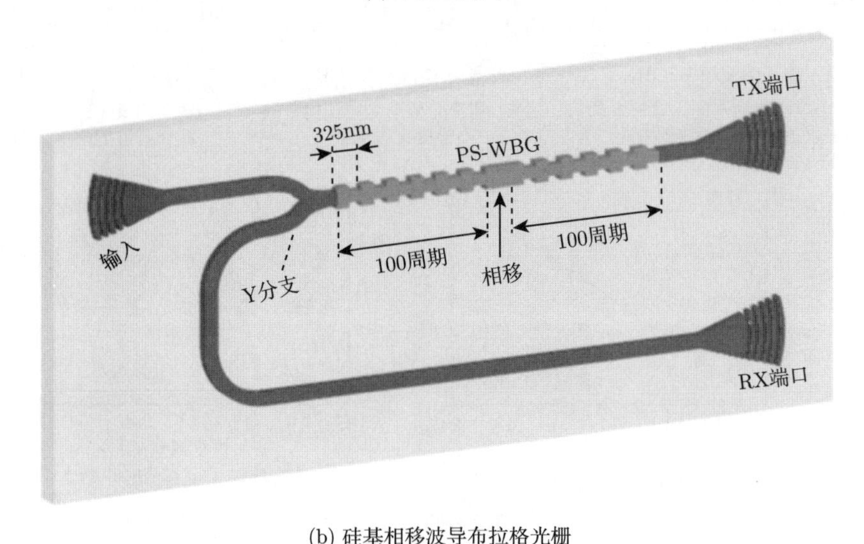

(b) 硅基相移波导布拉格光栅

图 8-5　基于硅基相移波导布拉格光栅的微波光子频率测量方案[4]

使用粗波长划分多路复用器 (coarse wavelength division multiplexer, CWDM) 将这两个光学信号分开。在两个信道间通过光延迟线引入 Δt 的延时，合束后入射进 35 cm 长的螺旋形波导硅片，实现四波混频，在相邻通道产生惰轮边带。经过 PD 探测后，可实现对未知信号的测频。测量范围达 40 GHz 带宽，实现较低的测量误差 (0.8%)。用来四波混频的非线性平台是 35 cm 长的硅条形波导。硅平台拥有较大的克尔系数，并且与 CMOS 工艺兼容。该波导的特点是在小尺寸上拥有较大 (2.7 μm^2) 的模式面积。通常，由于模式耦合损耗高，具有如此大模式面积的波导需要毫米级甚至厘米级的弯曲半径，因此长度被限制为几厘米。然而，该特定样品使用了欧拉弯曲，其中弯曲半径沿整个弯曲波导连续变化，从而确保到高阶模式的最小耦合。这使得微尺度弯曲半径与纳米线大小相当。因此，图 8-8(a) 中显示的整个 35 cm 长的螺旋形波导在 SOI 芯片上所占面积不到 3 mm^2。其中条形波导截面尺寸为 3 μm×1.875 μm。耦合进单模脊波导的光波经倒锥形波导结构耦合进条形波导。相比于光纤系统，该测量系统具有较低的延时，能够提高信噪比，测量误差显著降低。图 8-9 展示了实验频率测量结果。可以看出，该测量系统具有较大的带宽和较低的测量误差。高性能片上瞬时频率测量系统的实现，为微波信号的非线性光学处理提供了一种全新的材料平台。

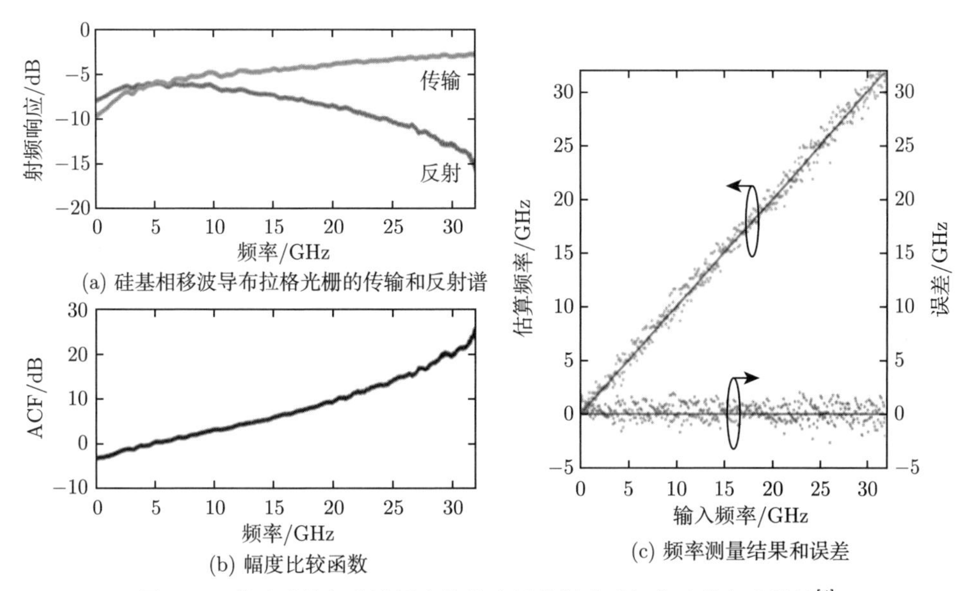

图 8-6 基于硅基相移波导布拉格光栅的频谱感知芯片的实验结果[4]

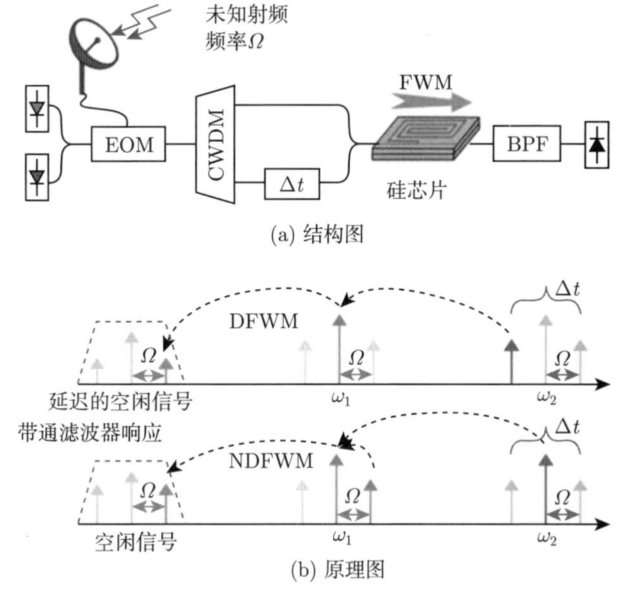

图 8-7 基于片上四波混频瞬时频率测量系统[5]

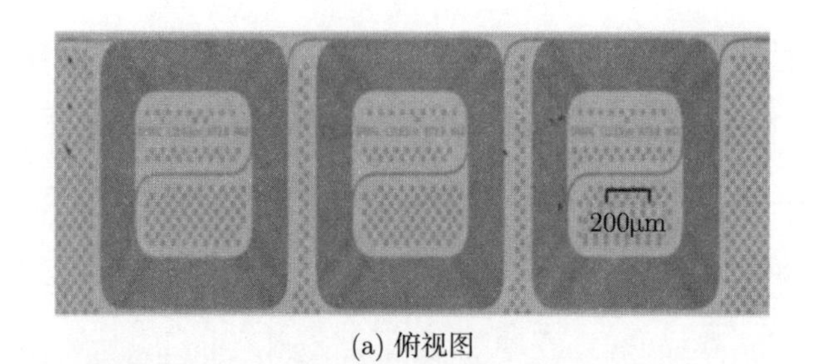

(a) 俯视图

(b) 硅条形波导的仿真基模模场图 (c) 由脊波导耦合进条形波导

图 8-8 螺旋形硅波导芯片[5]

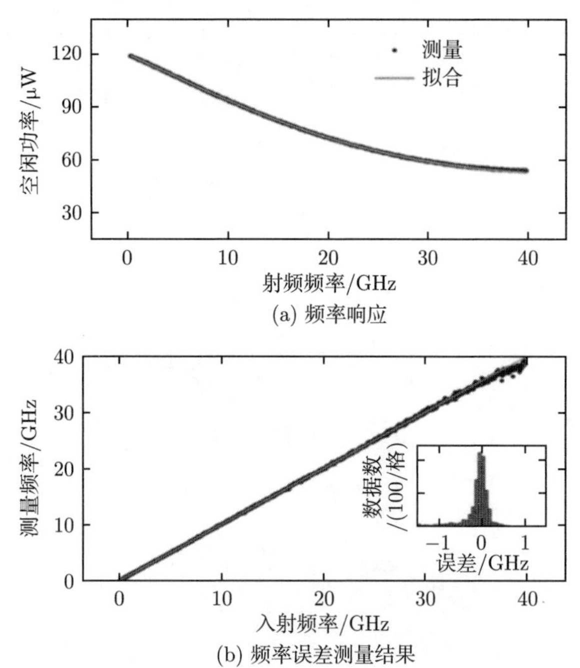

(a) 频率响应

(b) 频率误差测量结果

图 8-9 瞬时频率测量系统的频率响应和频率误差测量结果[5]

8.2.4 性能优化的硅基频谱感知芯片

2019 年，华东师范大学与加拿大渥太华大学联合提出了片上两步式微波频谱测量方法，具有高精度和超宽的频率测量范围[6]。该硅光子集成微盘谐振器 (microdisk resonator, MDR) 阵列先通过一个较小的磁盘半径的 MDR 阵列来粗略测量信号频率，然后，监测较大半径的 MDR 的 through 端口和 drop 端口的光功率来测量信号频率。片上两步式微波频谱测量系统如图 8-10(a) 所示。由未知微波信号调制产生光频梳信号，然后通过阵列波导光栅 (AWG) 发送到具有相同的较小半径 R_1 的 N MDR 阵列。如图 8-10(b) 所示，光载体与 N MDR 的 n 个不同陷波具有固定的波长关系，并且 AWG 滤除了 n 个不同陷波范围之外的光波长。当未知微波信号的频率较低时，只有陷波最近的光边带落入陷波的右侧。在比较 N MDR 的 through 端口和 drop 端口处的功率后，可以识别微波信号的频率。如果微波信号的频率高于频率间距，如图 8-10(c) 所示，载波λ_2 的边带落入陷波的右侧，而载波λ_1 的边带落入陷波的左侧。由于波长的频率间距是精心设计的，因此无论微波信号的频率多高，只有两个相邻载波的两个边带落入陷波中。从可调激光源 (TLS) 开始的第二个路径用于精确频率测量。首先也是由未知微波信号调制产生光频梳

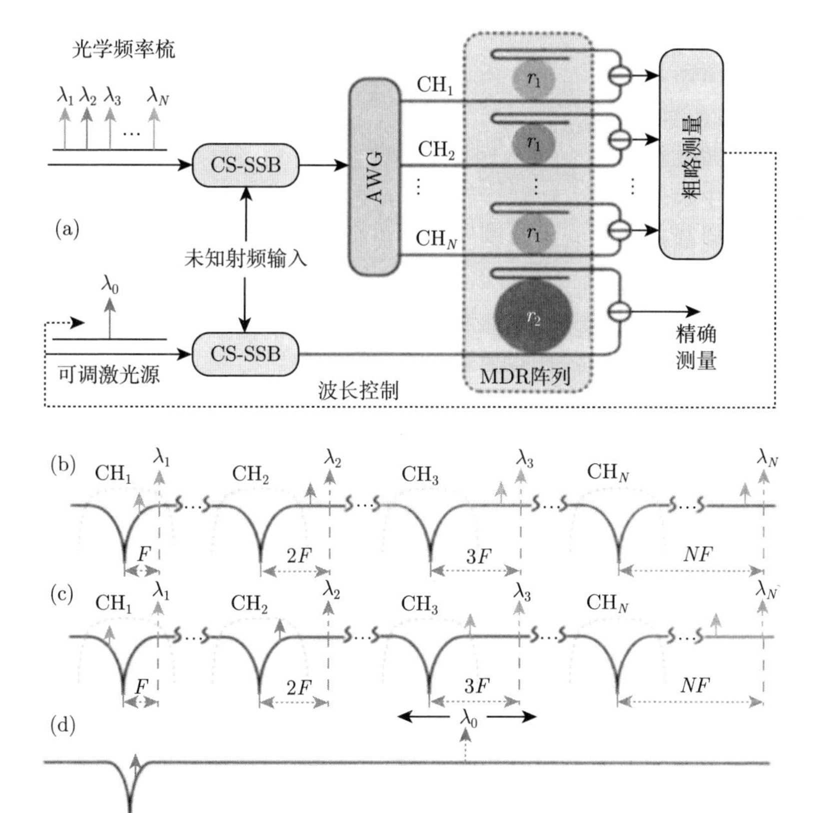

图 8-10 片上两步式微波频谱测量[6]

信号，然后调制光信号发送到具有较大半径 R_2 的 MDR，其传输陷波比半径 R_1 的 MDR 的传输陷波窄得多。在获得未知信号的粗略频率之后，对 TLS 的光载波进行快速调节，以使微波信号调制的光边带落入陷波的右侧，从而通过 MDR 的 through 端口和 drop 端口之间的光功率比就能够测得微波信号的频率。所提出的系统具有紧凑的结构、宽的频率测量范围和高频测量精度，该系统通过使用两个半径为 6 μm 和 10 μm 的 MDR 进行了实验验证，芯片结构如图 8-11 所示。实验表明该系统能够实现 1.6~40 GHz 微波信号的频率测量，测量误差小于 60 MHz。

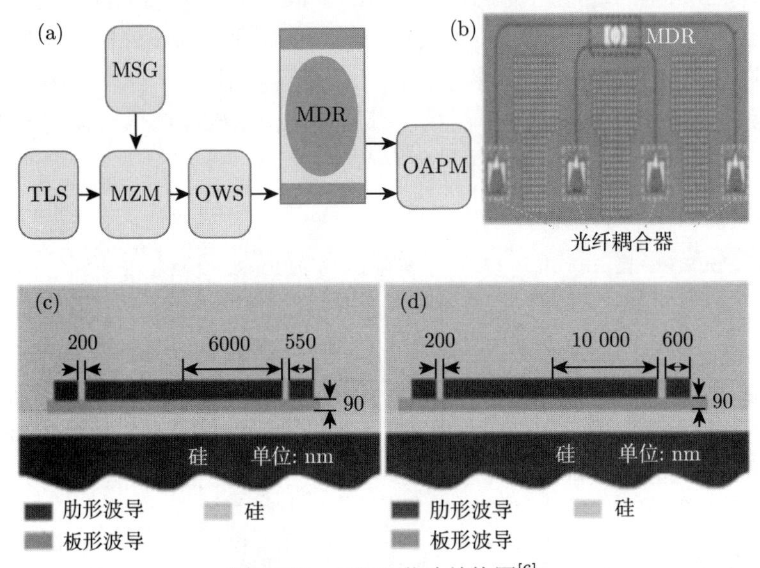

图 8-11　MDR 芯片结构图[6]

目前关于集成瞬时频率测量的方案往往要求输入功率较大，而对于实际的瞬时频率测量系统，接收机的输入功率通常很低。2019 年渥太华大学姚建平课题组提出一种基于高线性度、高灵敏度和低输入功率的硅光子集成法诺 (Fano) 谐振器来获取幅值映射函数，采用频率到光功率映射的方法实现瞬时频率测量[7]。该芯片仅需约 0 dBm 输入功率，便可实现 15 GHz 的频率测量范围，分辨率优于 ±0.5 GHz。如图 8-12 所示为采用法诺谐振腔进行微波瞬时频率测量的系统原理图以及集成法诺谐振腔实物图，该方案首先通过 MZM 以及光滤波器实现载波抑制单边带调制，后经过光环行器将光耦合到集成法诺谐振器中，集成法诺谐振器是基于光栅的法布里–珀罗腔 (FPR) 与微环谐振腔 (MRR)，并使 FPR 的谐振模式与 MRR 的谐振模式相互作用产生法诺共振。该方案通过计算法诺谐振腔输入端和输出端光功率的比值便可以得到幅度比较函数 (ACF)，然后通过频率到光功率映射的方法测量微波信号的频率。图 8-13 给出在不同的微波信号功率下，在 3~18 GHz 范围下 ACF 的测试曲线，并给出测量 ACF 值与实际 ACF 值之间的测量误差，在整个频率测量范围内的测量误差小于 ± 0.5GHz。该瞬时频率测量系统可应用于布里渊光纤传感系统中进行瞬时频率测量。图 8-12 给出系统结构图，当单模光纤在温度 25~75℃ 下变化时，得到布里渊频移 (Brillouin frequency shifting, BFS) 以斜率为 1.24 MHz/℃ 变化的温度频率曲线，测量误差在 ±1.64 MHz 以内。

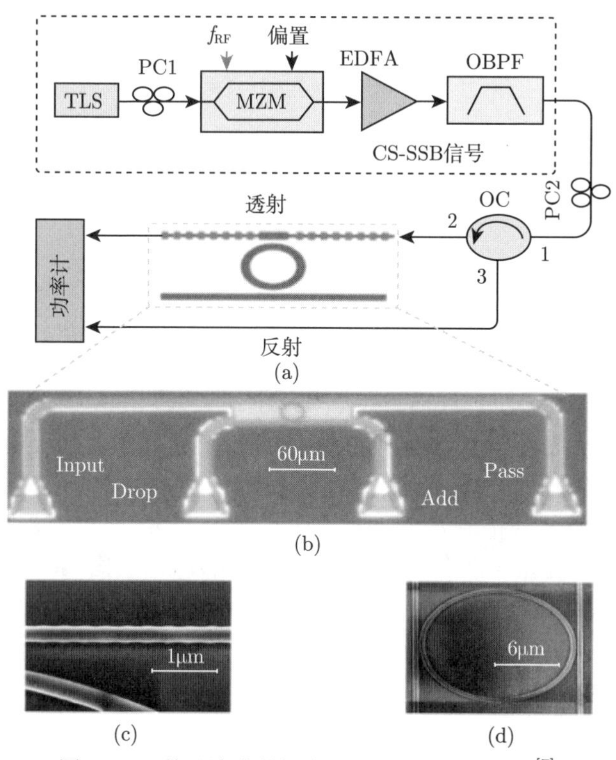

图 8-12　基于法诺谐振腔的瞬时频率测量方案[7]

(a) 方案示意图；(b) 显微镜下法诺谐振腔图；(c) 布拉格光栅的扫描电镜 (SEM) 图像；(d) 微环谐振腔的 SEM 图像

利用幅度比较函数的测量总需要权衡测量精度和测量范围，2021 年华中科技大学研究团队提出了一种基于片上陷波滤波器构建的光子微波频率测量系统，利用参考频率与器件的输出光功率之间建立的映射关系，来确定未知微波信号的频率[8]。如图 8-14(a) 所示，片上陷波滤波器由嵌入法布里–珀罗腔 (FPR) 中的串联耦合双微环谐振器 (double micro-ring resonator, DMRR) 实现，这两个微环具有相

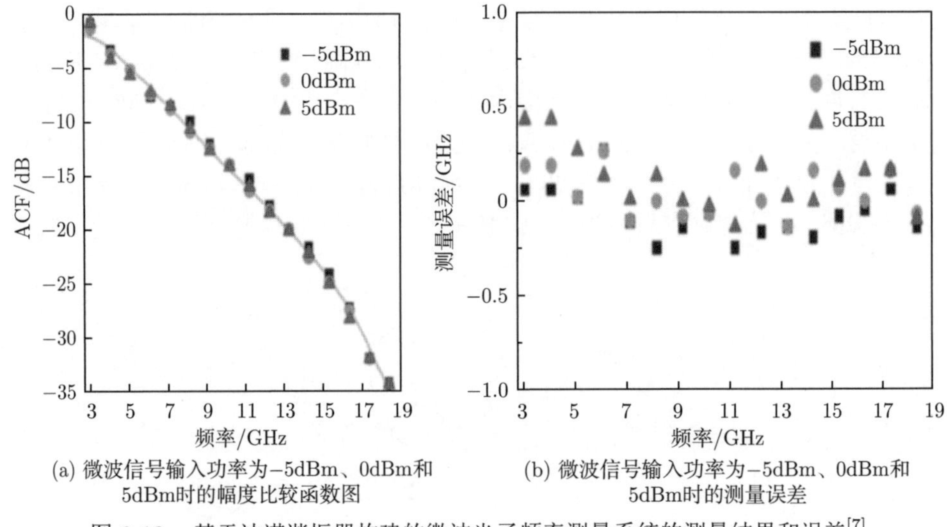

(a) 微波信号输入功率为−5dBm、0dBm和5dBm时的幅度比较函数图

(b) 微波信号输入功率为−5dBm、0dBm和5dBm时的测量误差

图 8-13　基于法诺谐振器构建的微波光子频率测量系统的测量结果和误差[7]

同的半径。一对具有相同参数的两个圆形布拉格光栅 (circle Bragg grating, CBG) (CBG1 和 CBG2) 分别位于 DMRR 的上、下耦合光波导的末端端口。来自输入端口的部分光波在 CBG1 和 CBG2 之间来回反射，形成 FPR，称之为 CBG-FP 腔。DMRR 嵌入 CBG-FP 腔内，DMRR 的传输光谱由于 CBG-FP 腔内的相干干涉而被重构，产生新的光谱形状，即 DMRR-FP 陷波滤波器的传输光谱。设计的 DMRR-FP 陷波滤波器是在绝缘体上硅 (SOI) 晶圆上制造的，制造工艺非常简单，尺寸小于 710 μm ×72 μm。在硅芯片上制造的陷波滤波器的扫描电镜 (SEM) 图像如图 8-14(b) 所示。将该片上陷波滤波器应用于微波频率测量系统对未知频率进行测量，系统结构如图 8-15(a) 所示。参考信号 f_s 以 10 MHz 的间隔扫描频率，通过强度调制器 IM1 调制到光波上。未知频率信号 f_x 通过另一个强度调制器 IM2 调制到光波上，最后，经过两次调制后的光信号经偏振控制器 (polarization controller, PC) 获得最佳偏振态后耦合到片上 DMRR-FP 陷波滤波器，片上输出的光信号由具有高灵敏度的光功率计 (optical power meter, OPM) 探测。通过在已知参考频率 f_s 和由 OPM 测量的输出光功率之间创建同步映射来处理数据后，可以检测未知信号的频率 f_x。实验结果如图 8-15(b)~(f) 所示，测量范围达到 0~26.62 GHz，测量误差为 ± 0.25 GHz。陷波滤波器的高 Q 因子、高抑制比和大 FSR 使所提出的微波频率测量 (microwave frequency measurement, MFM) 系统能够在没有 ACF 的情况下实现高精度测量，并具有灵活的宽谱测量范围。

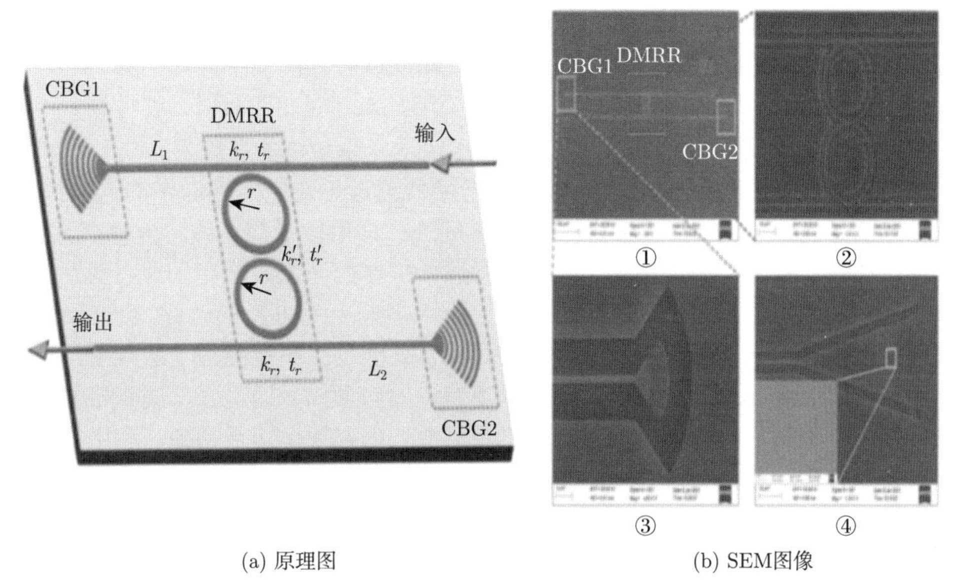

(a) 原理图 (b) SEM图像

图 8-14 DMRR-FP 陷波滤波器的原理图和 SEM 图像[8]

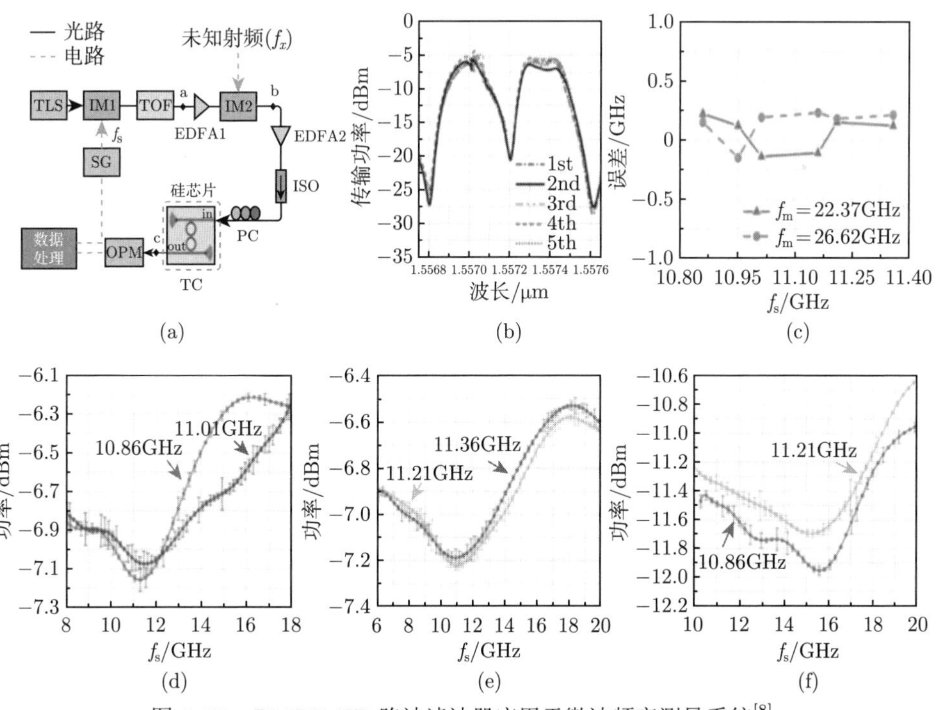

(a) (b) (c)

(d) (e) (f)

图 8-15 DMRR-FP 陷波滤波器应用于微波频率测量系统[8]

(a) 系统结构；(b)DMRR-FP 陷波滤波器的传输谱；(c) 测量误差；(d)～(f) 不同待测频率下，参考信号与 OPM 输出光功率的映射关系为了实现线性啁啾、跳频、多频等拥有较宽频率成分的微波信号的频谱侦测，华中科技大学和武汉邮电科学研究院的研究团队联合提出基于硅光子集成芯片的宽带自适应微波频率识别方案 [9]。该方案采用频率到时间的映射，将待测量信号的频率信息映射到时间上处理。如图 8-16 所示，系统中的关键器件是一个具有高品质因子的硅基微环谐振器，该微环谐振器通过热调制实现通带的连续扫描，可调谐的带宽达 50 GHz，带宽约为 300 MHz，品质因子高达约 600 000。当向硅基微环谐振器加载周期性锯齿波时，微环谐振器的谐振波长会呈现周期性的红移，表现出周期性滤波的特征，当扫描滤波器和不同频率匹配的时候，会在不同的时间点出现脉冲，通过记录脉冲出现的时间，就能反推出待测信号的频率。将激光器输出的连续光作为光载波，未知频率信息的射频信号通过强度调制器加载到光载波上，调制后的光信号通过一个光带通滤波器实现单边带调制，利用硅基微环谐振器扫描滤波的特性，实验中成功识别了单频微波信号、多频微波信号、啁啾微波信号、频率跳变微波信号的频谱，以及不同调制格式的组合信号的频率成分。最终实现的测量范围是 1~30 GHz，测量分辨率为 375 MHz，测量误差为 237.3 MHz，测量的速度约为 10 ms。和通过光纤连接的分立系统相比较，基于硅基芯片的频率识别系统在功耗、体积、质量等方面具有明显优势。

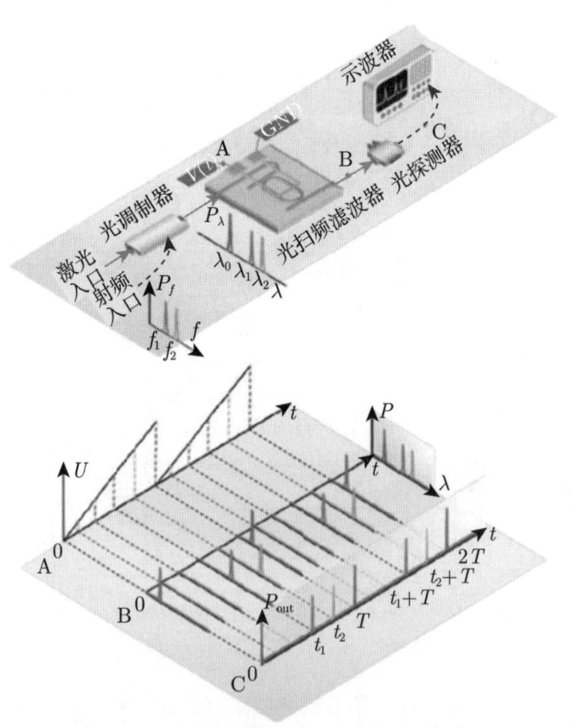

图 8-16　基于硅基扫描滤波器的宽带自适应多频瞬时测量系统[9]

渥太华大学姚建平教授团队和南京航空航天大学潘时龙教授团队联合提出了一种基于傅里叶域锁模 (Fourier domain mode-locked，FDML) 光源的时频映射多频测量方案[10]。如图 8-17 所示，系统结构分为三个部分，FDML 光源的构建、单边带调制信号的产生和时频映射的处理。FDML 光源包含一段长光纤环，一个用作宽谱增益介质的掺铒光纤放大器，一个带宽极窄且中心频率可以灵活调谐的带通光滤波器。具体地，该方案中是一个电控的硅基微环谐振器充当了快速调谐光滤波器，用以实现 FDML 光源。该硅基微环谐振器拥有约 7.5 GHz 的带宽，可实现 0.5 nm(约 62.5 GHz) 扫描范围的线性啁啾光信号。该线性啁啾光信号与常规的频率调谐激光器不同，一般可调谐激光器的波长从一个纵模到另一个纵模跳变的过程中，不涉及相位锁定，因此，一般可调谐激光器的相位噪声较高。但是对于 FDML 光源来说，纵模是经过相位锁定的，相位噪声相对较低。单边带调制信号的产生通过特殊的调制方式设计来实现，激光器辐射出连续光作为光载波，待测信号通过一个双平行马赫–曾德尔调制器 (dual-parallel Mach-Zehnder modulator，DPMZM) 调制到光载波上，同时借助一个 90° 耦合器实现了单边带调制。系统的最后一部分是时频映射处理，单边带调制信号和来自 FDML 光源的线性啁啾光信号一同输入一个光电探测器进行拍频，可以得到电啁啾信号序列。电啁啾序列通过一个极窄的电带通滤波器，能够得到一对较短周期的时域信号，通过记录信号的出现时间，可以实现单音或者多音信号的测量。经过实验验证，射频信号的测量范围可达 20 GHz，测量分辨率为 200 MHz，测量精度为 ±100 MHz。

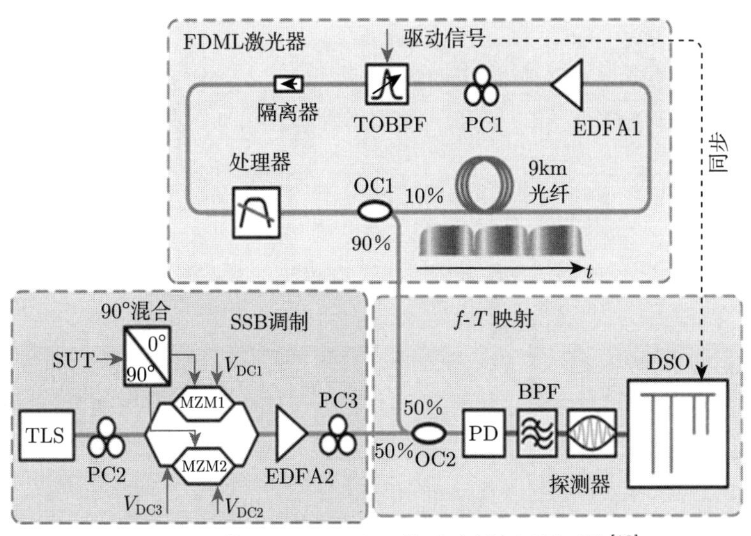

图 8-17 基于 FDML 光源的瞬时频率测量系统[10]

华中科技大学、武汉邮电科学研究院和中国科学院半导体研究所的研究团队联合提出了多形式微波信号频率测量的单片集成方案 (图 8-18)[11]。提出的多形式微波频率识别芯片分为两个支路。来自可调谐激光器的连续波长被用作光载波，并且通过片上集成光栅耦合进入芯片。频率信息未知的射频信号通过一个双平行马赫–曾德尔调制器调制到光信号上。调制到子 MZM 的两个电极上的信号之间引入一个 90° 的相移，并且通过合理设置调制器的偏压，可以实现载波抑制单边带。调制后的光信号分束成两个支路，一个支路的光信号通过热调微环谐振器实现频率时间映射，这一支路重点为静态识别微波信号和区分复杂的射频信号。热调的硅基微环谐振器的自由频程为 80 GHz，品质因子约为 2.2×10^5。当微环谐振器被周期性的锯齿波驱动时，其谐振波长也会周期性地红移，呈现周期性扫描滤波的特性。当扫描滤波器和边带对准时，在示波器上就会呈现一个时域脉冲，因此不同的频率成分就被映射到不同的时间上。另一个支路用来实现瞬时测量，三个级联的微环谐振器共同构成了可重构的微波光子滤波器，其带宽和中心频率可以通过改变每个微环谐振器的驱动电压来调节。紧接着，瞬时频率测量模块用来识别微波信号频率的动态改变。瞬时频率测量模块由非对称的马赫-曾德尔干涉仪、2×2 耦合器和两个片上光电探测器构成，通过计算两个光电探测器输出电流信号的功率比值反推待测信号的频率值。实验中成功识别了不同类型的微波信号，具体包括单频信号、多频信号、啁啾信号、跳频信号等，频率测量范围为 10~20 GHz，测量最大误差为 409.4 MHz。

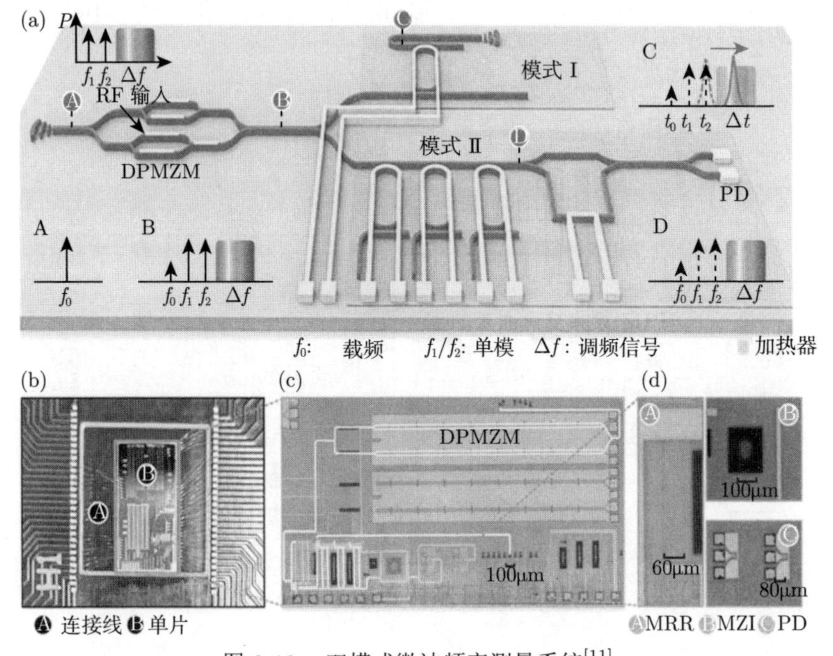

图 8-18　双模式微波频率测量系统[11]

除微波信号频率外，研究人员还提出了硅基微波光子多普勒频移的测量方案。多普勒频移的大小对应着探测物体的运动速度，其正负可以表征探测物体的运动方向，所以精确地测量多普勒频移在雷达系统、电子战、无线通信和医学成像等领域中至关重要。南京航空航天大学潘时龙教授团队提出利用硅基芯片实现多普勒频移快速测量的方案[12]。硅基光子芯片的实物如图 8-19(a) 所示，其包含两个双驱动马赫–曾德尔调制器 (DDMZM)、耦合光栅、光电探测器。频率已知的参考信号调制到第一个 DDMZM 上，传输信号 (f_{t}) 和回波信号 (f_{e}) 分别调制到第二个 DDMZM 的两个臂上。被三个微波信号调制后的光载波输入一个光电探测器中实现光电转换。多普勒频移由传输信号和回波信号拍频产生，除此之外，还有两个额外的拍频信号产生，其频率分别对应于传输信号、回波信号与参考信号的频率差。探测物体的方向可以通过比较三个拍频信号的相对位置进行区分。具体如图 8-19(b) 所示，激光器输出的光载波通过耦合输入第一个 DDMZM 中，得到点 A 处的光谱图为光载波 (f_{c}) 和两个边带 ($f_{\mathrm{c}}+f_{\mathrm{r}}$，$f_{\mathrm{c}}-f_{\mathrm{r}}$)，经过第二个 DDMZM 调制后，忽略对前述两个边带的二次调制，仅仅考虑对光载波的调制，在点 B 可以得到两对新的上、下边带 ($f_{\mathrm{c}}+f_{\mathrm{e}}$，$f_{\mathrm{c}}-f_{\mathrm{e}}$ 和 $f_{\mathrm{c}}+f_{\mathrm{t}}$，$f_{\mathrm{c}}-f_{\mathrm{t}}$)。经过光电探测器，光信号被转换为电信号，点 C 处的电频谱重点关注的有三个频率成分 ($f_{\mathrm{d}}=|f_{\mathrm{e}}-f_{\mathrm{t}}|$，$S_1=|f_{\mathrm{t}}-f_{\mathrm{r}}|$，$S_2=|f_{\mathrm{e}}-f_{\mathrm{r}}|$)，$f_{\mathrm{d}}$ 的大小即为多普勒频移的大小，由于 f_{e} 和 f_{r} 都是已知的，所以 S_2 是已知的，在频谱上的位置很好确定，探测物体的方向则可以通过比较 S_1 和 S_2 的位置得出。经过实验验证，得到中心频率为 10 GHz、多普勒频移变换范围为 $-100\sim100$ kHz、误差在 1 Hz 之内的测量结果。

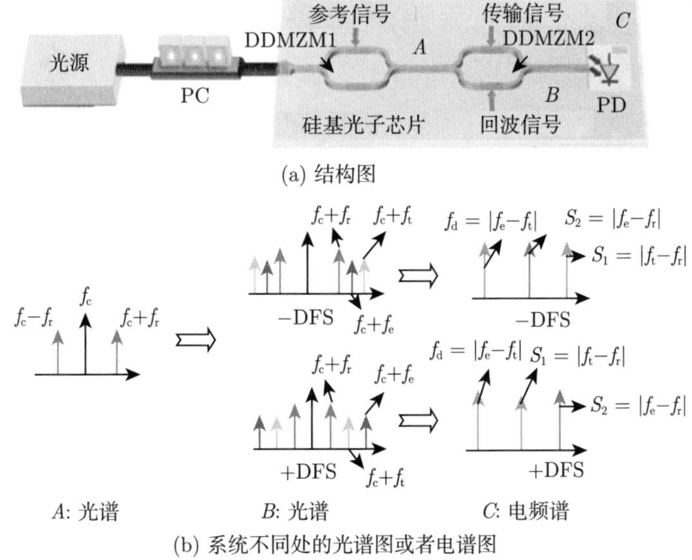

(a) 结构图

(b) 系统不同处的光谱图或者电谱图

图 8-19 基于硅基芯片的多普勒频移测量方案[12]

8.3 基于其他材料体系的频谱感知芯片

8.3.1 磷化铟基频谱感知芯片

除硅基材料体系外，研究人员还提出了一些基于其他材料体系的集成微波光子频谱感知方案。比如，InP 基材料体系因具有与光源兼容、低损耗、制作工艺成熟等优势，也被广泛应用于集成微波光子学中。西班牙瓦伦西亚理工大学的科研人员报道了一种基于 InP 材料体系的片上集成频率测量系统，如图 8-20(a) 所示[13]。从图中看出，该系统的核心在于集成在 InP 芯片上的光互补滤波器，其由环形辅助马赫–曾德尔干涉仪组成。待测信号首先被调制到马赫–曾德尔调制器上，调节偏置电压为最小偏置点实现载波抑制双边带调制，随后载波抑制双边带信号分两路，通过调节马赫–曾德尔干涉仪的折射率控制上下路分别为 bar/cross 端口，得到两端口的传输响应如图 8-20(b) 所示，值得注意的是，该干涉仪两端口的传输响应互补，即输出的 bar/cross 两路光功率之和保持恒定，整体构成互补滤波器。若携带待测信号的光边带落在深色传输响应的陷波位置，经过互补滤波器后两路输出光信号功率不等，当不同频率微波信号输入时，通过计算输出光信号的功率比值，即可构建出该测量系统的频率–功率映射函数曲线。在实际测量时，只需要将调制待测信号的两路光信号功率比值与频率–功率映射曲线相对比，即可得到待测信号频率。此外，该系统建立频率–功率映射函数时采用两路信号功率比值，所以与待测信号的微波功率无关。芯片总插入损耗约为 20 dB，测量范围与滤波器的自由谱范围 (FSR) 相关，该系统可实现 5～15 GHz 大带宽微波频率测量，测量误差低于 200 MHz。

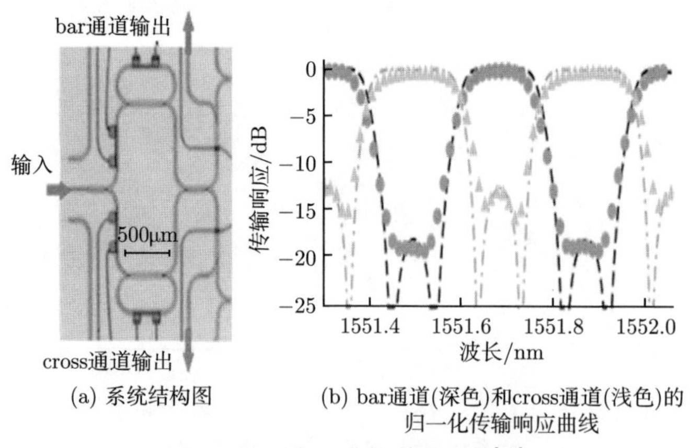

(a) 系统结构图

(b) bar通道(深色)和cross通道(浅色)的归一化传输响应曲线

图 8-20 InP 基频率测量系统[13]

8.3.2 氮化硅基频谱感知芯片

2013 年，荷兰特文特大学的科研人员首次提出基于 Si_3N_4/SiO_2 波导的片上集成瞬时频率测量方案[14]。测量系统结构如图 8-21(a) 所示，该系统的核心为可编程的 add-drop 微环谐振器，利用微环谐振器的上下两路传输响应互补，构建出光互补滤波器。与上述采用双微环调制器的方案相比，该方案光信号在输入时不需要进行分路处理，具有较低的制作难度和较高的稳定性。在测量时，待测信号被调制到相位调制器上，经过微环谐振器后输出两路光信号，一路为 through 通道，在微环谐振波长处出现陷波响应；一路为 drop 通道，输出响应为在谐振波长处出现波峰，如图 8-21(b) 所示。通过测量两路光信号光电探测后的微波功率，并计算其比值，可以建立系统的频率–功率映射曲线。除此之外，该测量芯片包含 5 个不同谐振波长的微环谐振器，可实现编程控制，大大提高可调谐性，扩大测量带宽。图 8-21(c) 展示了该系统的芯片实物图，芯片包含 5 个微环结构，分别对应不同的谐振波长，通过外部电路控制，待测信号进入与之频率对应的微环谐振器进行测量，在实验上仅使用其中一个微环进行测量，该微环自由谱范围为 21.5 GHz，实现 0.5~4 GHz 的射频信号频率测量，误差为 93.6 MHz。

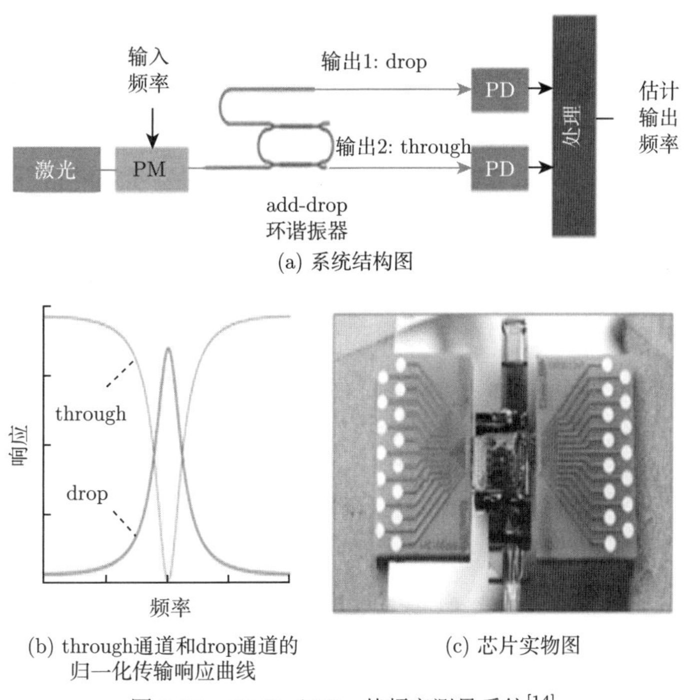

(a) 系统结构图

(b) through通道和drop通道的归一化传输响应曲线

(c) 芯片实物图

图 8-21 Si_3N_4/SiO_2 基频率测量系统[14]

8.3.3 硫化物频谱感知芯片

西南交通大学和悉尼大学合作，在 2016 年共同报道了一种基于硫化物体系的片上集成频谱测量方案[15]。该方案利用硫化物芯片的受激布里渊散射效应，构建极窄陷波滤波器进行频率测量，采用建立分段频率–功率映射函数的手段，打破了测量系统带宽–精度的权衡限制，同时实现了瞬时的多目标、大带宽、高精度微波频率测量。测量系统如图 8-22 所示，激光二极管发射线偏振激光经光耦合器分为两路，上路光载波入射至马赫–曾德尔调制器，同时待测信号也调制到该调制器上。为实现载波抑制双边带，直流偏振点设置为最小偏置点，经 EDFA 放大后作为泵浦光进入下路的硫化物波导中，在频率 $f_0+f_{\mathrm{u}}-f_{\mathrm{SBS}}$ 处产生增益响应，在频率 $f_0-f_{\mathrm{u}}+f_{\mathrm{SBS}}$ 处产生衰减响应。其中，在下路，光载波被注入双平行马赫–曾德尔调制器，调制射频信号为任意信号发生器产生的具有固定频率间隔的微波频梳信号，其中频梳间隔设置为受激布里渊散射增益线宽的一半，即 15 MHz。频梳信号被单边带调制，在载波两侧的边带功率不等，相位相差 π，光信号在硫化物波导受到受激布里渊散射效应增益和衰减后，经环行器输出被光电探测器探测，其中不受受激布里渊散射效应影响的频率分量边带功率不等，正边带与光载波拍频产生对应微波信号。而恰好在增益/衰减响应范围内的频率分量，两边带功率相近，相位相反，与光载波拍频后互相抵消，则无微波信号产生，这样便实现了一个窄带宽陷波微波滤波器，滤波原理如图 8-23(a) 所示。其陷波频率等于待测信号频率减去 f_{SBS}，约为 10 GHz，陷波带宽为 30 MHz。在实际测量中，待测微波信号经过该陷波滤波器，记录微波功率，与频率–功率映射函数相对比，可以得到待测信号频率。此外，由于运用受激布里渊散射效应，滤波器带宽极窄，仅为几十兆赫兹，可以实现 1 MHz 左右的超高测量精度，下路参考信号采用大带宽的微波频

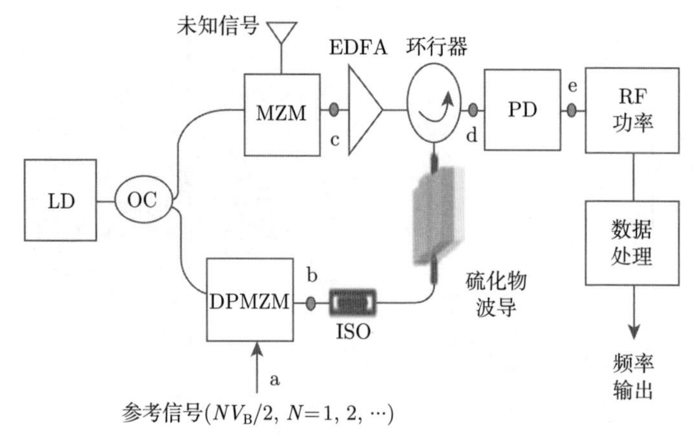

图 8-22 基于片上受激布里渊散射效应的微波频率测量方案示意图[15]

梳可构建分段频率–功率映射函数，实现了多目标、大带宽测量，打破了传统测量系统需权衡带宽与精度的限制。

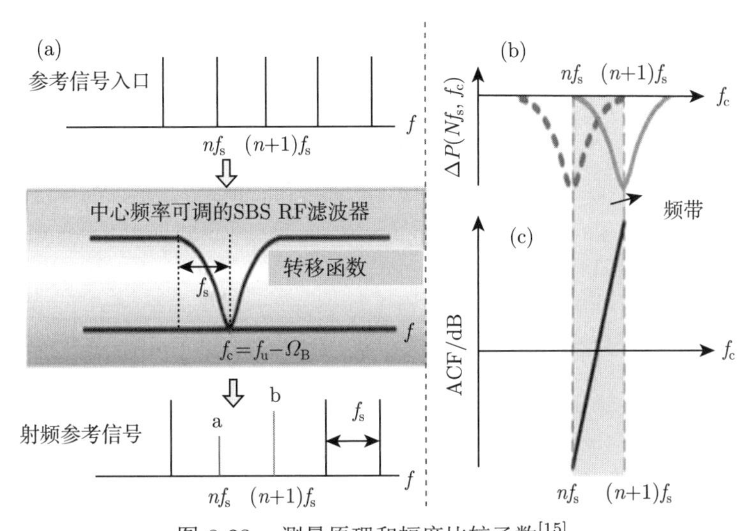

图 8-23 测量原理和幅度比较函数[15]

(a) 测量系统构建的窄带宽陷波滤波器原理；(b)(c) 系统构建的频率–功率映射函数曲线

8.3.4 混合集成频谱感知芯片

上述工作都是采用部分集成的方案，即将系统中的部分核心器件进行片上集成，仍然需要和系统级器件联合使用，稳定性和可靠性较差，系统功耗高。未来光子集成发展趋势一定是全集成方案，北京大学于 2022 年报道了一种全集成的瞬时频率测量方案[16]，其光源采用 InP 基激光器，调制器、微环谐振器、马赫–曾德尔干涉仪等光子集成器件，基于硅基材料体系，而电路部分则采用标准 CMOS 工艺，整体芯片制作为混合集成工艺，其中不同材料体系间的连接采用引线键合的方式，实现了全集成的微波频率瞬时测量。InP 基 DFB 激光器发射光载波注入至硅基马赫–曾德尔调制器中，硅基调制器偏置漂移较小，可稳定在最小偏置点传输。随后光信号经过微环谐振器，通过电热极调节谐振波长为光载波波长，进一步抑制载波功率，得到载波抑制双边带信号，再经过多模干涉仪分两路进入非对称马赫–曾德尔干涉仪 (asymmetric Mach-Zehnder interferometer, AMZI) 滤波器中，当光载波波长与 bar/cross 端口传输响应中心波长精细对准，两端口的出射光信号功率由 AMZI 的固有互补响应决定，一路 through 通道，另一路 drop 通道。在相对应的锗硅探测器中检测光信号功率，经电放大器功率放大，最后被实时示波器收集用于后续数据处理。通过求解 bar、cross 两通道输出电信号的功率比值，得到该系统的频率–功率映射曲线，即可实现微波频率的实时测量。该全集成频率测量芯片结构紧凑，总面积仅为几十平方毫米，实现了超高的测量带宽 (2～34 GHz)，测量误差低至 10.85 MHz，具有超快的响应速度，约为 0.3 ns。

参考文献

[1] Chi H, Zou X H, Yao J P. An approach to the measurement of microwave frequency based on optical power monitoring[J]. IEEE Photonics Technology Letters, 2008, 20(14): 1249-1251.

[2] Hao T F, Tang J, Li W, et al. Microwave photonics frequency-to-time mapping based on a Fourier domain mode locked optoelectronic oscillator[J]. Optics Express, 2018, 26(26): 33582-33591.

[3] Liu L, Jiang F, Yan S Q, et al. Photonic measurement of microwave frequency using a silicon microdisk resonator[J]. Optics Communications, 2015, 335: 266-270.

[4] Burla M, Wang X, Li M, et al. Wideband dynamic microwave frequency identification system using a low-power ultracompact silicon photonic chip[J]. Nature Communications, 2016, 7(1): 13004.

[5] Pagani M, Morrison B, Zhang Y B, et al. Low-error and broadband microwave frequency measurement in a silicon chip[J]. Optica, 2015, 2(8): 751-756.

[6] Chen Y, Zhang W F, Liu J X, et al. On-chip two-step microwave frequency measurement with high accuracy and ultra-wide bandwidth using add-drop micro-disk resonators[J]. Optics Letters, 2019, 44(10): 2402-2405.

[7] Zhu B B, Zhang W F, Pan S L, et al. High-sensitivity instantaneous microwave frequency measurement based on a silicon photonic integrated Fano resonator[J]. Journal of Lightwave Technology, 2019, 37(11): 2527-2533.

[8] Jiao W T, Cheng M, Wang K, et al. Demonstration of photonic-assisted microwave frequency measurement using a notch filter on silicon chip[J]. Journal of Lightwave Technology, 2021, 39(21): 6786-6795.

[9] Wang X, Zhou F, Gao D S, et al. Wideband adaptive microwave frequency identification using an integrated silicon photonic scanning filter[J]. Photonics Research, 2019, 7(2): 172-181.

[10] Zhu B B, Tang J, Zhang W F, et al. Broadband instantaneous multi-frequency measurement based on a Fourier domain mode-locked laser[J]. IEEE Transactions on Microwave Theory and Techniques, 2021, 69(10): 4576-4583.

[11] Yao Y H, Zhao Y H, Wei Y X, et al. Highly integrated dual-modality microwave frequency identification system[J]. Laser & Photonics Reviews, 2022, 16(10): 2200006.

[12] Cui Z Z, Tang Z Z, Li S M, et al. On-chip photonic method for Doppler frequency shift measurement[C]//2019 International Topical Meeting on Microwave Photonics (MWP), Ottawa, 2019: 1-3.

[13] Fandiño J S, Muñoz P. Photonics-based microwave frequency measurement using a double-sideband suppressed-carrier modulation and an InP integrated ring-assisted Mach-Zehnder interferometer filter[J]. Optics Letters, 2013, 38(21): 4316-4319.

[14] Marpaung D. On-chip photonic-assisted instantaneous microwave frequency measurement system[J]. IEEE Photonics Technology Letters, 2013, 25(9): 837-840.

[15] Jiang H Y, Marpaung D, Pagani M, et al. Wide-range, high-precision multiple microwave frequency measurement using a chip-based photonic Brillouin filter[J]. Optica, 2016, 3(1): 30-34.

[16] Tao Y S, Yang F H, Tao Z H, et al. Fully on-chip microwave photonic instantaneous frequency measurement system[J]. Laser & Photonics Reviews, 2022, 16(11): 2200158.

第 9 章　微波光子多功能系统集成芯片

9.1　引　　言

除第 4~6 章介绍的集成微波光子滤波器、集成光延迟线与波束成形技术、集成微波光子信号产生芯片、可编程和通用微波光子信号处理芯片、频谱侦测与感知芯片和微波光子信号传输技术外，研究人员还开发了其他类型的集成微波光子芯片，实现了如微波光子变频、数模转换和雷达等功能，本章将对这些集成微波光子功能芯片进行介绍。

9.2　集成微波光子变频技术

9.2.1　微波光子变频技术的基本原理

随着信息社会的快速发展，通信容量需求的急剧增加使得传统微波通信技术遇到严峻挑战。由于传统微波变频技术利用二极管及晶体管等器件的非线性完成信号的频谱转换，因此器件特性在频谱、信号带宽以及长距离损耗方面的限制使得整个系统容易产生频谱泄漏、闪烁噪声的问题，进而影响整个系统在调制和解调信号方面的性能。因此研究者们开始利用微波光子技术突破这一技术瓶颈，即利用光学技术的优势解决微波信号处理中的复杂问题。其中微波变频即频率变换，可分为上变频和下变频，这一过程可以细化为射频信号与本振信号分别调制到光载波上，载有信号的光载波经过放大、滤波等光域信号的处理后，选择合适的光变带，经过光纤传输到光电探测器后就能得到射频信号和本振信号拍频的结果，两个信号的频率的差即为下变频，两个频率的和即为上变频。微波光子拍频技术的优势在于光纤传输不仅能够提高传输速度，也能极大减小通信波段的传输损耗；除此之外超宽带的变频使得调谐范围增大，并且只需一次变频就能得到所需频率，极大降低了多次变频引入的系统复杂度，因此变频技术在卫星、通信、雷达、遥感等各个领域均有广泛的应用。

在微波光子学技术和光子集成技术同步发展的背景下，利用光子集成技术使得微波光子系统在保持相当高的复杂度的同时尺寸大大减小，因而其与射频电路相比更有优势。微波光子系统中的光学损耗是一重要问题，因为光学损耗会转化为射频损耗。由于这些原因，集成微波光子学发展早期的研究重点是减少片上损耗，在单个芯片上集成尽可能多的器件和优化装置的空间构型。

9.2.2 集成微波光子变频芯片

2016 年麻省大学的 Jin 等首次实现混频功能的光子集成电路 (PIC)[1]。它包括分布式布拉格反射器 (distributed Bragg reflector, DBR) 激光源、半导体光放大器 (SOA)、非线性光相位调制器和光电探测器。频率下转换机制与文献 [2] 相似，通过消除相位调制器和马赫–曾德尔干涉仪 (MZI) 的非线性，提高了其线性性能。其结构如图 9-1(a) 所示，它由 1550 nm 的 DBR 激光源、SOA、频率下转换部分和一对光电探测器组成。频率下转换部分在马赫–曾德尔调制器配置中包含 4 个 1 mm 长的非线性 InGaAsP 相位调制段。在小正向偏置下，相位调制为非线性[2]。由此产生的干涉仪的微分光学相位扰动 θ 可以表示为

$$\Delta\theta = \sum_n \beta_n \cdot \left[(V_{\mathrm{RF}} + V_{\mathrm{LO}})^n - (V_{\mathrm{RF}} - V_{\mathrm{LO}})^n\right] \tag{9-1}$$

式中，V_{RF} 和 V_{LO} 分别为 RF 和本振 (local oscillator, LO) 电压信号；β_n 为 n 阶相位调制灵敏度。通过抑制来自激光源的相对强度噪声 (relative intensity noise, RIN) 和来自 SOA 的放大自发发射 (amplified spontaneous emission, ASE) 来提高噪声性能。当 MZI 处于其正交相位偏置状态时，RF 的输出为

$$V_{\mathrm{IF}} = 2I_{\mathrm{PD}} \cdot Z_{\mathrm{term}} \cdot \sin(\Delta\theta) \tag{9-2}$$

式中，V_{IF} 为中频 (intermediate frequency, IF) 输出电压；I_{PD} 为光电探测器的直流电流；Z_{term} 为终端阻抗。非线性相位调制和 MZI 产生的非线性具有相反的极性[2]，因此，可以通过抵消这两个非线性来改善 PIC 输出中的非线性失真。

芯片测试的实验结果显示了 PIC 在 200 MHz~4 GHz 不同射频频率下的无杂散动态范围 (SFDR)，测量值保持在 110 dB·Hz$^{2/3}$ 以上。PIC 的直流总功耗为 88 mW，其中激光源为 20 mW，SOA 为 32 mW，光电探测器为 36 mW。

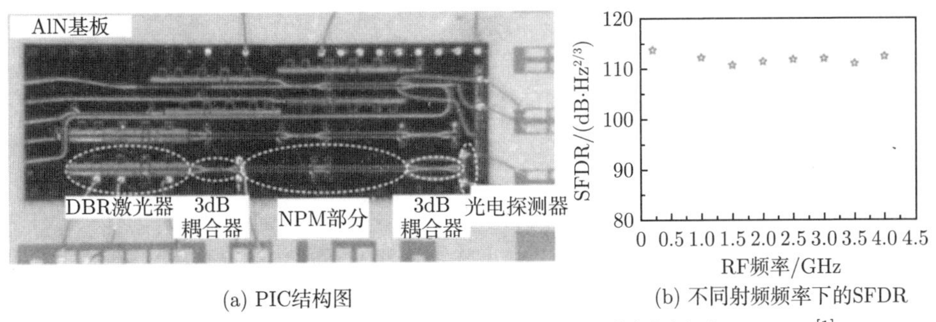

(a) PIC结构图 (b) 不同射频频率下的SFDR

图 9-1 PIC 结构图和不同射频频率下的 SFDR(中频固定为 20MHz)[1]

2018 年欧洲航天局的 EPFC ARTES-5.1 项目研究了基于混合集成的微波光子下变频器，异质集成了激光器、调制器、滤波器及光电探测器，各组件均具有

良好的性能，可工作于 Ka/L 波段，封装后可用于太空的卫星通信系统，相比于传统方案，光纤及多个模块由多功能 PIC 芯片代替，集成微波光子技术为新一代载荷系统提供了更紧凑、更节能和更轻量的解决方案[3]。

2019 年比利时根特大学的 Van Gasse 等提出一种使用硅光子集成技术的上转换器和发射机电路。该光子集成电路由两个马赫–曾德尔干涉仪结构的高带宽波导耦合电吸收调制器 (EAM) 组成。一个 EAM 由中频 (IF) 载波上的数据驱动，而另一个 EAM 由高频本振 (LO) 驱动的集成上变频芯片，其结构如图 9-2 所示[4]。

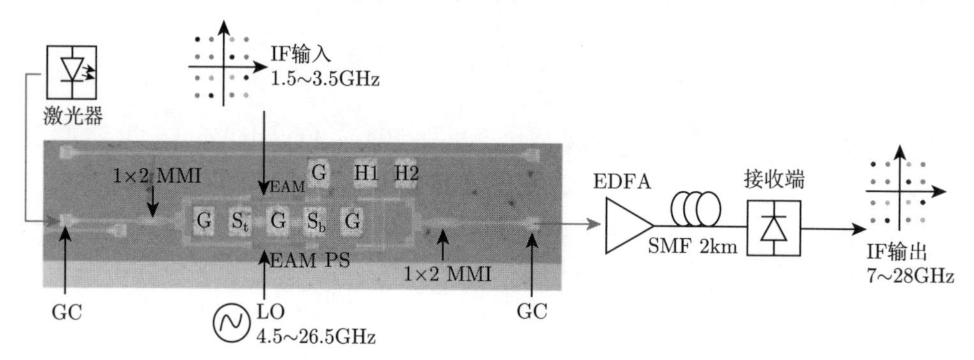

图 9-2 平行 EAM 上变频发射机链路[4]

IF 输入表示频率为 1.5 GHz 载波的 16-QAM 信号；PS 为移相器 (phase shifter)

为了表征上转换器/发射机，研究者将 PIC 放置在温度控制台上，使用 100 μm 间距的定制 GSGSG (G= 接地，S= 信号) 射频探头进行电接触。PIC 与单模光纤 (SMF) 进行光学连接。采用输出波长为 1565 nm、输出功率为 10 dBm 的激光器作为光输入。为了充分表征 EAM 混合器，首先测量了 EAM 的 S_{21} 和 S_{11} 参数。采用片上并行 70 Ω 电阻进行宽带匹配。S_{21} 的测量结果如图 9-3(a) 所示，3 dB 的调制带宽超过 67 GHz。这种非常高的调制带宽使 EAM 成为未来移动网络中更高载波频率的理想候选器。EAM 的 S_{11} 结果表明在整个频率范围内的回流损失优于 10 dB。虽然片上电阻器是一种简单而实用的匹配解决方案，但通过专用的窄带匹配网络可以进一步提高转换效率。

通过传输实验可以表明，在 1.5 GHz IF 上将 16-QAM 和 64-QAM 数据上转换为高达 28 GHz 的射频载波，载波频率受到测量设备的限制。EAM 3 dB 调制带宽表明，上转换器/发射机也可以用于上转换到 60 GHz 的频带。一个并行的 EAM 微波光子上转换器/发射机能够在 2 km 的单模光纤上传输 64-QAM 的数据，矢量误差幅度 (error vector magnitude, EVM) 低于 5.5%，数据传输速率高达 1.3 Gbit/s。鉴于 EAM 的封装非常紧凑，多个这样的混合器可以集成在一个

PIC 上，并在波长或空间上进行多路复用，以便在光纤上传输。

2020 年佐治亚理工学院的 Bottenfield 等提出了一种高性能全集成硅光子微波混频器子系统[5]。使用探测器作为混频器与使用高 Q 光学腔作为混合元件[6] 的全光学技术相反，本振信号可以是光的，也可以是电的。由第二激光器产生的光学本振信号被调谐到相对于信号的特定频率，以便在光探测时上转换或下转换射频信号，电的本振信号需要电光调制器产生光边带并与射频信号在探测器中拍频。在光子学阶段前的射频载波和本振频率的差异决定了上转换或下转换的射频数据的最终载波频率。在光电探测器上产生的最终 IF 功率是射频、LO 和光功率的函数。因此，最大化光功率和本振功率对于实现高射频–中频转换增益是很重要的。Bottenfield 等提出了两种不同集成水平的微波光子混合架构，其结构 I 如图 9-4(a) 所示，该结构由一个单独的马赫–曾德尔调制器 (MZM) 组成，由单独的 LO 和 RF 信号驱动的相位调制器驱动。跟随高速相位调制器的加热器可以控制 MZM 偏置点。结构 II 是一个更完全集成的混频器，射频信号与本振信号混频后输出中频信号[7]。在架构 II 中，一个芯片外激光器被耦合到一个包含两个并行 MZM 的芯片上：一个用于射频，一个用于 LO。加热器设置 MZM 偏置点。然后，MZM 的输出通过一个 2×2 耦合器组合，并输入一个平衡检测器。架构中的 MZM 是在 AIM 光子平台[8] 中定制设计的。该设备为单输入、双输出 MZM，电极结构为 GSGSG(G= 接

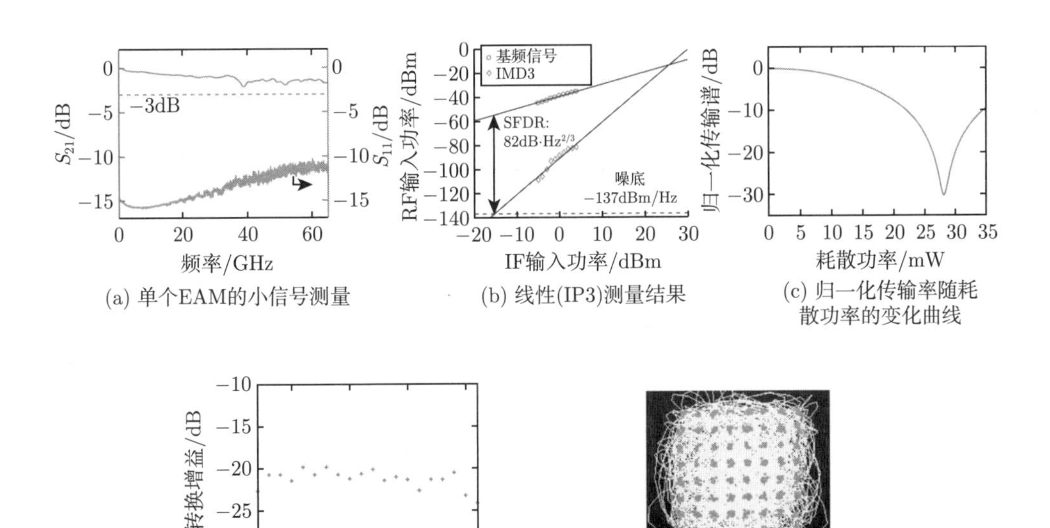

(a) 单个EAM的小信号测量　(b) 线性(IP3)测量结果　(c) 归一化传输率随耗散功率的变化曲线

(d) 转换增益作为射频输出频率的函数　(e) 10MBd64-QAM数据从1.5GHz IF上转换为26 GHz RF的星座图

图 9-3　基于 EAM 的上变频器/发射器的测量结果[4]

地，S= 信号)，如图 9-4(c) 所示。1 mm 长的移相器由 220 nm 高硅、500 nm 宽的硅波导组成基本结构，在波导内掺入横向 PIN 结，如图 9-4(d) 所示。

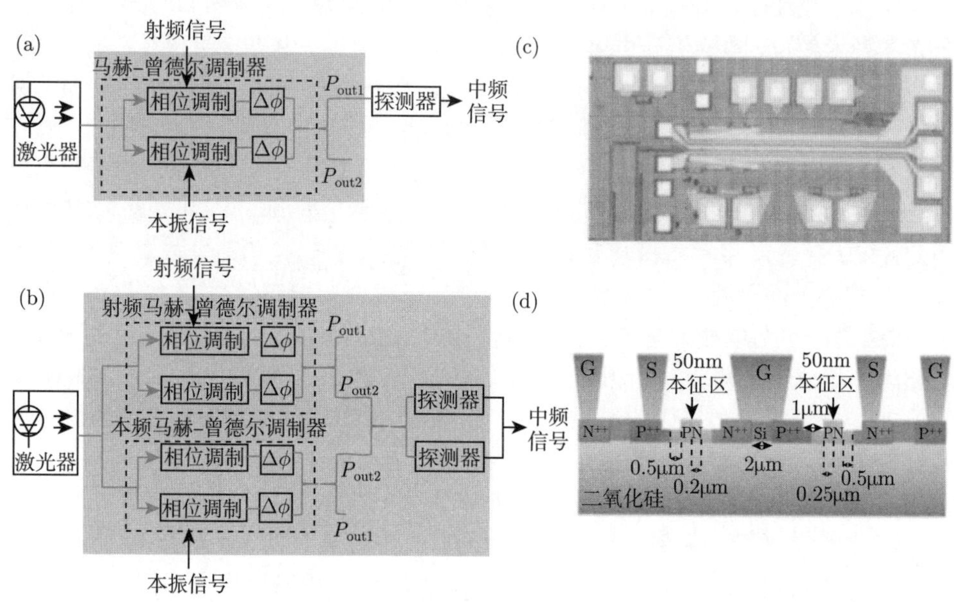

图 9-4　高性能全集成硅光子微波混频器子系统架构及调制器结构图[5]

(a)、(b) 两种微波光子混频子系统架构；(c) 使用 AIM Photonics 平台制作的定制设计调制器的自上而下图像。(d) 所设计调制器的电极和掺杂剂结构示意图

测试结构如图 9-5 所示，包括一个 1550 nm 的激光器和一个高输出功率 (达 +30 dBm) 的掺铒光纤放大器 (EDFA)、可变光衰减器 (VOA) 和偏振控制器。边

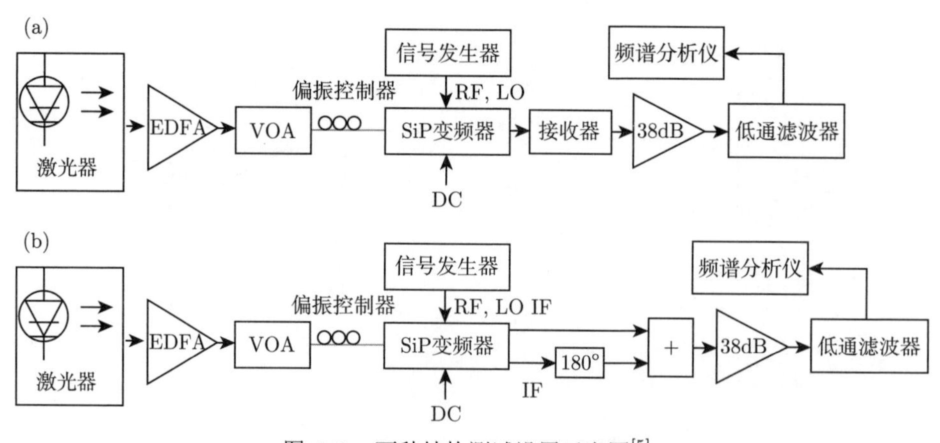

图 9-5　两种结构测试设置示意图[5]

缘耦合产生 4.2 (±0.5) dB 损耗，假设输入和输出耦合相等。输出信号经 38 dB 检测和放大，通过 1 GHz 低通滤波器，并由频谱分析仪测量。直流偏置器将 3.5 V 的反向偏置连接到调制的 MZM 移相器上，以减少损耗和增加带宽。

实验结果证明了现有的硅光子技术可以实现大于 100 dB·Hz$^{2/3}$ 无杂散动态范围 (SFDR)、高增益和接近 20 dB 的低噪声。未来的集成微波光子系统将必然需要光子学和射频电子学的共同设计，以构建高度线性、低噪声的芯片。

9.3　集成微波光子数模转换

9.3.1　微波光子数模转换的基本原理

实现宽带模拟电信号直接转换为数字信号所需的高采样率仍然是最大限度地实现数字化电子系统趋势的核心。随着信号带宽的迅速增加，数字化电子系统对高速模数转换[6−10] 的需求也相应增加。模数转换器 (analog-to-digital converter, ADC) 是将连续时间信号转换为离散时间二进制编码形式的电路[1−3]。此操作通常涉及两个步骤。第一步，输入信号按时间采样，通常以规则间隔 T 采样。第二步，样品在及时保持后，以振幅进行量化或数字化。模数转换的两个主要目标是：①启用输入信号的数字信号处理 (digital signal processing, DSP)；②启用输入信号的数字传输。

考虑将光子学纳入射频信号的 ADC 配置背后的基本原理可从以下几个方面说明：首先，一些实际应用系统，如雷达、监视、传感、智能驱动、无线过光纤电信和成像，可以受益于具有吉赫兹瞬时带宽[11,12] 的高分辨率 ADC。在这些系统中，通过 DSP 技术，接收器能够提升其灵活性，具体做法是将 ADC 更靠近天线布置，从而在数字领域执行更多功能。实现这样的接收器的可能性取决于 ADC 的性能，这受到几个因素的限制，包括采样阶段中有限的速度和抖动、采样–保持电路中的沉降时间、比较器的速度以及晶体管阈值和无源分量值中的不匹配。所有这些因素在更高的频率下都会变得更加严重。用于实时重复信号的典型解决方案，如采样示波器，在这里并不适用，实现这些超快速电信号的实时捕获的唯一可行的方法是使用宽带 ADC。在这种情况下，使用基于微波光子的解决方案提供了一个非常有趣的替代方案[11−14]，因为它们利用了光子组件和器件在低损耗、宽带操作和抗射频干扰方面的固有优势。在本节中，光子 ADC 可以理解为微波光子子系统，如图 9-6 所示。

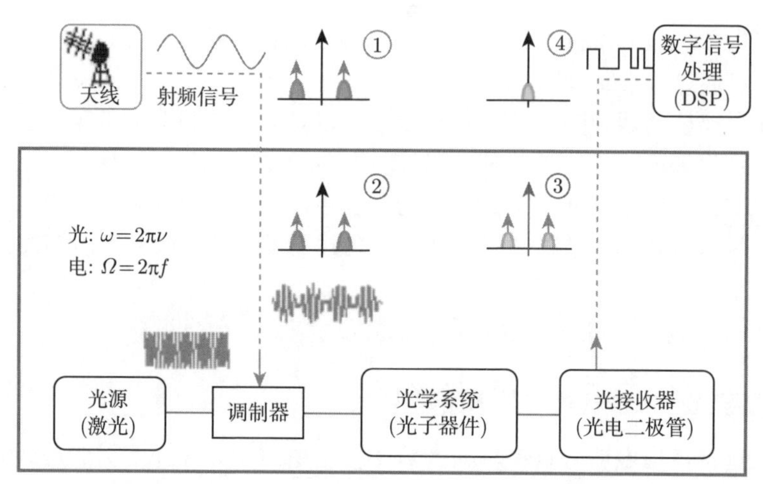

图 9-6 作为微波光子学系统的 ADC 框图描述[14]

9.3.2 集成微波光子数模转换芯片

图 9-7(a) 显示了文献 [15] 中提出的完全集成的电子光子 ADC 的设想。该芯片将包括光子和电子元件，即双输出硅调制器、两组匹配的微环谐振器、波分复用器 (WDM)、滤波器、平衡光接收器、电子 ADC 和数字后处理电路。波长交错脉冲序列 (图中未显示) 也可以集成在同一芯片上。为简单起见，仅显示 3 个波长通道，但通道数明显可以更高。

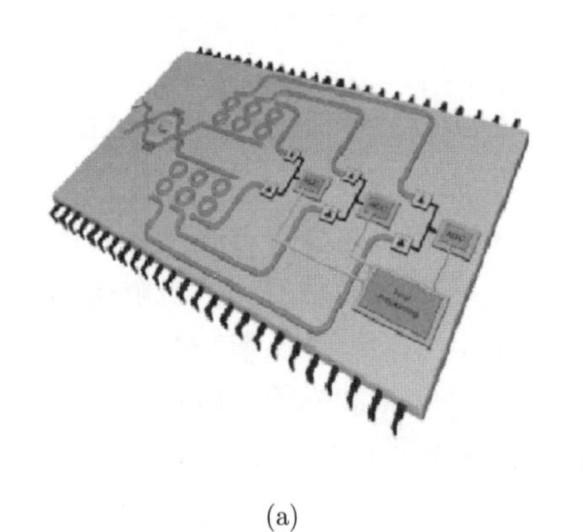

(a)

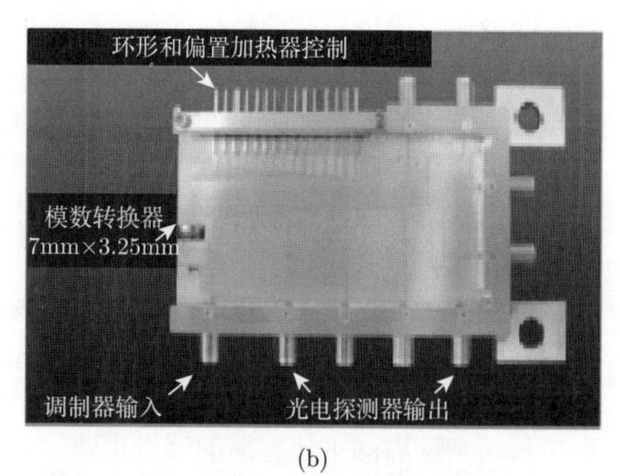

(b)

图 9-7 完全集成的电子光子 ADC 的设想 (a) 及封装硅光子芯片的照片 (b)[15]

图 9-7(b) 显示了封装硅光子芯片的照片，其中金属加热器、布线和接触电极在硅层的顶部制造。该芯片包括一个调制器、两个匹配的三机械式滤波器组和光电探测器。该研究采用了一种光纤至芯片的耦合器，将从透镜光纤发出的脉冲

列耦合到亚微米级硅波导中。该耦合器使用了一个长度为 200 μm 的反向绝热硅锥体，位于与光纤匹配的脊波导内。使用模场直径为 3 μm 的透镜光纤进行测试，得到了约为 2 dB 的耦合损耗。然而，由于封装过程中端面受损，耦合损耗增加至约 5 dB。电光调制器采用 MZI 结构，在每个臂中通过推挽方式实现调制，能够在反向偏置下实现更好的灵敏度。为了使调制器处于正交偏置状态，通过其中一个臂上的热调来调节两个臂之间的相位差。测量结果显示，单臂 $V_\pi \cdot L$ 值为 1.2 V·cm(在推挽状态下为 0.6 V·cm)，3 dB 的射频带宽为 12 GHz，插入损耗约为 3 dB。该封装硅光子芯片采用双环谐振器滤波器实现波长分离。器件内包含两个匹配的滤波器，每个调制器对应一个输出。此外，每个环上都有热调用于补偿制造差异，并将谐振器的共振频率调整至期望的波长，该器件使用硅光探测器检测调制光脉冲光探测器的带宽约为 3 GHz，足以检测 1 GHz 脉冲序列。

该硅光子芯片包含光学 ADC 的核心光学组件，如调制器、波分复用器和光电探测器。通过使用分立器件构建的光学模数转换器，成功将 41 GHz 信号数字化为 7.0 有效位的精度，相应的定时抖动仅为 15 fs。此外，研究人员还制造了一个具有核心光学元件的硅光子芯片，并用它将 10 GHz 信号数字化为 3.5 有效位。在实验中，研究人员实现了两个波长通道，总采样率达 2.1 GSa/s。通过演示一个双 20 通道的硅滤波器组，研究人员证明了具有更大通道数的光学模数转换器的可行性。这些研究成果能为光学模数转换器的集成和应用提供重要参考。然而，该芯片还没有完全集成为光学 ADC，因为它缺少用于幅度量化和后处理的电子 ADC 以及检测电子学部分。因此，这种硅芯片可以被视为一个光学前端，用作电子 ADC 的预处理器和解复用器。在这种情况下，该芯片可以实现超过仅使用电子学的现有水平的采样速度和抖动水平。下一个重要的步骤是将高速电子部分和光子部分放在同一芯片上，由于电子–光子集成技术的迅速发展，这一目标应该很快能够实现。采用光子学方法可以有效解决高速 ADC 中的抖动和比较器模糊问题，其中锁模激光器具有优异的抖动特性，而光学采样技术可实现高速采样。需要指出的是，仅有低抖动并不能保证准确的模数转换，因为其他因素也可能影响 ADC 的性能。这些因素包括光电探测器、射频放大器和单个电子 ADC 的噪声，以及调制器、光电探测器和检测电子学的非线性失真。实现高速采样需要平衡光子波长通道，同时减少电子检测和后处理的缺陷，才能将抖动的数量级的改进转化为 ADC 性能的相应改进。例如，可以通过增加输入光功率和减少光学损耗来降低击穿噪声极限，通过适当设计射频子系统来降低射频噪声和失真，通过线性化或后补偿来抑制调制器的非线性失真等。

实际上，Jarrahi 等[16] 报道了使用 Ⅲ-V 族半导体技术实现的基于这种配置的集成版本。图 9-8 显示了实现的集成光子芯片的示意图。

来自锁模激光器的光输入首先耦合到输入波导中。然后，作为马赫–曾德尔干涉仪的一部分，光脉冲分裂并沿两个波导分支传播。相位调制器集成在其中一个分支中，以根据要数字化的模拟电信号的电压来改变光脉冲的相位。在通过马赫–曾德尔干涉仪后，来自两个分支的光束进入板状波导区域，该区域允许光束在横向自由传播，然后发散和干涉。两个光脉冲产生的干涉图案在成像平面上形成一个光斑，该光斑的位置与两个光脉冲之间的相位差成正比。这样，相位调制器和自由传播区域的组合共同构成了成像光束偏转系统，光束偏转由进入自由传播区域的两个光脉冲之间的相位差决定，该相位差由调制电信号设定。

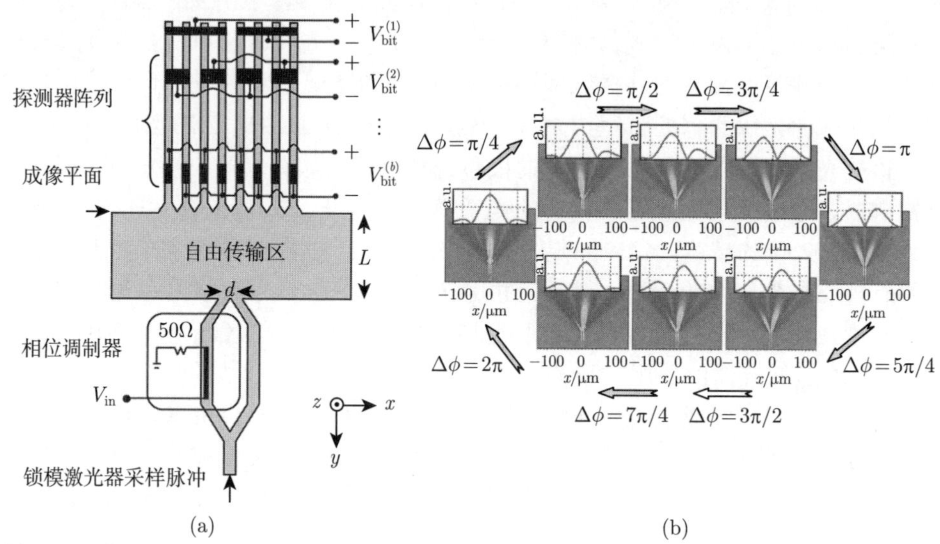

图 9-8 采用 Ⅲ-V 族半导体技术实现的相位调制空间干涉模式 ADC 的集成版本 (a) 和空间干涉剖面变化与干涉仪相移 (b)[16]

这种配置的一个关键点是，在输出波导内沿图像平面的适当位置集成光电探测器阵列，可以测量光功率的空间分布，输出波导的数量 $N = 2b$ 决定了可分辨量化电平的总数。使用该方案的实验结果表明，在 18 GHz 带宽下，实现了每次量化仅消耗 7.2 pJ 的八级量化，预计带宽为 30 GHz。

9.4 集成微波光子雷达芯片芯片原理及应用

9.4.1 微波光子雷达

雷达作为能够“全天时、全天候”工作的传感器，将在未来智能化的社会中扮演越来越重要的角色。随着无人驾驶汽车、无人机等的普及，小体积、轻质量、低功耗的雷达芯片受到了广泛的关注。雷达带宽越大，分辨率越高，但是大带宽会导致雷达后端处理数据量迅速增加。受限于电子器件的带宽瓶颈，传统电子雷达系统无论是产生还是处理数吉赫兹的宽带信号，都面临巨大挑战。微波光子技术在雷达宽带信号产生和处理方面具有先天优势，被美国海军研究实验室评论：有望“点亮雷达的未来”。近几年，国内外多个课题组分别报道了不同方案的微波光子雷达，最高分辨率可达亚厘米级。然而，这些成果都是采用分立光子器件搭建而成的，过大的体积和质量限制了其在轻小型平台上的应用。

9.4.2 集成微波光子雷达芯片原理及应用

南京航空航天大学提出并研制的集成微波光子雷达芯片在基于绝缘体上硅 (SOI) 材料的有源硅光工艺平台上实现[17]。SOI 材料是在顶层硅和衬底之间引入一层埋氧层 (通常是 SiO_2)。由于 Si 和 SiO_2 的折射率相差较大 (分别为 3.45 和 1.45)，因此，以埋氧层 SiO_2 作为衬底，顶层硅作为芯层，将形成光波导，从而实现器件尺寸小、集成密度高的各类光无源波导器件。在调制器方面，尽管硅的一阶线性电光效应较弱，但是可以通过改变 PN 结波导中的载流子浓度分布引起折射率 (或吸收系数) 的变化，从而实现高速的光信号调制。在探测器方面，室温下，硅的禁带宽度为 1.12 eV，硅光电探测器的截止波长小于 1100 nm，但可以通过同为 Ⅳ 族的锗 (Ge) 材料外延生长，将探测波长拓展到 1600 nm 以上。基于 SOI 的光子集成技术能够很好地兼容微电子 CMOS 工艺，可以沿用 CMOS 工艺线进行制作，是目前相对成熟可用的光子集成技术平台。但是，由于硅是间接带隙半导体材料，发光效率很低，目前硅基光源和片上光放大技术尚未全面突破。基于 SOI 的有源硅光工艺平台具备除激光器以外的其他主要光子器件的单片集成能力，是目前主流的光子集成芯片流片工艺。

微波光子雷达芯片的工作原理如图 9-9 上方图所示。外部激光器光载波 f_C 通过芯片上的耦合器输入 MZM1，由任意波形发生器产生的低频线性调频信号 $f_{IF}(t) = f_0 + kt(0 \leqslant t \leqslant \tau)$ 和直流偏置信号经过直流偏置耦合后通过射频探针加载在 MZM1 的电极上。改变直流偏置电压，使得 MZM 工作在最小传输点，即偶次阶边带被抑制。在小信号调制下，输出 MZM1 的理想光信号将只包含 +1 阶边带 $\omega_c + \omega_0 + kt$ 和 -1 阶边带 $\omega_c - \omega_0 - kt$。考虑到调制器性能可能不理想，难以获得较高的载波抑制比，在 MZM1 后级联了一个微环滤波器。通过调节微环的谐振波长，使其对准光载波，从而进一步对光载波进行抑制。从微环输出的光信号被分成两路，上路输入光电探测器，下路作为雷达接收机的光本振输入 MZM2。输入探测器的光信号在光电探测器中拍频产生的是所调制低频线性调频信号的二倍频 $f_T(t) = 2f_0 + 2kt$。该信号经放大后，通过天线发射到空间中，进行目标探测。接收天线接收的物体回波信号为 $f_E(t) = 2f_0 + 2k(t + \Delta\tau)$，其中 $\Delta\tau$ 为回波信号和发射信号间的延时。该回波信号被放大后通过另一个射频探针加载到 MZM2 上，同时将 MZM2 偏置在正交传输点。在小信号调制情况下，MZM2 输出的信号为

f_c+f_0+kt(其对应 +1 阶边带 $f_c+3\omega_0+3kt+2k\Delta\tau$、−1 阶边带 $f_c-f_0-kt-2k\Delta\tau$) 和 f_c-f_0-kt(其对应 +1 阶边带 $f_c+f_0+kt+2k\Delta\tau$、−1 阶边带 $f_c-3f_0-3kt-3k\Delta\tau$)。这些光信号分量输入接收端的光电探测器拍频产生电信号，其中 $(f_c-f_0-kt-2k\Delta\tau, f_c-f_0-kt)$ 和 $(f_c+f_0+kt, f_c+f_0+kt+2k\Delta\tau)$ 拍频产生的是发射线性调频的去斜信号 $f_{\text{de-chirp}}(t)=2k\Delta\tau$, 其是一个低频信号，可以利用低速 ADC 采集后进行处理。根据去斜信号 $f_{\text{de-chirp}}(t)$ 可以求解出目标的距离信息：

$$L=\frac{cT}{2B}f_{\text{de-chirp}} \tag{9-3}$$

式中，c 是光速；T 和 B 分别对应发射的线性调频信号的时宽和带宽。

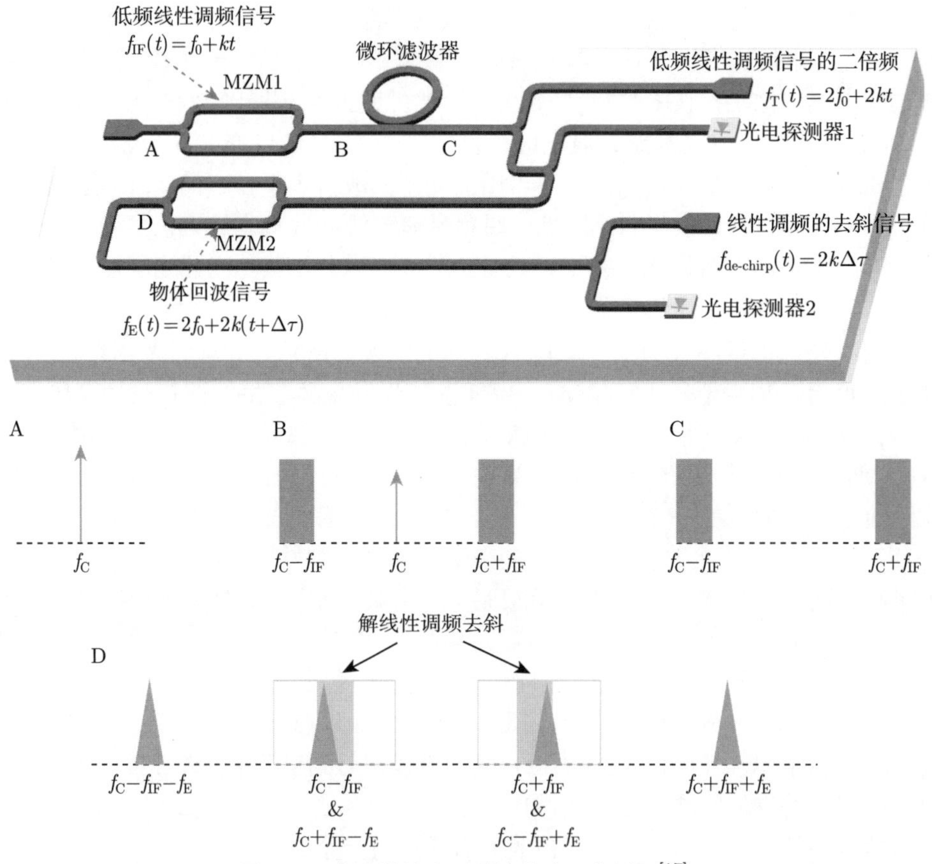

图 9-9 集成微波光子雷达芯片工作原理[17]

距离向分辨率由去斜信号的 3 dB 带宽决定：

$$L_{\mathrm{RES}} = \frac{cT}{2B}\Delta f_{\mathrm{3dB}} \tag{9-4}$$

理想情况下 $\Delta f_{\mathrm{3dB}} = 1/T$，因此，该雷达的最小分辨率为

$$L_{\mathrm{RES}} = \frac{cT}{2B} \tag{9-5}$$

发射线性调频信号的带宽越大，雷达的分辨率越好。

基于比利时微电子研究中心 (Interuniversity Microelectronics Centre, IMEC) 于 2016 年 11 月 7 日发布的有源工艺设计工具包 (Process Design Kit, PDK)，并设计了微波光子雷达芯片[18]。该 PDK 中包含了调制器、探测器等有源器件，部分器件的工作速率达到了 50 Gbit/s。芯片基于 200 mm 的晶圆制作，尺寸为 1.45 mm× 2.5 mm，采用 0.13 μm 的掩模工艺、193 nm 的紫外光刻工艺。选用 220 nm 的硅材料，埋氧层的深度为 2 μm。可以通过控制紫外曝光时间，对硅材料进行 220 nm、70 nm、150 nm 三种不同深度的刻蚀。通过 4 种不同浓度的 P/N 型掺杂来实现不同的电光调制和热光调制。芯片的实物照片 (与回形针比较) 如图 9-10 所示。

微环谐振器的波导宽度为 0.45 μm，腔长为 996.6 μm，耦合区域的长度为 200 μm，波导间的间距为 0.65 μm。当波长为 1550 nm 时，计算所得群折射率 n_{g} 的值为 4.15，设计的自由谱范围为 0.58 nm。测量所得的微环谐振器传输曲线如图 9-11 所示，实测微环的自由谱范围 0.57 nm，与设计值基本一致；消光比为 9 dB。

芯片上的光栅耦合器、调制器、探测器均采用 PDK 所提供的模块。通过阵列光纤与光栅耦合器耦合，从而实现芯片上光信号的输入输出。实验中，光纤到光纤的插入损耗约为 10 dB。

实验中，外部激光光源产生波长为 1552.9 nm 的光载波，并通过间距为 127 μm 的阵列光纤垂直耦合进芯片。由任意波形产生器产生的中心频率 7.5 GHz、带宽 3 GHz、时宽 100 μs 的线性调频信号和直流偏置信号经直流偏置耦合后，通过 GSGSG 型差分射频探针加载到片上差分电极，从而被调制到 MZM1 上。直流偏置信号的电压被调整为载波抑制的双边带调制。经 MZM1 调制后的光信号通过微环谐振器来进一步滤除光载波。由于同时受载流子效应和热效应影响，MZM 两臂之间的相位差可能发生改变，所以依靠调节 MZM 偏置电压没有完美地做出载波抑制双边带调制。图 9-12 显示了微环对载波抑制效果的增强作用。经过微环滤波后，出现了明显的载波抑制效果，光载波从之前的略高于边带变成比边带至少低 5 dB。

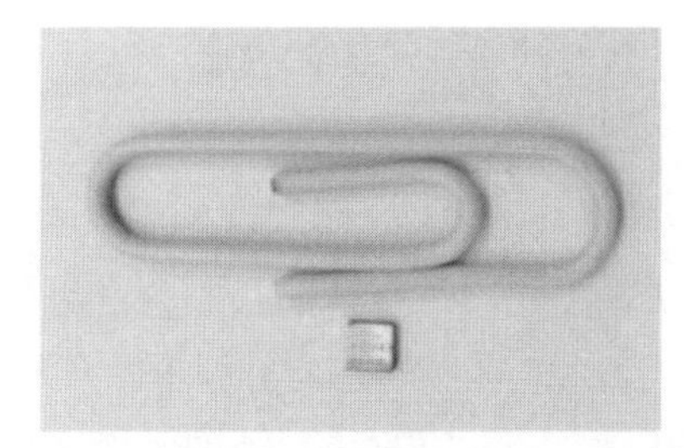

图 9-10　集成微波光子雷达芯片实物照片[18]

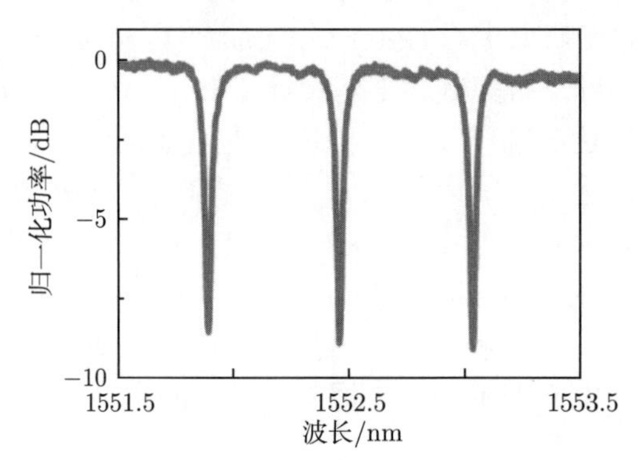

图 9-11　测量所得的微环谐振器传输曲线[18]

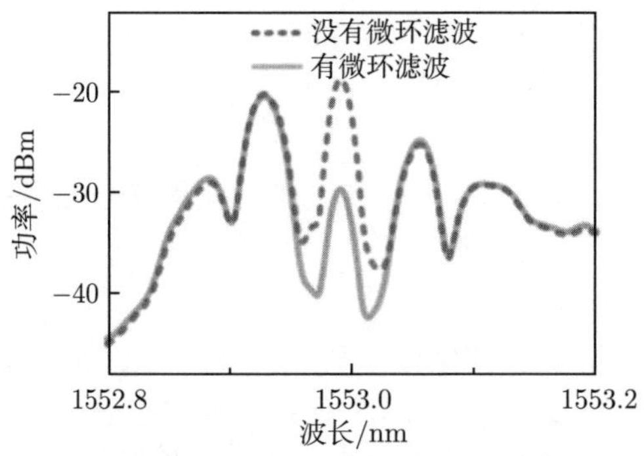

图 9-12　微波抑制载波前后的输出光谱图[18]

由于片上调制器插入损耗较大，且芯片面积小，电光、光电器件之间的串扰严重，故光信号耦合出芯片后，经掺铒光纤放大器放大再接入外置光电探测器产生二倍频信号。图 9-13 是外置光电探测器输出的线性调频信号测试结果。信号中心频率为 15 GHz，带宽为 6 GHz (频率范围为 12~18 GHz)，覆盖了整个 Ku 波段，时宽为 100 μs。信号的带内平坦度为 ±1 dB，带外杂散抑制比大于 25 dB。

为了测试该雷达的距离分辨率，利用电缆长度模拟雷达信号在空间传播经历的时间差，将发射信号经过电缆接入 MZM2 的差分探针射频接头进行光域去斜，MZM2 输出的去斜信号经光电转换后输入采样率为 100 MSa/s 的示波器中，经过快速傅里叶变换 (fast fourier transform, FFT) 得到去斜信号，如图 9-14 所示。可以看出，去斜信号的频率为 12.5 MHz，3 dB 带宽为 10.8 kHz，分辨率为 2.7 cm，与理论值 2.5 cm 非常接近。

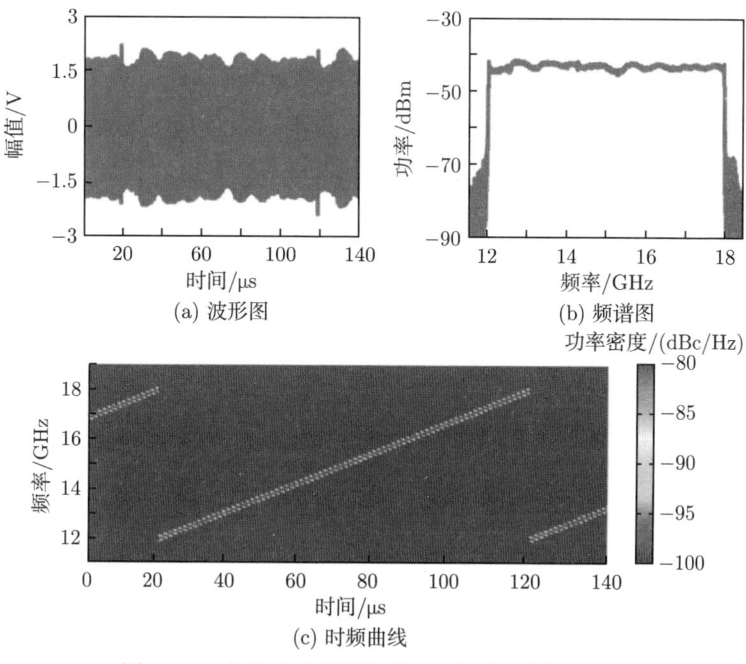

图 9-13　外置光电探测的线性调频信号测试结果

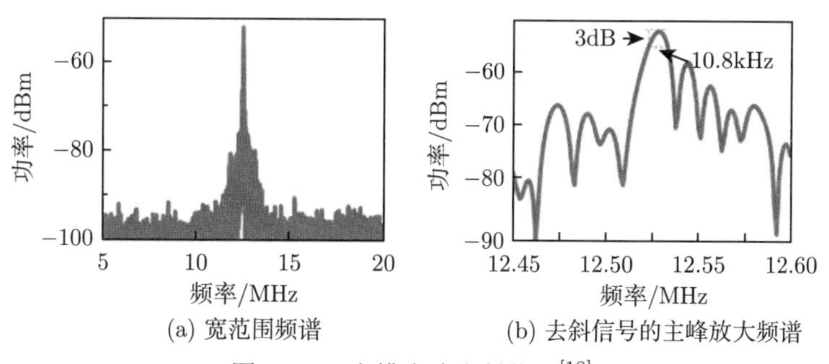

图 9-14　电缆直连去斜信号[18]

将发射信号送入喇叭天线发射到空间中进行真实物体探测，以验证该芯片的功能。首先对物体的距离进行测量。探测目标放置于距离发射天线 30 cm 处，按 2 cm 步进增加距离，依次记录下每个位置处对应的去斜频率。实验结果如图 9-15 所示，经线性拟合后的去斜信号误差在 ±1.1 kHz，相应的距离测量误差小于 2.75 mm。

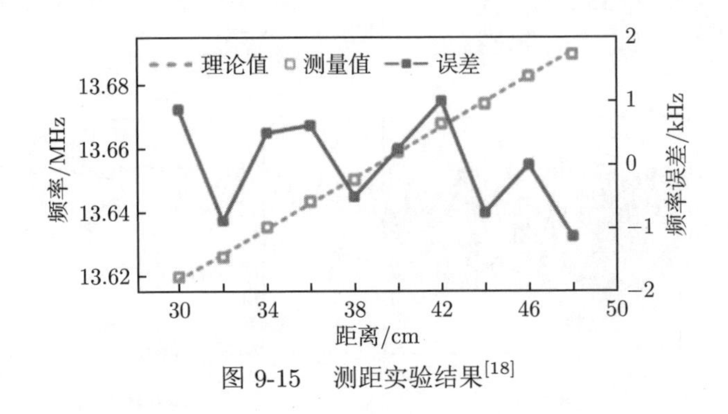

图 9-15 测距实验结果[18]

进一步基于该芯片进行逆合成孔径成像实验。将待测目标放置在转速为 1r/s 的转台上，将示波器的采样率设置为 50 MSa/s。根据逆合成孔径成像的基本原理对采集到的数据进行二维傅里叶变换。图 9-16(a) 是对横向距离为 10 cm、纵向距离为 3 cm 的 2 个角反射器的成像结果，所得到的图像中心点横向距离和纵向距离分别为 3.05 cm 和 10.45 cm，与实际摆放情况基本一致；图 9-16(b) 是对由 8 个角反射器构成的大写字母 A 的成像结果；图 9-16(c) 反映了对不规则物体成像的效果，成像对象是一个飞机模型，机身长度约为 27 cm，展翼宽度约为 21 cm。上述实验结果说明，所研制的集成微波光子雷达芯片具备了高分辨率的成像能力。

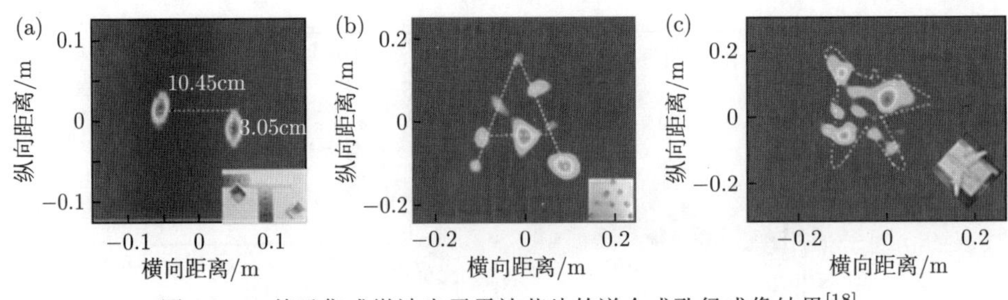

图 9-16 基于集成微波光子雷达芯片的逆合成孔径成像结果[18]

2022 年北京大学 Tao 等基于利用磷化铟、硅的混合集成技术搭建了可用于雷达通信的全片上微波光子 (MWP) 瞬时频率测量 (instantaneous frequency measurement, IFM) 系统，其架构如图 9-17 所示[19]。

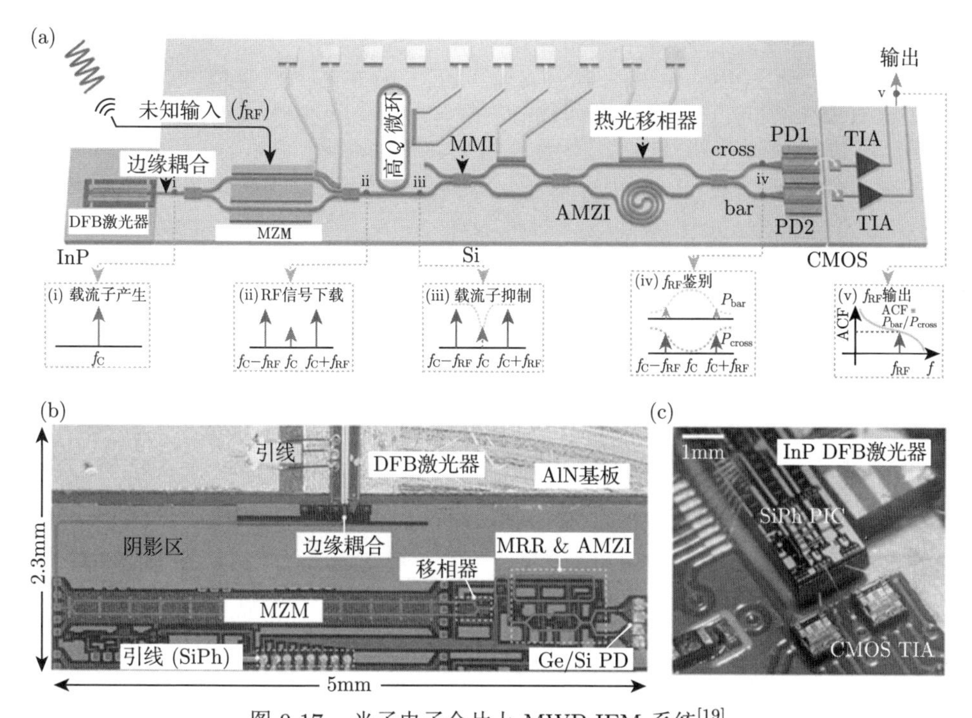

图 9-17 光子电子全片上 MWP IFM 系统[19]

(a) 全芯片集成 MWP IFM 系统示意图及工作原理；(b) 混合集成 InP DFB 激光器和 SiPh PIC 的俯视图显微照片；(c) 实现的全片上 MWP IFM 系统照片。SiPh PIC 直接线连接到电子 CMOS 跨阻放大器芯片上，共同封装在 PCB 上

该芯片由 InP DFB 激光器、单片 SiPh PIC 和电子 CMOS 跨阻放大器组成。该系统基于频率–光功率映射法实现微波频率识别。首先用 InP DFB 激光器产生连续波光载波，然后通过对接耦合注入单片硅光子 (silicon photonics, SiPh) PIC 中，通过高速马赫–曾德尔调制器将未知频率的微波信号调制到光载波上，其中高速马赫–曾德尔调制器以推挽的方式驱动，并且偏置在最小的传输点产生双边带抑制载波光调制信号。选择这种调制方式的原因一方面是为了简化偏振控制，另一方面是为了实现低功耗，这两种优势常用于系统级集成。并且相比于铌酸锂调制器，硅基调制器的偏置点漂移更小，更能保证双边带调制信号的稳定性。接着采用高 Q 因子 (窄阻带) 的微环谐振器进一步去除残余光载波。随后，双边带调制信号被引入一个非对称马赫–曾德尔干涉仪 (AMZI) 滤波器，该滤波器在整个系统中充当关键的线性光学鉴频器。当光载波波长与 bar/cross 端口的中央传输光谱精确对齐，由 AMZI 固有的互补响应决定，双边带调制信号将在 bar/cross 输出端口处发生与 f_{RF} 相关的衰减，并且斜率相反。双通道双边带调制信号的光信号在一对 Ge/Si PD 中检测。由此产生的微弱光电流被放大并通过跨阻放大器转换为电压格式波形，最后由实时示波器收集以进行后处理。假设两个输出电功率

由 $P_{\mathrm{bar}}(f_{\mathrm{RF}})$ 和 $P_{\mathrm{cross}}(f_{\mathrm{RF}})$ 表示，在这种情况下，功率比 $P_{\mathrm{bar}}/P_{\mathrm{cross}}$ 应是 AMZI 判别自由谱范围 (FSR) 内输入微波频率 (f_{RF}) 的函数，通常称为幅度比较函数 (ACF)，基于这种频率–功率映射 ACF，可以估计输入微波信号的未知频率。

$$\mathrm{ACF}\left(f_{\mathrm{RF}}\right)=\frac{P_{\mathrm{bar}}\left(f_{\mathrm{RF}}\right)}{P_{\mathrm{cross}}\left(f_{\mathrm{RF}}\right)} \tag{9-6}$$

MWP IFM 系统已全面实现芯片集成化，并被封装到专门设计的印制电路板 (PCB) 上，以便于电气连接。其具体实现方案是：为了产生连续波长，采用了中心波长为 1552.3nm、最大输出光功率约为 100mW 的 InP DFB 激光二极管芯片。单片硅光子 (SiPh)PIC 则由 CompoundTek Foundry Services 使用其标准的 90nm SOI 光刻工艺自行设计和制造。InP 和 SiPh PIC 通过 Si 边缘耦合器实现对接，面到面的耦合损耗的测量结果约为 (6.05±0.35) dB。接着采用基于行波耗尽方案的硅基马赫-曾德尔调制器 (长度为 3mm) 实现电光转换过程，其调制带宽超过 23 GHz，采用垂直 PIN 的锗硅结构探测器实现光电转换过程，并且具有约 9 nA 的超低暗电流。在微环谐振器中，我们采用了多模波导，将 Q 值提升至 1.4×10^5 量级，通过进一步调整微环的耦合系数，以实现临界耦合状态。这样的优化使得微环谐振器能够对双边带调制信号实现近乎理想的载波抑制，具有较高的抑制比，同时对近载波边带的影响轻微。为了弥补 1×2/2×2 多模干涉分路器的缺陷以及两个 AMZI 臂不平衡的传播损耗，我们在马赫-曾德尔调制器的前端设置了非等臂马赫-曾德尔调制器作为可变分束器，二者共同构成了一个自适应双马赫-曾德尔干涉仪结构。这种特殊设计有效避免了消光比的降低。非对称马赫-曾德尔干涉仪的透射谱 FSR 为 0.74 nm(92.5 GHz)。同时，TiN 热光移相器被用于调整和维持 SiPh 器件所需的工作偏置或状态。该 SiPh PIC 直接线连接到双封装的商业跨阻放大器模具上，实现 MWP IFM 的全集成。与最先进的台式或部分集成的 MWP IFM 系统相比，这种全芯片级集成方式所需的组件更少、功耗更低且集成度更高，非常适合在航空系统等新兴应用中广泛使用。实验结果显示，这种集成方式极大地提升了 MWP IFM 系统的紧凑性、可靠性以及测频性能，其宽频率测量范围达 2~34 GHz，估计误差极低 (10.85 MHz)，响应速度极快 (≈0.3 ns)。此外，芯片规模的 MWP IFM 系统已被成功部署到实际任务中，能够实时准确识别 X 波段 (8~12 GHz) 内频率快速变化的各种微波信号。

9.5　微波光子多功能系统集成芯片的发展态势和应用前景

由分立器件构成的微波光子系统在体积、稳定性、成本和功耗等方面存在诸多弊端，在实际应用中难以取代成熟的电子系统，未来的高性能微波光子系统必须走集成化的发展方向。目前国内外都在重点发展集成微波光子技术，这是一种可以实现激光光源、调制器、光延迟线、滤波器和光电探测器等功能器件片上集成和多种功能器件单片集成的新技术，包括有源光器件和无源光器件的异质集成以及光器件和电路的混合集成等。与传统分立器件组成的微波光子系统相比，微波光子芯片具有体积小、质量轻、低功耗、片上可重构等优点，被认为是解决目前微波光子技术瓶颈问题、实现实用化且满足未来军事及民用需求的关键，是引领未来技术变革的核心技术之一，该技术一旦成熟，微波光子系统必能大规模使用。

集成 MWP 器件的性能必须与射频 (RF) 器件的性能相当，这样才能在实际的 RF 系统中使用。RF 特性方面的要求包括信号的无损耗 (通常反映为分贝标度上为零或正的 RF 链路增益)、低于 10 dB 的低噪声系数和超过 120 dB·Hz$^{2/3}$ 的高无杂散动态范围。在用于 RF 信号传输的模拟光纤链路中已经实现了这种性能，但是其他的 RF 光子处理功能尚未实现。相比之下，目前所报道的集成 MWP 系统的链路性能远低于要求的目标性能。如果不解决这些问题，链路性能会严重限制集成 MWP 技术的使用。

将高链路性能外推到完全集成的系统将是集成 MWP 要解决的关键问题之一。这将需要高效的、线性化的片上调制器，低损耗波导，高功率、低噪声片上激光器，以及通过异构集成方案组装的高功率光电探测器。

集成 MWP 另一个需要解决的问题是与调谐集成光子和信号处理操作相关的功耗问题。在这方面，热光调谐需要被代替。候选方案包括压电调谐器件。在非线性材料中使用超低损耗波导和谐振器对于降低某些非线性过程的阈值功率是至关重要的，且在这些过程当中有助于实现超低功率频率梳、滤波器和合成器以及高效的非线性集成 MWP 信号处理。

在集成器件中，对声子和高频声波的处理可以有效地将传统的 RF 光子学处理和腔光力学与从传感到量子信息科学的潜在扩展应用进行桥接。处理光学生成的声子并通过 RF 场进行转换的结构有望增强信号处理。例如，声子–声子发射极–接收器和两个光力学腔之间的声子路径的概念已被用于实现具有超窄亚兆赫兹级线宽的 RF 光子带通滤波器。

采用多功能集成可重构处理器可实现多输入/多输出 (MIMO) MWP 的可能性，并为并行线性处理和空分复用提供了路径。此外，模拟光子原理与单一 $N \times N$ 变换相结合已被作为实现尖峰和储层神经光子系统、深度学习和大脑激发处理的关键技术而提出。这些概念可以在用于认知无线电应用的拥挤无线环境的宽带识别中实现。基于 RF 信号的级联环调制的集成 MWP 系统也被提出用于实现基于拓扑光子学的新一代处理系统。

最近，在用于无滤波单频微波生成的 MWP 系统中采用了在激光光学中用于实现单模激光的奇偶校验对称性的概念。该概念克服了模式竞争和模式选择中长期存在的问题，这些问题严重限制了光电振荡器 (OEO) 的发展，特别是在集成器件中难以实现超窄带光学滤波器。

集成 MWP 中的这些概念由器件物理学的最新突破和集成光子学的巨大发展所推动，这意味着进入了一个超越电信相关的应用领域的新阶段。这些探索将促进这些领域的增长，并带来更多令人兴奋的机会。

集成 MWP 才刚刚起步，并将有一个光明的前景。MWP 滤波器将继续目前的趋势作为领先的信号处理应用，且有望看到基于 PIC 的 MWP 滤波器的更多成果，包括谐振器和 (或) 光子晶体。我们还期望看到更多的非线性光学用于 MWP 信号处理。例如，已经报道了用于增强 MWP 链路增益和 MWP 滤波的四波混频 (FWM)。此外，基于氧族化物的芯片上的 SBS 刚刚被报道。对于延迟线和 MWP 滤波器已经证实了这一点。预计这种现象也将用于波束形成和 MWP 链路。从调制技术的角度来看，预计使用相位或频率调制会得到很大的关注。最近，已经有人提出了基于 PM 的波束形成器，以及光纤无线电链路。更多系统也将综合利用相位和强度调制。这些系统还将使用 FM 鉴频器来同步两种调制方案，并增强链路增益和 SFDR。在技术层面，预计无论是热调谐还是使用其他包层材料如液晶或硫族化合物进行调谐都将进一步减少光波导的损耗以及降低调谐和重构的功耗。为了实现高性能电路，许多 MWP 应用将混合利用光学和电子设备。预计未来的研究工作将合并这两种技术，并处理实现这两种技术集成电路所出现问题。

微波光子集成芯片和系统是未来军事和民用领域的重要发展方向之一。在军事领域，微波光子集成系统具有高速度、低延迟、高带宽和强抗干扰等优点，可以支持高精度雷达、高性能通信和电子战等应用。在民用领域，微波光子集成系统也有广泛的应用，如卫星通信、无线通信、雷达测距和安防监控等。当前，现有的微波光子系统大多由分立器件组成，功率高，占用空间大。因此，集成化是微波光子实现追赶和超越传统电子系统的必由之路。微波光子集成芯片和系统的发展，有助于大幅度减小设备的功耗和体积，提高系统的可靠性和稳定性，并且可以实现多个功能的集成，进一步提高系统的性能，扩大其应用范围。

在未来的应用场景中，超宽带无线通信是一个重要的领域，需要解决高速传输、抗干扰和低延迟等问题。另外，空天地信息一体化也是未来的趋势，需要支持高速通信和数据传输，并能够适应各种环境的变化和复杂的电磁干扰。在雷达领域，需要支持高精度、高灵敏度和高抗干扰等性能，以适应未来复杂的电磁环境。此外，在电子战领域，需要支持高速率的数据处理和分析，以及快速响应复杂的电子攻击。为了实现这些目标，需要解决微波光子集成器件和功能芯片乃至整个集成系统的设计、仿真、流片和封装测试等关键问题，需要不断优化设计流程和工艺，提高制造技术和质量控制水平，同时也需要加强对系统集成和测试的研究，以实现更高的集成度和更可靠的系统性能。

微波光子系统可实现单一功能器件的集成，其核心器件包括半导体激光器、电光调制器和光电探测器等。这些器件的性能和集成度的提高，对于实现微波光子集成芯片追赶和超越传统的电子系统至关重要。目前高功率、低噪声、窄线宽的半导体激光器芯片，宽带、高饱和光功率和高响应度的光电探测器阵列芯片，宽带、低半波电压和高线性度的电光调制器阵列芯片等都需要不断研发和提高性能 [20−22]。

光电融合的功能芯片集成是微波光子系统集成化的关键技术之一。光电子与微电子的融合集成可以有效减小系统体积和功耗，提高其集成度和稳定性[23]。此外，光电融合的功能芯片集成还可以实现新功能和新应用的探索，例如光子计算、量子通信等领域的研究。在光电融合的功能芯片集成中，异质混合集成是一种常用的技术路线。该技术通过将不同材料的器件集成在一起，实现多种功能的单片集成，如将高功率低噪声激光源、高调制效率电光调制器和高饱和光功率光电探测器集成在一起，从而实现更高效、更可靠的微波光子系统。此外，还可以利用新材料、新结构和新机制，消除或抑制片上的光、电、热串扰，扩大集成化规模。总之，光电融合的功能芯片集成是未来微波光子系统发展的重要方向。通过不断研究新技术、新材料和新结构，可以实现更高性能、更高集成度和更广泛应用的微波光子系统。

微波光子技术的发展方向和趋势是实现多功能、多通道、可重构的系统化集成。为了实现这一目标，研究人员正在开发面向不同应用场景的功能集成芯片，包括集成化波束形成、光子模拟信号处理、光电振荡器、光频梳、任意波形产生、混频与对消、光模数转换、模拟信号光电收发、光纤稳相传输芯片与模块等[24−27]。同时，也在提升不同功能的芯片和单元组件的集成化程度，以实现微波光子多功能集成发展。为了满足大规模阵列化需求，国内外研究机构正在研发多通道多波段的芯片和阵列化封装技术。通过多芯片微组装的混合集成，可以实现小型化微波光子系统，推进微波光子模块的系统应用。此外，为了提高芯片的通用性，正在通过众多有源或无源可调谐单元器件大规模网络化集成，研发功能可重构的微波光子集成芯片，实现片上通用微波光子信号处理和运算功能，例如光子 FPGA、模拟光子计算机等[28−30]。

智能化的微波光子集成可以通过深度学习等人工智能算法实现自适应和优化控制，从而提升微波光子集成系统的性能和稳定性[31]。例如，可以将深度学习算法应用于微波光子信号处理中的自适应滤波、自适应波束形成、自适应调制等方面，实现对多路径干扰和非线性失真的实时监测和校正，提高信号传输的质量和可靠性。同时，还可以将深度学习算法应用于微波光子集成芯片的优化设计和制造过程的控制中，从而实现更高效的优化和制造流程。此外，结合微波光子技术和人工智能算法，还可以实现更加智能化的雷达、通信、传感等应用场景，如智能化无人机、智能化城市交通、智能化工业控制等。因此，智能化的微波光子集成将是未来微波光子技术发展的重要方向之一。

参 考 文 献

[1] Jin S L, Xu L T, Rosborough V, et al. RF frequency mixer photonic integrated circuit[J]. IEEE Photonics Technology Letters, 2016, 28(16): 1771-1773.

[2] Xu L T, Jin S L, Li Y F. Down-conversion IM-DD RF photonic link utilizing MQW MZ modulator[J]. Optics Express, 2016, 24(8): 8405-8410.

[3] Van Gasse K. Integrated photonics for high throughput satellite[C]//Proceedings of the SPIE, 2018, 11180: 1118056.

[4] Van Gasse K, Verbist J, Li H L, et al. EAM-based microwave mixer implemented in silicon photonics[C]// 21st European Conference on Integrated Optics (ECIO 2019), Ghent, 2019.

[5] Bottenfield C G, Ralph S E. High-performance fully integrated silicon photonic microwave mixer subsystems[J]. Journal of Lightwave Technology, 2020, 38(19): 5536-5545.

[6] Hossein-Zadeh M, Vahala K J. Photonic RF down-converter based on optomechanical oscillation[J]. IEEE Photonics Technology Letters, 2008, 20(4): 234-236.

[7] Bottenfield C G, Thomas V A, Saha G, et al. A silicon microwave photonic down-converter[C]//45th European Conference on Optical Communication (ECOC 2019), Dublin, 2019.

[8] Timurdogan E, Su Z, Shiue R J, et al. APSUNY Process Design Kit (PDKv3.0): O, C and L band silicon photonics component libraries on 300mm wafers[C]//2019 Optical Fiber Communication Conference and Exhibition (OFC), San Diego, 2019.

[9] Walden R H. Analog-to-digital converter survey and analysis[J]. IEEE Journal on Selected Areas in Communications, 1999, 17(4): 539-550.

[10] Le B, Rondeau T W, Reed J H, et al. Analog-to-digital converters[J]. IEEE Signal Processing Magazine, 2005, 22(6): 69-77.

[11] Juodawlkis P W, Twichell J C, Betts G E, et al. Optically sampled analog-to-digital converters[J]. IEEE Transactions on Microwave Theory and Techniques, 2001, 49(10): 1840-1853.

[12] Han L, Wu K. Radar and radio data fusion platform for future intelligent transportation system[C]//The 7th European Radar Conference, Paris, 2010: 65-68.

[13] Valley G C. Photonic analog-to-digital converters A tutorial[C]//2009 Conference on Optical Fiber Communication, San Diego, 2009.

[14] Han Y, Jalali B. Photonic time-stretched analog-to-digital converter: Fundamental concepts and practical considerations[J]. Journal of Lightwave Technology, 2003, 21(12): 3085-3103.

[15] Khilo A, Spector S J, Grein M E, et al. Photonic ADC: Overcoming the bottleneck of electronic jitter[J]. Optics Express, 2012, 20(4): 4454-4469.

[16] Jarrahi M, Pease R F W, Miller D A B, et al. Optical spatial quantization for higher performance analog-to-digital conversion[J]. IEEE Transactions on Microwave Theory and Techniques, 2008, 56(9): 2143-2150.

[17] 潘时龙, 张亚梅. 微波光子雷达及关键技术 [J]. 科技导报, 2017, 35(20): 36-52.

[18] 李思敏, 丛榕, 姚笑笑, 等. 基于光子芯片的微波光子混频器 (特邀)[J]. 红外与激光工程, 2021, 50(7): 20211056.

[19] Tao Y S, Yang F H, Tao Z H, et al. Fully on-chip microwave photonics system[Z]. 2022. arXiv: 2202.11495.

[20] Xiang C, Morton P A, Bowers J E. Ultra-narrow linewidth laser based on a semiconductor gain chip and extended Si_3N_4 Bragg grating[J]. Optics Letters, 2019, 44(15): 3825-3828.

[21] Lin Y D, Lee K H, Bao S Y, et al. High-efficiency normal-incidence vertical P-I-N photodetectors on a germanium-on-insulator platform[J]. Photonics Research, 2017, 5(6): 702-709.

[22] Haffner C, Chelladurai D, Fedoryshyn Y, et al. Low-loss plasmon-assisted electro-optic modulator[J]. Nature, 2018, 556: 483-486.

[23] Marpaung D, Yao J P, Capmany J. Integrated microwave photonics[J]. Nature Photonics, 2019, 13: 80-90.

[24] Pan S L, Zhang Y M. Microwave photonic radars[J]. Journal of Lightwave Technology, 2020, 38(19): 5450-5484.

[25] Yi X K, Chew S X, Song S J, et al. Integrated microwave photonics for wideband signal processing[J]. Photonics, 2017, 4(4): 46-49.

[26] Hao T F, Tang J, Domenech D, et al. Toward monolithic integration of OEOs: From systems to chips[J]. Journal of Lightwave Technology, 2018, 36(19): 4565-4582.

[27] Xiang Y, Li G X, Pan S L. Ultrawideband optical cancellation of RF interference with phase change[J]. Optics Express, 2017, 25(18): 21259-21264.

[28] Liu S T, Khope A. Latest advances in high-performance light sources and optical amplifiers on silicon[J]. Journal of Semiconductors, 2021, 42(4): 041307.

[29] Guo X H, He A, Su Y K. Recent advances of heterogeneously integrated III-V laser on Si[J]. Journal of Semiconductors, 2019, 40(10): 101304.

[30] Pérez D, Gasulla I, Capmany J. Toward programmable microwave photonics processors[J]. IEEE Journal of Lightwave Technology, 2018, 36(2): 519-532.

[31] Shiu R K, Chen Y W, Peng P C, et al. Performance enhancement of optical comb based microwave photonic filter by machine learning technique[J]. Journal of Lightwave Technology, 2020, 38(19): 5302-5310.

索　引

L

M

N

P

Q

R

S

T

W

X

Y

Z

其他